移动端电商设计基础与实战（Photoshop篇）

· 董明秀 ◎主编 ·

清華大學出版社
北 京

内容简介

本书是针对时下流行的移动端电商设计而重点打造的全实例型图书，几乎涵盖了电商装修所应用的所有内容，如常用标签与标识制作、常见装饰字体制作、贴心指示导航栏制作、网店优惠券制作、店铺头条banner制作、精品主图直通车制作、醒目主题店招制作和电商硬广装修设计等。本书在编写过程中模拟了真实的网店装修环境，从详细的文字说明到直观的图像展示，从基础的网店图形元素制作到网店整幅广告设计，全面解读了网店装修中常见的手法及技巧，真正达到了让读者掌握实战本领的目的。

本书适合正在经营网店，并想通过对网店做整体包装来提升店铺档次、将生意做大做强的店主；同时适合想在网上开店创业的初学者，包括在校大学生、兼职人员、自由职业者、企业白领等；也可作为大中专院校、社会培训学校相关专业的教学参考用书或上机实践指导用书。

本书资源包中给出了书中案例的教学视频、源文件、素材和PPT课件，读者可扫描书中的二维码及封底的“文泉云盘”二维码，在线观看教学视频并下载学习资料。

图书在版编目（CIP）数据

移动端电商设计基础与实战：Photoshop篇 / 董明秀主编. —北京：清华大学出版社，2023.12
ISBN 978-7-302-64909-0

Ⅰ. ①移…　Ⅱ. ①董…　Ⅲ. ①图像处理软件　Ⅳ. ①TP391.413

中国国家版本馆CIP数据核字（2023）第222620号

责任编辑：贾旭龙
封面设计：秦　丽
版式设计：文森时代
责任校对：马军令
责任印制：曹婉颖

出版发行：清华大学出版社
网　　址：https://www.tup.com.cn，https://www.wqxuetang.com
地　　址：北京清华大学学研大厦A座　　**邮　　编**：100084
社 总 机：010-83470000　　**邮　　购**：010-62786544
投稿与读者服务：010-62776969，c-service@tup.tsinghua.edu.cn
质 量 反 馈：010-62772015，zhiliang@tup.tsinghua.edu.cn
印 装 者：三河市君旺印务有限公司
经　　销：全国新华书店
开　　本：203mm×260mm　　**印　　张**：18.75　　**字　　数**：484千字
版　　次：2023年12月第1版　　**印　　次**：2023年12月第1次印刷
定　　价：89.80元

产品编号：096797-01

前言

PREFACE

科技的发展让电商走入了人们的生活，也为人们提供了新的就业和创业机会，然而近年来中国的电商行业异军突起，规模不断增大，购物平台和网店数量剧增，使电商从业者面临前所未有的巨大的竞争压力，他们不得不使出浑身解数来吸引消费者的关注，如降低商品价格、使用营销工具、寻找达人带货等。这些方式固然重要，但是当通过这些方式吸引来的消费者光顾店铺的时候，店铺的整体装修风格和环境才是留给人的第一印象，成为决定是否能够留住消费者的重要因素，醒目美观的店名、独具个性的店标、简洁大气的装修风格、和谐统一的色调、令人舒适的配色等都能够让人产生十足的好感，不仅能给消费者带来愉快的购物体验，对店铺品牌的打造也非常重要。

本书立足于指导初学者和网店卖家根据自己的店铺定位进行商品美化、页面设计和装修，其中还包含大量的实用创意设计、网店视觉效果打造等专业知识，并且通过案例的形式逐渐渗透。相信通过对本书的学习，您的电商设计水平将达到一个新的高度，进而吸引更多的消费者光顾，最终达到提高店铺销量和销售额的目的。

本书的主要特色包含以下 3 点。

1. 全面的基础知识讲解。书中既包含电商装修设计的思路、过程和技巧，又包含 Photoshop 软件的使用方法，学完本书可获得全面的基础知识。

2. 真实的案例解读。全部采用真实的案例进行分析和讲解，商品类别包含最热门的服装类、美妆类、美食类、母婴产品、数码产品、家居用品等，设计的内容包含标识、标签、装饰字体、导航栏、优惠券、banner、直通车、店招、硬广等，真正做到学习本书即可实现从入门到实践。

3. 完善的配套资源。本书附赠高清多媒体教学视频、同步的素材和源文件，覆盖所有案例，扫码即可随时观看、阅读下载。让读者轻松掌握书中内容并能够举一反三。

本书由董明秀主编，参与编写的人员还有王红卫、崔鹏、郭庆改、王世迪、吕宝成、王红启、王翠花、夏红军、王巧玲、王香、石珍珍等，再次感谢所有创作人员对本书付出的艰辛和汗水。当然，在创作的过程中，由于时间仓促，不足之处在所难免，恳请广大读者批评指正。如果您在学习过程中发现问题，或有更好的建议，可扫描封底“文泉云盘”二维码获取作者联系方式，与我们交流、沟通。

编　者

2023 年 11 月

目录

CATALOG

第5章 网店必备，店铺头条banner制作 …125

第1章 信息指引，常用标签与标识制作

本章介绍

本章讲解常用标签的制作，标签与标识主要用于广告的商品提示，很多时候广告中的图文信息不一定足够清晰、明了，而贴心标签与标识的加入可以起到画龙点睛的作用，本章针对不同的广告类型给出了绘制标签与标识的独特思路。通过对本章的学习，读者可以熟练掌握常用标签与标识的绘制方法。

学习目标

- 学习对话标签的制作
- 掌握多边形标签的制作
- 学会弧形燕尾标签的制作
- 了解特色标签的制作
- 学会制作立体指向性标签
- 学习常见标识的制作技巧

1.1 对话标签

实例讲解

本例讲解对话标签的制作，通过绘制模拟的对话样式图形指明商品特性，使其非常醒目。本例的制作重点在于对锚点的控制，最终效果如图 1.1 所示。

图 1.1

调用素材：第 1 章\对话标签

源文件：第 1 章\对话标签 .psd

操作步骤

1 执行菜单栏中的【文件】|【打开】命令，打开“背景 .jpg”文件。

2 选择工具箱中的【椭圆工具】，在选项栏中将【填充】更改为青色（R:1，G:191，B:255），设置【描边】为无，按住 Shift 键在背景右上角位置绘制一个正圆图形，此时将生成一个【椭圆 1】图层，如图 1.2 所示。

图 1.2

3 选择工具箱中的【添加锚点工具】，在已绘制的椭圆左下角位置单击，添加 3 个锚点，如图 1.3 所示。

4 选择工具箱中的【转换点工具】，单击已添加的 3 个锚点的中间锚点，对其进行转换，如图 1.4 所示。

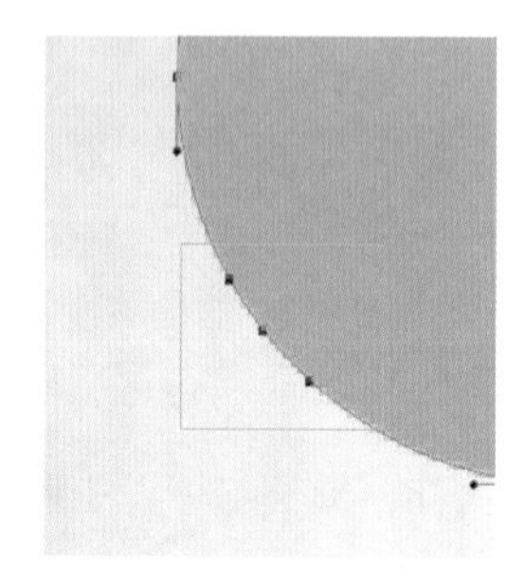

图 1.3

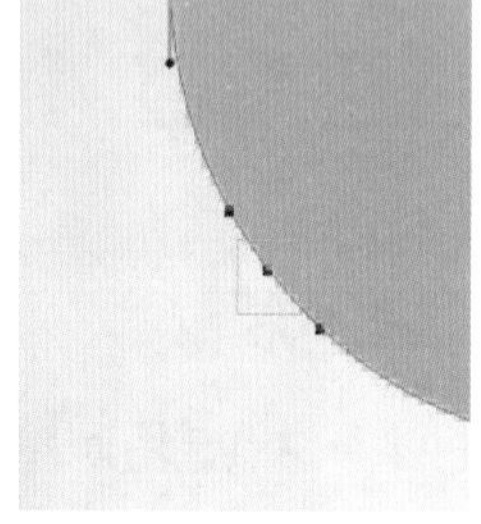

图 1.4

5 选择工具箱中的【直接选择工具】，再选中已经过转换的锚点，将其向左下角方向拖动。再分别选中两侧锚点的内侧控制杆，按住 Alt 键的同时将其向左下角方向拖动，将图形变形，如图 1.5 所示。

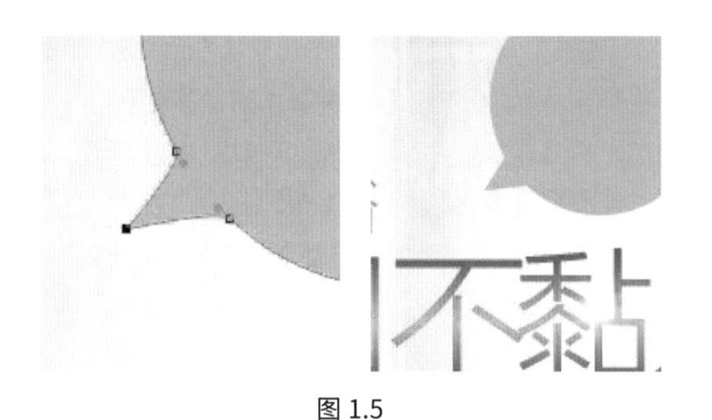

图 1.5

6 选择工具箱中的【横排文字工具】T，在已绘制的图形上添加文字，最终效果如图 1.6 所示。

图 1.6

1.2 多边形标签

实例讲解

本例讲解多边形标签的制作，将经典的多边形造型与直观、简洁的文字信息相结合，整体十分美观且实用，最终效果如图 1.7 所示。

图 1.7

视频教学

调用素材：第 1 章 \ 多边形标签

源文件：第 1 章 \ 多边形标签 .psd

操作步骤

1 执行菜单栏中的【文件】|【打开】命令，打开“背景 .jpg”文件。

2 选择工具箱中的【多边形工具】，在选项栏中将【填充】更改为青色（R:96，G:197，B:241），单击选项栏中的图标，在弹出的面板中将【星形比例】的值设置为 90%，设置【边数】的值为 30，按住 Shift 键在图像右下角位置绘制一个多边形，此时将生成一个【多边形 1】图层，如图 1.8 所示。

3 在【图层】面板中，选中【多边形 1】图层，单击面板底部的【添加图层样式】按钮fx，选择【外发光】选项，在弹出的对话框中将【混合模式】更改为【正常】，将【不透明度】的值更改为 30%，将【颜色】更改为白色，将【大小】的值更改为 10 像素，完成之后单击【确定】按钮，如图 1.9 所示。

图 1.8

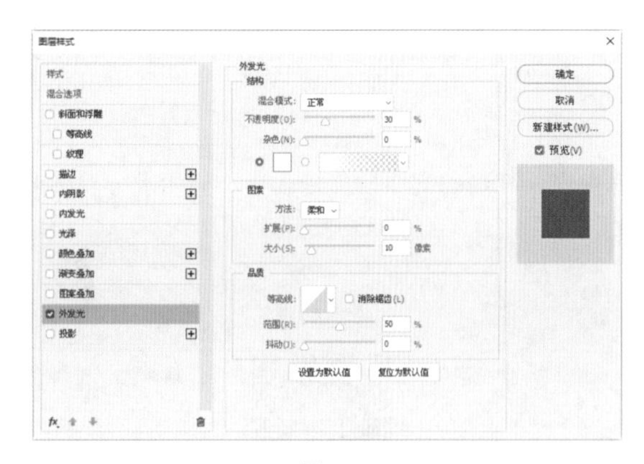

图 1.9

4 选择工具箱中的【椭圆工具】◯，在选项栏中将【填充】更改为白色，设置【描边】为无，按住 Shift 键在已绘制的多边形图形上绘制一个正圆图形，此时将生成一个【椭圆 1】图层，如图 1.10 所示。

图 1.10

5 在【图层】面板中选中【椭圆 1】图层，将其拖至面板底部的【创建新图层】按钮⊞上，复制出 1 个【椭圆 1 拷贝】图层，如图 1.11 所示。

6 选中【椭圆 1 拷贝】图层，在选项栏中将【填充】更改为无，将【描边】更改为红色（R:240，G:150，B:175），将【大小】更改为 2 点，再按 Ctrl+T 组合键对其执行【自由变换】命令，将图形等比缩小，完成之后按 Enter 键确认，如图 1.12 所示。

图 1.11

图 1.12

7 在【图层】面板中选中【椭圆 1 拷贝】图层，单击面板底部的【添加图层蒙版】按钮◘，为图层添加图层蒙版，如图 1.13 所示。

8 选择工具箱中的【矩形选框工具】⬚，在画布中椭圆图形位置绘制一个矩形选区，如图 1.14 所示。

图 1.13

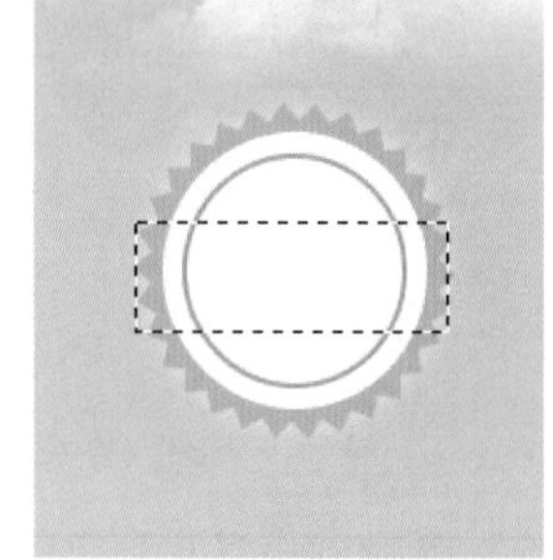

图 1.14

9 将选区填充为黑色并将部分图形隐藏，完成之后按 Ctrl+D 组合键将选区取消，效果如图 1.15 所示。

图 1.15

10 选择工具箱中的【横排文字工具】T，在已绘制的圆中添加文字，如图 1.16 所示。

11 同时选中文字层及【椭圆 1 拷贝】图层，按 Ctrl+T 组合键在画布中对其执行【自由变换】命令，对图形及文字做顺时针旋转操作，完成之后按 Enter 键确认，如图 1.17 所示。

图 1.16

新款
新升级

图 1.17

12 同时选中除【背景】之外的所有图层，按 Ctrl+G 组合键将其编组，此时将生成一个【组 1】组，如图 1.18 所示，选中【组 1】组，将其拖至面板底部的【创建新图层】按钮⊞上，复制出 1 个【组 1 拷贝】组。

13 选中【组 1 拷贝】组，按 Ctrl+E 组合键将其向下合并，此时将生成一个【组 1 拷贝】图层，如图 1.19 所示。

14 在【图层】面板中，选中【组 1 拷贝】图层，将图层混合模式设置为【正片叠底】，如图 1.20 所示。

15 选择工具箱中的【多边形套索工具】，在标签位置绘制一个选区，如图 1.21 所示。

图 1.18

图 1.19

图 1.20

图 1.21

16 选中【组 1 拷贝】图层，将选区中的图像删除，完成之后按 Ctrl+D 组合键将选区取消，这样就完成了效果制作，最终效果如图 1.22 所示。

图 1.22

1.3 弧形燕尾标签

实例讲解

本例讲解弧形燕尾标签的制作。弧形燕尾标签的制作比较简单，视觉效果非常好，最终效果如图 1.23 所示。

图 1.23

视频教学

调用素材：第 1 章 \ 弧形燕尾标签

源文件：第 1 章 \ 弧形燕尾标签 .psd

操作步骤

1 执行菜单栏中的【文件】|【打开】命令，打开“背景 .jpg”文件。

2 选择工具箱中的【矩形工具】▭，在选项栏中将【填充】更改为黄色（R:255，G:164，B:47），设置【描边】为无，在文字下方位置绘制一个矩形，此时将生成一个【矩形 1】图层，如图 1.24 所示。

图 1.24

3 在【图层】面板中，选中【矩形 1】图层，将其拖至面板底部的【创建新图层】按钮⊞上，复制出 1 个【矩形 1 拷贝】图层，如图 1.25 所示。

4 选中【矩形 1】图层，将其图形颜色更改为深黄色（R:220，G:133，B:20），再减小其图形宽度，并将其向左侧移动，如图 1.26 所示。

图 1.25

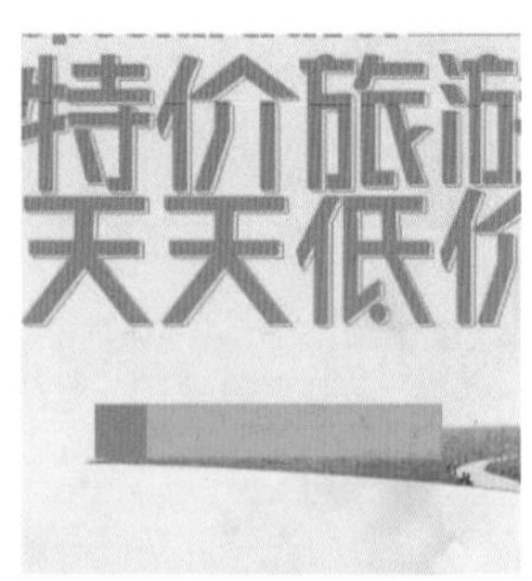

图 1.26

5 选择工具箱中的【添加锚点工具】，在【矩形 1】的图形左侧边缘中间位置单击，添加锚点，如图 1.27 所示。

6 选择工具箱中的【转换点工具】，单击已添加的锚点，选择工具箱中的【直接选择工具】，选中添加的锚点，将其向右侧拖动，将图形变形，再将图形向下稍微移动，如图 1.28 所示。

7 选择工具箱中的【钢笔工具】，设置【选择工具模式】为【形状】，将【填充】更改为深黄色（R:170，G:97，B:5），将【描边】更改为无，在两个图形重叠的位置绘制一个不规则图形，此时将生成一个【形状 1】图层，如图 1.29 所示。

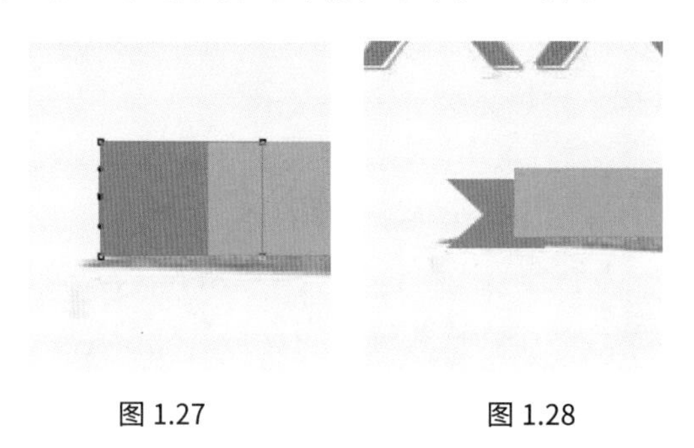

图 1.27　　图 1.28

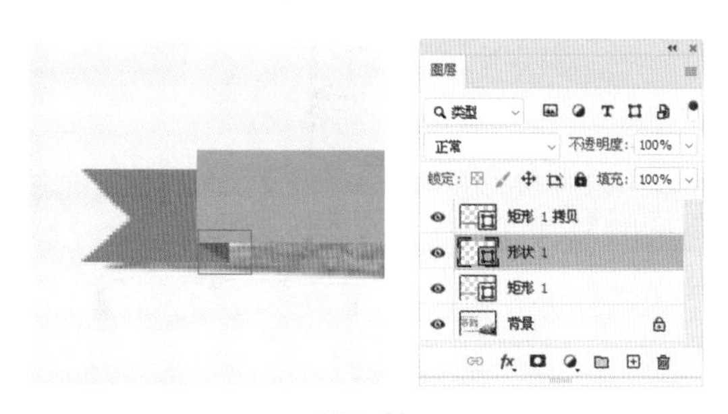

图 1.29

8 同时选中【形状 1】及【矩形 1】图层，在画布中按住 Alt+Shift 组合键的同时将图形向右侧拖动，复制出新的图形，再按 Ctrl+T 组合键对复制出来的图形执行【自由变换】命令，在图形上单击鼠标右键，从弹出的快捷菜单中选择【水平翻转】选项，完成之后按 Enter 键确认，效果如图 1.30 所示。

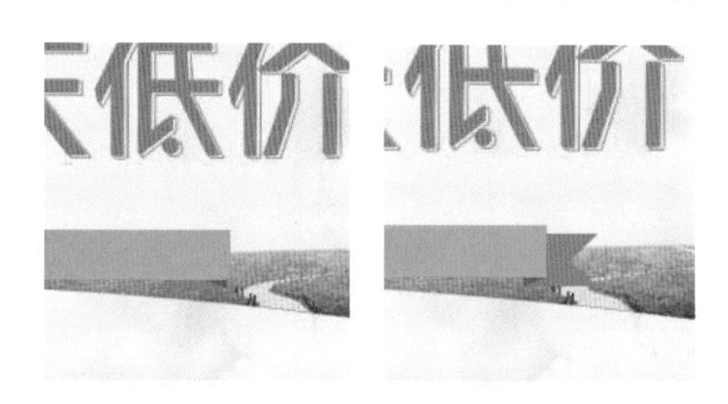

图 1.30

9 选择工具箱中的【横排文字工具】T，在已绘制的图形上添加文字，如图 1.31 所示。

10 同时选中除【背景】之外的所有图层，按 Ctrl+E 组合键将图层合并，将生成的图层名称更改为“标签”，如图 1.32 所示。

图 1.31　　图 1.32

11 选中【标签】图层，按 Ctrl+T 组合键对其执行【自由变换】命令，对图形进行适当旋转；再在图形上单击鼠标右键，从弹出的快捷菜单中选择【变形】选项，设置【变形类型】为【扇形】，将【弯曲】的值更改为 -10%，完成之后按 Enter 键确认，效果如图 1.33 所示。

图 1.33

12 选择工具箱中的【椭圆工具】◯，在选项栏中将【填充】更改为黑色，设置【描边】为无，在标签图像底部位置绘制一个椭圆图形，此时将生成一个【椭圆 1】图层，将【椭圆 1】图层移至【标签】图层下方，如图 1.34 所示。

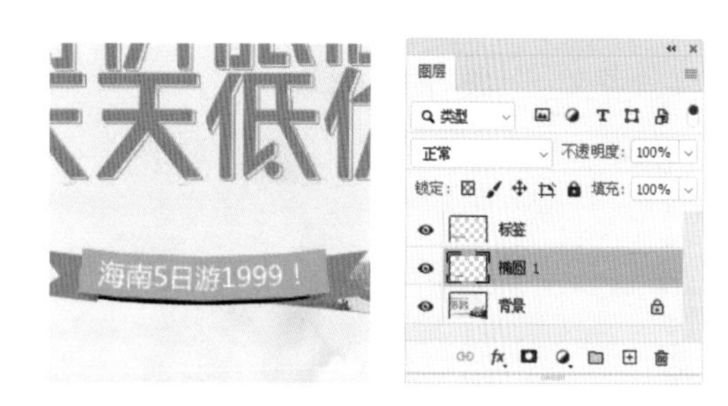

图 1.34

13 选中【椭圆 1】图层，执行菜单栏中的【滤

镜】|【模糊】|【高斯模糊】命令，在弹出的对话框中将【半径】的值更改为5.0像素，完成之后单击【确定】按钮，如图1.35所示。

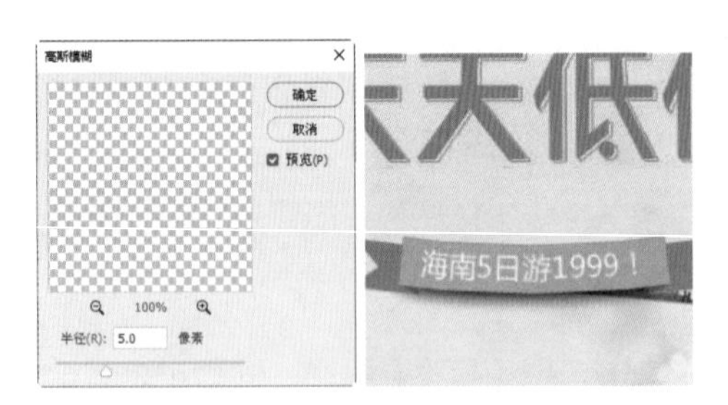

图 1.35

14 选中【椭圆1】图层，将图层【不透明度】的值更改为60%，这样就完成了效果制作，最终效果如图1.36所示。

图 1.36

1.4 放射多边形标识

实例讲解

本例中的标识具有超强的视觉冲击力，制作方法十分简单，首先打开素材，绘制图形并拖动锚点，增强图形视觉冲击力，然后添加文字信息，最终效果如图1.37所示。

图 1.37

调用素材：第1章\放射多边形标识

源文件：第1章\放射多边形标识.psd

操作步骤

1 执行菜单栏中的【文件】|【打开】命令，打开"背景.jpg"文件，如图1.38所示。

2 选择工具箱中的【多边形工具】，在选项栏中将【填充】更改为黄色（R:251，G:222，B:42），设置【描边】为无，单击选项栏中的图标，将【星形比例】的值更改为60%，将【边】的值更改为18，在画布中绘制一个多边形，此时将生成一个【多边形1】图层，如图1.39所示。

图 1.38

图 1.39

图 1.40

3 选择工具箱中的【直接选择工具】，拖动已绘制的图形锚点，将图形变形，如图 1.40 所示。

4 选择工具箱中的【横排文字工具】T，添加文字，这样就完成了效果制作，最终效果如图 1.41 所示。

图 1.41

1.5 挂牌标签

实例讲解

本例讲解挂牌标签制作，挂牌标签是以圆形为基本图形，再绘制线段，将标签悬挂即可，整体效果十分醒目，最终效果如图 1.42 所示。

图 1.42

视频教学

调用素材：第 1 章 \ 挂牌标签制作

源文件：第 1 章 \ 挂牌标签制作 .psd

操作步骤

1 执行菜单栏中的【文件】|【打开】命令，打开“自行车广告 .jpg”文件。

2 选择工具箱中的【椭圆工具】，在选项栏中将【填充】更改为红色（R:250，G:70，B:65），设置【描边】为无，按住 Shift 键绘制一个正圆图形，如图 1.43 所示。

3 在正圆中的上方位置绘制 1 个小正圆路径，并将小正圆图形减去，如图 1.44 所示。

图 1.43

图 1.44

4 选择工具箱中的【直线工具】，在选项栏中将【填充】更改为红色（R:250，G:70，B:65），设置【描边】为无，将【粗细】更改为 2 像素，按住 Shift 键绘制一条线段，如图 1.45 所示。

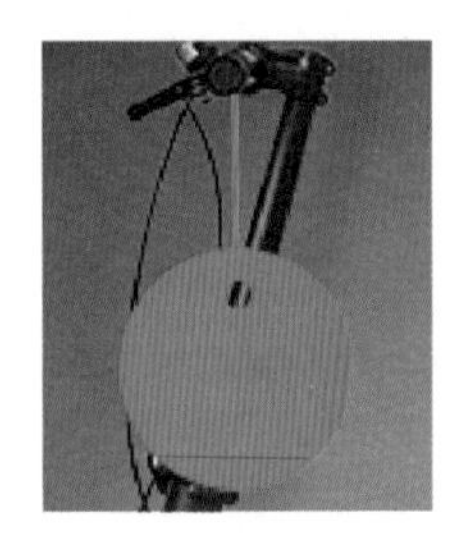

图 1.45

5 在【图层】面板中，单击底部的【添加图层样式】按钮fx，选择【渐变叠加】选项。

6 在弹出的对话框中将【渐变】更改为红色（R:250，G:70，B:65）到红色（R:160，G:20，B:16），完成之后单击【确定】按钮，如图 1.46 所示。

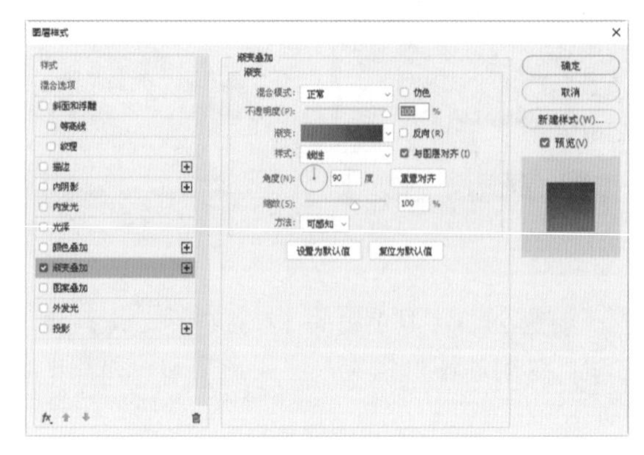

图 1.46

7 选择工具箱中的【横排文字工具】T，添加文字（字体为微软雅黑 Regular），这样就完成了效果制作，最终效果如图 1.47 所示。

图 1.47

1.6 投影标签

实例讲解

投影标签的制作重点在于投影效果，另外，在本例制作过程中还需要注意图像的变形，最终效果如图 1.48 所示。

图 1.48

视频教学

调用素材：第 1 章 \ 投影标签

源文件：第 1 章 \ 投影标签 .psd

操作步骤

1.6.1 打开素材

1 执行菜单栏中的【文件】|【打开】命令，打开“背景.jpg”文件，如图1.49所示。

图1.49

2 选择工具箱中的【矩形工具】▭，在选项栏中将【填充】更改为粉色(R:255,G:128,B:140)，设置【描边】为无，绘制一个矩形，此时将生成一个【矩形1】图层，如图1.50所示。

图1.50

3 在【图层】面板中，选中【矩形1】图层，将其拖至面板底部的【创建新图层】按钮⊞上（执行两次），复制出1个【矩形1拷贝】及1个【矩形1拷贝2】图层，如图1.51所示。

4 选中【矩形1拷贝2】图层，将【填充】更改为无，将【描边】更改为白色，将【大小】更改为1点，单击【设置形状描边类型】按钮，选择一种虚线效果，然后分别将图形宽度和高度等比缩小，完成之后按Enter键确认，效果如图1.52所示。

图1.51

图1.52

1.6.2 制作阴影

1 选中【矩形1】图层，将其图形颜色更改为黑色，按Ctrl+T组合键对其执行【自由变换】命令，分别将图形高度和宽度适当缩小。再在【矩形1】图层上单击鼠标右键，从弹出的快捷菜单中选择【变形】选项，拖动控制点将图形变形，完成之后按Enter键确认，效果如图1.53所示。

图1.53

2 选中【矩形1】图层，执行菜单栏中的【滤镜】|【模糊】|【高斯模糊】命令，在弹出的对话框中将【半径】的值更改为1像素，完成之后单击【确定】按钮，再将图层【不透明度】的值更改为35%，如图1.54所示。

3 选择工具箱中的【横排文字工具】T，在已绘制的图形上添加文字，这样就完成了效果制作，最终效果如图1.55所示。

图 1.54

图 1.55

1.7 日历标签

实例讲解

本例讲解日历标签制作，日历标签的特点是时效性十分明确，标签内容与广告信息十分贴切，以标签为提示体现广告所表现的主题，最终效果如图 1.56 所示。

图 1.56

视频教学

调用素材：第 1 章 \ 日历标签

源文件：第 1 章 \ 日历标签 .psd

操作步骤

1.7.1 绘制矩形

1 执行菜单栏中的【文件】|【打开】命令，打开“背景 .jpg”文件，如图 1.57 所示。

2 选择工具箱中的【矩形工具】，在选项栏中将【填充】更改为白色，设置【描边】为无，在背景文字上方位置绘制一个矩形，此时将生成一个【矩形 1】图层，如图 1.58 所示。

3 在【图层】面板中，选中【矩形 1】图层，将其拖至面板底部的【创建新图层】按钮上，复制出 1 个【矩形 1 拷贝】图层，如图 1.59 所示。

图 1.57

图 1.58　　图 1.59

4 在【图层】面板中选中【矩形 1】图层，单击面板底部的【添加图层样式】按钮fx，在菜单中选择【渐变叠加】选项，在弹出的对话框中将【渐变】更改为灰色（R:54，G:54，B:54）到灰色（R:36，G:36，B:34），将【角度】的值更改为180度，如图1.60所示。

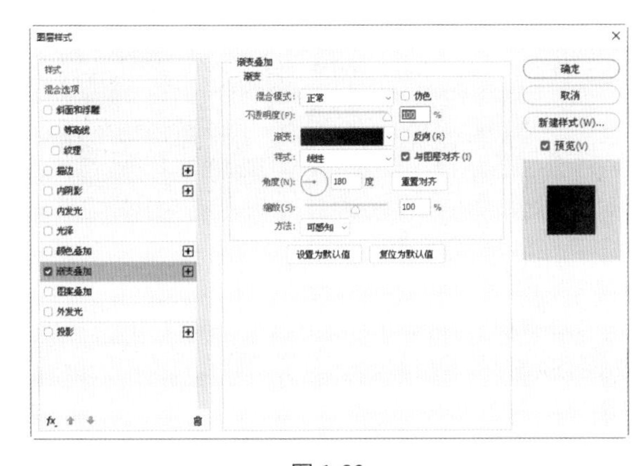

图 1.60

5 选中【投影】复选框，将【不透明度】的值更改为30%，取消选中【使用全局光】复选框，将【角度】的值更改为90度，将【距离】的值更改为3像素，将【大小】的值更改为3像素，完成之后单击【确定】按钮，如图1.61所示。

提示

为【矩形 1】图层中的图形添加图层样式时，可以先将【矩形 1 拷贝】图层暂时隐藏，这样可以更加方便地观察添加的图层样式效果。

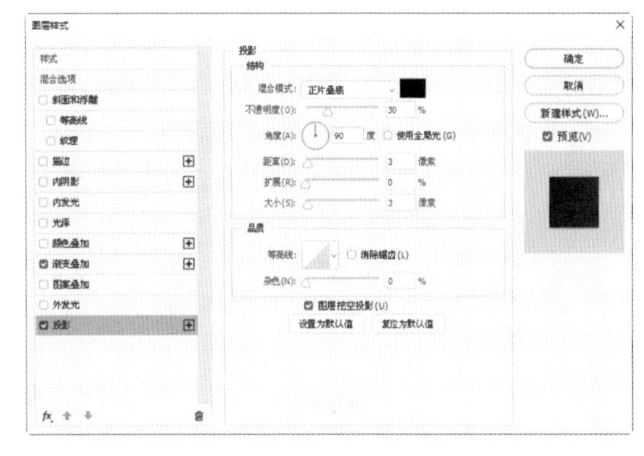

图 1.61

6 选中【矩形 1 拷贝】图层，将图形颜色更改为蓝色（R:0，G:182，B:255），再缩小图形高度，如图1.62所示。

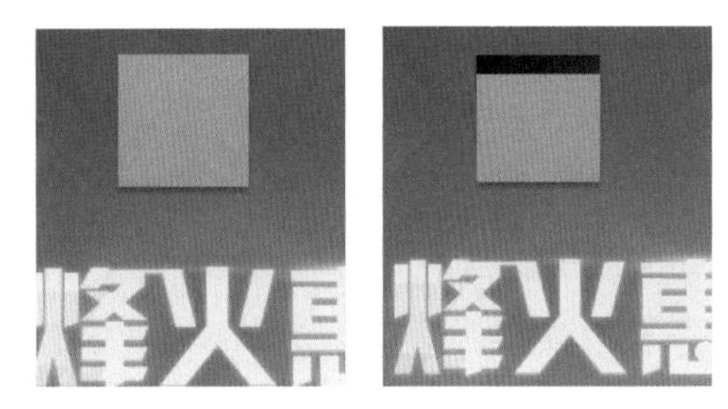

图 1.62

1.7.2 绘制连接线

1 选择工具箱中的【椭圆工具】◯，在选项栏中将【填充】更改为白色，设置【描边】为无，在【矩形 1 拷贝】图层中图形的左上角位置绘制一个稍小的椭圆图形，此时将生成一个【椭圆 1】图层，如图1.63所示。

图 1.63

2 在【图层】面板中选中【椭圆 1】图层，单击面板底部的【添加图层样式】按钮 fx，在菜单中选择【渐变叠加】选项，在弹出的对话框中将【不透明度】的值更改为 60%，完成之后单击【确定】按钮，如图 1.64 所示。

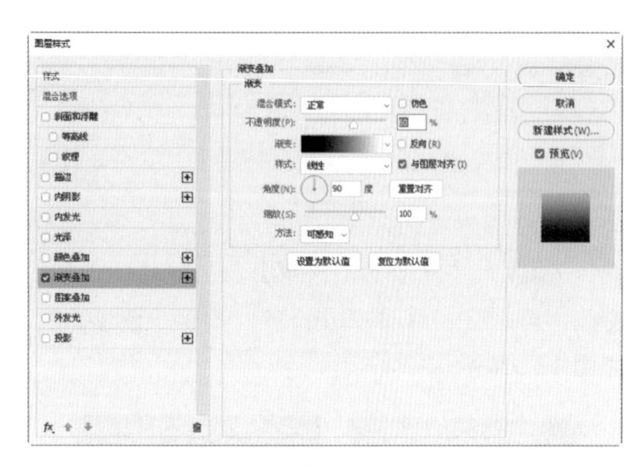

图 1.64

3 选中【椭圆 1】图层，在画布中按住 Alt+Shift 组合键的同时将椭圆向右侧拖动，将图形复制出多份，如图 1.65 所示。

4 选择工具箱中的【横排文字工具】T，在画布适当位置添加文字，这样就完成了效果制作，最终效果如图 1.66 所示。

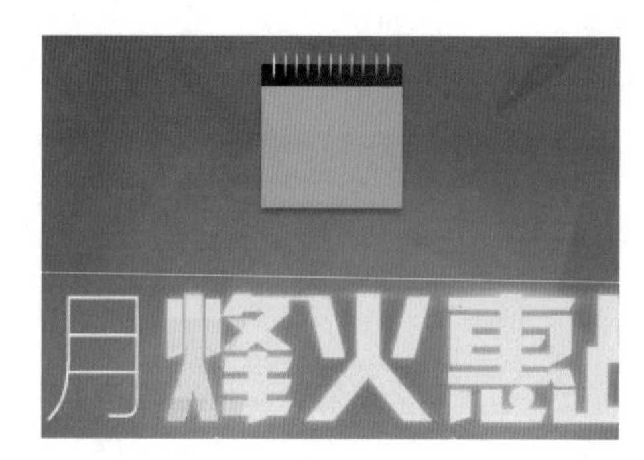

图 1.65

图 1.66

1.8 圆字组合标识

实例讲解

圆字组合标识主要以椭圆图形与文字信息的结合为主，在制作的过程中主要注意对图形的变形处理，最终效果如图 1.67 所示。

图 1.67

视频教学

调用素材：第 1 章 \ 圆字组合标识

源文件：第 1 章 \ 圆字组合标识 .psd

操作步骤

1.8.1 打开素材

1 执行菜单栏中的【文件】|【打开】命令，打开“背景.jpg”文件，如图1.68所示。

图1.68

2 选择工具箱中的【椭圆工具】，在选项栏中将【填充】更改为白色，设置【描边】为无，按住Shift键在背景图右侧位置绘制一个正圆图形，此时将生成一个【椭圆1】图层，如图1.69所示。

图1.69

3 在【图层】面板中，选中【椭圆1】图层，单击面板底部的【添加图层样式】按钮fx，在菜单中选择【渐变叠加】选项，在弹出的对话框中将【混合模式】更改为【正常】，将【渐变】更改为黄色（R:249，G:233，B:207）到黄色（R:250，G:217，B:146），设置【角度】的值为-128度，如图1.70所示。

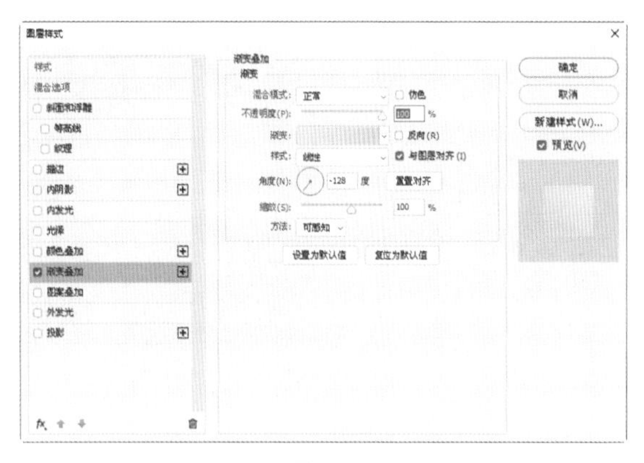

图1.70

4 选中【投影】复选框，将【颜色】更改为深红色（R:111，G:15，B:26），将【不透明度】的值更改为60%，取消选中【使用全局光】复选框，将【角度】的值更改为57度，将【距离】的值更改为4像素，将【大小】的值更改为4像素，完成之后单击【确定】按钮，如图1.71所示。

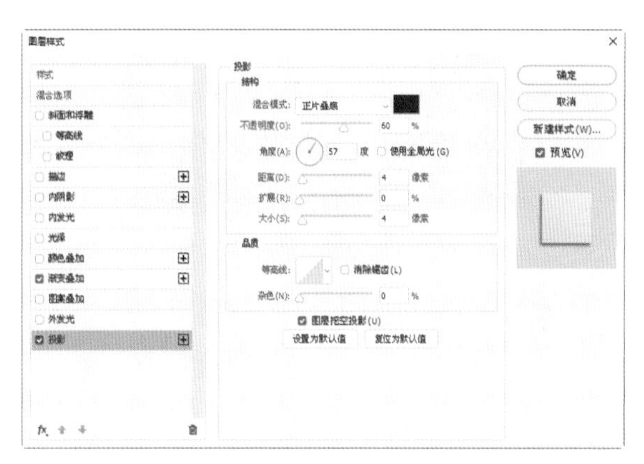

图1.71

5 在【图层】面板中选中【椭圆1】图层，单击面板底部的【添加图层蒙版】按钮，为图层添加图层蒙版，如图1.72所示。

6 选择工具箱中的【多边形套索工具】，在椭圆图形右上角位置绘制一个不规则选区，将选区填充为黑色，将部分图形隐藏，完成之后按Ctrl+D组合键将选区取消，如图1.73所示。

图 1.72

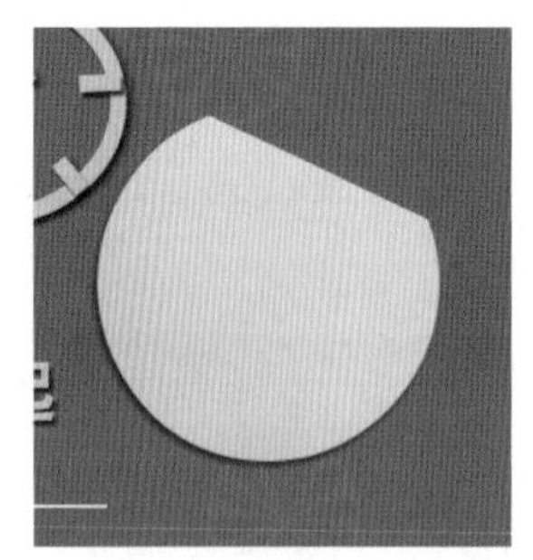

图 1.73

1.8.2 添加文字

1 选择工具箱中的【横排文字工具】T，在椭圆位置添加文字并适当调整，如图 1.74 所示。

图 1.74

2 在【图层】面板中选中【最后】文字图层，单击面板底部的【添加图层样式】按钮fx，在菜单中选择【内阴影】选项，在弹出的对话框中，将【不透明度】的值更改为 50%，将【距离】的值更改为 1 像素，将【大小】的值更改为 1 像素，完成之后单击【确定】按钮，如图 1.75 所示。

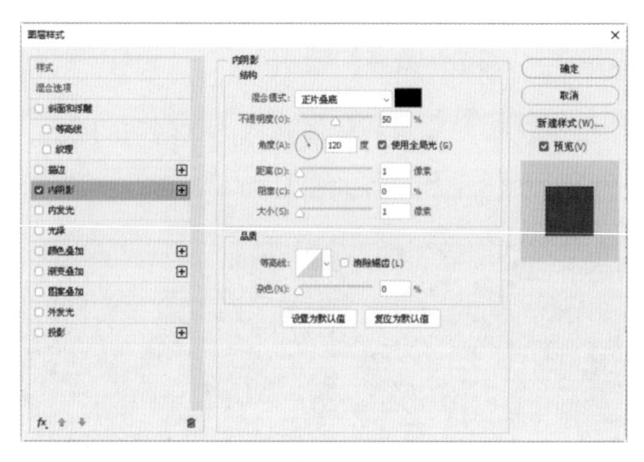

图 1.75

3 在【最后】文字图层上单击鼠标右键，从弹出的快捷菜单中选择【拷贝图层样式】选项，选中【7】及【天】文字图层，分别在其图层名称上单击鼠标右键，从弹出的快捷菜单中选择【粘贴图层样式】选项，这样就完成了效果制作，最终效果如图 1.76 所示。

图 1.76

1.9 双色拼字标识

实例讲解

双色拼字标识意在强调商品的特点，同时双色的对比效果在视觉上能更加出色地凸显出整个广告要传递的信息，最终效果如图 1.77 所示。

图 1.77

视频教学

调用素材：第 1 章 \ 双色拼字标识

源文件：第 1 章 \ 双色拼字标识 .psd

操作步骤

1.9.1 打开素材

1 执行菜单栏中的【文件】|【打开】命令，打开“背景 .jpg”文件，如图 1.78 所示。

图 1.78

2 选择工具箱中的【椭圆工具】，在选项栏中将【填充】更改为深黄色（R:242，G:206，B:120），设置【描边】为无，按住 Shift 键在背景图左下角位置绘制一个正圆图形，如图 1.79 所示，此时将生成一个【椭圆 1】图层。

3 在【图层】面板中选中【椭圆 1】图层，在图层名称上单击鼠标右键，从弹出的快捷菜单中选择【栅格化图层】选项，如图 1.80 所示。

图 1.79

图 1.80

4 选择工具箱中的【多边形套索工具】，在椭圆位置绘制一个不规则选区，以选中部分图形，如图 1.81 所示。

5 在【图层】面板中选中【椭圆 1】图层，单击面板上方的【锁定透明像素】按钮，将当前图层中的透明像素锁定，如图 1.82 所示。

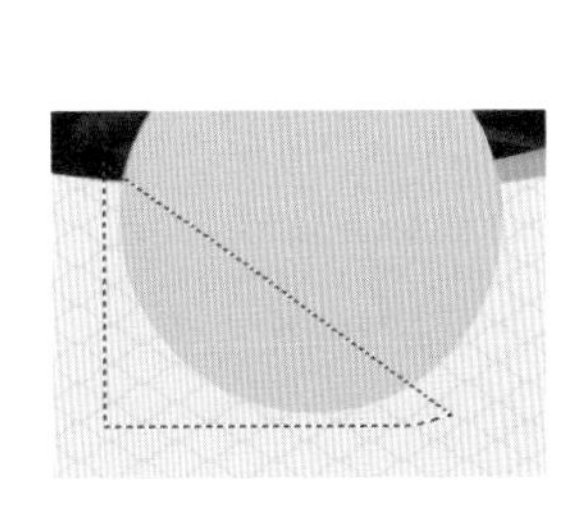

图 1.81

图 1.82

6 选中【椭圆 1】图层，将选区填充为红色（R:183，G:14，B:14），填充完成之后按 Ctrl+D 组合键将选区取消，如图 1.83 所示。

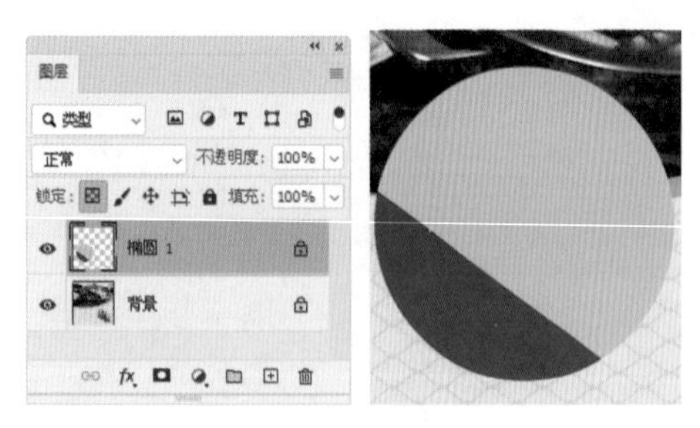

图 1.83

1.9.2 添加文字

1 选择工具箱中的【横排文字工具】T，在椭圆位置添加文字，如图 1.84 所示。

2 选中【火锅底料】文字图层，按 Ctrl+T 组合键对其执行【自由变换】命令，将文字进行适当旋转并放在适当位置，完成之后按 Enter 键确认，效果如图 1.85 所示。

图 1.84

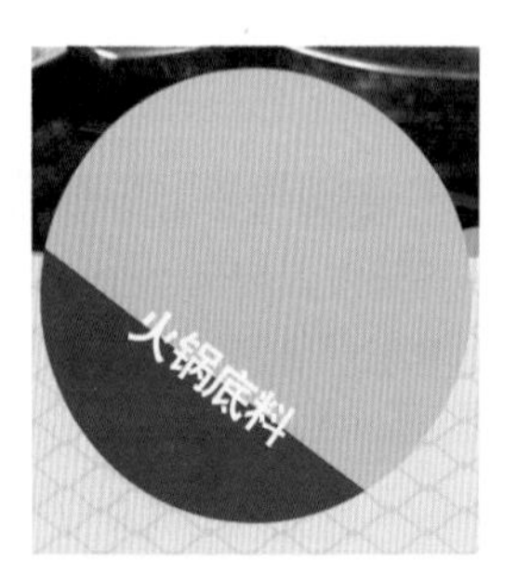

图 1.85

3 在【图层】面板中选中【火锅底料】文字图层，执行菜单栏中的【图层】|【栅格化】|【文字】命令，将当前文字栅格化，如图 1.86 所示。

4 选择工具箱中的【多边形套索工具】，沿着红色边缘绘制一个不规则图形，如图 1.87 所示。

图 1.86

图 1.87

5 选中【火锅底料】文字图层，单击面板上方的【锁定透明像素】按钮，将当前图层中的透明像素锁定，如图 1.88 所示。

6 选中【火锅底料】文字图层，将选区填充为深黄色（R:242，G:206，B:120），如图 1.89 所示。

图 1.88

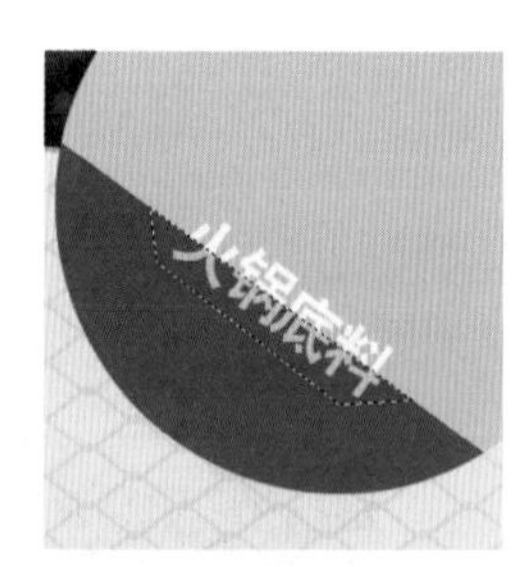

图 1.89

7 在画布中执行菜单栏中的【选择】|【反向】命令，将选区反向选择，再将选区填充为红色（R:183，G:14，B:14），填充完成之后按 Ctrl+D 组合键取消选区，如图 1.90 所示。

图 1.90

8 选择工具箱中的【横排文字工具】T，在椭圆图形位置添加文字，这样就完成了效果制作，最终效果如图 1.91 所示。

图 1.91

1.10　卡通手握标识

实例讲解

本例中的标识制作比较复杂，制作重点在于卡通手形的绘制，在绘制过程中一定要掌握好比例，最终效果如图 1.92 所示。

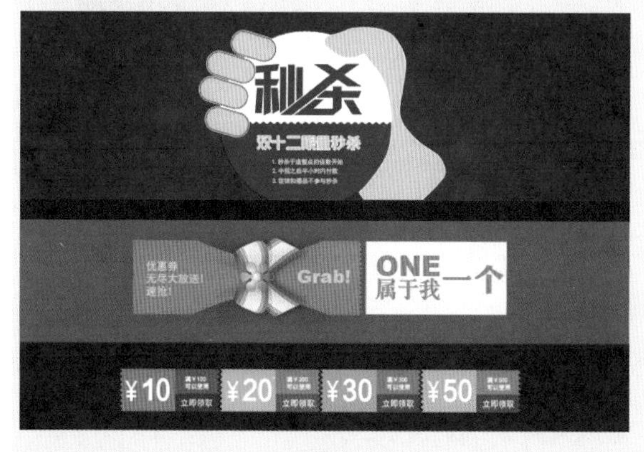

图 1.92

调用素材：第 1 章 \ 卡通手握标识

源文件：第 1 章 \ 卡通手握标识 .psd

操作步骤

1.10.1　打开素材

1 执行菜单栏中的【文件】|【打开】命令，打开“背景 .jpg”文件，如图 1.93 所示。

2 选择工具箱中的【椭圆工具】，在选项栏中将【填充】更改为白色，设置【描边】为无，按住 Shift 键在画布靠上方位置绘制一个正圆图形，此时将生成一个【椭圆 1】图层，如图 1.94 所示。

图 1.93

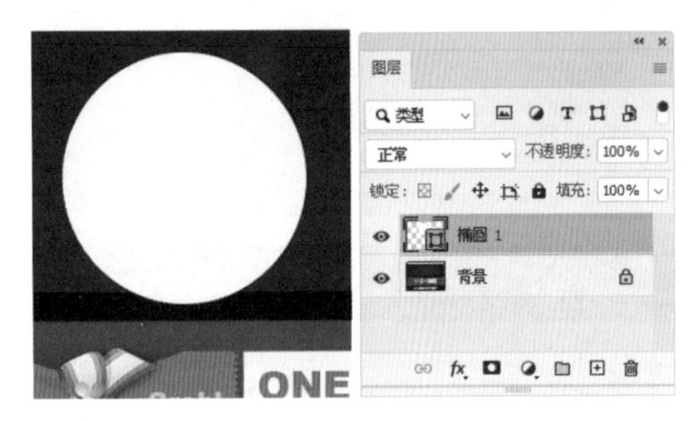

图 1.94

3 选择工具箱中的【矩形工具】▭，在选项栏中将【填充】更改为紫色（R:104，G:3，B:145），设置【描边】为无，在椭圆图形下半部分位置绘制一个矩形，此时将生成一个【矩形 1】图层，如图 1.95 所示。

图 1.95

4 选中【矩形 1】图层，执行菜单栏中的【滤镜】|【扭曲】|【波浪】命令，在弹出的对话框中将【生成器数】更改为 1，将【波长】中的【最小】值更改为 2，将【最大】值更改为 5，将【波幅】中的【最小】值更改为 1，将【最大】值更改为 2，完成之后单击【确定】按钮，如图 1.96 所示。

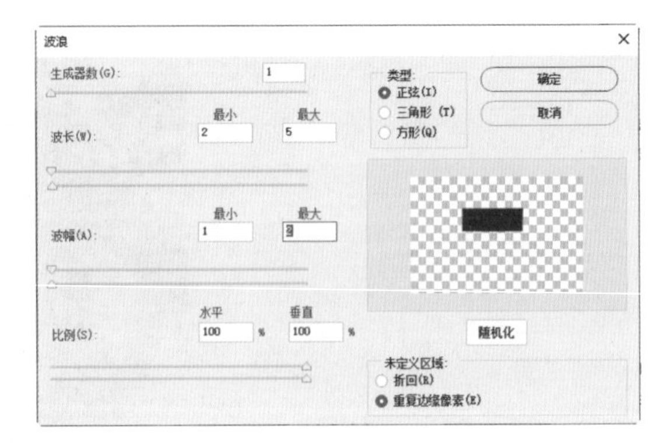

图 1.96

提示

在添加【波浪】效果时，当弹出询问“是否需要栅格化形状？”的对话框时，直接单击【确定】按钮即可。

5 选中【矩形 1】图层，执行菜单栏中的【图层】|【创建剪贴蒙版】命令，为当前图层创建剪贴蒙版，将部分图像隐藏，如图 1.97 所示。

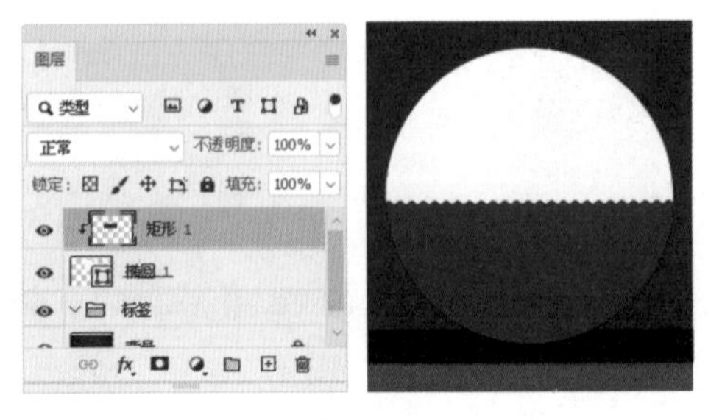

图 1.97

1.10.2 添加文字

1 选择工具箱中的【横排文字工具】**T**，在椭圆图形上添加文字，将部分文字转换为形状并变形，如图 1.98 所示。

2 选择工具箱中的【矩形工具】▭，在选项栏中将【填充】更改为黄色（R:255，G:206，B:26），设置【描边】为深红色（R:32，G:18，B:17），设置【大小】的值为1点，【半径】的值为30像素，在圆形左上角位置绘制一个矩形，调整为圆角矩形，并将其适当旋转，如图1.99所示。

图1.98

图1.99

3 选中【圆角矩形1】图层，单击面板底部的【添加图层样式】按钮fx，在菜单中选择【描边】选项，在弹出的对话框中将【大小】的值更改为2像素，将【颜色】更改为白色，完成之后单击【确定】按钮，如图1.100所示。

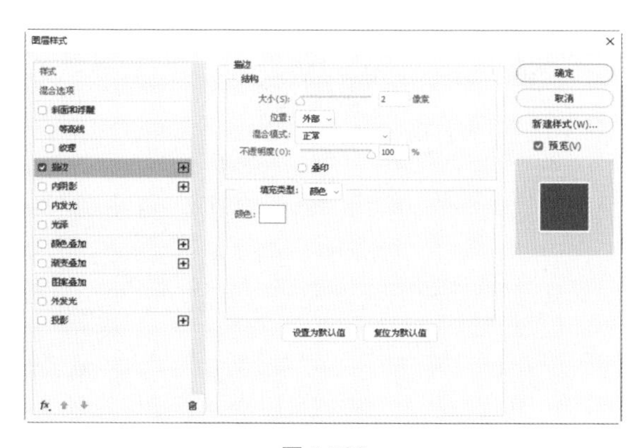

图1.100

4 在【图层】面板中选中【圆角矩形1】图层，将其拖至面板底部的【创建新图层】按钮⊞上，复制出1个【圆角矩形1拷贝】图层。

5 选中【圆角矩形1拷贝】图层，按Ctrl+T组合键对其执行【自由变换】命令，将图形适当旋转，完成之后按Enter键确认。然后选择工具箱中的【直接选择工具】，拖动圆角矩形左侧锚点，增加图形长度，如图1.101所示。

6 以同样的方法将图形再次复制2份并移动变换，如图1.102所示。

图1.101

图1.102

7 选择工具箱中的【钢笔工具】，设置【选择工具模式】为【形状】，将【填充】更改为黄色(R:255，G:206，B:26)，设置【描边】为白色，【大小】为1点，在圆形右侧位置绘制半个手掌形状的不规则图形，如图1.103所示。

8 同时选中除【背景】图层之外的所有图层，按Ctrl+G组合键将图层编组，将生成的组名称更改为“标签”。选中【标签】组，单击面板底部的【添加图层蒙版】按钮，为其添加图层蒙版，如图1.104所示。

图1.103

图1.104

9 选择工具箱中的【矩形选框工具】，在标签图像底部位置绘制一个矩形选区，如图 1.105 所示。

10 将选区填充为黑色，将部分图像隐藏，完成之后按 Ctrl+D 组合键将选区取消，如图 1.106 所示。

图 1.105

图 1.106

11 同时选中【标签】组及【背景】图层，单击选项栏中的【水平居中对齐】按钮，将标签与背景对齐，这样就完成了效果制作，最终效果如图 1.107 所示。

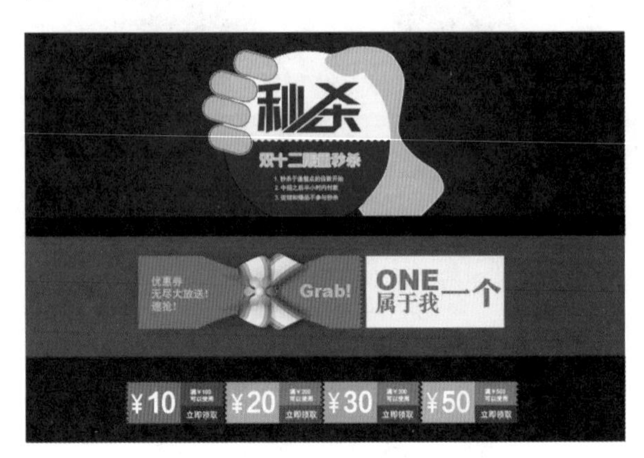

图 1.107

1.11 印章标识

实例讲解

本例讲解印章标识制作，印章标识具有浓郁的怀旧风情，其外观虽不及其他标识华丽，但使用的方向性很强，比如在皮具、复古类等商品广告中经常使用，最终效果如图 1.108 所示。

图 1.108

视频教学

调用素材：第 1 章 \ 印章标识

源文件：第 1 章 \ 印章标识 .psd

操作步骤

1.11.1 绘制标识主轮廓

1 执行菜单栏中的【文件】|【打开】命令，打开“背景.jpg”文件。

2 选择工具箱中的【椭圆工具】◯，在选项栏中将【填充】更改为无，设置【描边】为深红色（R:134，G:0，B:2），【大小】为3点，按住Shift键在图像右下角位置绘制一个正圆图形，此时将生成一个【椭圆1】图层，如图1.109所示。

图 1.109

3 在【图层】面板中选中【椭圆1】图层，将其拖至面板底部的【创建新图层】按钮⊞上，复制出1个【椭圆1拷贝】图层，如图1.110所示。

4 选中【椭圆1拷贝】图层，按Ctrl+T组合键对其执行【自由变换】命令，将图形等比缩小，完成之后按Enter键确认，如图1.111所示。

图 1.110　　图 1.111

5 同时选中【椭圆1拷贝】及【椭圆1】图层，按Ctrl+G组合键将其编组，此时将生成1个【组1】组，再单击面板底部的【添加图层蒙版】◘按钮，为其添加图层蒙版，如图1.112所示。

6 选择工具箱中的【矩形选框工具】⬚，在图形位置绘制1个矩形选区，如图1.113所示。

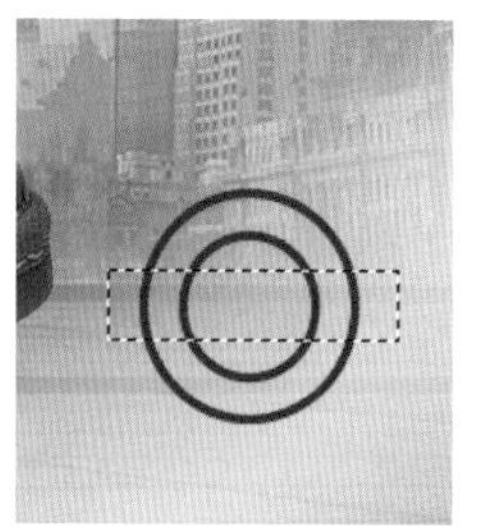

图 1.112　　图 1.113

7 将选区填充为黑色并隐藏部分图形，完成之后按Ctrl+D组合键将选区取消，如图1.114所示。

8 选择工具箱中的【横排文字工具】T，在隐藏图形的空缺位置添加文字，如图1.115所示。

图 1.114　　图 1.115

9 选中【限时特价】文字图层，按Ctrl+T组合键对其执行【自由变换】命令，将文字高度适当缩小，完成之后按Enter键确认，如图1.116所示。

10 选择工具箱中的【多边形工具】⬡，在选项栏中将【填充】更改为深红色(R:134，G:0，B:2)，单击选项栏中的⚙图标，将【星形比例】的值更改为50%，将【边】的值更改为5，绘制一个星形，如图1.117所示，此时将生成一个【多边形1】图层。

11 选中【多边形1】图层，按住Alt键在画布中拖动，将图形复制数份并放在适当位置，如图1.118所示。

12 同时选中除【背景】图层之外的所有图层，按 Ctrl+G 组合键将图层编组，将生成的组名称更改为“组 2”，如图 1.119 所示。

图 1.116

图 1.117

图 1.118

图 1.119

1.11.2 添加印章效果

1 选择工具箱中的【矩形选框工具】，在图像位置绘制 1 个矩形选区，如图 1.120 所示。

2 单击图层面板底部的【创建新图层】按钮，新建一个【图层 1】图层，如图 1.121 所示。

图 1.120

图 1.121

3 将选区填充为白色，完成之后按 Ctrl+D 组合键将选区取消。

4 执行菜单栏中的【滤镜】|【杂色】|【添加杂色】命令，在弹出的对话框中分别选中【平均分布】单选按钮及【单色】复选框，将【数量】更改为 100%，完成之后单击【确定】按钮。

5 在【图层】面板中选中【组 2】，单击面板底部的【添加图层蒙版】按钮，为当前图层添加图层蒙版，如图 1.122 所示。

6 选择工具箱中的【魔棒工具】，在图像中黑色像素点位置单击以创建选区，如图 1.123 所示。

图 1.122

图 1.123

提示

在载入黑色部分杂点图像时，可将图像放大，进行载入选区操作。

7 将选区填充为黑色并隐藏部分图像，以创建印章效果，完成之后按 Ctrl+D 组合键将选区取消。

8 选中【组 2】图层，按 Ctrl+T 组合键对其执行【自由变换】命令，将图像适当旋转，完成之后按 Enter 键确认，最后将【图层 1】删除，这样就完成了印章效果制作，最终效果如图 1.124 所示。

图 1.124

1.12 牛仔风标识

实例讲解

本例讲解牛仔风标识，本例的制作过程比较烦琐，通过将不同的蓝色图形进行组合以体现牛仔风的特点，在制作过程中重点注意对图像中细节处的处理，最终效果如图 1.125 所示。

图 1.125

视频教学

调用素材：第 1 章 \ 牛仔风标识

源文件：第 1 章 \ 牛仔风标识 .psd

操作步骤

1.12.1 绘制主图形

1 执行菜单栏中的【文件】|【打开】命令，打开“背景 .jpg”文件。

2 选择工具箱中的【钢笔工具】，设置【选择工具模式】为【形状】，将【填充】更改为白色，将【描边】更改为无，在文字下方位置绘制 1 个不规则图形，此时将生成一个【形状 1】图层，如图 1.126 所示。

图 1.126

3 在【图层】面板中选中【形状 1】图层，将其拖至面板底部的【创建新图层】按钮上，复制出 1 个【形状 1 拷贝】图层，如图 1.127 所示。

4 选中【形状 1 拷贝】图层，按 Ctrl+T 组合键对其执行【自由变换】命令，在图形上单击鼠标右键，从弹出的快捷菜单中选择【水平翻转】选项，完成之后按 Enter 键确认，将复制生成的图形与原图形对齐，如图 1.128 所示。

图 1.127

图 1.128

5 同时选中【形状 1 拷贝】及【形状 1】图层，按 Ctrl+E 组合键将其合并，此时将生成一个【形状 1 拷贝】图层。

6 在【图层】面板中，选中【形状 1 拷贝】图层，单击面板底部的【添加图层样式】按钮 fx，在菜单中选择【描边】选项，在弹出的对话框中将

【大小】的值更改为 1 像素，将【颜色】更改为深蓝色（R:0，G:25，B:47），如图 1.129 所示。

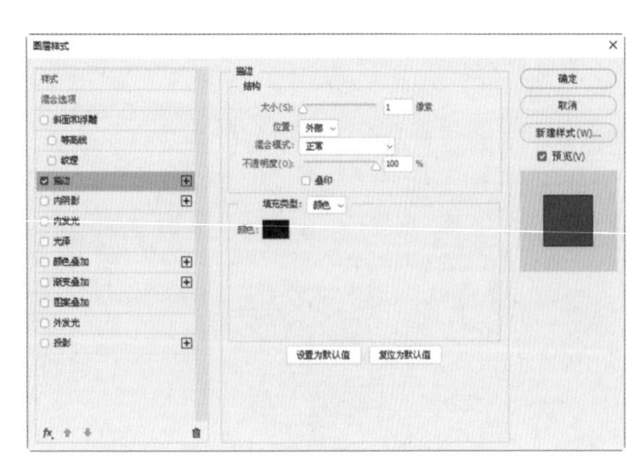

图 1.129

7 选中【渐变叠加】复选框，将【渐变】更改为蓝色（R:4，G:86，B:136）到蓝色（R:0，G:160，B:255），完成之后单击【确定】按钮，如图 1.130 所示。

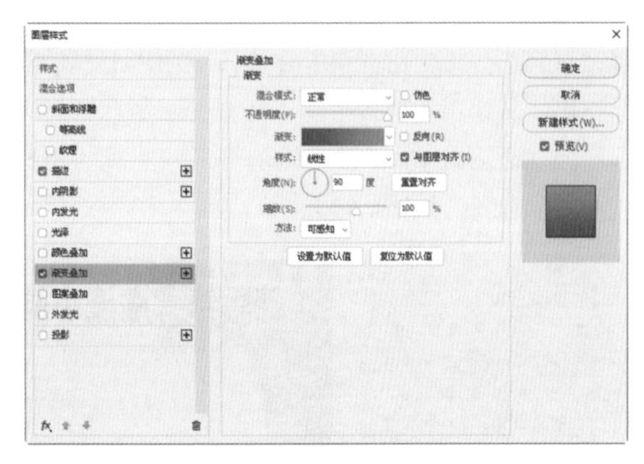

图 1.130

8 在【图层】面板中选中【形状 1 拷贝】图层，将其拖至面板底部的【创建新图层】按钮⊞上，复制出 1 个【形状 1 拷贝 2】图层。

9 双击【形状 1 拷贝 2】图层样式名称，在弹出的对话框中选中【描边】复选框，将【颜色】更改为蓝色（R:46，G:170，B:243）。再选中【渐变叠加】复选框，选中【反向】复选框，将【样式】更改为【径向】，将【角度】更改为 0 度，完成之后单击【确定】按钮。

10 选中【形状 1 拷贝 2】图层，按 Ctrl+T 组合键对其执行【自由变换】命令，将图形等比缩小，完成之后按 Enter 键确认，如图 1.131 所示。

图 1.131

11 在【图层】面板中选中【形状 1 拷贝 2】图层，将其拖至面板底部的【创建新图层】按钮⊞上，复制出 1 个【形状 1 拷贝 3】图层，删除它的图层样式，如图 1.132 所示。

12 将【形状 1 拷贝 3】图层中图形的【填充】更改为无，将【描边】更改为蓝色（R:70，G:184，B:255），单击【设置形状描边类型】按钮，在弹出的选项中选择第 2 种虚线描边类型，再按 Ctrl+T 组合键对其执行【自由变换】命令，将图形等比缩小，完成之后按 Enter 键确认，效果如图 1.133 所示。

图 1.132

图 1.133

13 在【图层】面板中选中【形状 1 拷贝 3】图层，单击面板底部的【添加图层蒙版】按钮◘，为当前图层添加图层蒙版，如图 1.134 所示。

14 选择工具箱中的【矩形选框工具】⬚，在图形中间位置绘制一个矩形选区，以选中中间描边区域，如图 1.135 所示。

图 1.134

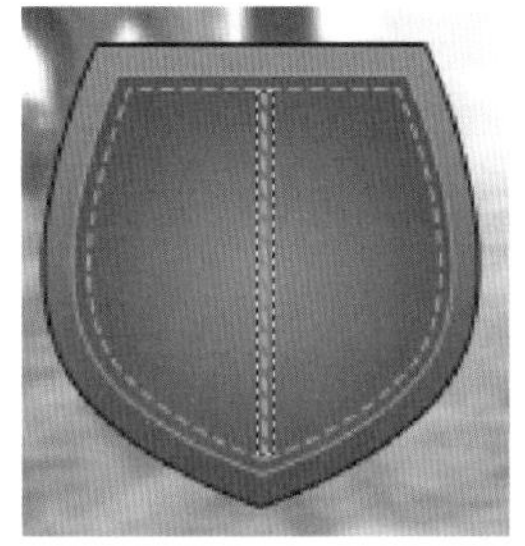
图 1.135

1.12.2 添加文字信息

1 将选区填充为黑色并隐藏部分图形，完成之后按Ctrl+D组合键将选区取消，如图1.136所示。

2 选择工具箱中的【横排文字工具】T，在图形上添加文字，如图 1.137 所示。

图 1.136

图 1.137

3 在【图层】面板中选中【100%】文字图层，单击面板底部的【添加图层样式】按钮fx，在菜单中选择【渐变叠加】选项，在弹出的对话框中将【渐变】更改为蓝色（R:206，G:237，B:250）到白色，如图 1.138 所示。

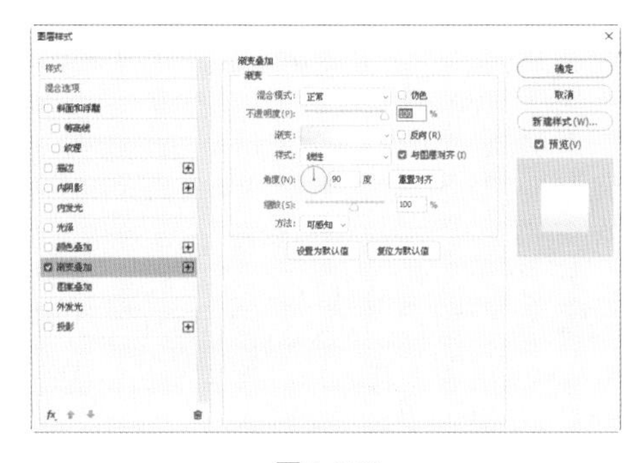
图 1.138

4 选中【投影】复选框，将【不透明度】的值更改为30%，取消选中【使用全局光】复选框，将【角度】的值更改为 90 度，将【距离】的值更改为 2 像素，将【大小】的值更改为 2 像素，完成之后单击【确定】按钮，如图 1.139 所示。

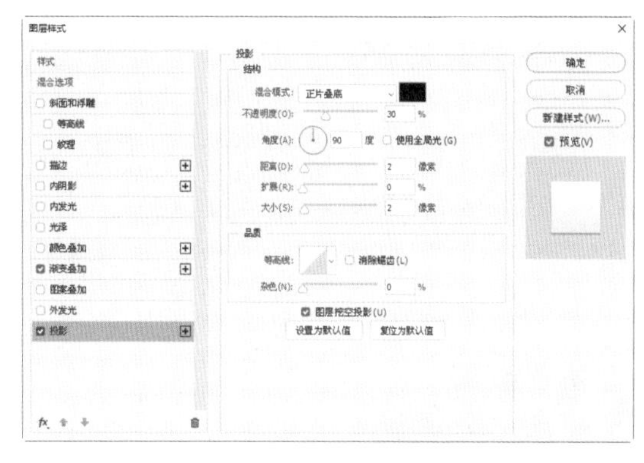
图 1.139

5 在【100%】文字图层名称上单击鼠标右键，从弹出的快捷菜单中选择【拷贝图层样式】选项，在【Pure cotton】文字图层名称上单击鼠标右键，从弹出的快捷菜单中选择【粘贴图层样式】选项，如图 1.140 所示。

图 1.140

6 选择工具箱中的【多边形工具】，在选项栏中将【填充】更改为白色，将【描边】更改为无，单击选项栏中的图标，将【星形比例】的值更改为 50%，将【边】的值更改为 5，在添加的文字顶部位置绘制 1 个星形，此时将生成一个【多边形 1】图层，如图 1.141 所示。

图 1.141

7 选择工具箱中的【矩形工具】，在选项栏中将【填充】更改为白色，设置【描边】为无，在图形靠下半部分位置绘制一个矩形，此时将生成一个【矩形 1】图层，如图 1.142 所示。

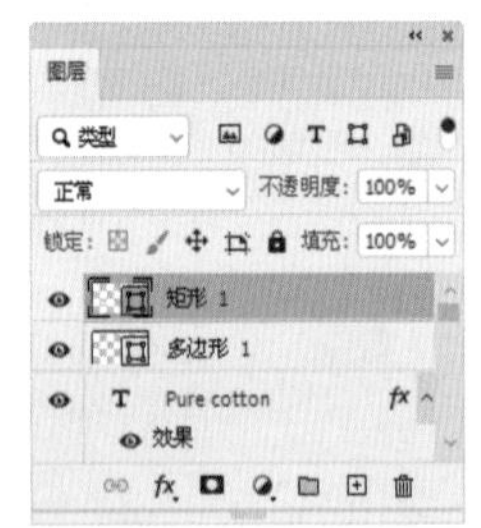

图 1.142

8 在【图层】面板中选中【矩形 1】图层，单击面板底部的【添加图层样式】按钮fx，在菜单中选择【渐变叠加】选项，在弹出的对话框中将【渐变】更改为蓝色（R:0，G:66，B:108）到蓝色（R:0，G:108，B:180），完成之后单击【确定】按钮，如图 1.143 所示。

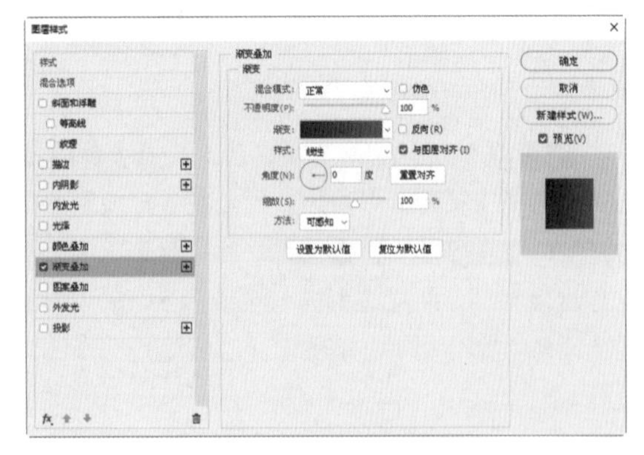

图 1.143

9 选择工具箱中的【直线工具】，在选项栏中将【填充】更改为无，设置【描边】为白色，将【粗细】更改为 1 像素，单击【设置形状描边类型】按钮，在弹出的选项中选择第 2 种虚线描边类型，按住 Shift 键在已绘制的矩形靠顶部边缘位置绘制一条水平线段，此时将生成一个【形状 1】图层，如图 1.144 所示。

图 1.144

10 在【图层】面板中选中【形状 1】图层，单击面板底部的【添加图层样式】按钮fx，在菜单中选择【投影】选项，在弹出的对话框中取消选中【使用全局光】复选框，将【角度】的值更改为 90 度，将【距离】的值更改为 1 像素，将【大小】的值更改为 2 像素，完成之后单击【确定】按钮，如图 1.145 所示。

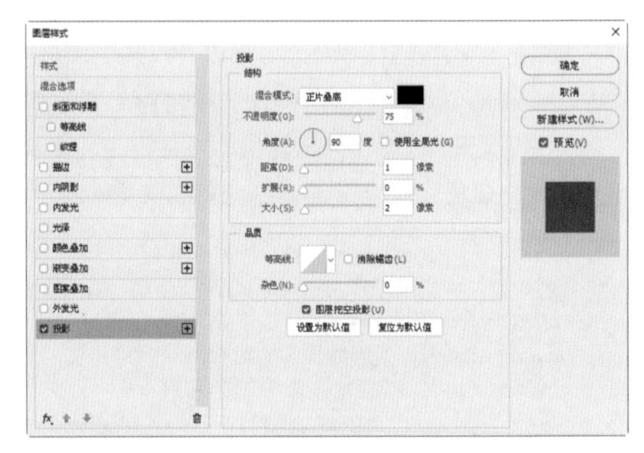

图 1.145

11 在【图层】面板中选中【形状 1】图层，将其拖至面板底部的【创建新图层】按钮上，复制出 1 个【形状 1 拷贝 4】图层，在视图中将图形向下垂直移动，如图 1.146 所示。

图 1.146

12 同时选中【形状 1 拷贝 4】【形状 1】及【矩形 1】图层，按 Ctrl+G 组合键将其编组，此时将生成 1 个【组 1】组，按 Ctrl+E 组合键将其向下合并。

13 选中【组 1】图层，按 Ctrl+T 组合键对其执行【自由变换】命令，单击鼠标右键，从弹出的快捷菜单中选择【变形】选项，设置【变形】为【拱起】，将【弯曲】的值更改为 -10%，完成之后按 Enter 键确认，效果如图 1.147 所示。

图 1.147

14 选择工具箱中的【钢笔工具】，设置【选择工具模式】为【形状】，将【填充】更改为任意颜色，将【描边】更改为无，在已经过变形的图像左侧位置绘制 1 个不规则图形，此时将生成一个【形状 1】图层，将其移至【背景】图层上方，效果如图 1.148 所示。

15 在【图层】面板中选中【形状 1】图层，将其拖至面板底部的【创建新图层】按钮上，复制出 1 个【形状 1 拷贝 4】图层。

16 在【图层】面板中选中【形状 1】图层，单击面板底部的【添加图层样式】按钮fx，在菜单中选择【渐变叠加】选项，在弹出的对话框中将【渐变】更改为蓝色（R:7，G:65，B:102）到蓝色（R:3，G:102，B:167），将【角度】的值更改为 0 度，完成之后单击【确定】按钮，如图 1.149 所示。

图 1.148

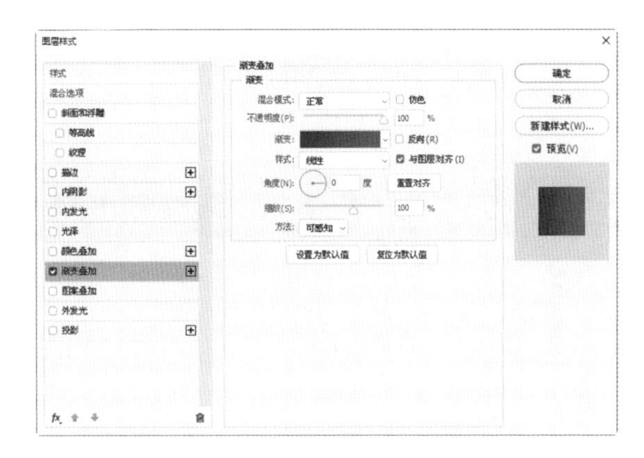

图 1.149

17 选中【组 1】图层，按 Ctrl+T 组合键对其执行【自由变换】命令，单击鼠标右键，从弹出的快捷菜单中选择【变形】选项，设置【变形】为【拱起】，将【弯曲】的值更改为 -10%，完成之后按 Enter 键确认，效果如图 1.150 所示。

18 同时选中【形状 1 拷贝 4】及【形状 1】图层，按住 Alt+Shift 组合键在画布中将其向右侧拖动，对其进行复制。再按 Ctrl+T 组合键对其执行【自由变换】命令，单击鼠标右键，从弹出的快捷菜单中选择【水平翻转】选项，完成之后按 Enter 键确认，效果如图 1.151 所示。

19 选择工具箱中的【横排文字工具】T，在图形的适当位置添加文字，如图 1.152 所示。

图 1.150

图 1.151

图 1.152

20 选中【COWBOY】文字图层，按 Ctrl+T 组合键对其执行【自由变换】命令，单击鼠标右键，从弹出的快捷菜单中选择【变形】选项，设置【变形】为【拱起】，将【弯曲】的值更改为 -10%，完成之后按 Enter 键确认，这样就完成了效果制作，最终效果如图 1.153 所示。

图 1.153

1.13 立体指向标签

实例讲解

立体指向标签的制作重点在于立体效果的实现，通常以折叠形式呈现，最终效果如图 1.154 所示。

图 1.154

视频教学

调用素材：第 1 章 \ 立体指向标签

源文件：第 1 章 \ 立体指向标签 .psd

操作步骤

1.13.1 打开素材

1 执行菜单栏中的【文件】|【打开】命令，打开“背景 .jpg”文件，如图 1.155 所示。

2 选择工具箱中的【钢笔工具】，设置【选择工具模式】为【形状】，将【填充】更改为白色，将【描边】更改为无，绘制一个不规则图形，此时将生成一个【形状 1】图层，如图 1.156 所示。

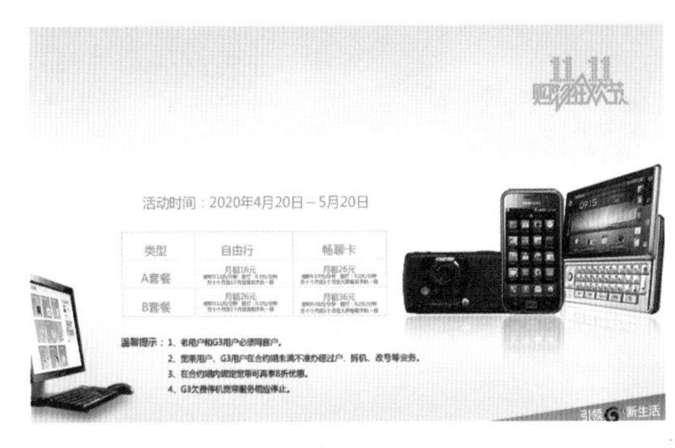

图 1.155

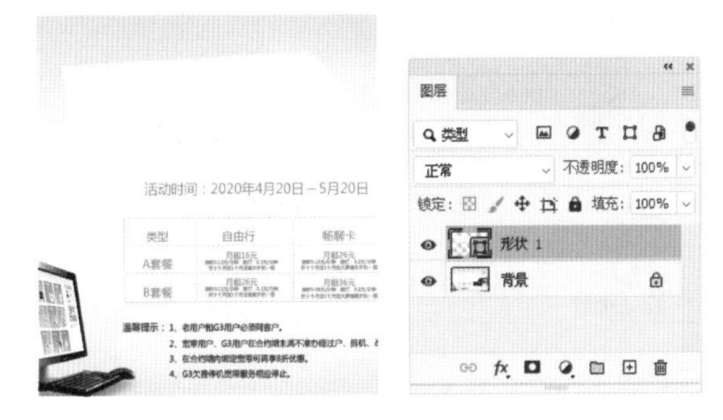

图 1.156

3 在【图层】面板中选中【形状 1】图层，单击面板底部的【添加图层样式】按钮 fx，在菜单中选择【渐变叠加】选项，在弹出的对话框中将【渐变】更改为绿色（R:94，G:175，B:80）到绿色（R:50，G:120，B:57），将【角度】的值更改为 180 度，完成之后单击【确定】按钮，如图 1.157 所示。

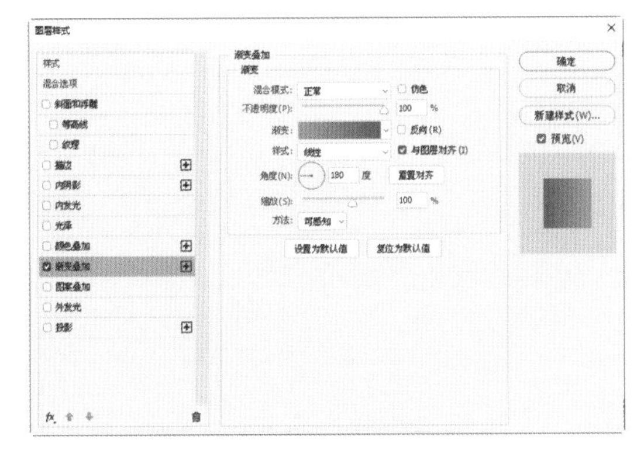

图 1.157

4 以同样的方法，在已绘制的图形左下角靠下位置绘制一个稍小的不规则图形，此时将生成一个【形状 2】图层，在图层面板中将【形状 2】移至【形状 1】图层下方，如图 1.158 所示。

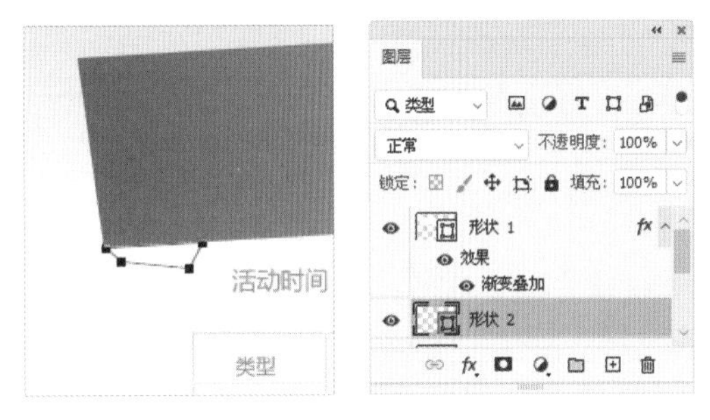

图 1.158

5 在【形状 1】图层上单击鼠标右键，从弹出的快捷菜单中选择【拷贝图层样式】选项，在【形状 2】图层上单击鼠标右键，从弹出的快捷菜单中选择【粘贴图层样式】选项，双击【形状 2】图层样式名称，在弹出的对话框中，选中【反向】复选框，完成之后单击【确定】按钮，如图 1.159 所示。

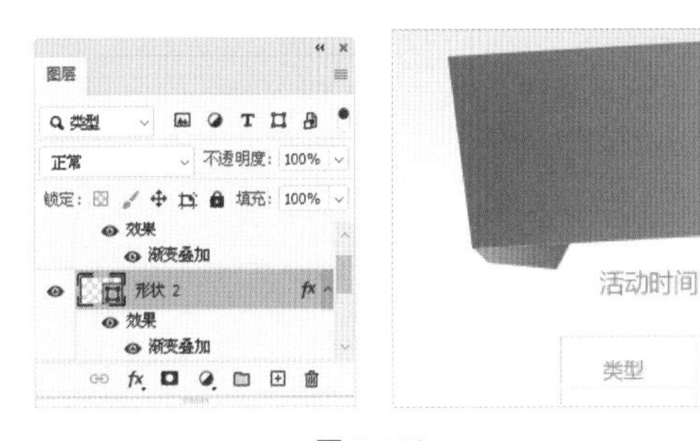

图 1.159

6 以同样的方法，在已绘制的图形下方位置继续绘制图形，并组合成一个折叠样式的立体图像效果，如图 1.160 所示。

1.13.2 添加文字

1 选择工具箱中的【横排文字工具】T，在绘制的图形位置添加文字，如图 1.161 所示。

图 1.160

图 1.161

图 1.162

2 选择工具箱中的【钢笔工具】，设置【选择工具模式】为【形状】，将【填充】更改为白色，将【描边】更改为无，在添加的文字旁边位置绘制一个不规则图形，如图 1.162 所示。

3 以同样的方法，在文字旁边其他位置绘制相似图形，这样就完成了效果制作，最终效果如图 1.163 所示。

图 1.163

第 2 章

视觉艺术，常见装饰字体制作

本章介绍

艺术字主要用来表现文字的美感，在电商设计中，艺术字能够增强广告的视觉效果，突出商品的特性和卖点。通过对本章的学习，读者将对不同视觉效果的艺术字体有一个全新的认识，同时在制作艺术字方面也将有一个全面的提升。

学习目标

- 学会粉笔特效字制作
- 了解立体条纹字的制作
- 掌握智能科技字的制作
- 了解拼贴字及限时秒杀字的制作
- 学会时装字的制作

2.1 粉笔特效字

实例讲解

本例讲解粉笔特效字制作，粉笔特效字主要以白色文字为视觉焦点，以深色背景作为衬托，整个文字样式表现出粉笔痕迹特征，其制作过程比较简单，最终效果如图 2.1 所示。

图 2.1

视频教学

调用素材：第 2 章 \ 粉笔特效字制作

源文件：第 2 章 \ 粉笔特效字制作 .psd

操作步骤

1 执行菜单栏中的【文件】|【打开】命令，打开“背景 .jpg”文件。

2 选择工具箱中的【横排文字工具】T，添加文字（字体为 MStiffHei PRC），如图 2.2 所示。

图 2.2

3 在【图层】面板中选中【洋酒节品鉴会】文字图层，将其拖至面板底部的【创建新图层】按钮⊞上，复制出 1 个【洋酒节品鉴会 拷贝】图层。

4 选中【洋酒节品鉴会】图层，执行菜单栏中的【滤镜】|【杂色】|【添加杂色】命令，在弹出的对话框中单击【转换为智能对象】按钮。

5 在弹出的对话框中，设置【数量】的值为 50%，分别选中【分布】中的【高斯分布】单选按钮及【单色】复选框，完成之后单击【确定】按钮，如图 2.3 所示。

图 2.3

6 执行菜单栏中的【滤镜】|【模糊】|【动感模糊】命令，在弹出的对话框中将【角度】的值更改为 50 度，设置【距离】的值为 10 像素，完成之后单击【确定】按钮，如图 2.4 所示。

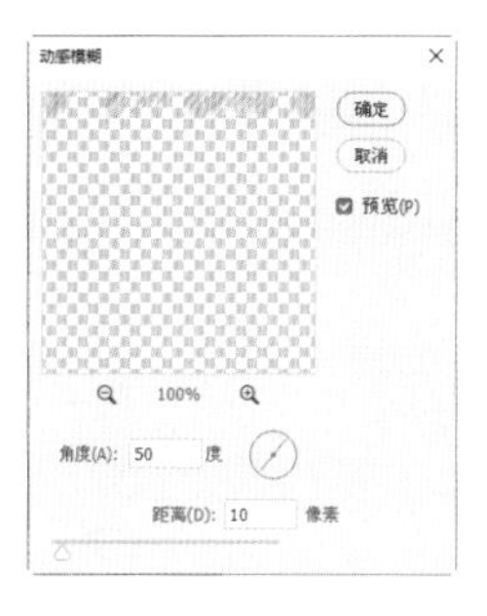

图 2.4

7 在【图层】面板中选中【洋酒节品鉴会 拷贝】图层，单击面板底部的【添加图层样式】按钮*fx*，在菜单中选择【描边】选项，在弹出的对话框中将【大小】的值更改为 1 像素，将【颜色】更改为白色，完成之后单击【确定】按钮，如图 2.5 所示。

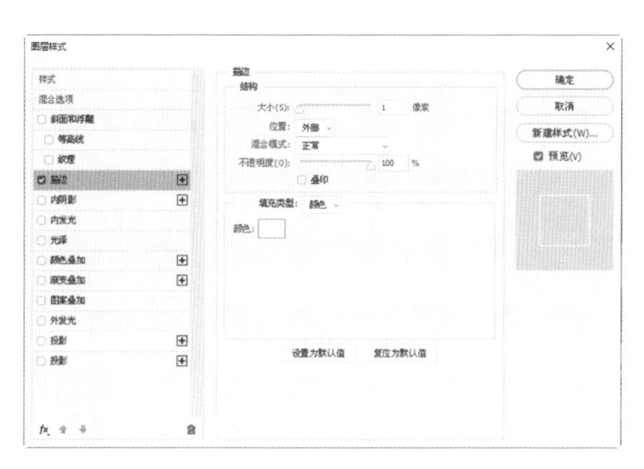

图 2.5

8 将【洋酒节品鉴会 拷贝】图层的【填充】值更改为 0%，如图 2.6 所示。

9 在【图层】面板中选中【洋酒节品鉴会】图层，单击面板底部的【添加图层蒙版】按钮■，为其添加图层蒙版，如图 2.7 所示。

10 按住 Ctrl 键的同时单击【洋酒节品鉴会 拷贝】图层缩览图，将其载入选区，如图 2.8 所示。

图 2.6

图 2.7　　图 2.8

11 执行菜单栏中的【选择】|【反向】命令，将选区反向，然后将选区填充为黑色并隐藏部分图像，完成之后按 Ctrl+D 组合键将选区取消，这样就完成了效果制作，最终效果如图 2.9 所示。

图 2.9

2.2 立体条纹字

实例讲解

立体条纹字的制作比较简单，首先制作出立体文字效果，再为其添加条纹纹理即可，本例中的字体以突出春装的特点为主，最终效果如图 2.10 所示。

图 2.10

视频教学

调用素材：第 2 章 \ 立体条纹字

源文件：第 2 章 \ 立体条纹字 .psd

操作步骤

1 执行菜单栏中的【文件】|【打开】命令，打开“背景 .jpg”文件，如图 2.11 所示。

图 2.11

2 选择工具箱中的【横排文字工具】T，在画布中的适当位置添加文字（字体为华康俪金黑 W8(P)，大小为 88 点），如图 2.12 所示。

图 2.12

3 在【图层】面板中选中已添加的文字图层，单击面板底部的【添加图层样式】按钮 fx，从快捷菜单中选择【描边】选项，在弹出的对话框中将【大小】的值更改为 2 像素，将【颜色】更改为绿色（R:133，G:179，B:36），如图 2.13 所示。

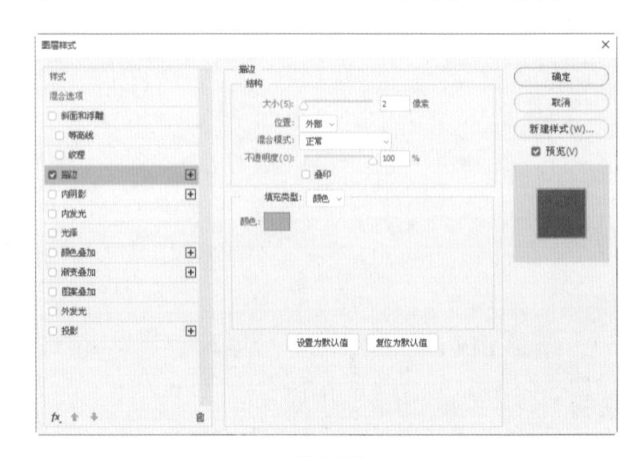

图 2.13

4 选中【投影】复选框，将【距离】的值更改为 3，将【大小】的值更改为 5，完成之后单击【确定】按钮，如图 2.14 所示。

5 在【图层】面板中，选中【春装特卖会】文字图层，将其拖至面板底部的【创建新图层】按钮 ⊞ 上，复制出一个文字副本图层。选中【春装特卖会 拷贝】图层，将其向左下角方向稍微移动，如图 2.15 所示。

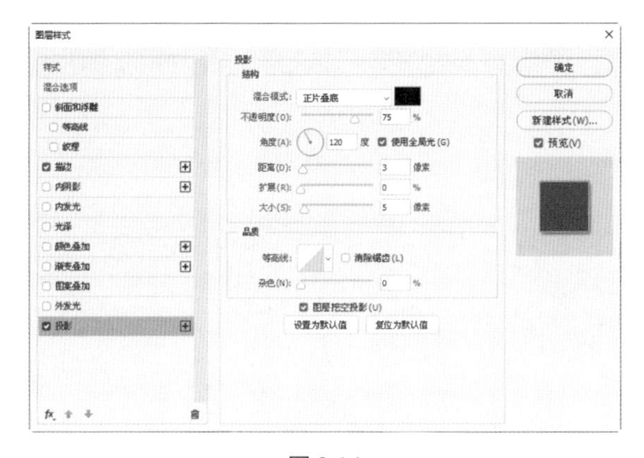

图 2.14

图 2.15

6 选择工具箱中的【直线工具】╱，在选项栏中将【填充】更改为绿色（R:133，G:179，B:36），设置【描边】为无，【粗细】为1像素，在文字靠左上方处绘制一条倾斜的直线，此时将生成一个【形状1】图层，如图2.16所示。

图 2.16

7 在【图层】面板中，按住Ctrl键的同时单击【形状1】图层，将其载入选区，按Ctrl+Alt+T组合键对其执行【复制变换】命令，将复制的直线向右下方移动一定距离，按Enter键确认移动，如图2.17所示。

8 按Ctrl+Alt+Shift组合键的同时，多次按T键进行多重复制，直至将文字完全覆盖，如图2.18所示。

图 2.17

图 2.18

9 选中【形状1】图层，执行菜单栏中的【图层】|【创建剪贴蒙版】命令，为当前图层创建剪贴蒙版效果，将文字之外的图形隐藏，这样就完成了效果制作，最终效果如图2.19所示。

图 2.19

技巧

选中当前图层或组，按Ctrl+Alt+G组合键可快速执行剪切蒙版命令。

提示

当为一个形状图层创建剪贴蒙版之后，形状的路径在画布中会显示，只有在选中其他图层的情况下，最终的剪切蒙版效果才可见，当前形状显示的边缘并不影响印刷以及发布，它只会出现在对画布进行编辑的时候。

2.3 智能科技字

实例讲解

本例讲解智能科技字的制作，在制作过程中主要注意对文字细节的处理，最终效果如图 2.20 所示。

图 2.20

调用素材：第 2 章\智能科技字

源文件：第 2 章\智能科技字 .psd

操作步骤

1 执行菜单栏中的【文件】|【打开】命令，打开“背景 .jpg”文件。

2 选择工具箱中的【横排文字工具】T，在图中间靠顶部位置添加文字（字体：汉仪菱心体简，大小 :80 点），如图 2.21 所示。

3 在文字图层名称上单击鼠标右键，从弹出的快捷菜单中选择【转换为形状】选项，如图2.22 所示。

图 2.21

图 2.22

4 选择工具箱中的【椭圆工具】，在选项栏中将【填充】更改为无，设置【描边】为黑色，【大小】为 4 点，按住 Shift 键在文字左下角位置绘制一个正圆图形，此时将生成一个【椭圆 1】图层，如图 2.23 所示。

图 2.23

5 选中【椭圆 1】图层，按住 Alt 键在画布中拖动正圆，将其复制多份，放置在不同的文字上，如图 2.24 所示。

6 选择工具箱中的【直接选择工具】，分别选中【科】及【活】2 个文字中的圆形圆点部分，将其删除，然后复制几个正圆，替代刚才删除的圆点，如图 2.25 所示。

图 2.24

图 2.25

7 同时选中除【背景】之外的所有图层，按 Ctrl+G 组合键将其编组，此时将生成 1 个【组 1】组。

8 在【图层】面板中选中【组 1】组，单击面板底部的【添加图层样式】按钮 fx，在菜单中选择【斜面和浮雕】选项，在弹出的对话框中取消选中【使用全局光】复选框，将【角度】更改为 90，将【光泽等高线】更改为【锥形 - 不对称】，将【阴影模式】更改为【叠加】，如图 2.26 所示。

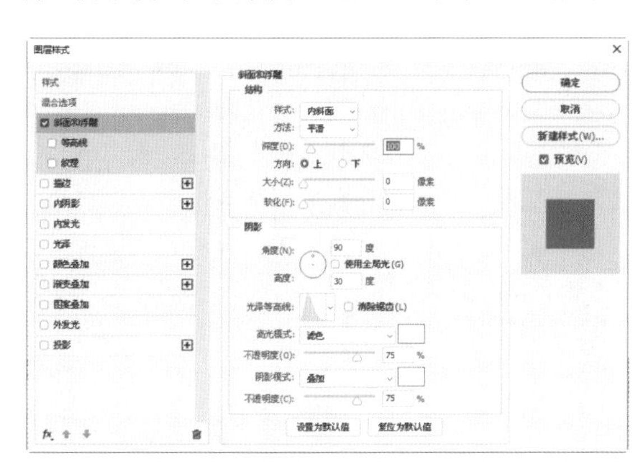
图 2.26

9 选中【渐变叠加】复选框，将【渐变】更改为蓝色（R:100，G:110，B:150）到蓝色（R:210，G:218，B:230），将【缩放】的值更改为 10%，如图 2.27 所示。

10 选中【投影】复选框，将【混合模式】更改为【正常】，将【颜色】更改为深蓝色（R:52，G:62，B:90），将【不透明度】的值更改为 100%，取消选中【使用全局光】复选框，将【角度】的值更改为 90 度，将【距离】的值更改为 2 像素，将【扩展】的值更改为 50%，将【大小】的值更改为 1 像素，完成之后单击【确定】按钮，如图 2.28 所示。

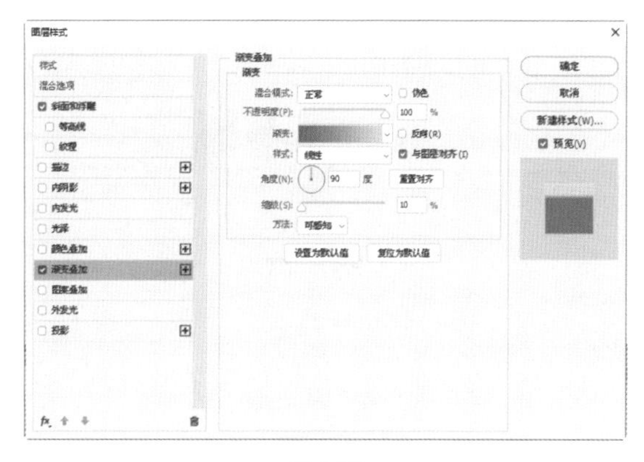
图 2.27

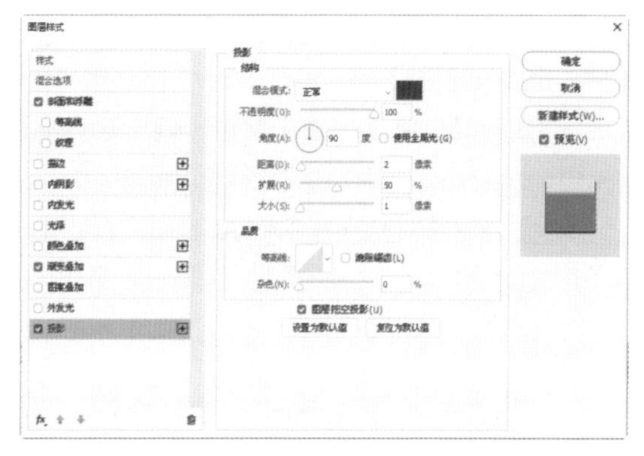
图 2.28

11 选择工具箱中的【矩形工具】，在选项栏中将【填充】更改为黑色，设置【描边】为无，在文字左下角位置绘制一个矩形，此时将生成 1 个【矩形 1】图层，如图 2.29 所示。

图 2.29

12 选择工具箱中的【椭圆工具】◯，在选项栏中将【填充】更改为无，设置【描边】为黑色，将【大小】更改为 4 点，按住 Shift 键在矩形左侧位置绘制一个正圆图形，如图 2.30 所示，此时将生成一个【椭圆 2】图层。

图 2.30

13 在【图层】面板中选中【椭圆 2】图层，将其拖至面板底部的【创建新图层】按钮⊞上，复制出 1 个【椭圆 2 拷贝】图层。

14 将【椭圆 2 拷贝】图层中的图形平移至矩形右侧相对位置，如图 2.31 所示。

15 同时选中【椭圆 2 拷贝】【椭圆 2】及【矩形 1】图层，按 Ctrl+E 组合键将其合并，此时将生成 1 个【椭圆 2 拷贝】图层，如图 2.32 所示。

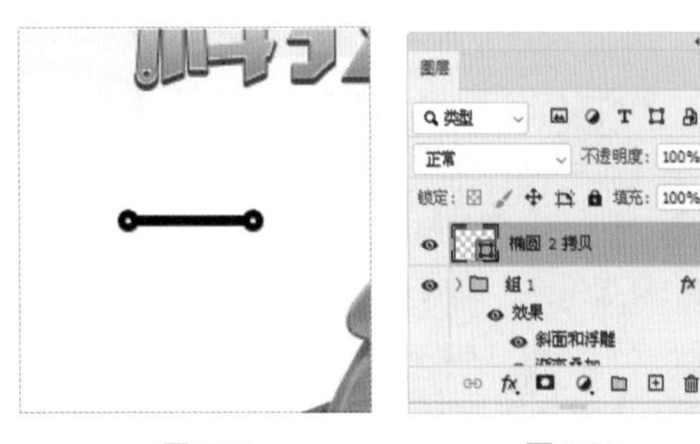

图 2.31　　图 2.32

16 在【组 1】组名称上单击鼠标右键，从弹出的快捷菜单中选择【拷贝图层样式】选项，再在【椭圆 2 拷贝】图层名称上单击鼠标右键，从弹出的快捷菜单中选择【粘贴图层样式】选项，如图 2.33 所示。

17 双击【椭圆 2 拷贝】的【渐变叠加】图层样式名称，在弹出的对话框中将【角度】更改为 127 度，完成之后单击【确定】按钮，将其适当旋转，如图 2.34 所示。

图 2.33　　图 2.34

技巧　在设置渐变叠加的过程中，当在【图层样式】对话框打开的情况下，可在图形上按住鼠标左键的同时进行拖动，即可更改渐变的位置。

18 选中【椭圆 2 拷贝】图层，按住 Alt 键将其复制数份并放在画布中的适当位置，再选择工具箱中的【横排文字工具】T，在画布适当位置添加文字，这样就完成了效果制作，最终效果如图 2.35 所示。

图 2.35

2.4 拼贴字

实例讲解

本例中的拼贴字采用了立体叠加的制作方法，与周围的红包元素组合起来，显得十分协调，最终效果如图 2.36 所示。

图 2.36

视频教学

调用素材：第 2 章 \ 拼贴字

源文件：第 2 章 \ 拼贴字 .psd

操作步骤

1 执行菜单栏中的【文件】|【打开】命令，打开“背景 .jpg”文件，如图 2.37 所示。

图 2.37

2 选择工具箱中的【矩形工具】，在选项栏中将【填充】更改为红色（R:234，G:16，B:40），设置【描边】为无，在画布中绘制一个矩形，此时将生成一个【矩形 1】图层，如图 2.38 所示。

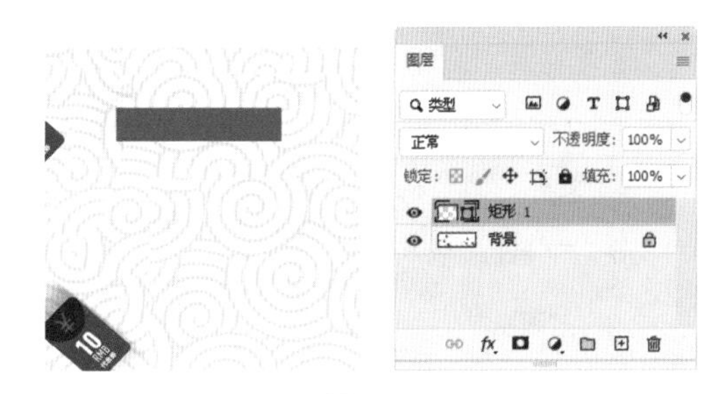

图 2.38

3 在【图层】面板中选中【矩形 1】图层，单击面板底部的【添加图层样式】按钮fx，在菜单中选择【渐变叠加】选项，在弹出的对话框中将【渐变】更改为深红色（R:186，G:6，B:26）到红色（R:217，G:15，B:37），将【角度】的值更改为 0 度，完成之后单击【确定】按钮，如图 2.39 所示。

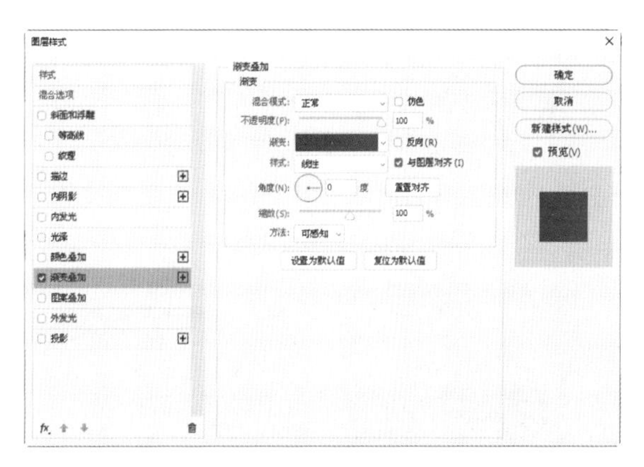

图 2.39

4 在【图层】面板中选中【矩形 1】图层，将其拖至面板底部的【创建新图层】按钮上，复制出 1 个【矩形 1 拷贝】图层，如图 2.40 所示。

5 选中【矩形 1 拷贝】图层，缩短矩形的宽度，同时对其旋转移动，再双击其图层样式名称，在弹出的对话框中将【渐变】更改为深红色（R:166，G:12，B:30）到红色（R:234，G:16，B:40），将【角度】的值更改为 103 度，完成之后单击【确定】按钮，效果如图 2.41 所示。

图 2.40

图 2.41

6 以同样的方法，复制出多个图形，并将其变换后更改图层样式，呈现的效果如图 2.42 所示。

图 2.42

7 同时选中除【背景】图层之外的所有图层，按 Ctrl+G 组合键将图层编组，此时将生成一个【组 1】组，如图 2.43 所示。

图 2.43

8 在【图层】面板中选中【组 1】组，单击面板底部的【添加图层样式】按钮 fx，在菜单中选择【描边】选项，在弹出的对话框中将【大小】的值更改为 1 像素，将【颜色】更改为白色，如图 2.44 所示。

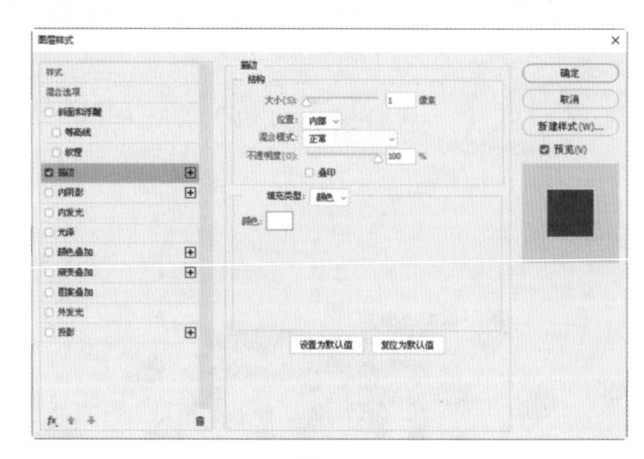

图 2.44

9 选中【投影】复选框，将【不透明度】的值更改为 20%，取消选中【使用全局光】复选框，将【角度】的值更改为 90 度，将【距离】的值更改为 5 像素，将【大小】的值更改为 5 像素，完成之后单击【确定】按钮，如图 2.45 所示。

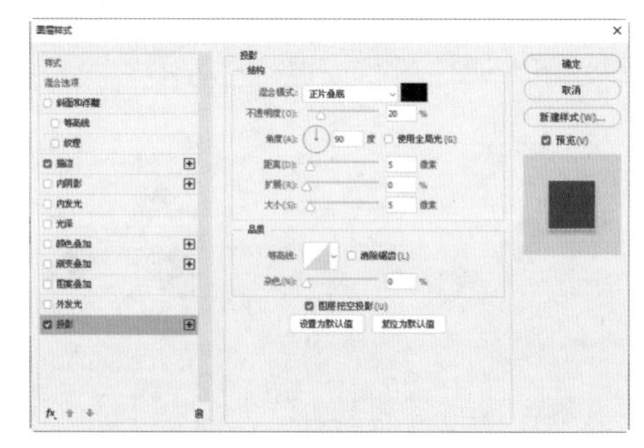

图 2.45

10 选择工具箱中的【横排文字工具】T，在画布中的适当位置添加文字，这样就完成了效果制作，最终效果如图 2.46 所示。

图 2.46

2.5 限时秒杀字

实例讲解

本例讲解限时秒杀字的制作，在制作过程中将钟表元素与文字相结合，以突出“限时”及“秒杀”的特征，整个制作过程比较简单，最终效果如图 2.47 所示。

图 2.47

视频教学

调用素材：第 2 章 \ 限时秒杀字

源文件：第 2 章 \ 限时秒杀字 .psd

操作步骤

1 执行菜单栏中的【文件】|【打开】命令，打开“背景 .jpg”文件。

2 选择工具箱中的【横排文字工具】T，在图中间偏上方位置添加文字（字体：汉真广标，大小:120 点），如图 2.48 所示。

3 在文字图层名称上单击鼠标右键，从弹出的快捷菜单中选择【转换为形状】选项，如图 2.49 所示。

图 2.48

图 2.49

4 选择工具箱中的【直接选择工具】，选中文字部分结构，按 Delete 键将其删除，再拖动部分锚点，将其变形，如图 2.50 所示。

图 2.50

技巧

在对文字进行变形时，可以利用多种工具调整锚点，如【添加锚点工具】、【删除锚点工具】等。

5 选择工具箱中的【直接选择工具】，选中“秒”字左下角部分结构，按住 Alt 键将其向右侧拖动，将其复制，再按 Ctrl+T 组合键对其执行【自由变换】命令，单击鼠标右键，从弹出的快捷菜单中选择【水平翻转】选项，完成之后按 Enter 键确认，如图 2.51 所示。

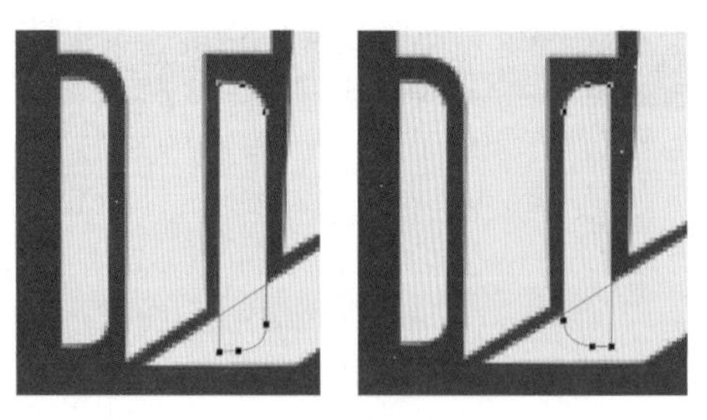

图 2.51

6 选择工具箱中的【直接选择工具】，选中已复制生成的图形底部中间锚点，按 Delete 键将其删除，再选中右下角锚点，将其向上拖动，对其变形，如图 2.52 所示。

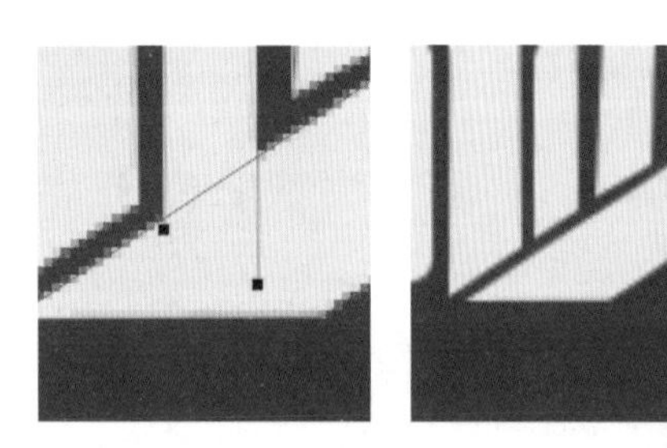

图 2.52

7 选择工具箱中的【椭圆工具】，在选项栏中将【填充】更改为黄色(R:252,G:240,B:197)，设置【描边】为无，按住 Shift 键在“时”字空缺位置绘制一个正圆图形，以制作表盘图像，此时将生成一个【椭圆 1】图层，如图 2.53 所示。

图 2.53

8 选择工具箱中的【矩形工具】，设置【描边】为无，选中【椭圆 1】图层，按住 Alt 键在表盘图形顶部位置绘制 1 个稍小矩形，将矩形从表盘图形中减去，以制作刻度效果，如图 2.54 所示。

9 选择工具箱中的【路径选择工具】，按住 Alt 键拖动矩形路径至底部和左右两侧位置，如图 2.55 所示。

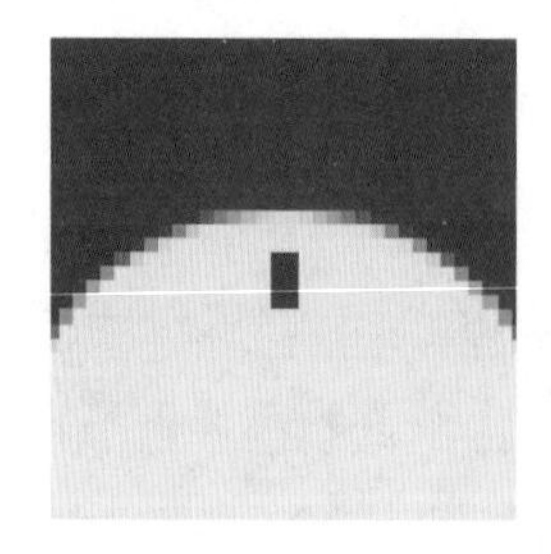

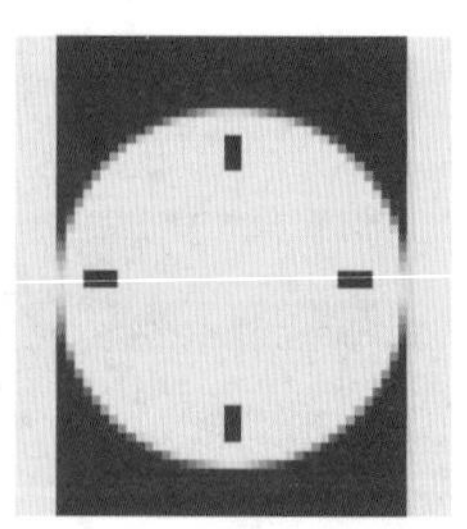

图 2.54　　图 2.55

提示

对复制生成的图形按 Ctrl+T 组合键，执行【自由变换】命令，为图形执行【旋转 90 度（顺时针）】命令。

10 选择工具箱中的【钢笔工具】，单击选项栏中的【路径操作】按钮，在弹出的选项中选择【减去顶层形状】，在椭圆图形位置再次绘制两个三角形以制作指针效果，如图 2.56 所示。

图 2.56

11 选择工具箱中的【横排文字工具】，在画布适当位置添加文字，如图 2.57 所示。

图 2.57

2.6 狂欢节字

实例讲解

狂欢节字的制作有多种方式，本例采用了独特造型的方式，通过对文字的部分结构进行变形得到一个心律线的字体效果，最终效果如图 2.58 所示。

图 2.58

调用素材：第 2 章 \ 狂欢节字

源文件：第 2 章 \ 狂欢节字 .psd

操作步骤

2.6.1 打开素材

1 执行菜单栏中的【文件】|【打开】命令，打开“背景 .jpg”文件，如图 2.59 所示。

图 2.59

2 选择工具箱中的【横排文字工具】T，在画布中的适当位置添加文字，如图 2.60 所示。

3 在【图层】面板中的【购物狂欢节】文字图层名称上单击鼠标右键，从弹出的快捷菜单中选择【转换为形状】选项，如图 2.61 所示。

图 2.60

图 2.61

4 选择工具箱中的【直接选择工具】，将文字进行变形，如图 2.62 所示。

5 选择工具箱中的【横排文字工具】T，在经过变形的文字左上角位置再次添加文字，如图 2.63 所示。

图 2.62

图 2.63

提示 在对文字变形的过程中，可以利用绘制图形的方法添加需要的图形，使整个文字更加形象。

6 执行菜单栏中的【窗口】|【标尺】命令，在出现的水平标尺上按住鼠标左键将其向下拖动至文字顶部，创建一条参考线，以同样的方法，在文字底部再次创建一条参考线，如图 2.64 所示。

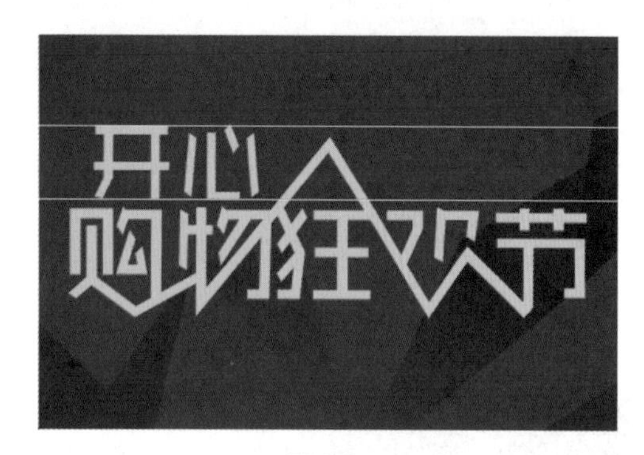

图 2.64

2.6.2 绘制数字

1 选择工具箱中的【矩形工具】，在选项栏中将【填充】更改为浅红色（R:255，G:211，B:216），设置【描边】为无，按住 Shift 键在文字右侧绘制一个矩形，并且使绘制的矩形顶部与上方的参考线对齐，此时将生成一个【矩形 1】图层，如图 2.65 所示。

图 2.65

2 选中【矩形 1】图层，按住 Alt 键将图形复制多份，组合成两个数字，如图 2.66 所示。

图 2.66

3 在【图层】面板中同时选中除【背景】图层之外的所有图层，按 Ctrl+G 组合键将图层编组，将生成的组名称更改为“文字”，如图 2.67 所示。

4 在【图层】面板中选中【文字】组，将其拖至面板底部的【创建新图层】按钮上，复制出 1 个【文字 拷贝】组，选中【文字】组，按 Ctrl+E 组合键将其向下合并，如图 2.68 所示。

图 2.67 图 2.68

5 在【图层】面板中选中【文字】图层，单击面板上方的【锁定透明像素】按钮，将其填充为深红色（R:53，G:6，B:19），填充完成之后再次单击此按钮将其解除锁定，再将其向上稍微移动，如图 2.69 所示。

6 在【图层】面板中选中【文字】图层，单击面板底部的【添加图层蒙版】按钮，为图层添加图层蒙版，如图 2.70 所示。

7 选择工具箱中的【渐变工具】，在选项栏中单击【点按可编辑渐变】按钮，在弹出的对话框中，将渐变颜色更改为黑色到白色，设置完成之后单击【确定】按钮，再单击选项栏中的【线性渐变】按钮，在图形上从下至上按住鼠标并拖动，将底部图形颜色减淡隐藏，如图 2.71 所示。

图 2.69

图 2.70　　图 2.71

2.6.3 绘制图形

1 选择工具箱中的【矩形工具】，在选项栏中将【填充】更改为黄色（R:250，G:196，B:65），设置【描边】为无，【半径】为 30 像素，在文字左下方位置绘制一个圆角矩形，此时将生成一个【圆角矩形 1】图层，如图 2.72 所示。

图 2.72

2 选中【圆角矩形 1】图层，按住 Alt+Shift 组合键将其向右侧拖动，将图形复制两份，此时将生成【圆角矩形 1 拷贝】及【圆角矩形 1 拷贝 2】两个新的图层，如图 2.73 所示。

图 2.73

3 选择工具箱中的【矩形工具】，在选项栏中将【填充】更改为黄色（R:250，G:196，B:65），设置【描边】为无，在已绘制的 3 个圆角矩形位置绘制一个长矩形将其连接，此时将生成一个【矩形 2】图层，如图 2.74 所示。

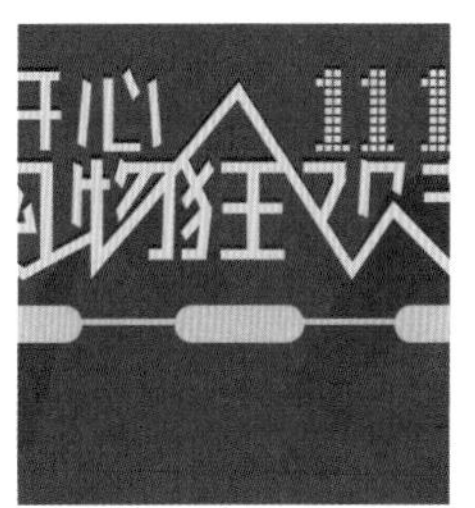

图 2.74

4 在【图层】面板中，同时选中【矩形 2】【圆角矩形 1 拷贝 2】【圆角矩形 1 拷贝】及【圆角矩形 1】图层，按 Ctrl+E 组合键将其合并，此时将生成一个【矩形 2】图层，如图 2.75 所示。

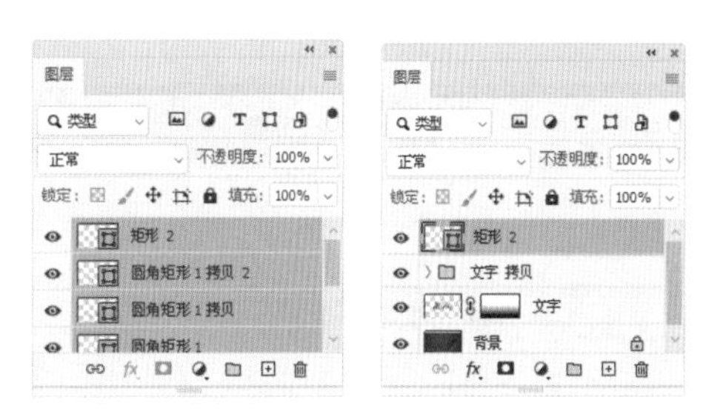

图 2.75

5 在【图层】面板中选中【矩形 2】图层，单击面板底部的【添加图层样式】按钮fx，在菜单中选择【描边】选项，在弹出的对话框中将【大小】更改为 3 像素，将【颜色】更改为紫红色（R:133，G:32，B:56），完成之后单击【确定】按钮，如图 2.76 所示。

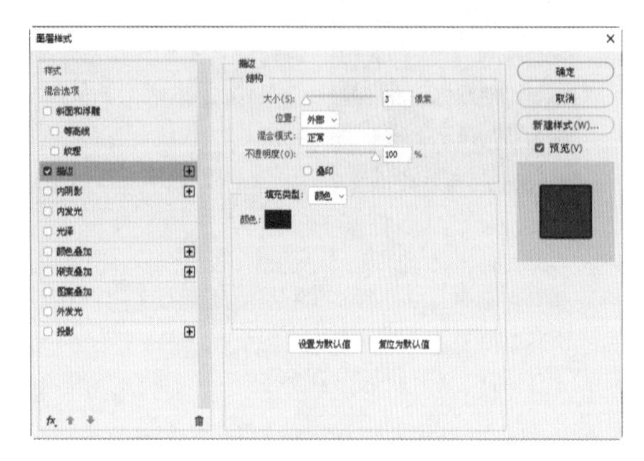

图 2.76

6 选择工具箱中的【矩形工具】，在选项栏中将【填充】更改为黑色，设置【描边】为无，按住 Shift 键在文字顶部位置绘制一个矩形，此时将生成一个【矩形 3】图层，如图 2.77 所示。

图 2.77

7 在【图层】面板中选中【矩形 3】图层，将其拖至面板底部的【创建新图层】按钮上两次，复制出两个新图层，如图 2.78 所示。

8 分别选中【矩形 3 拷贝 2】及【矩形 3 拷贝】图层，将图形向右侧平移，适当调整两个图形的大小，并将【矩形 3 拷贝 2】图形颜色更改为绿色（R:142，G:197，B:67），如图 2.79 所示。

图 2.78

图 2.79

9 选择工具箱中的【横排文字工具】T，添加文字，这样就完成了效果的制作，最终效果如图 2.80 所示。

图 2.80

2.7 温馨针织字

实例讲解

本例讲解温馨针织字的制作，本例中的文字具有十分鲜明的主题性，通过为文字添加模拟针织描边样式使整个字体呈现相当温馨的效果，最终效果如图 2.81 所示。

图 2.81

视频教学

调用素材：第 2 章 \ 温馨针织字

源文件：第 2 章 \ 温馨针织字 .psd

操作步骤

2.7.1 添加圆润文字

1 执行菜单栏中的【文件】|【打开】命令，打开“心形背景 .jpg”文件。

2 选择工具箱中的【横排文字工具】T，在图像适当位置添加文字（字体为 VAGRounded BT），如图 2.82 所示。

图 2.82

提示

为了方便对文字进行编辑，在添加文字时应将文字的每个字母分别单独添加。

3 同时选中所有文字图层，在其图层名称上单击鼠标右键，从弹出的快捷菜单中选择【转换为形状】选项，如图 2.83 所示。

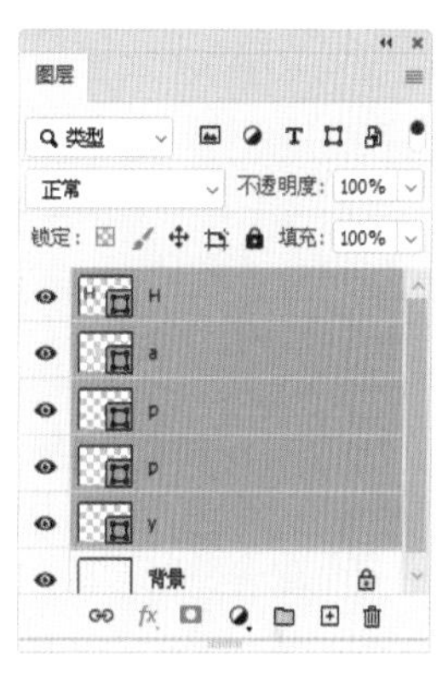

图 2.83

4 选中【H】图层，在选项栏中单击【设置形状描边类型】按钮，在弹出的选项中选择第 2 种虚线描边类型，将【颜色】更改为浅黄色（R:253，G:245，B:224），将【大小】更改为 1 点。以同样的方法分别选中其他文字图层，为其添加相同的描边，如图 2.84 所示。

图 2.84

5 在【图层】面板中选中【H】图层，单击面板底部的【添加图层样式】按钮fx，在菜单中选择【描边】选项，在弹出的对话框中将【大小】更改为5像素，将【颜色】更改为与文字相同的深紫色（R:170，G:90，B:122），完成之后单击【确定】按钮，如图2.85所示。

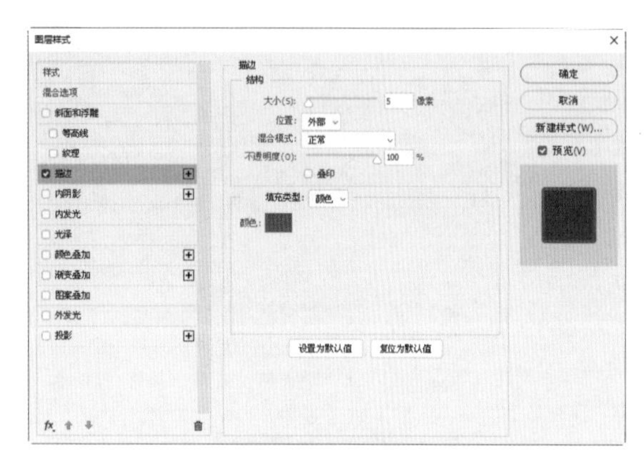

图 2.85

6 在【H】图层名称上单击鼠标右键，从弹出的快捷菜单中选择【拷贝图层样式】选项，然后同时选中其他文字图层，在其图层名称上单击鼠标右键，从弹出的快捷菜单中选择【粘贴图层样式】选项，如图2.86所示。

7 分别双击粘贴图层样式后的文字所在图层样式名称，在弹出的对话框中将其【颜色】更改为与文字相同的颜色，完成之后单击【确定】按钮，如图2.87所示。

图 2.86　　图 2.87

2.7.2 制作装饰效果

1 选择工具箱中的【钢笔工具】，在选项栏中单击【选择工具模式】按钮，在弹出的选项中选择【形状】，将【填充】更改为红色（R:243，G:135，B:160），将【描边】更改为浅黄色（R:253，G:245，B:224），将【大小】更改为1点，单击【设置形状描边类型】按钮，在弹出的选项中选择第2种虚线描边类型，在【a】图层中文字位置绘制1个心形，此时将生成一个【形状 1】图层，如图2.88所示。

图 2.88

2 选择工具箱中的【直接选择工具】，同时选中【a】图层中文字内部的圆圈锚点，如图2.89所示。

3 按Ctrl+T组合键对选中的锚点执行【自由变换】命令，将其等比缩小，完成之后按Enter键确认，如图2.90所示。

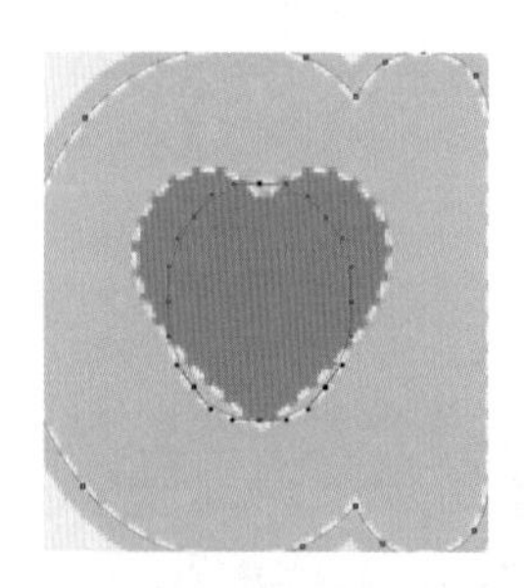

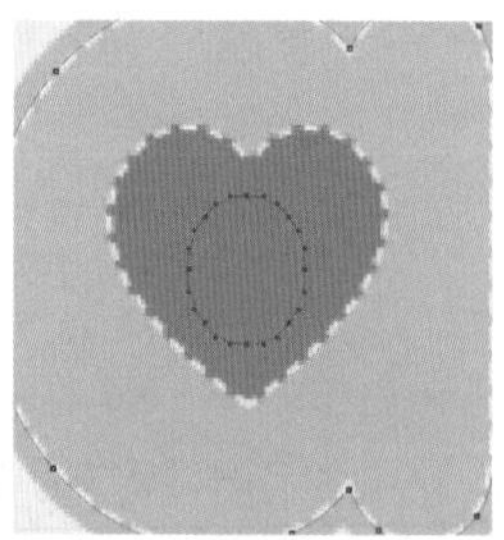

图 2.89　　图 2.90

4 在【图层】面板中选中【形状 1】图层，单击面板底部的【添加图层样式】按钮fx，在菜单中选择【描边】选项，在弹出的对话框中将【大小】

更改为3像素，将【颜色】更改为与文字相同的红色（R:243，G:135，B:160），完成之后单击【确定】按钮，如图2.91所示。

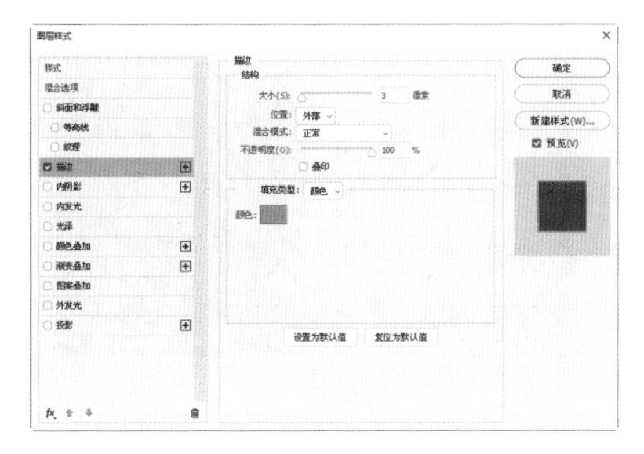

图 2.91

5 选中【形状 1】图层，按住Alt+Shift组合键在画布中向右侧拖动，将其复制，选中生成的拷贝图层，在选项栏中将图形【填充】更改为浅黄色（R:253，G:245，B:224），将【描边】更改为深紫色（R:170，G:90，B:122），再双击其图层样式名称，在弹出的对话框中更改其描边颜色，如图2.92所示。

6 选中【形状 1 拷贝】图层，以同样的方法按住Alt+Shift组合键向右侧拖动，再次将其复制，如图2.93所示。

图 2.92　　图 2.93

7 选择工具箱中的【横排文字工具】T，在画布适当位置添加文字，这样就完成了效果制作，最终效果如图2.94所示。

图 2.94

2.8 可爱糖果字

实例讲解

本例讲解可爱糖果字的制作，本例中的文字造型十分可爱，与背景中的商品广告主题相呼应，整个制作过程比较简单，重点在于图层样式的应用，最终效果如图2.95所示。

图 2.95

视频教学

调用素材：第2章\可爱糖果字

源文件：第2章\可爱糖果字.psd

操作步骤

2.8.1 添加文字并定义图案

1 执行菜单栏中的【文件】|【打开】命令，打开“背景.jpg”文件。

2 选择工具箱中的【横排文字工具】T，在图像适当位置添加文字（字体分别为方正正粗黑简体、汉真广标），如图 2.96 所示。

图 2.96

3 执行菜单栏中的【文件】|【新建】命令，在弹出的对话框中设置【宽度】为 200 像素，【高度】为 400 像素，【分辨率】为 72 像素 / 英寸，【颜色模式】为 RGB 颜色，新建一个空白画布，将画布填充为紫色（R:214，G:25，B:117）。

4 选择工具箱中的【矩形工具】，在选项栏中将【填充】更改为紫色（R:138，G:0，B:62），设置【描边】为无，在画布中绘制一个矩形，此时将生成一个【矩形 1】图层，如图 2.97 所示。

图 2.97

5 选中【矩形 1】图层，执行菜单栏中的【滤镜】|【模糊】|【高斯模糊】命令，在弹出的对话框中将【半径】更改为 3.0 像素，完成之后单击【确定】按钮，如图 2.98 所示。

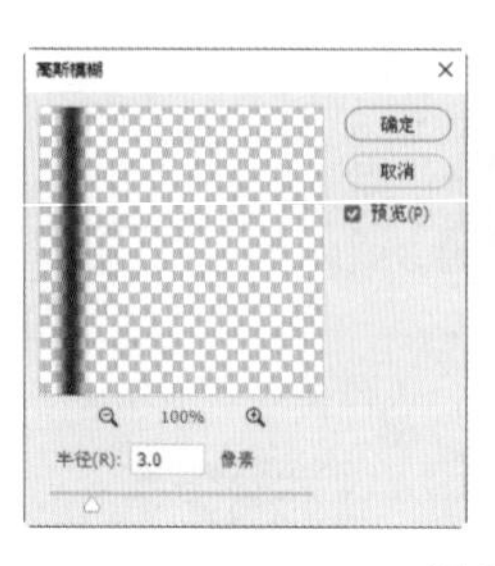

图 2.98

6 按住 Ctrl 键的同时单击【矩形 1】图层缩览图，将其载入选区，如图 2.99 所示。

7 在画布中按 Ctrl+Alt+T 组合键对其执行复制变换命令，当出现变形框后将图像向右侧平移，如图 2.100 所示。

图 2.99　　图 2.100

8 按住 Ctrl+Alt+Shift 组合键的同时按 T 键多次执行多重复制命令，将图像铺满整个画布，如图 2.101 所示。

图 2.101

9 选择【矩形 1】图层，执行菜单栏中的【滤镜】|【扭曲】|【波浪】命令，在弹出的对话框中将【生成器数】更改为 1，将【波长】中的【最小】值更改为 10，将【最大】值更改为 340；将【波幅】中的【最小】值更改为 25，将【最大】值更改为 30，完成之后单击【确定】按钮，如图 2.102 所示。

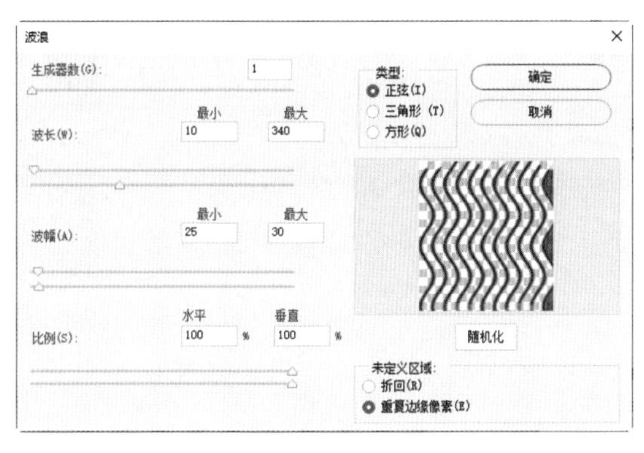

图 2.102

10 执行菜单栏中的【编辑】|【定义图案】命令，在弹出的对话框中将【名称】更改为“糖果纹理”，完成之后单击【确定】按钮，如图 2.103 所示。

图 2.103

2.8.2 添加质感

1 在【图层】面板中选中【9】文字图层，单击面板底部的【添加图层样式】按钮 fx，在菜单中选择【斜面与浮雕】选项，在弹出的对话框中将【深度】的值更改为 70%，将【大小】的值更改为 6 像素，将【软化】的值更改为 1 像素，取消选中【使用全局光】复选框，将【角度】的值更改为 90，将【高度】的值更改为 80 度，将【高光模式】更改为【线性减淡（添加）】，如图 2.104 所示。

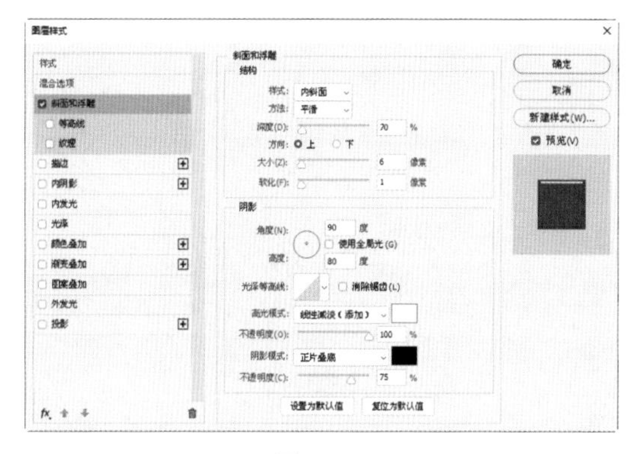

图 2.104

2 选中【描边】复选框，将【大小】的值更改为 3 像素，将【颜色】更改为浅紫色（R:250，G:240，B:244），如图 2.105 所示。

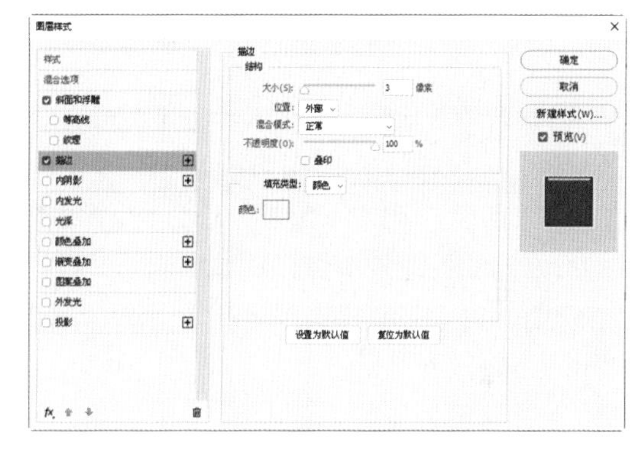

图 2.105

3 选中【内发光】复选框，将【颜色】更改为黄色（R:255，G:255，B:190），将【大小】的值更改为 4 像素，如图 2.106 所示。

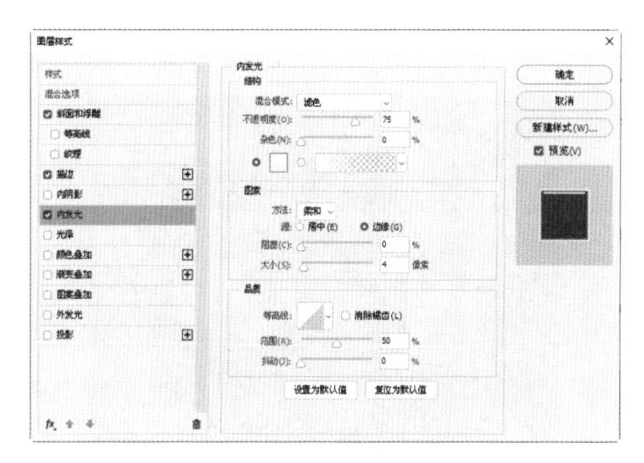

图 2.106

4 选中【图案叠加】复选框，单击【图案】后面的按钮，在弹出的面板中选择已定义的【糖果纹理】图案，将【缩放】的值更改为50%，如图2.107所示。

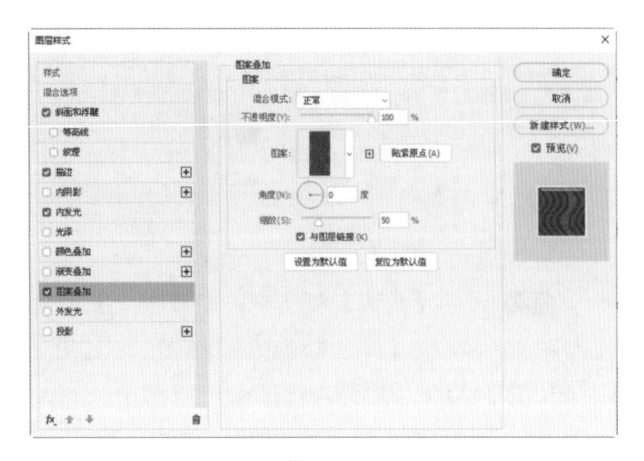

图 2.107

5 选中【投影】复选框，将【不透明度】的值更改为30%，将【距离】的值更改为8像素，将【大小】的值更改为10像素，完成之后单击【确定】按钮，如图2.108所示。

6 在【9】文字图层名称上单击鼠标右键，从弹出的快捷菜单中选择【拷贝图层样式】选项，然后同时选中其他的文字图层，在其图层名称上单击鼠标右键，从弹出的快捷菜单中选择【粘贴图层样式】选项，这样就完成了效果制作，最终效果如图2.109所示。

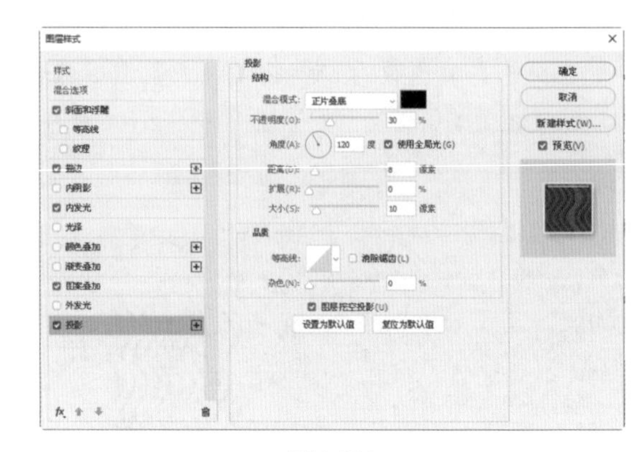

图 2.108

图 2.109

2.9 时装字

实例讲解

本例讲解时装字的制作。顾名思义，时装字是以时装为元素进行创作的文字，最终效果如图2.110所示。

图 2.110

视频教学

调用素材：第 2 章 \ 时装字 .jpg

源文件：第 2 章 \ 时装字 .psd

操作步骤

2.9.1 打开素材

1 执行菜单栏中的【文件】|【打开】命令，打开“背景 .jpg”文件，如图 2.111 所示。

图 2.111

2 选择工具箱中的【横排文字工具】T，在画布中适当位置添加文字，如图 2.112 所示。

图 2.112

2.9.2 添加素材

1 执行菜单栏中的【文件】|【打开】命令，打开“时装 .jpg”文件，将其拖入画布中并适当缩小，将图层名称更改为【图层 1】，将【图层 1】移至【2019】图层上方，效果如图 2.113 所示。

2 选中【图层 1】图层，执行菜单栏中的【图层】|【创建剪贴蒙版】命令，为当前图层创建剪贴蒙版，隐藏部分图像，再将图像适当旋转，如图 2.114 所示。

图 2.113

图 2.114

3 以同样的方法添加其他 3 个时装素材图像，并分别为其创建剪贴蒙版，将部分图像隐藏，如图 2.115 所示。

图 2.115

4 在【图层】面板中选中【国际大牌】文字图层，单击面板底部的【添加图层样式】按钮fx，在菜单中选择【投影】选项，在弹出的对话框中将【不透明度】的值更改为 30%，取消选中【使用全局光】

复选框，将【角度】的值更改为 -90 度，将【距离】的值更改为 2 像素，将【扩展】的值更改为 100%，将【大小】的值更改为 1 像素，完成之后单击【确定】按钮，如图 2.116 所示。

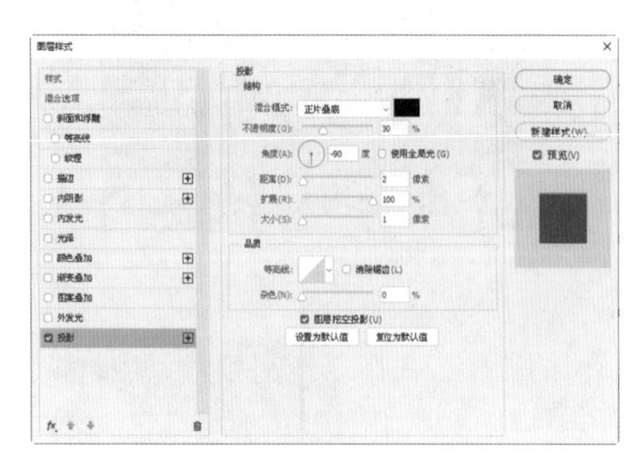

图 2.116

5 在【图层】面板中选中【New look】文字图层，单击面板底部的【添加图层蒙版】按钮，为图层添加图层蒙版，如图 2.117 所示。

6 选择工具箱中的【矩形选框工具】，在文字位置绘制一个矩形选区，将选区填充为黑色，将部分文字隐藏，完成之后按 Ctrl+D 组合键将选区取消，如图 2.118 所示。

图 2.117

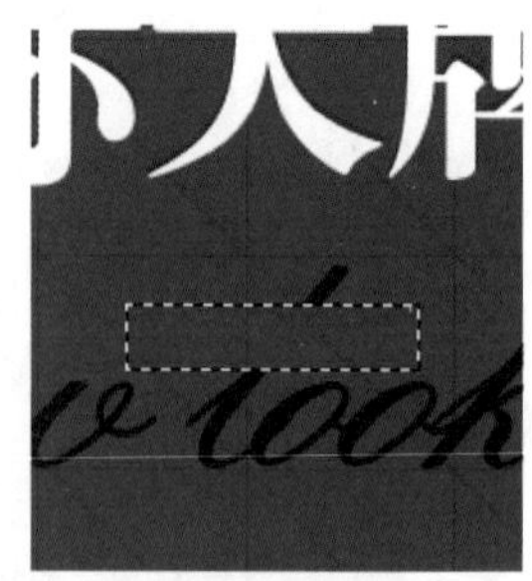

图 2.118

7 选择工具箱中的【横排文字工具】T，在已隐藏文字位置添加文字，这样就完成了效果制作，最终效果如图 2.119 所示。

图 2.119

2.10 自然亮光字

实例讲解

自然亮光字的制作采用与大自然元素相结合的形式，最终效果如图 2.120 所示。

图 2.120

视频教学

调用素材：第 2 章 \ 自然亮光字

源文件：第 2 章 \ 自然亮光字 .psd

操作步骤

2.10.1 打开素材

1 执行菜单栏中的【文件】|【打开】命令，打开“背景 .jpg”文件，如图 2.121 所示。

图 2.121

2 选择工具箱中的【矩形工具】▭，在选项栏中将【填充】更改为褐色（R:40，G:16，B:4），设置【描边】为无，在画布左上角位置绘制一个矩形，并适当旋转，此时将生成一个【矩形 1】图层，如图 2.122 所示。

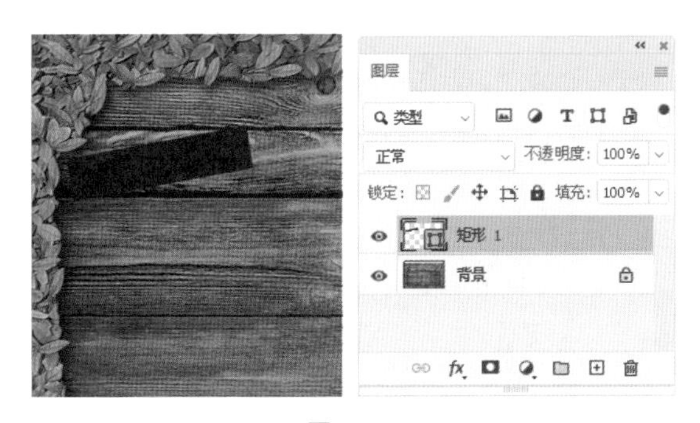

图 2.122

3 选择工具箱中的【直接选择工具】，选中已绘制的图形的锚点，拖动锚点将图形变形，如图 2.123 所示。

4 以同样的方法，绘制多个图形并对图形进行变形操作，如图 2.124 所示。

图 2.123

图 2.124

2.10.2 添加文字

1 选择工具箱中的【横排文字工具】T，在画布中的适当位置添加文字，如图 2.125 所示。

图 2.125

2 在【新】文字图层名称上单击鼠标右键，从弹出的快捷菜单中选择【转换为形状】选项，如图 2.126 所示。

3 选择工具箱中的【直接选择工具】，选中【新】字的部分锚点，拖动锚点，将文字变形，如图 2.127 所示。

图 2.126

图 2.127

4 在【图层】面板中选中【春天购物季】文字图层，单击面板底部的【添加图层样式】按钮 fx，在菜单中选择【渐变叠加】选项，在弹出的对话框中将【渐变】更改为黄色（R:255，G:255，B:0）到橙色（R:255，G:110，B:0），将【样式】更改为【径向】，将【角度】更改为 0 度，完成之后单击【确定】按钮，如图 2.128 所示。

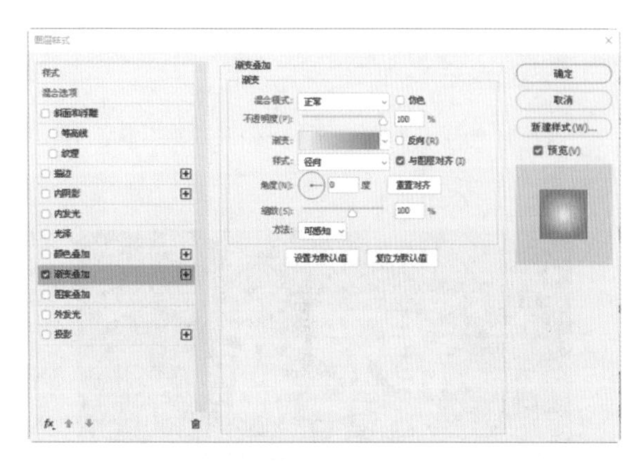
图 2.128

5 在【图层】面板中选中【新款春装上架 火热抢购中！】文字图层，单击面板底部的【添加图层样式】按钮 fx，在菜单中选择【渐变叠加】选项，在弹出的对话框中将【渐变】更改为橙色（R:252，G:202，B:0）到橙色（R:240，G:142，B:0），将【样式】更改为【线性】，将【角度】更改为 90 度，完成之后单击【确定】按钮，如图 2.129 所示。

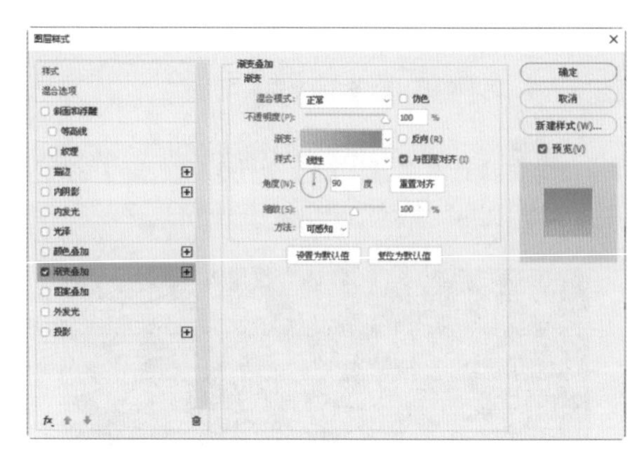
图 2.129

6 同时选中【新】及【春装 季上】文字图层，按 Ctrl+G 组合键将其编组，此时将生成一个【组 1】，如图 2.130 所示。

7 执行菜单栏中的【文件】|【打开】命令，打开“生锈 .jpg”文件，将其拖入画布中并适当缩小，将春装范围的文字覆盖，将其图层名称更改为“图层 1”，然后将【图层 1】移至【组 1】组上方并在视图中适当旋转，效果如图 2.131 所示。

图 2.130

图 2.131

8 选中【图层 1】图层，执行菜单栏中的【图层】|【创建剪贴蒙版】命令，为当前图层创建剪贴蒙版，将部分图像隐藏，如图 2.132 所示。

9 在【图层】面板中选中【图层 1】图层，单击面板底部的【添加图层蒙版】按钮，为当前图层添加图层蒙版，如图 2.133 所示。

10 选择工具箱中的【画笔工具】，在画布中单击鼠标右键，在弹出的面板中选择一种圆角笔触，将【大小】的值更改为 150 像素，将【硬度】的值更改为 0%，如图 2.134 所示，在选项栏中将【不透明度】的值更改为 50%。

图 2.132

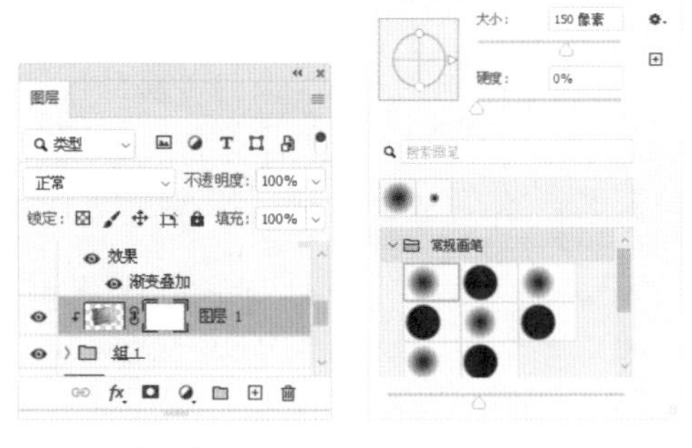

图 2.133　　图 2.134

11 将前景色更改为黑色，在图像上部分区域单击或涂抹，将部分图像隐藏，如图 2.135 所示。

图 2.135

12 单击图层面板底部的【创建新图层】按钮⊞，新建一个【图层 2】图层，执行菜单栏中的【图层】|【创建剪贴蒙版】命令，为当前图层创建剪贴蒙版，如图 2.136 所示。

13 选择工具箱中的【画笔工具】🖌，将前景色分别更改为橙色（R:238，G:124，B:2）和黄色（R:240，G:185，B:13），选中【图层 2】图层，在文字部分区域单击，添加颜色，如图 2.137 所示。

图 2.136　　图 2.137

提示　选中当前图层，单击面板底部的【创建新图层】按钮 ⊞ 可在当前图层上方创建新图层。

14 在【图层】面板中选中【图层 2】图层，将其图层混合模式设置为【叠加】，如图 2.138 所示。

图 2.138

提示　在添加颜色的过程中可以不断更改画笔笔触大小，这样添加的颜色效果更加自然。

提示　在添加颜色的过程中需要不断地按 X 键切换前景色和背景色，这样就可以添加双重颜色。

15 在【图层】面板中选中【组 1】组，单击面板底部的【添加图层样式】按钮fx，在菜单中选择【投影】选项，在弹出的对话框中取消选中【使用全局光】复选框，将【角度】的值更改为160度，将【距离】的值更改为6像素，将【大小】的值更改为8像素，完成之后单击【确定】按钮，如图2.139所示。

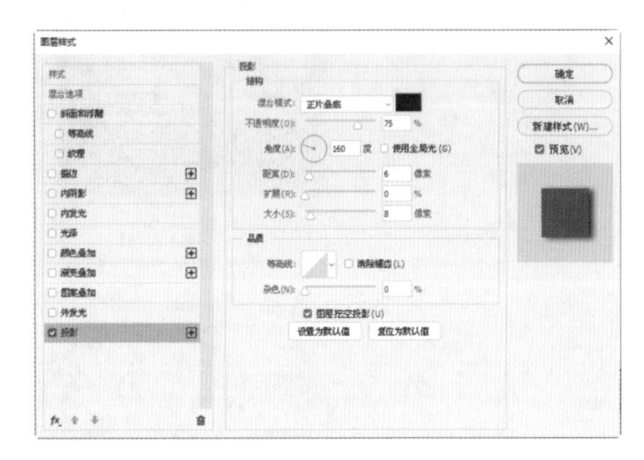

图 2.139

16 单击面板底部的【创建新图层】按钮⊞，新建一个【图层 3】图层，如图2.140所示。

17 选择工具箱中的【画笔工具】，在画布中单击鼠标右键，在弹出的面板中选择一种圆角笔触，将【大小】的值更改为250像素，将【硬度】的值更改为0%，如图2.141所示。

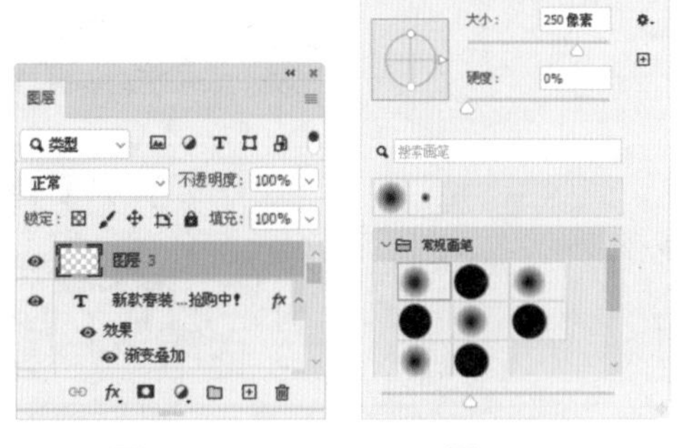

图 2.140

图 2.141

18 将前景色更改为橙色（R:240，G:185，B:13），选中【图层 3】图层，在画布中的不同位置单击，添加笔触图像，如图2.142所示。

图 2.142

19 在【图层】面板中选中【图层 3】图层，将图层混合模式设置为【亮光】，将【不透明度】的值更改为80%，如图2.143所示。

图 2.143

20 单击面板底部的【创建新图层】按钮⊞，新建一个【图层 4】图层，选中【图层 4】图层，将其填充为黑色，如图2.144所示。

图 2.144

21 选中【图层 4】图层，执行菜单栏中的【滤镜】|【渲染】|【镜头光晕】命令，在弹出的对话框中的【镜头类型】中选中【50-300毫米变焦（Z）】单选按钮，将【亮度】的值更改为100%，完成之后单击【确定】按钮，如图2.145所示。

图 2.145

22 在【图层】面板中选中【图层 4】图层，将图层混合模式设置为【滤色】，这样就完成了效果制作，最终效果如图 2.146 所示。

图 2.146

2.11 火爆辣椒字

实例讲解

本例讲解火爆辣椒字的制作，在制作过程中以辣椒图像代替文字的本身结构，很好地表现了主题，最终效果如图 2.147 所示。

图 2.147

调用素材：第 2 章 \ 火爆辣椒字

源文件：第 2 章 \ 火爆辣椒字 .psd

操作步骤

2.11.1 添加文字

1 执行菜单栏中的【文件】|【打开】命令，打开“背景 .jpg”文件，如图 2.148 所示。

2 选择工具箱中的【横排文字工具】T，在画布中靠左侧位置添加文字，如图 2.149 所示。

3 执行菜单栏中的【文件】|【打开】命令，打开“辣椒 .psd”文件，将其拖入画布中“辣”字位置并适当缩小，如图 2.150 所示。

图 2.148

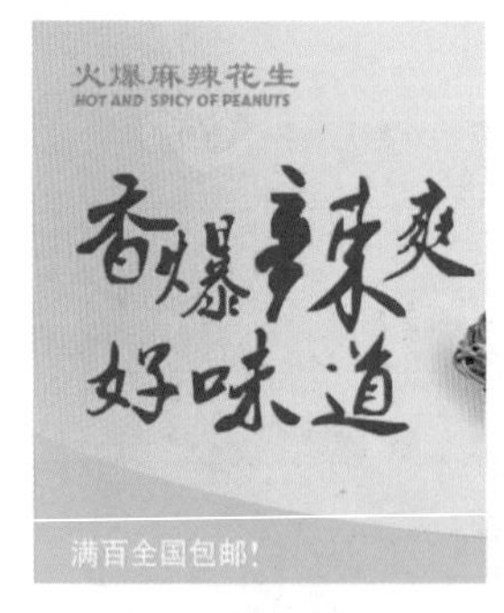

图 2.149

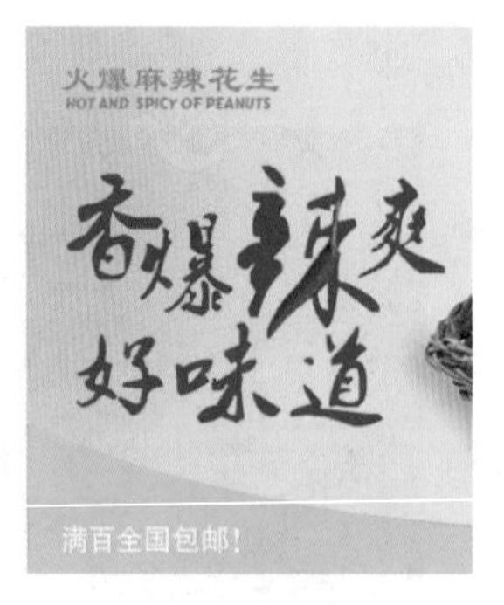

图 2.150

图 2.153

2.11.2 调整文字

1 在【图层】面板中选中【辣】文字图层，单击面板底部的【添加图层蒙版】按钮，为图层添加图层蒙版，如图 2.151 所示。

2 选择工具箱中的【画笔工具】，在画布中单击鼠标右键，在弹出的面板中选择一种圆角笔触，将【大小】更改为 10 像素，将【硬度】更改为 100%，如图 2.152 所示。

图 2.151

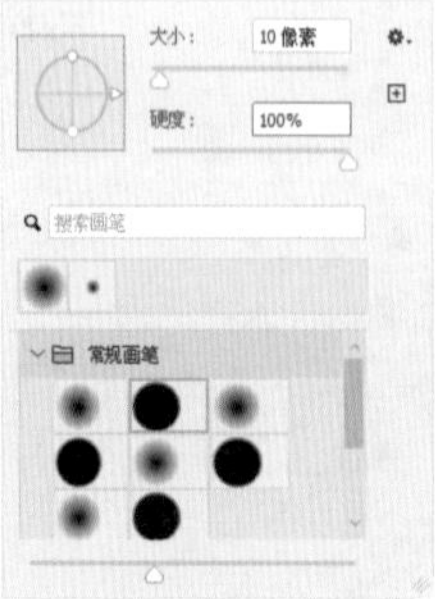

图 2.152

3 将前景色更改为黑色，在图像上的部分区域涂抹，如图 2.153 所示。

4 在【图层】面板中选中【香】文字图层，单击面板底部的【添加图层样式】按钮，在菜单中选择【描边】选项，在弹出的对话框中将【大小】更改为 2 像素，将【颜色】更改为橙色（R:255，G:211，B:77），完成之后单击【确定】按钮，如图 2.154 所示。

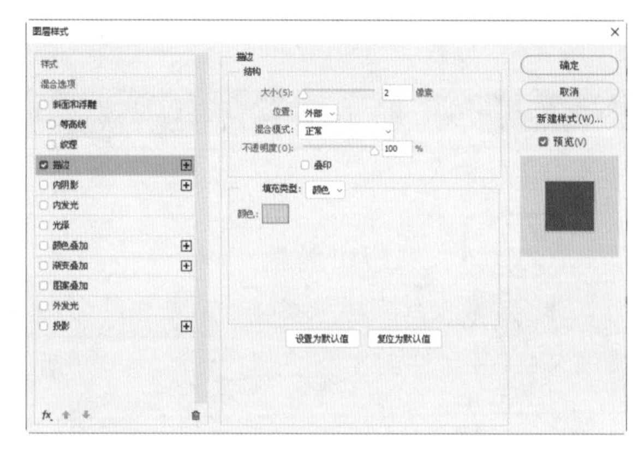

图 2.154

5 在【香】文字图层上单击鼠标右键，从弹出的快捷菜单中选择【拷贝图层样式】选项，同时选中【爆】【辣】【爽】【好】【味】及【道】文字图层，在它们的图层名称上单击鼠标右键，从弹出的快捷菜单中选择【粘贴图层样式】选项，这样就完成了效果制作，最终效果如图 2.155 所示。

图 2.155

第3章

穿针引线，贴心指示 导航栏制作

本章介绍

本章讲解导航栏的制作。导航栏用于指引顾客了解当前商品的信息、详情等，其风格有很多种，针对不同的商品主图可以制作相对应的导航栏，其制作要点在于要体现商品的整体特点，好用的导航栏能让人一目了然地了解商品的详情、细节信息等，从而提升顾客对商品的好感。通过对本章的学习，读者可以掌握常见的不同风格导航栏的制作。

学习目标

- 掌握局部信息导航栏的制作
- 学会制作设计解读导航栏
- 了解组合实拍导航栏的制作
- 学习制作场景展示导航栏
- 学会制作产品信息导航栏

3.1 局部信息导航栏

实例讲解

本例讲解局部信息导航栏制作，本例的制作相当简单，将绘制的矩形进行变形，再添加相对应的文字信息即可，最终效果如图 3.1 所示。

图 3.1

视频教学

调用素材：无

源文件：第 3 章 \ 局部信息导航栏 .psd

操作步骤

1 执行菜单栏中的【文件】|【新建】命令，在弹出的对话框中设置【宽度】为 600 像素，【高度】为 100 像素，【分辨率】为 72 像素 / 英寸，【颜色模式】为 RGB 颜色，新建一个空白画布，将画布填充为灰色（R:240，G:230，B:233）。

2 选择工具箱中的【矩形工具】，在选项栏中将【填充】更改为浅紫色（R:250，G:173，B:200），设置【描边】为无，在画布中间位置绘制一个矩形，如图 3.2 所示，此时将生成 1 个【矩形 1】图层。

图 3.2

3 在【图层】面板中选中【矩形 1】图层，将其拖至面板底部的【创建新图层】按钮上，复制出 1 个【矩形 1 拷贝】图层，将【矩形 1 拷贝】图层中图形的颜色更改为红色（R:240，G:44，B:107），并将其水平向左缩短。

4 选择工具箱中的【添加锚点工具】，在【矩形 1 拷贝】图层中图形的右下角位置单击，添加锚点，如图 3.3 所示。

5 选择工具箱中的【删除锚点工具】，单击【矩形 1 拷贝】图层中图形右下角的锚点，将其删除，对其进行适当调整，如图 3.4 所示。

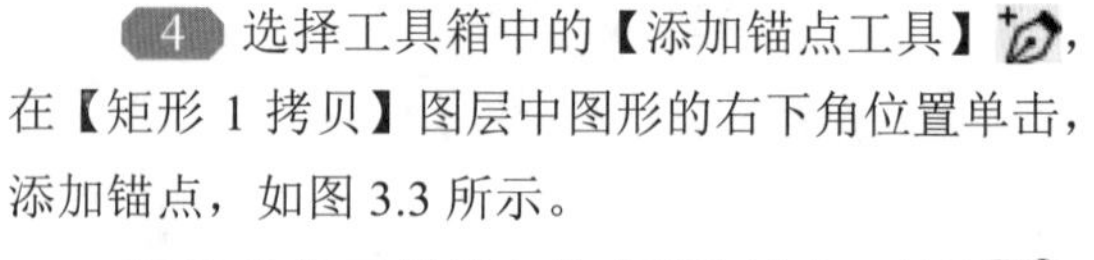

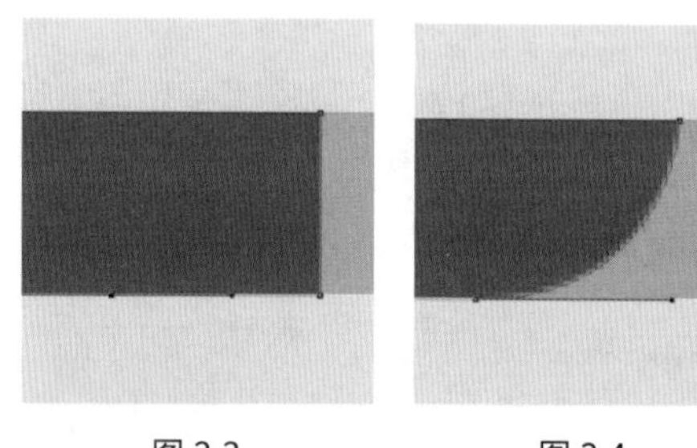

图 3.3　　图 3.4

6 选择工具箱中的【横排文字工具】T，在画布适当位置添加文字，这样就完成了效果制作，最终效果如图 3.5 所示。

图 3.5

3.2 设计解读导航栏

实例讲解

本例讲解设计解读导航栏制作，本例在制作过程中使用深浅双色对比的图形很好地体现出设计感，使整个导航栏与主题相得益彰，最终效果如图 3.6 所示。

设计解读 Design interpretation

图 3.6

视频教学

调用素材：无

源文件：第 3 章 \ 设计解读导航栏 .psd

操作步骤

1 执行菜单栏中的【文件】|【新建】命令，在弹出的对话框中设置【宽度】为 600 像素，【高度】为 150 像素，【分辨率】为 72 像素 / 英寸，【颜色模式】为 RGB 颜色，新建一个空白画布，将画布填充为灰色（R:247，G:247，B:247）。

2 选择工具箱中的【矩形工具】，在选项栏中将【填充】更改为黑色，设置【描边】为无，在画布中间位置绘制一个细长矩形，此时将生成 1 个【矩形 1】图层，如图 3.7 所示。

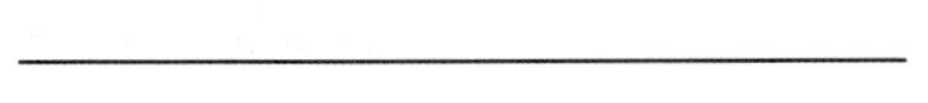

图 3.7

3 选择工具箱中的【钢笔工具】，设置【选择工具模式】为【形状】，将【填充】更改为灰色（R:185，G:185，B:185），将【描边】更改为无，在已绘制的矩形右侧位置绘制 1 个三角形，如图 3.8 所示，此时将生成一个【形状 1】图层。

图 3.8

4 在【图层】面板中选中【形状 1】图层，将其拖至面板底部的【创建新图层】按钮上，复制出 1 个【形状 1 拷贝】图层。

5 选中【形状 1 拷贝】图层，将其图形颜色更改为黑色，再按 Ctrl+T 组合键对其执行【自由变换】命令，单击鼠标右键，从弹出的快捷菜单中选择【旋转 180 度】选项，完成之后按 Enter 键确认，如图 3.9 所示。

图 3.9

6 选择工具箱中的【横排文字工具】**T**，在画布适当位置添加文字，这样就完成了效果制作，最终效果如图 3.10 所示。

图 3.10

3.3 产品详情导航栏

实例讲解

本例讲解产品详情导航栏制作，此款导航栏的最大特点是将独特的弧形图形与彩色图像完美结合，再配上时尚的字体，使得整个导航栏看起来十分前卫、时尚，最终效果如图 3.11 所示。

图 3.11

视频教学

调用素材：第 3 章 \ 产品详情导航栏

源文件：第 3 章 \ 产品详情导航栏 .psd

操作步骤

1 执行菜单栏中的【文件】|【打开】命令，打开“背景 .jpg”文件，将其拖入画布中并适当缩小。

2 选择工具箱中的【钢笔工具】，设置【选择工具模式】为【形状】，将【填充】更改为黑色，将【描边】更改为无，在背景中绘制 1 个不规则图形，此时将生成一个【形状 1】图层，如图 3.12 所示。

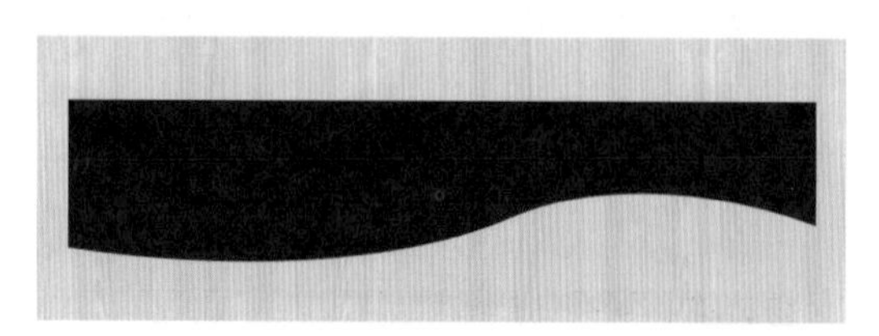

图 3.12

3 执行菜单栏中的【文件】|【打开】命令，打开“羽毛 .jpg”文件，将其拖入画布中并适当缩小，如图 3.13 所示，将图层名称更改为“图层 1”。

图 3.13

4 选中【图层 1】图层，执行菜单栏中的【图层】|【创建剪贴蒙版】命令，为当前图层创建剪贴蒙版，将部分图像隐藏，如图 3.14 所示。

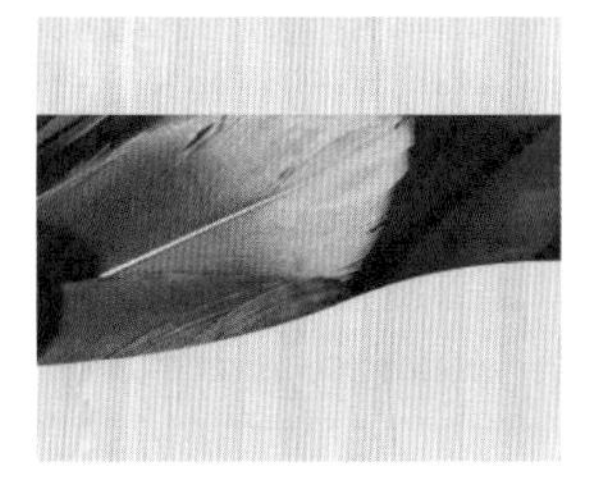

图 3.14

 在【图层】面板中选中【形状 1】图层，将其拖至面板底部的【创建新图层】按钮⊞上，复制出 1 个【形状 1 拷贝】图层，将其移至【图层 1】图层上方，如图 3.15 所示。

6 选中【形状 1 拷贝】图层，将其图层【不透明度】的值更改为 60%，效果如图 3.16 所示。

7 选择工具箱中的【横排文字工具】T，在画布适当位置添加文字，这样就完成了效果制作，最终效果如图 3.17 所示。

图 3.15　　图 3.16

图 3.17

3.4 组合实拍导航栏

实例讲解

本例讲解组合实拍导航栏制作，本例在制作过程中通过将多个图形组合成多边形来体现组合实拍的特点，同时多边形在视觉效果上与主题相呼应，最终效果如图 3.18 所示。

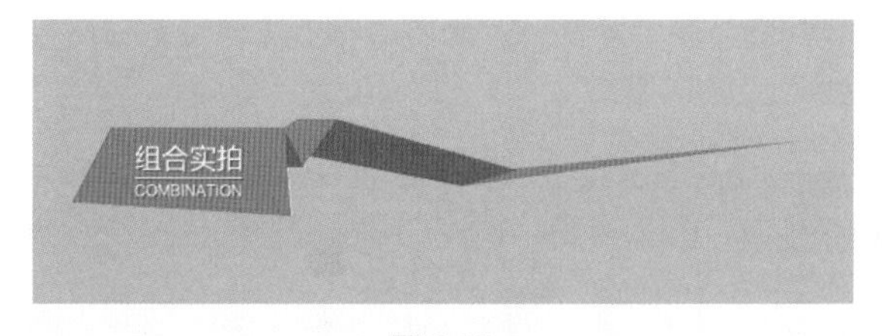

图 3.18

调用素材：无

源文件：第 3 章 \ 组合实拍导航栏 .psd

操作步骤

 执行菜单栏中的【文件】|【新建】命令，在弹出的对话框中设置【宽度】为 600 像素，【高度】为 200 像素，【分辨率】为 72 像素 / 英寸，【颜色模式】为 RGB 颜色，新建一个空白画布，将画布填充为青色（R:100，G:223，B:226）。

2 选择工具箱中的【矩形工具】▭，在选项栏中将【填充】更改为红色(R:240，G:104，B:126)，设置【描边】为无，在画布靠左侧位置绘制一个矩形，如图 3.19 所示。

3 选择工具箱中的【直接选择工具】，拖动矩形锚点，将其变形，如图 3.20 所示。

图 3.19

图 3.20

4 选择工具箱中的【钢笔工具】，设置【选择工具模式】为【形状】，将【填充】更改为深红色（R:216，G:53，B:87），将【描边】更改为无，在经过变形的图形右上角位置绘制 1 个不规则图形，以制作背面图形效果，如图 3.21 所示。

图 3.21

5 以同样的方法在已绘制的图形右侧位置再次绘制数个图形，如图 3.22 所示。

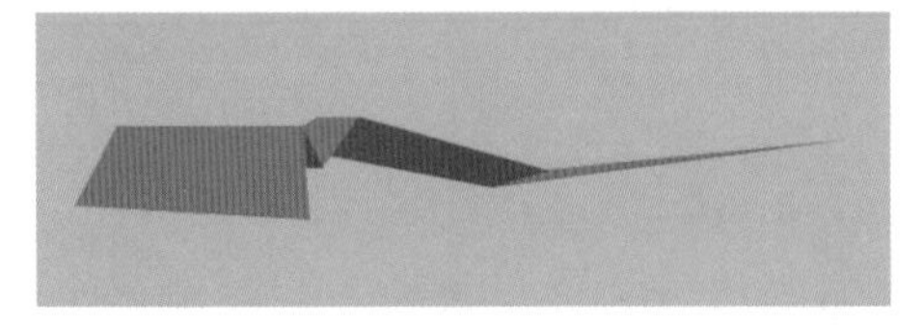
图 3.22

提示

在绘制图形时注意颜色的区分。

6 选择工具箱中的【横排文字工具】T，在画布适当位置添加文字，如图 3.23 所示。

7 选择工具箱中的【直线工具】╱，在选项栏中将【填充】更改为白色，设置【描边】为无，将【粗细】更改为 1 像素，按住 Shift 键在两组文字之间的位置绘制一条线段，此时将生成一个【形状 5】图层，如图 3.24 所示。

图 3.23

图 3.24

8 在【图层】面板中选中【组合实拍】文字图层，单击面板底部的【添加图层样式】按钮 fx，在菜单中选择【投影】选项，在弹出的对话框中将【不透明度】的值更改为 30%，将【距离】的值更改为 1 像素，完成之后单击【确定】按钮，如图 3.25 所示。

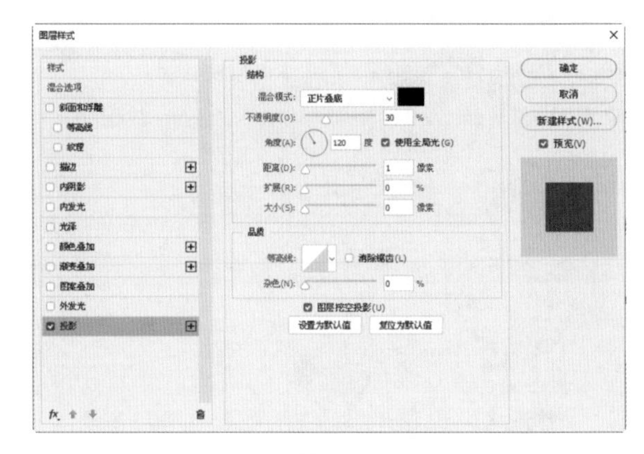
图 3.25

9 在【组合实拍】图层名称上单击鼠标右键，从弹出的快捷菜单中选择【拷贝图层样式】选项，然后选中【形状 5】及【COMBINATION】图层，在其图层名称上单击鼠标右键，从弹出的快捷菜单中选择【粘贴图层样式】选项，这样就完成了效果制作，最终效果如图 3.26 所示。

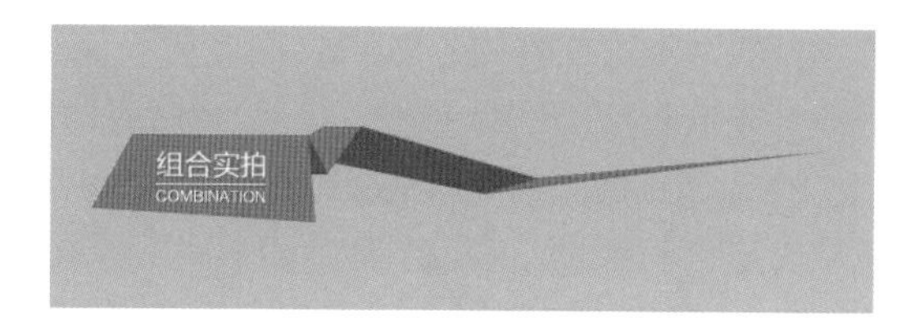

图 3.26

3.5 细节解读导航栏

实例讲解

本例讲解细节解读导航栏制作，本例的制作十分简单，将双色图形的组合与直观的文字信息相结合，使得整个导航栏显得非常清晰、美观，最终效果如图 3.27 所示。

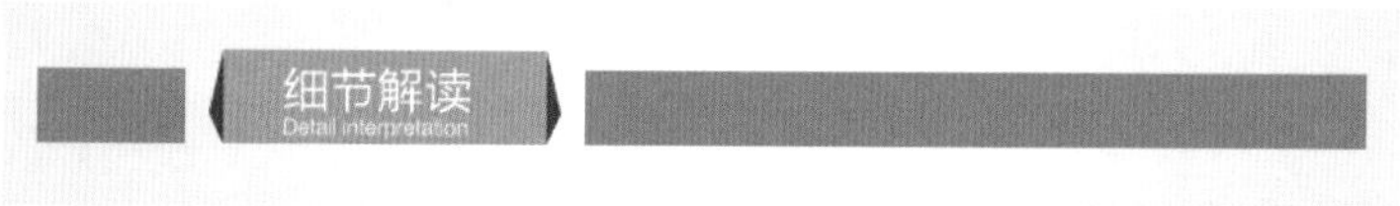

图 3.27

视频教学

调用素材：无

源文件：第 3 章 \ 细节解读导航栏 .psd

操作步骤

1 执行菜单栏中的【文件】|【新建】命令，在弹出的对话框中设置【宽度】为 700 像素，【高度】为 100 像素，【分辨率】为 72 像素 / 英寸，【颜色模式】为 RGB 颜色，新建一个空白画布。

2 选择工具箱中的【渐变工具】，编辑颜色为白色到灰色（R:237，G:237，B:237）的渐变，单击选项栏中的【径向渐变】按钮，在画布中的中间位置单击并向右侧拖动，填充渐变，如图 3.28 所示。

图 3.28

3 选择工具箱中的【矩形工具】，在选项栏中将【填充】更改为橙色（R:226，G:140，B:10），设置【描边】为无，在画布中绘制一个矩形，此时将生成一个【矩形 1】图层，如图 3.29 所示。

图 3.29

4 选择工具箱中的【矩形工具】，选中【矩形 1】图层，按住 Alt 键在图形靠左侧位置绘制 1 个矩形图形，将部分图形减去，如图 3.30 所示。

图 3.30

5 选择工具箱中的【矩形工具】▭，在选项栏中将【填充】更改为绿色（R:140，G:184，B:20），设置【描边】为无，在矩形空缺的位置再次绘制一个矩形，此时将生成一个【矩形 2】图层，如图 3.31 所示。

图 3.31

6 选择工具箱中的【钢笔工具】，设置【选择工具模式】为【形状】，将【填充】更改为深绿色（R:62，G:90，B:0），将【描边】更改为无，绘制 1 个不规则图形，此时将生成一个【形状 1】图层，如图 3.32 所示。

7 选中【形状 1】图层，按住 Alt+Shift 组合键在画布中向右侧拖动图形，将其复制，然后按 Ctrl+T 组合键对其执行【自由变换】命令，再单击鼠标右键，从弹出的快捷菜单中选择【水平翻转】选项，完成之后按 Enter 键确认，最后将图形平移至矩形右侧位置，如图 3.33 所示。

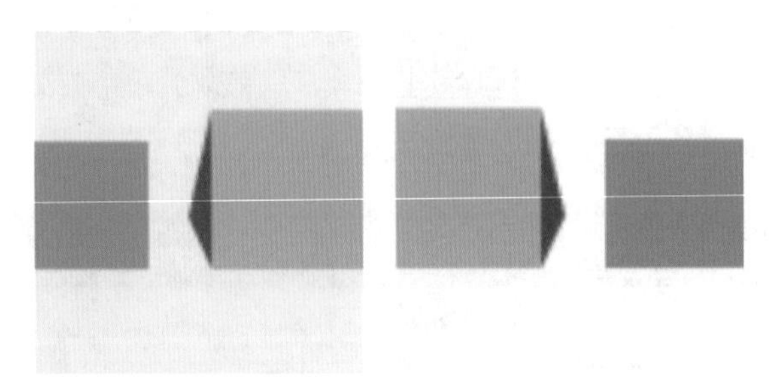

图 3.32　　图 3.33

8 选择工具箱中的【横排文字工具】T，在画布适当位置添加文字，这样就完成了效果制作，最终效果如图 3.34 所示。

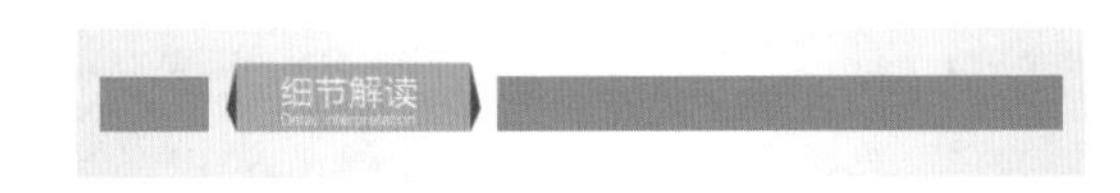

图 3.34

3.6 模特展示导航栏

实例讲解

本例讲解模特展示导航栏制作，在制作时要重点关注与主题相对应的配色及文字信息，最终效果如图 3.35 所示。

图 3.35

视频教学

调用素材：无

源文件：第 3 章 \ 模特展示导航栏 .psd

操作步骤

1 执行菜单栏中的【文件】|【新建】命令，在弹出的对话框中设置【宽度】为600像素，【高度】为100像素，【分辨率】为72像素/英寸，【颜色模式】为RGB颜色，新建一个空白画布，将画布填充为灰色（R:242，G:242，B:242）。

2 选择工具箱中的【矩形工具】，在选项栏中将【填充】更改为黑色，设置【描边】为无，在画布中间位置绘制一个矩形，如图3.36所示。

图3.36

3 选择工具箱中的【钢笔工具】，设置【选择工具模式】为【形状】，将【填充】更改为紫色（R:140，G:40，B:90），将【描边】更改为无，在图形左侧位置绘制1个不规则图形，如图3.37所示，此时将生成一个【形状1】图层。

4 在【形状1】图层名称上单击鼠标右键，从弹出的快捷菜单中选择【栅格化图层】选项，再单击面板上方的【锁定透明像素】按钮，将透明像素锁定，如图3.38所示。

5 选择工具箱中的【矩形选框工具】，在【形状1】图层中的图形位置绘制1个选区，以选中部分图像，如图3.39所示。

6 将图像填充为黑色，完成之后按Ctrl+D组合键将选区取消，如图3.40所示。

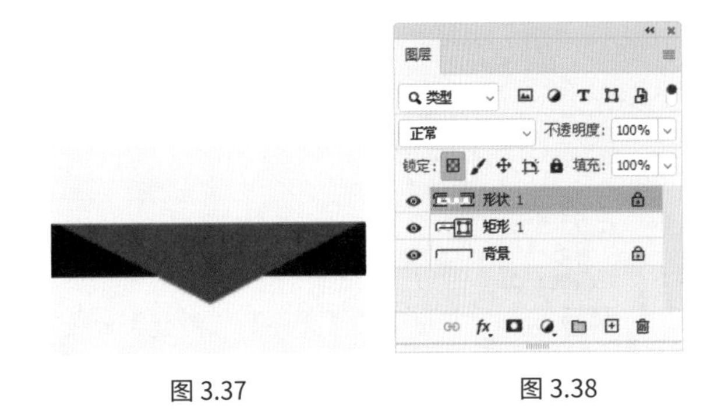

图3.37　图3.38

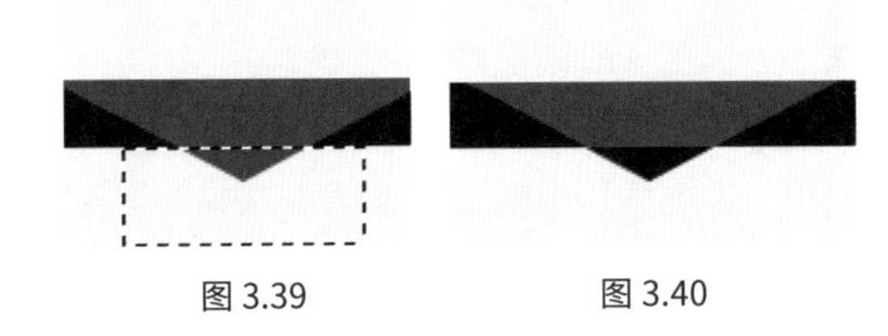

图3.39　图3.40

7 选择工具箱中的【横排文字工具】，在画布适当位置添加文字，这样就完成了效果制作，最终效果如图3.41所示。

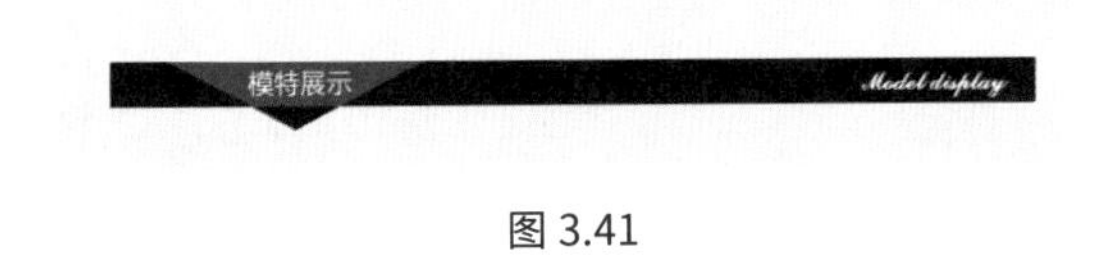

图3.41

3.7 场景展示导航栏

实例讲解

本例讲解场景展示导航栏制作，场景展示导航栏以体现主题思想为重点，将导航栏的图形、配色及文字信息与所要展示的主题相结合，其制作过程比较简单，最终效果如图3.42所示。

图3.42

视频教学

调用素材：无

源文件：第 3 章 \ 场景展示导航栏 .psd

操作步骤

1 执行菜单栏中的【文件】|【新建】命令，在弹出的对话框中设置【宽度】为 600 像素，【高度】为 100 像素，【分辨率】为 72 像素 / 英寸，【颜色模式】为 RGB 颜色，新建一个空白画布，将画布填充为灰色（R:240，G:240，B:240）。

2 选择工具箱中的【矩形工具】，在选项栏中将【填充】更改为黑色，设置【描边】为无，在画布中间位置绘制一个矩形，如图 3.43 所示，此时将生成 1 个【矩形 1】图层。

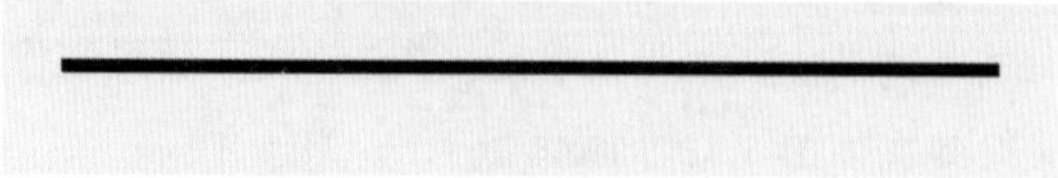

图 3.43

3 选择工具箱中的【矩形工具】，按住 Alt 键在矩形靠左侧位置绘制矩形，将已绘制的部分矩形减去，如图 3.44 所示。

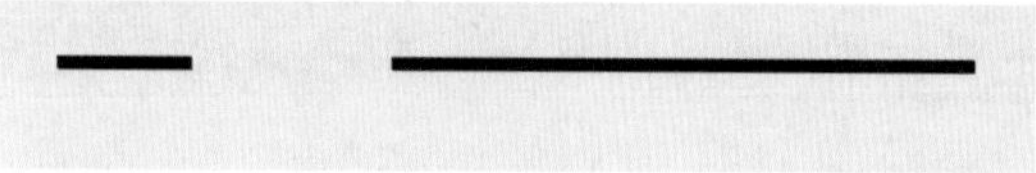

图 3.44

4 选择工具箱中的【矩形工具】，在选项栏中将【填充】更改为深紫色（R:170，G:13，B:83），设置【描边】为无，在已绘制的矩形左侧位置绘制一个矩形，如图 3.45 所示，此时将生成 1 个【矩形 2】图层。

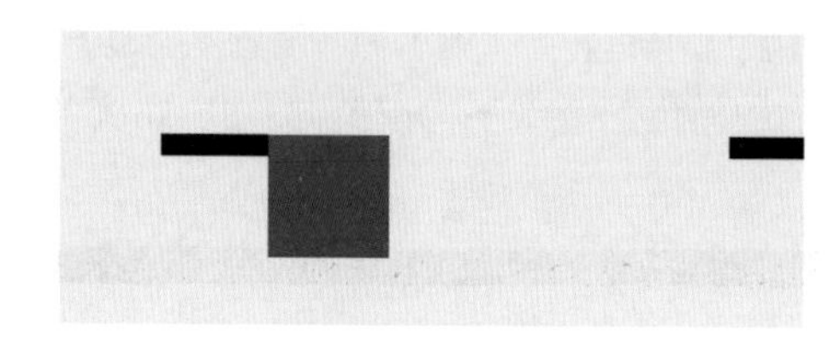

图 3.45

5 选择工具箱中的【添加锚点工具】，在已绘制的矩形底部中间位置单击，添加锚点，如图 3.46 所示。

6 选择工具箱中的【转换点工具】，单击添加的锚点，再选择工具箱中的【直接选择工具】，选中经过转换的锚点并向上拖动，将图形变形，如图 3.47 所示。

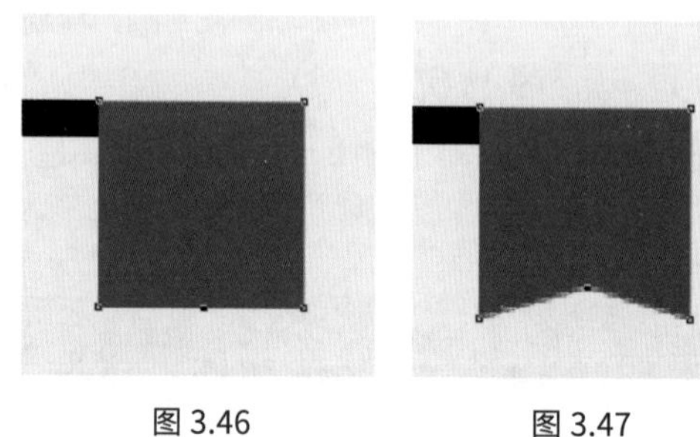

图 3.46　　图 3.47

7 选择工具箱中的【横排文字工具】T，在画布适当位置添加文字，这样就完成了效果制作，最终效果如图 3.48 所示。

图 3.48

3.8 细节图导航栏

实例讲解

本例讲解细节图导航栏制作，本例在制作过程中将标签样式图形与线条样式图形相结合，使得整体的导航效果十分清楚、明了，最终效果如图 3.49 所示。

图 3.49

视频教学

调用素材：无

源文件：第 3 章 \ 细节图导航栏 .psd

操作步骤

1 执行菜单栏中的【文件】|【新建】命令，在弹出的对话框中设置【宽度】为 600 像素，【高度】为 100 像素，【分辨率】为 72 像素 / 英寸，【颜色模式】为 RGB 颜色，新建一个空白画布，将画布填充为浅粉色（R:248，G:240，B:246）。

2 选择工具箱中的【矩形工具】，在选项栏中将【填充】更改为紫色（R:210，G:100，B:177），设置【描边】为无，在画布中间位置绘制一个矩形，如图 3.50 所示，此时将生成 1 个【矩形 1】图层。

图 3.50

3 选择工具箱中的【矩形工具】，在选项栏中将【填充】更改为蓝色（R:80，G:90，B:208），设置【描边】为无，在已绘制的矩形左侧位置绘制一个矩形，此时将生成 1 个【矩形 2】图层，如图 3.51 所示。

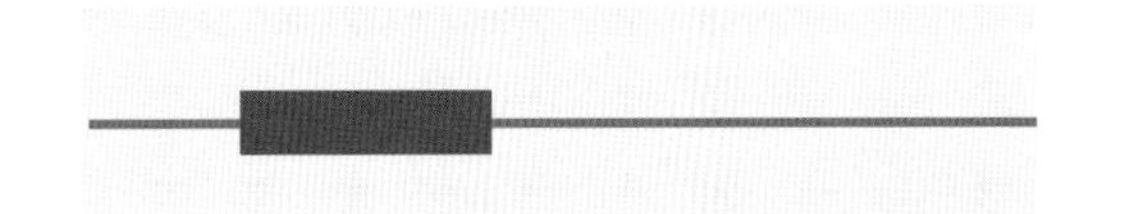

图 3.51

4 选择工具箱中的【添加锚点工具】，在已绘制的矩形左侧边缘中间位置单击，添加锚点，如图 3.52 所示。

5 选择工具箱中的【转换点工具】，单击添加的锚点，再选择工具箱中的【直接选择工具】，选中经过转换的锚点并将其向内侧拖动，将图形变形，如图 3.53 所示。

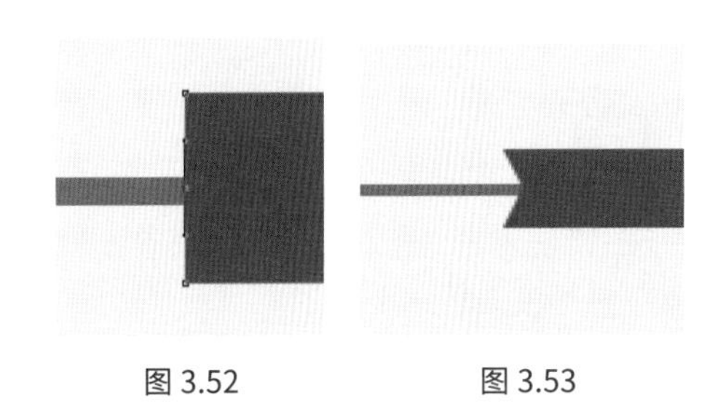

图 3.52　图 3.53

6 以同样的方法在矩形右侧位置添加锚点

并将其变形，如图 3.54 所示。

图 3.54

7 在【图层】面板中选中【矩形 2】图层，将其拖至面板底部的【创建新图层】按钮上，复制出 1 个【矩形 2 拷贝】图层，如图 3.55 所示。

8 选中【矩形 2】图层，按 Ctrl+T 组合键对其执行【自由变换】命令，将图像等比放大并旋转，完成之后按 Enter 键确认，并将图层【不透明度】的值更改为 20%，效果如图 3.56 所示。

图 3.55

图 3.56

9 选择工具箱中的【横排文字工具】T，在画布适当位置添加文字，这样就完成了效果制作，最终效果如图 3.57 所示。

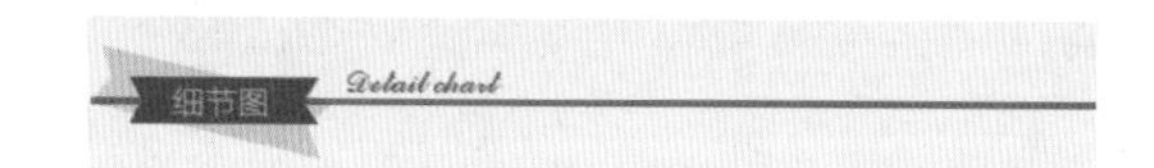

图 3.57

3.9 详情解读导航栏

实例讲解

本例讲解详情解读导航栏制作，本例中的图像结构十分简单，仅使用线条与圆组合成整个解读导航栏样式，最终效果如图 3.58 所示。

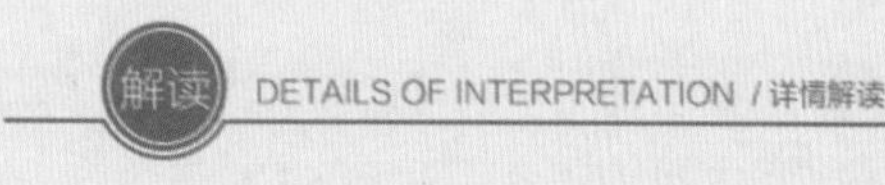

图 3.58

视频教学

调用素材：无

源文件：第 3 章\详情解读导航栏 .psd

操作步骤

1 执行菜单栏中的【文件】|【新建】命令，在弹出的对话框中设置【宽度】为 700 像素，【高度】为 100 像素，【分辨率】为 72 像素 / 英寸，【颜色模式】为 RGB 颜色，新建一个空白画布，将画布填充为灰色（R:238，G:240，B:240）。

2 选择工具箱中的【直线工具】，在选项栏中将【填充】更改为灰色（R:130，G:130，B:130），设置【描边】为无，将【粗细】更改为 2 像素，按住 Shift 键在画布中间位置绘制一条水平线段，如图 3.59 所示，此时将生成一个【形状 1】图层。

图 3.59

3 选择工具箱中的【椭圆工具】◯，在选项栏中将【填充】更改为灰色（R:130，G:130，B:130），设置【描边】为白色，【大小】为 1 点，按住 Shift 键在线段左侧位置绘制一个正圆图形，如图 3.60 所示，此时将生成一个【椭圆 1】图层。

4 在【图层】面板中选中【椭圆 1】图层，将其拖至面板底部的【创建新图层】按钮⊞上，复制出 1 个【椭圆 1 拷贝】图层，如图 3.61 所示。

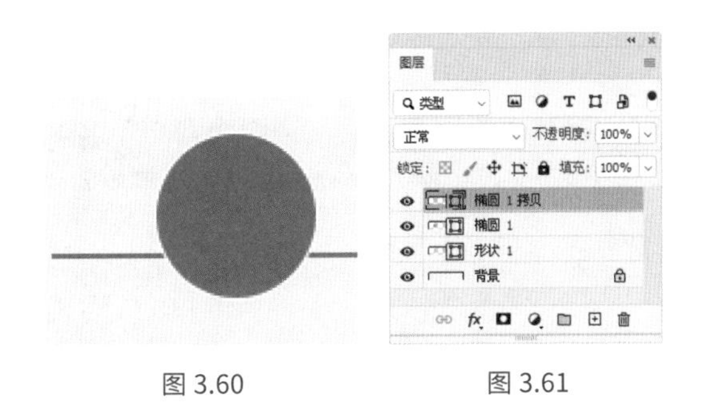

图 3.60　　图 3.61

5 在【图层】面板中选中【椭圆 1】图层，单击面板底部的【添加图层样式】按钮fx，在菜单中选择【描边】选项，在弹出的对话框中将【大小】更改为 3 像素，将【颜色】更改为灰色（R:130，G:130，B:130），完成之后单击【确定】按钮，如图 3.62 所示。

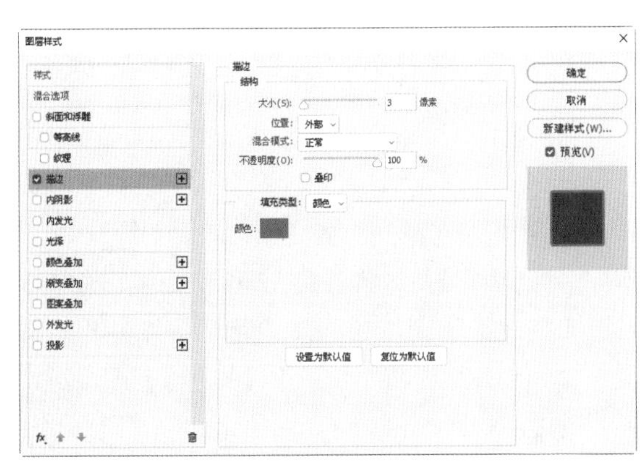

图 3.62

6 选中【椭圆 1 拷贝】图层，在选项栏中将【填充】更改为无，将【描边】更改为灰色（R:130，G:130，B:130），将【大小】更改为 2 点，效果如图 3.63 所示。

7 选中【椭圆 1】图层，按 Ctrl+T 组合键对其执行【自由变换】命令，将图形稍微等比缩小，完成之后按 Enter 键确认，如图 3.64 所示。

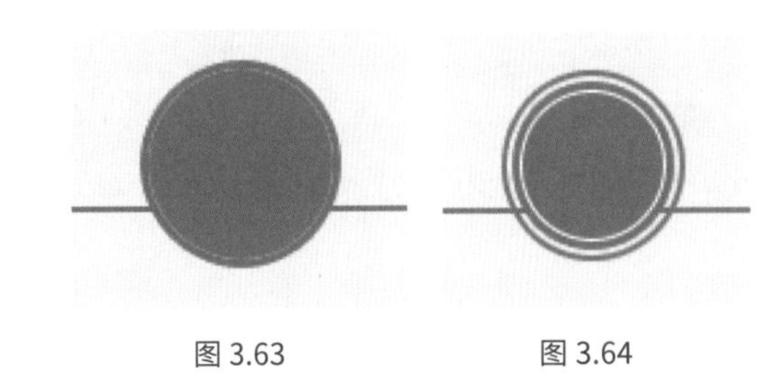

图 3.63　　图 3.64

8 在【图层】面板中选中【形状 1】图层，单击面板底部的【添加图层蒙版】按钮◘，为当前图层添加图层蒙版，如图 3.65 所示。

9 按住 Ctrl 键单击【椭圆 1 拷贝】图层缩览图，将其载入选区，将选区填充为黑色，将部分图形隐藏，完成之后按 Ctrl+D 组合键将选区取消，如图 3.66 所示。

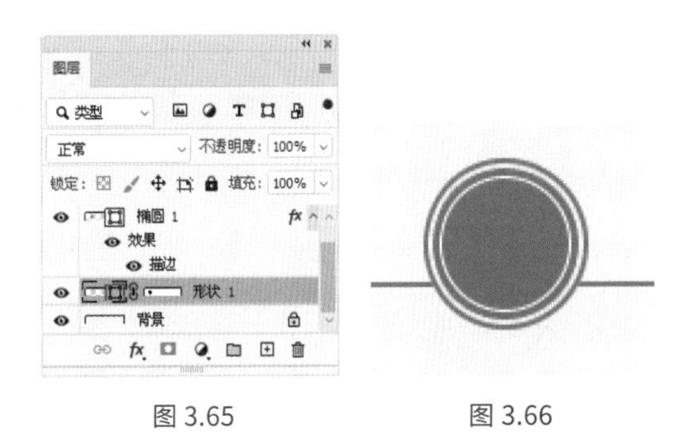

图 3.65　　图 3.66

10 在【图层】面板中选中【椭圆 1 拷贝】图层，单击面板底部的【添加图层蒙版】按钮◘，为当前图层添加图层蒙版，如图 3.67 所示。

11 选择工具箱中的【矩形选框工具】⬚，在【椭圆 1 拷贝】图层中上半部分图像位置绘制一个矩形选区，如图 3.68 所示。

图 3.67

图 3.68

12 将选区填充为黑色，将部分图形隐藏，完成之后按 Ctrl+D 组合键将选区取消，如图 3.69 所示。

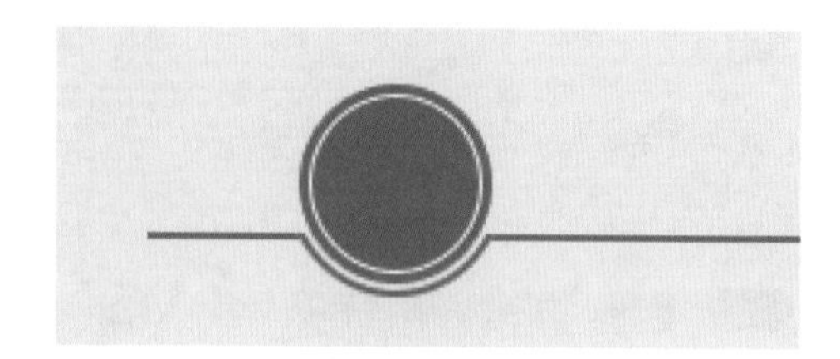
图 3.69

13 选择工具箱中的【横排文字工具】T，在画布适当位置添加文字，这样就完成了效果制作，最终效果如图 3.70 所示。

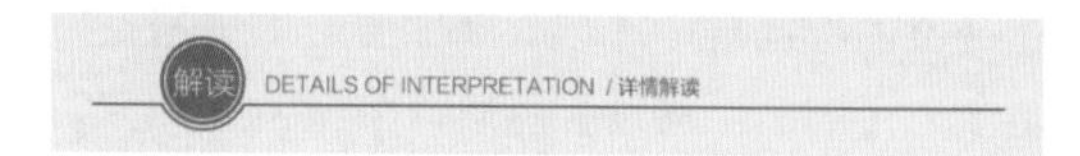

图 3.70

3.10 特征详解导航栏

实例讲解

本例讲解特征详解导航栏制作，本例在制作过程中巧妙地通过简单图形组合与直观文字说明表现商品的特征，最终效果如图 3.71 所示。

图 3.71

视频教学

调用素材：无

源文件：第 3 章\特征详解导航栏 .psd

操作步骤

1 执行菜单栏中的【文件】|【新建】命令，在弹出的对话框中设置【宽度】为 600 像素，【高度】为 100 像素，【分辨率】为 72 像素 / 英寸，【颜色模式】为 RGB 颜色，新建一个空白画布，将画布填充为灰色（R:235，G:240，B:243）。

2 选择工具箱中的【矩形工具】，在选项栏中将【填充】更改为青色（R:0，G:204，B:255），设置【描边】为无，在画布中绘制一个矩形，如图 3.72 所示，此时将生成一个【矩形 1】图层。

3 选择工具箱中的【矩形工具】，在选项栏中将【填充】更改为白色，按住 Shift 键在已绘制的矩形左侧位置绘制 1 个正方形，此时将生成一个【矩形 2】图层，如图 3.73 所示。

图 3.72

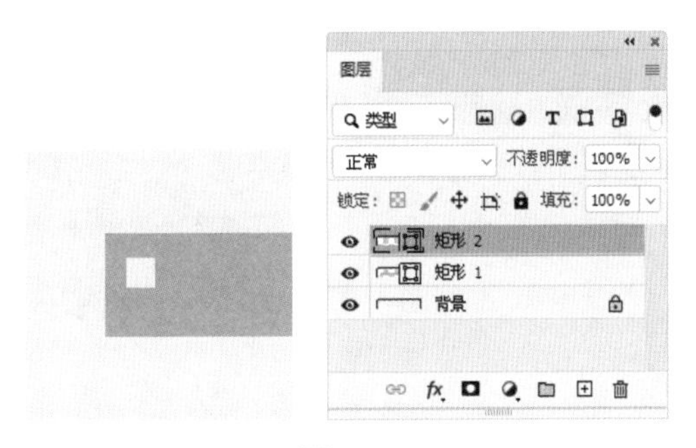

图 3.73

4 选中【矩形 2】图层，按住 Alt 键在画布中拖动图形，将其复制出 3 份，如图 3.74 所示。

5 选中右上角矩形，将其【填充】更改为蓝色（R:0，G:163，B:234），再按 Ctrl+T 组合键对其执行【自由变换】命令，当出现框以后，在选项栏中【旋转】后方的文本框中输入 45，完成之后按 Enter 键确认，如图 3.75 所示。

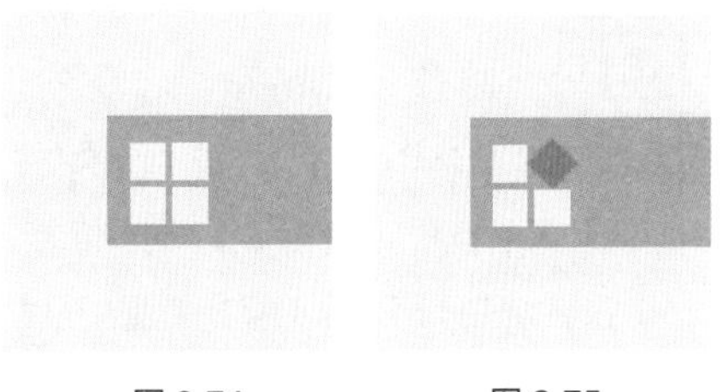

图 3.74　　图 3.75

6 选择工具箱中的【钢笔工具】，设置【选择工具模式】为【形状】，将【填充】更改为白色，将【描边】更改为无，在矩形右侧位置绘制 1 个三角形，如图 3.76 所示。

图 3.76

7 选择工具箱中的【横排文字工具】T，在画布适当位置添加文字，这样就完成了效果制作，最终效果如图 3.77 所示。

图 3.77

3.11 工艺详解导航栏

实例讲解

本例讲解工艺详解导航栏制作，为绘制的矩形制作镂空切割效果，能很好地体现工艺的主题，最终效果如图 3.78 所示。

图 3.78

视频教学

调用素材：无

源文件：第 3 章 \ 工艺详解导航栏 .psd

操作步骤

1 执行菜单栏中的【文件】|【新建】命令，在弹出的对话框中设置【宽度】为600像素，【高度】为150像素，【分辨率】为72像素/英寸，【颜色模式】为RGB颜色，新建一个空白画布，将画布填充为灰色（R:235，G:240，B:243）。

2 选择工具箱中的【矩形工具】，在选项栏中将【填充】更改为蓝色（R:18，G:112，B:129），设置【描边】为无，在画布中绘制一个矩形，如图3.79所示，此时将生成一个【矩形 1】图层。

图 3.79

3 选择工具箱中的【矩形工具】，按住Alt键在图形左侧位置绘制1个矩形，将部分图形减去，如图3.80所示。

4 选择工具箱中的【横排文字工具】T，在减去图形的右侧位置添加文字，如图3.81所示。

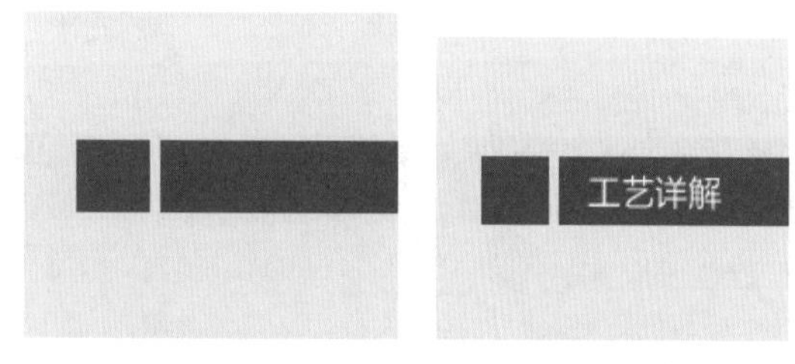

图 3.80　　图 3.81

5 选择工具箱中的【矩形工具】，在选项栏中将【填充】更改为无，设置【描边】为白色，将【大小】更改为2点，按住Shift键在文字右侧位置绘制一个矩形，此时将生成一个【矩形 2】图层，如图3.82所示。

6 选中【矩形 2】图层，按Ctrl+T组合键对其执行【自由变换】命令，当出现框以后，在选项栏中【旋转】后面的文本框中输入45，完成之后按Enter键确认，如图3.83所示。

7 选择工具箱中的【直接选择工具】，选中矩形左侧锚点，按Delete键将其删除，如图3.84所示。

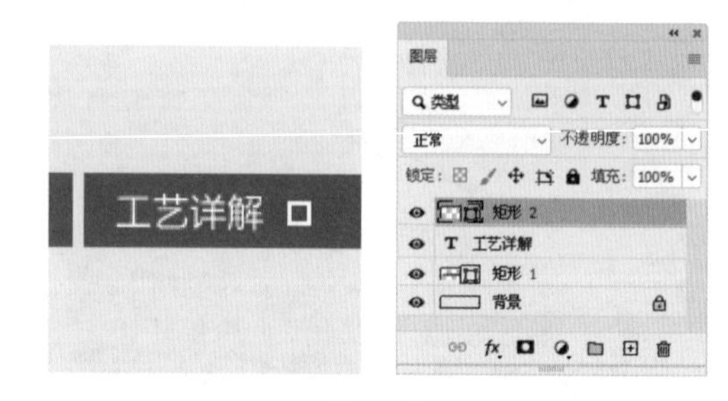

图 3.82

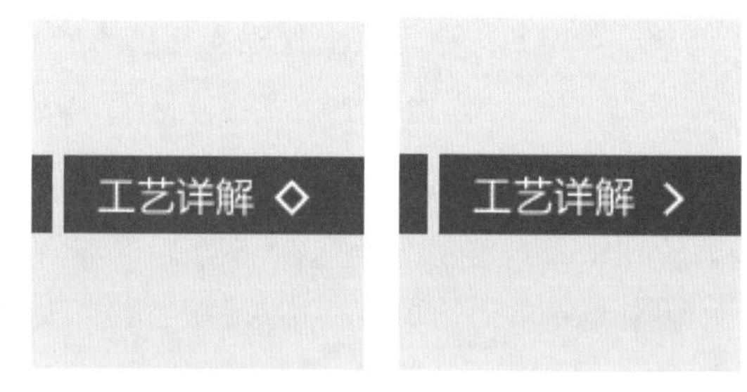

图 3.83　　图 3.84

8 选中【矩形 2】图层，按住Alt+Shift组合键在画布中将图形向右侧拖动，将其复制，如图3.85所示。

图 3.85

9 选择工具箱中的【矩形工具】，选择【矩形 1】图层，按住Alt键在图形右侧位置绘制1个稍细的矩形，将部分图形减去。然后按Ctrl+T组合键，对其执行【自由变换】命令，当出现框以后在选项栏中【旋转】后面的文本框中输入45，完成之后按 Enter 键确认，如图 3.86 所示。

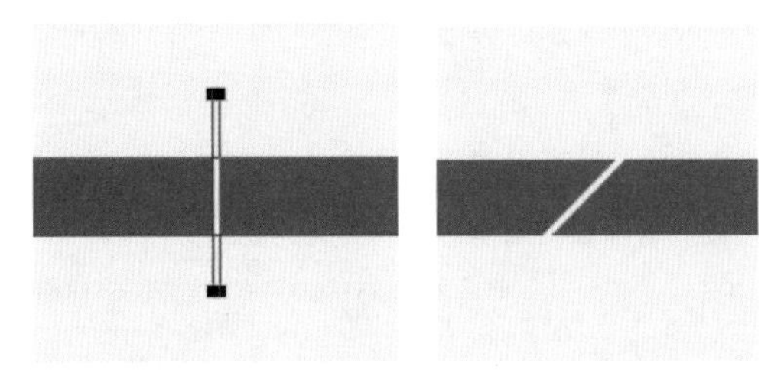

图 3.86

10 选择工具箱中的【路径选择工具】，选中路径，按住 Alt+Shift 组合键将其向右侧拖动，将路径复制 2 份，这样就完成了效果制作，最终效果如图 3.87 所示。

图 3.87

3.12 使用说明导航栏

实例讲解

本例讲解使用说明导航栏制作，其制作重点在于与主题相对应的配色及文字信息，最终效果如图 3.88 所示。

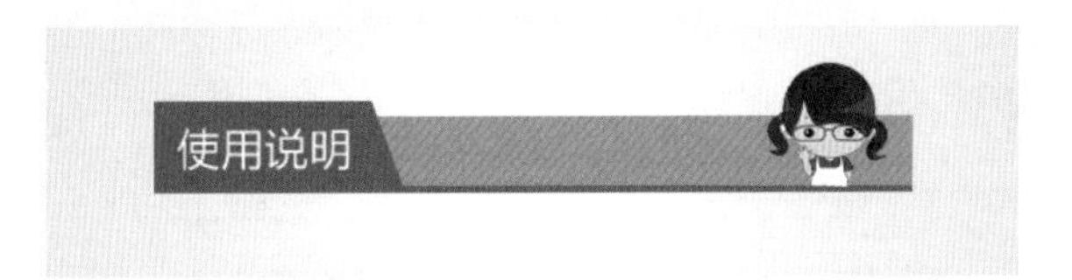

图 3.88

视频教学

调用素材：第 3 章 \ 使用说明导航栏

源文件：第 3 章 \ 使用说明导航栏 .psd

操作步骤

3.12.1 制作导航轮廓

1 执行菜单栏中的【文件】|【新建】命令，在弹出的对话框中设置【宽度】为 600 像素，【高度】为 150 像素，【分辨率】为 72 像素 / 英寸，【颜色模式】为 RGB 颜色，新建一个空白画布。

2 选择工具箱中的【渐变工具】，编辑白色到灰色（R:233，G:233，B:225）的渐变，单击选项栏中的【径向渐变】按钮，在画布中间单击并向右侧拖动，填充渐变，如图 3.89 所示。

图 3.89

3 选择工具箱中的【矩形工具】，在选项栏中将【填充】更改为橙色（R:240，G:170，B:0），设置【描边】为无，在画布中绘制一个矩形，此时将生成一个【矩形 1】图层，如图 3.90 所示。

4 在【图层】面板中选中【矩形 1】图层，将其拖至面板底部的【创建新图层】按钮上，复制出 1 个【矩形 1 拷贝】图层。

图 3.90

5 将【矩形 1】图层中图形的颜色更改为深黄色（R:164，G:116，B:0），再将其向下稍微移动，如图 3.91 所示。

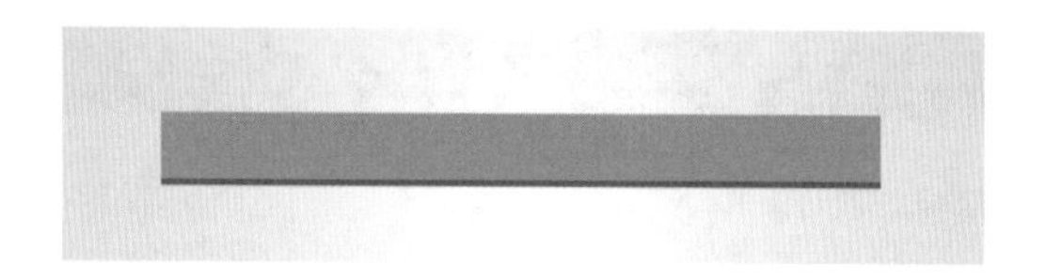

图 3.91

3.12.2 添加斜纹

1 选择工具箱中的【直线工具】╱，在选项栏中将【填充】更改为深黄色（R:164，G:116，B:0），设置【描边】为无，将【粗细】更改为 1 像素，按住 Shift 键在画布靠顶部位置绘制一条水平线段，如图 3.92 所示，此时将生成一个【形状 1】图层。

2 在【形状 1】图层名称上单击鼠标右键，从弹出的快捷菜单中选择【栅格化形状】选项，如图 3.93 所示。

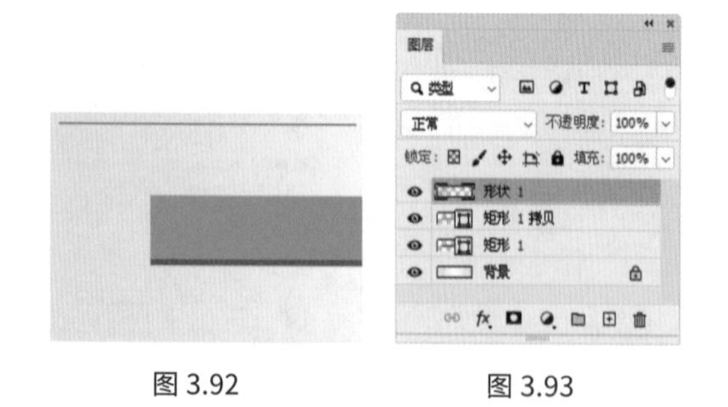

图 3.92　　图 3.93

3 按住 Ctrl 键的同时单击【形状 1】图层缩览图，将其载入选区，如图 3.94 所示。

4 按 Ctrl+Alt+T 组合键对其执行复制变换命令，当出现变形框后按向下方向键 5 次，将其向下垂直移动，完成之后按 Enter 键确认，如图 3.95 所示。

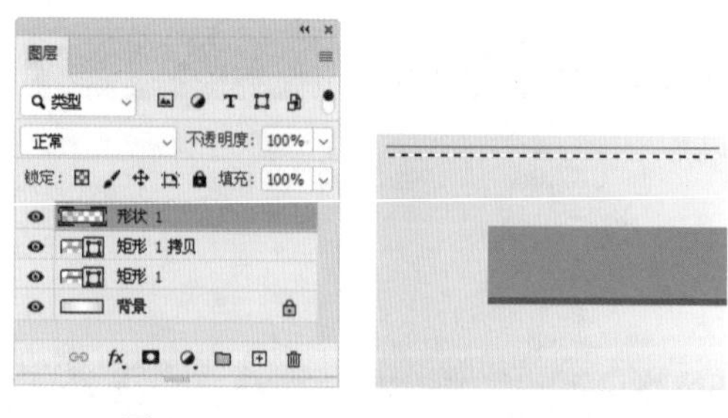

图 3.94　　图 3.95

提示

执行复制变换命令之后不要取消选区。

5 按住 Ctrl+Alt+Shift 组合键的同时按 T 键，多次执行多重复制命令，复制出多条线段，如图 3.96 所示。

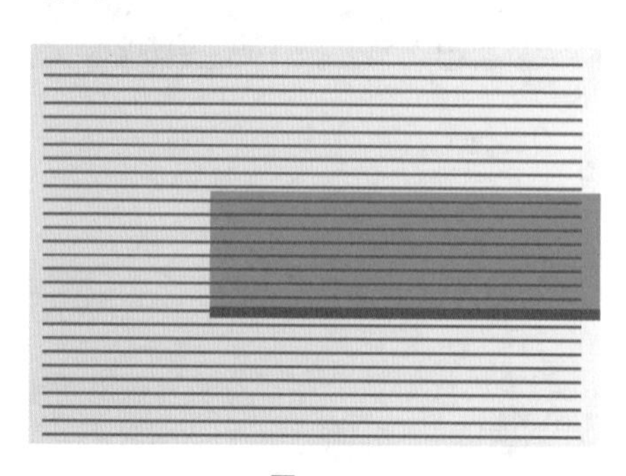

图 3.96

6 选中【形状 1】图层，按 Ctrl+T 组合键对其执行【自由变换】命令，当出现框以后，在选项栏中【旋转】后面的文本框中输入 -45，完成之后按 Enter 键确认，如图 3.97 所示。

7 选中【形状 1】图层，按住 Alt+Shift 组合键将图形向右侧拖动，将其复制 2 份，将下方矩形完全覆盖，此时将生成【形状 1 拷贝】及【形状 1 拷贝 2】图层，如图 3.98 所示。

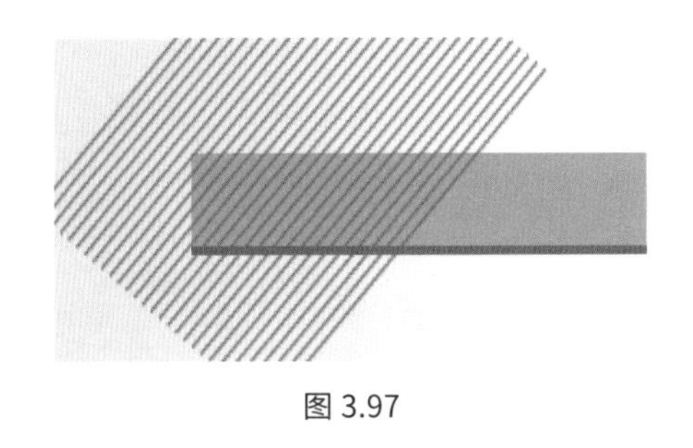

图 3.97

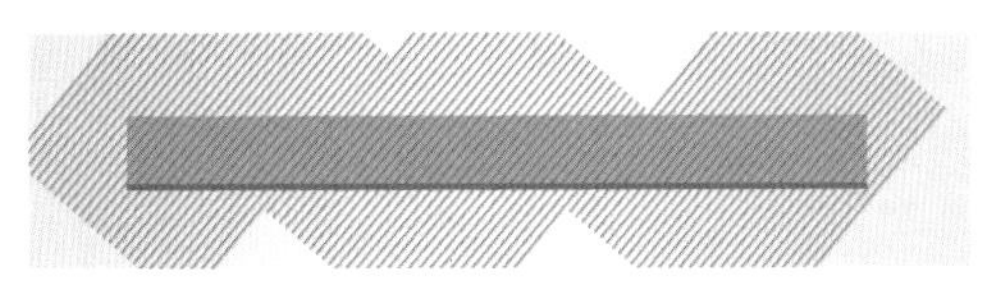

图 3.98

8 同时选中【形状 1 拷贝 2】【形状 1 拷贝】及【形状 1】图层，执行菜单栏中的【图层】|【创建剪贴蒙版】命令，为当前图层创建剪贴蒙版，将部分图像隐藏，如图 3.99 所示。

9 选中其他的形状图层，将其图层【不透明度】的值更改为 30%，如图 3.100 所示。

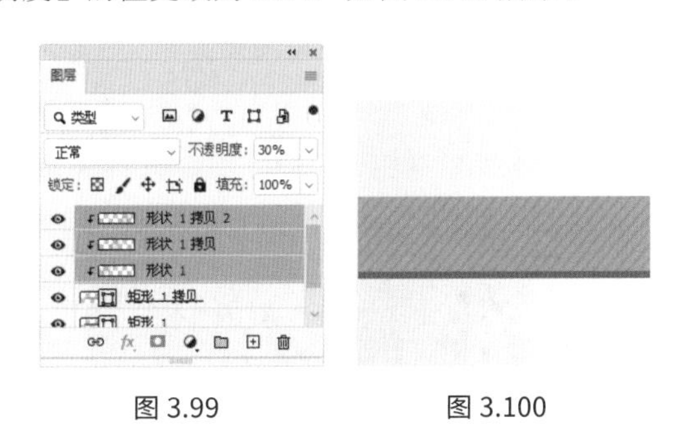

图 3.99　　图 3.100

10 选择工具箱中的【矩形工具】，在选项栏中将【填充】更改为深黄色（R:164，G:116，B:0），设置【描边】为无，在矩形左侧位置绘制一个矩形，如图 3.101 所示。

11 选择工具箱中的【直接选择工具】，选中矩形右上角锚点，将其向左侧拖动，将图形变形，如图 3.102 所示。

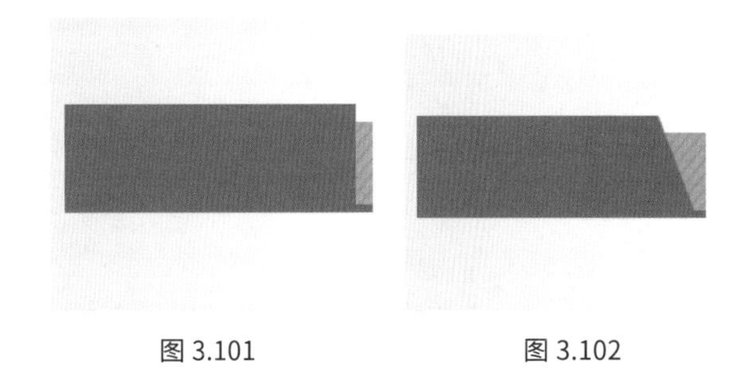

图 3.101　　图 3.102

12 选择工具箱中的【横排文字工具】T，在图形左侧位置添加文字，如图 3.103 所示。

图 3.103

13 执行菜单栏中的【文件】|【打开】命令，打开“卡通 .psd”文件，将其拖入画布中靠右侧位置并适当缩小，这样就完成了效果制作，最终效果如图 3.104 所示。

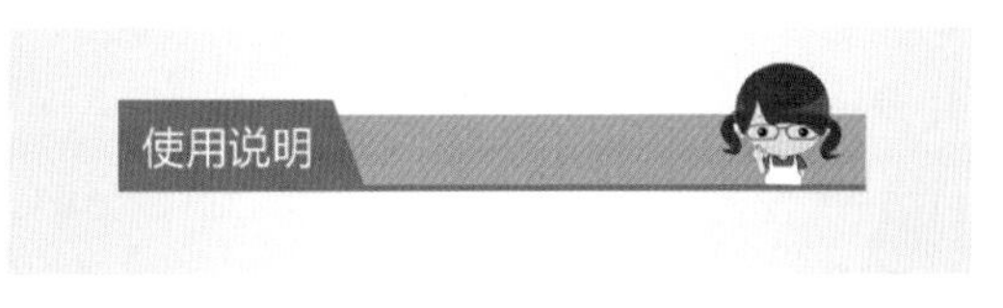

图 3.104

3.13 产品信息导航栏

实例讲解

本例讲解产品信息导航栏制作，在制作过程中采用图形相叠加的形式，通过叠加图形模拟出立体效果，最终效果如图 3.105 所示。

图 3.105

视频教学

调用素材：无

源文件：第 3 章\产品信息导航栏 .psd

操作步骤

3.13.1 制作主图形

1 执行菜单栏中的【文件】|【新建】命令，在弹出的对话框中设置【宽度】为 800 像素，【高度】为 100 像素，【分辨率】为 72 像素 / 英寸，【颜色模式】为 RGB 颜色，新建一个空白画布，将画布填充为黄色（R:237，G:206，B:177）。

2 选择工具箱中的【矩形工具】▭，在选项栏中将【填充】更改为白色，设置【描边】为无，在画布中绘制一个细长矩形，如图 3.106 所示，此时将生成一个【矩形 1】图层。

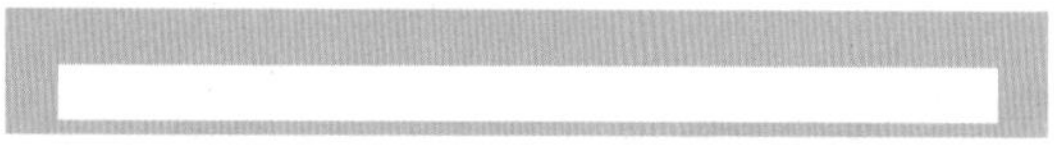

图 3.106

3 在【图层】面板中选中【矩形 1】图层，将其拖至面板底部的【创建新图层】按钮⊞上，复制出【矩形 1 拷贝】及【矩形 1 拷贝 2】两个新图层。

4 将【矩形 1 拷贝】图层中的图形颜色更改为红色（R:233，G:60，B:40），再按 Ctrl+T 组合键对其执行【自由变换】命令，将图形适当旋转，完成之后按 Enter 键确认，如图 3.107 所示。

图 3.107

为了方便观察实际的图形效果，在旋转图形时，可以将【矩形 1 拷贝 2】图层暂时隐藏。

5 选择工具箱中的【直接选择工具】↖，选中【矩形 1 拷贝】图层中图形左上角的锚点，将其向左上角方向稍微拖动，如图 3.108 所示。

图 3.108

6 将【矩形 1 拷贝 2】图层中图形的颜色更改为红色（R:254，G:85，B:78），以同样的方法按 Ctrl+T 组合键对其执行【自由变换】命令，将图形适当旋转，完成之后按 Enter 键确认。然后选择工具箱中的【直接选择工具】↖，拖动锚点，将图形变形，如图 3.109 所示。

图 3.109

7 选择工具箱中的【钢笔工具】，在选项栏中单击【选择工具模式】按钮，在弹出的选项中选择【形状】，将【填充】更改为深红色（R:177，G:14，B:55），设置【描边】为无，在图形右下角位置绘制1个不规则图形，如图3.110所示，此时将生成1个【形状1】图层。

图3.110

3.13.2 添加折纸图形

1 选择工具箱中的【钢笔工具】，在选项栏中单击【选择工具模式】按钮，在弹出的选项中选择【形状】，将【填充】更改为浅红色（R:255，G:223，B:216），设置【描边】为无，在图形右侧位置绘制1个不规则图形，如图3.111所示。

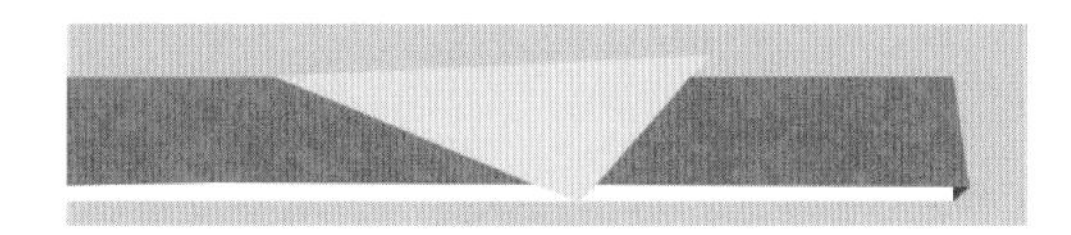

图3.111

2 以同样的方法在已绘制的图形右侧位置再次绘制1个土黄色（R:160，G:115，B:103）图形，如图3.112所示。

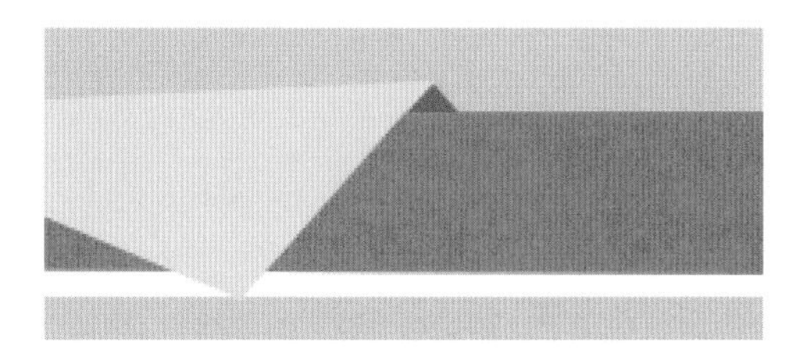

图3.112

3 在【图层】面板中选中【形状2】图层，将其拖至面板底部的【创建新图层】按钮上，复制出1个【形状2拷贝】图层，如图3.113所示。

4 选中【形状2】图层，将其图形颜色更改为深红色（R:40，G:20，B:13），按Ctrl+T组合键对其执行【自由变换】命令，单击鼠标右键，从弹出的快捷菜单中选择【透视】选项，拖动变形框控制点，将图形变形，完成之后按Enter键确认，如图3.114所示。

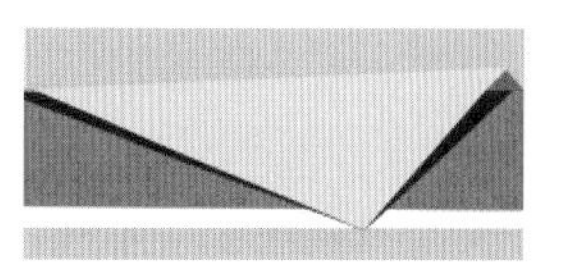

图3.113　　图3.114

5 选中【形状2】图层，执行菜单栏中的【滤镜】|【模糊】|【高斯模糊】命令，在弹出的对话框中将【半径】更改为1像素，完成之后单击【确定】按钮，如图3.115所示。

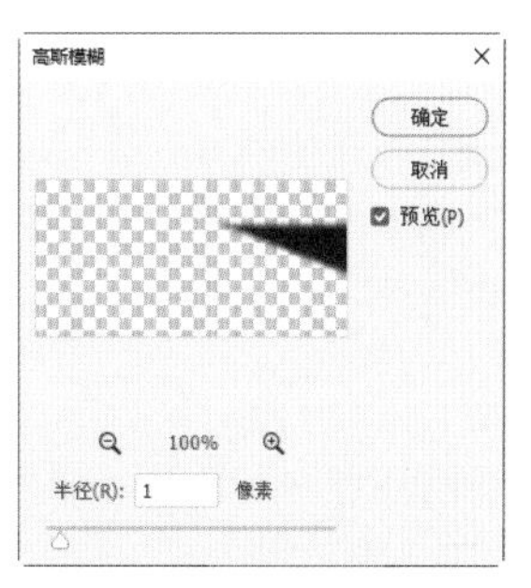

图3.115

6 在【图层】面板中选中【形状2】图层，单击面板底部的【添加图层蒙版】按钮，为其添加图层蒙版，如图3.116所示。

7 选择工具箱中的【画笔工具】，在画布中单击鼠标右键，在弹出的面板中选择一种圆角笔触，将【大小】更改为80像素，将【硬度】更改为0%，如图3.117所示。

图 3.116

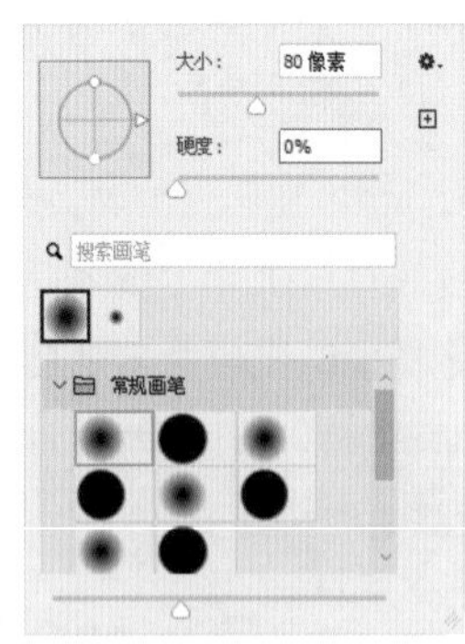

图 3.117

8 将前景色更改为黑色，在其图像上部分区域涂抹，将其隐藏，如图 3.118 所示。

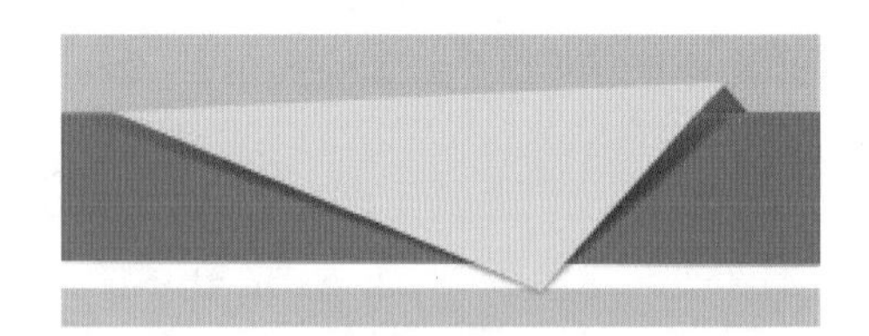

图 3.118

9 选择工具箱中的【横排文字工具】T，在画布适当位置添加文字，这样就完成了效果制作，最终效果如图 3.119 所示。

图 3.119

3.14　商品细节导航栏

实例讲解

本例讲解商品细节导航栏制作，本例的制作比较复杂，重点在于弧形图形的绘制，通过制作带有阴影的折纸效果并将其与弧形标签相结合，使得整体效果相当美观，最终效果如图 3.120 所示。

图 3.120

视频教学

调用素材：无

源文件：第 3 章 \ 商品细节导航栏 .psd

操作步骤

3.14.1　制作主轮廓

1 执行菜单栏中的【文件】|【新建】命令，在弹出的对话框中设置【宽度】为 600 像素，【高度】为 150 像素，【分辨率】为 72 像素 / 英寸，【颜色模式】为 RGB 颜色，新建一个空白画布，将画布填充为灰色（R:229，G:228，B:228）。

2 选择工具箱中的【矩形工具】▭，在选项栏中将【填充】更改为灰色（R:218，G:216，B:216），设置【描边】为无，再绘制一个矩形，如图 3.121

所示，此时将生成一个【矩形 1】图层。

图 3.121

3 在【图层】面板中选中【矩形 1】图层，单击面板底部的【添加图层蒙版】按钮，为图层添加图层蒙版，如图 3.122 所示。

4 选择工具箱中的【画笔工具】，在画布中单击鼠标右键，在弹出的面板中选择一种圆角笔触，将【大小】更改为 100 像素，将【硬度】更改为 0%，如图 3.123 所示。

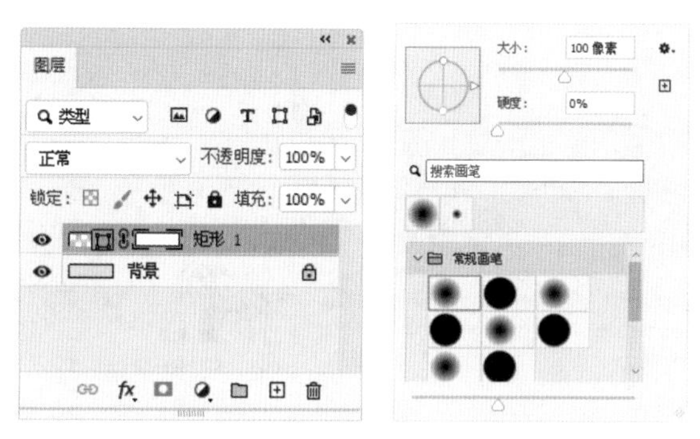

图 3.122　　图 3.123

5 将前景色更改为黑色，在图像上部分区域涂抹，将其隐藏，如图 3.124 所示。

图 3.124

6 单击面板底部的【创建新图层】按钮，新建一个【图层 1】图层，如图 3.125 所示。

7 选择工具箱中的【画笔工具】，在画布中单击鼠标右键，在弹出的面板中选择一种圆角笔触，将【大小】更改为 100 像素，将【硬度】更改为 0%，如图 3.126 所示。

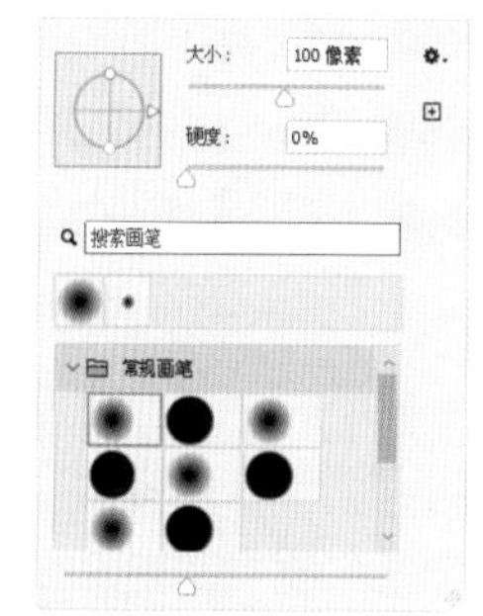

图 3.125　　图 3.126

8 将前景色更改为黑色，在图像左侧位置单击，效果如图 3.127 所示。

9 选中【图层 1】图层，按 Ctrl+T 组合键对其执行【自由变换】命令，将图像高度等比缩小，将宽度等比增加，再将其移至【矩形 1】图层下方，完成之后按 Enter 键确认，如图 3.128 所示。

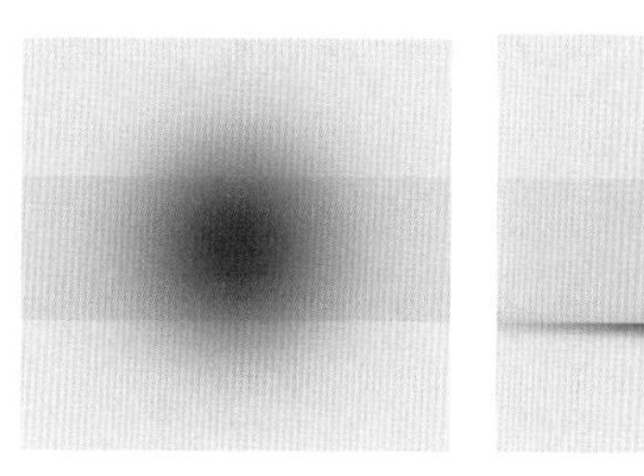

图 3.127　　图 3.128

3.14.2 制作主图形

1 选择工具箱中的【钢笔工具】，设置【选择工具模式】为【形状】，将【填充】更改为白色，将【描边】更改为无，在已绘制的图形左上方位置绘制 1 个不规则图形，此时将生成一个【形状 1】图层，如图 3.129 所示。

2 在【图层】面板中选中【形状 1】图层，将其拖至面板底部的【创建新图层】按钮上，复制出 1 个【形状 1 拷贝】图层，如图 3.130 所示。

3 选中【形状 1 拷贝】图层，按 Ctrl+T 组合键对其执行【自由变换】命令，单击鼠标右键，从弹出的快捷菜单中选择【水平翻转】选项，完成之后按 Enter 键确认，并将拷贝的图形与原图形对齐，如图 3.131 所示。

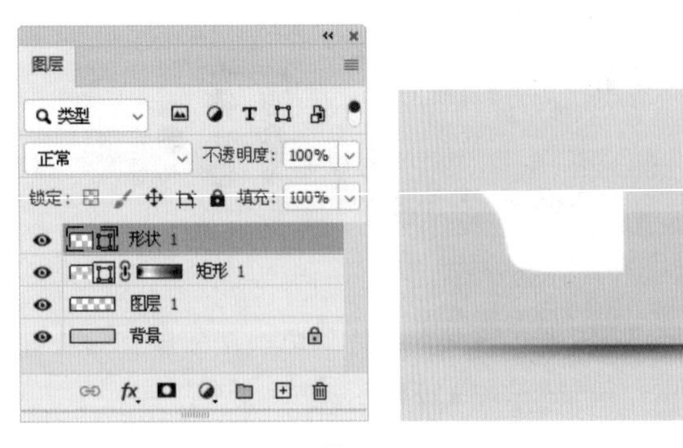

图 3.129

图 3.130　　图 3.131

4 同时选中【形状 1 拷贝】及【形状 1】图层，按 Ctrl+E 组合键将其合并，此时将生成一个【形状 1 拷贝】图层。

5 在【图层】面板中选中【形状 1 拷贝】图层，单击面板底部的【添加图层样式】按钮 fx，在菜单中选择【渐变叠加】选项，在弹出的对话框中将【渐变】更改为蓝色（R:2，G:102，B:163）到蓝色（R:0，G:222，B:255）再到蓝色（R:2，G:140，B:193），将中间蓝色色标位置更改为 75%，完成之后单击【确定】按钮，如图 3.132 所示。

6 选择工具箱中的【钢笔工具】，设置【选择工具模式】为【形状】，将【填充】更改为深蓝色（R:0，G:72，B:116），将【描边】更改为无，在已绘制的图形左上角位置绘制 1 个不规则图形，此时将生成一个【形状 1】图层，将其移至【形状 1 拷贝】图层下方，如图 3.133 所示。

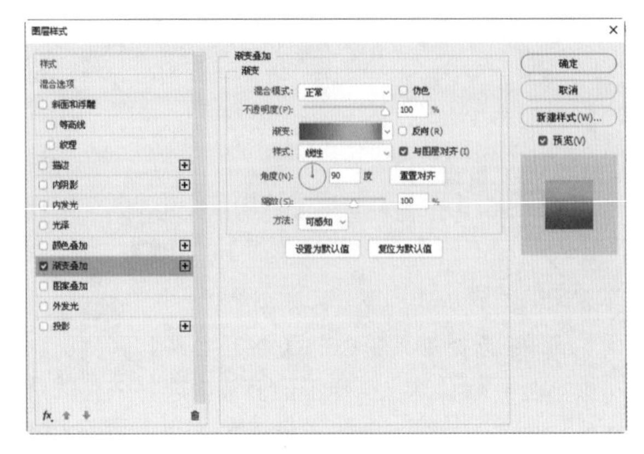

图 3.132

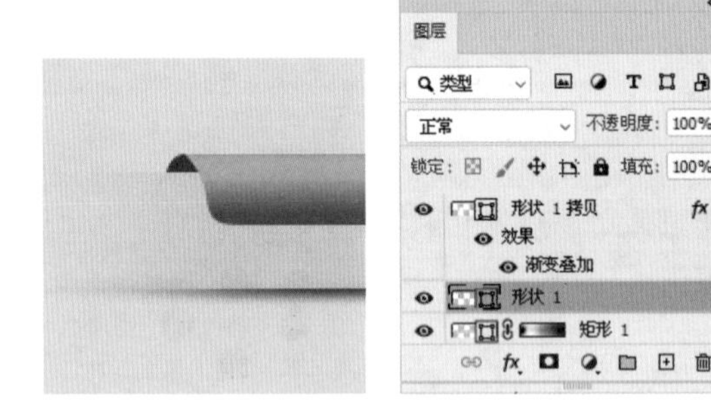

图 3.133

7 在【图层】面板中选中【形状 1】图层，将其拖至面板底部的【创建新图层】按钮上，复制出 1 个【形状 1 拷贝 2】图层，如图 3.134 所示。

8 选中【形状 1 拷贝 2】图层，按住 Shift 键将其向右侧平移至与原图形相对位置，如图 3.135 所示。

图 3.134　　图 3.135

9 选择工具箱中的【横排文字工具】T，在画布适当位置添加文字，这样就完成了效果制作，最终效果如图 3.136 所示。

图 3.136

3.15 商品实拍导航栏

实例讲解

本例讲解商品实拍导航栏制作，在制作过程中通过将不规则图形进行组合以突出立体感，最终效果如图 3.137 所示。

图 3.137

调用素材：无

源文件：第 3 章\商品实拍导航栏 .psd

操作步骤

3.15.1 制作锯齿

1 执行菜单栏中的【文件】|【新建】命令，在弹出的对话框中设置【宽度】为 600 像素，【高度】为 150 像素，【分辨率】为 72 像素 / 英寸，【颜色模式】为 RGB 颜色，新建一个空白画布，将画布填充为淡黄色（R:250，G:247，B:234）。

2 选择工具箱中的【矩形工具】，在选项栏中将【填充】更改为黑色，设置【描边】为无，在画布中间位置绘制一个细长矩形，此时将生成 1 个【矩形 1】图层，如图 3.138 所示。

图 3.138

3 以同样的方法，按住 Shift 键在已绘制的矩形左下角位置再次绘制 1 个稍小矩形，此时将生成 1 个【矩形 2】图层，如图 3.139 所示。

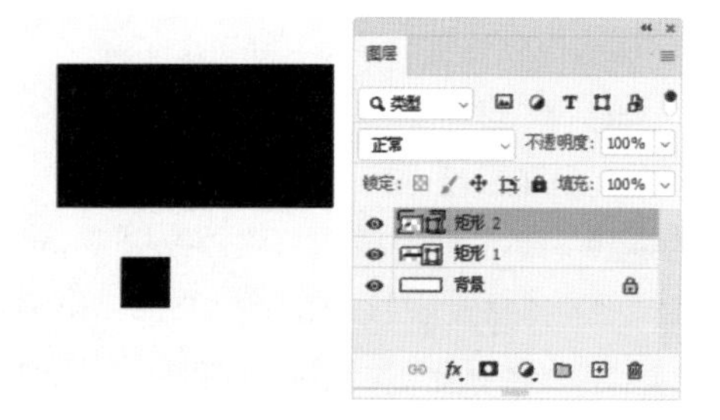

图 3.139

4 选中【矩形 2】图层，按 Ctrl+T 组合键对其执行【自由变换】命令，当出现框以后在选项栏中【旋转】后面的文本框中输入 45，完成之后按 Enter 键确认，效果如图 3.140 所示。

5 选择工具箱中的【删除锚点工具】，单击矩形左侧锚点，将其删除，如图 3.141 所示。

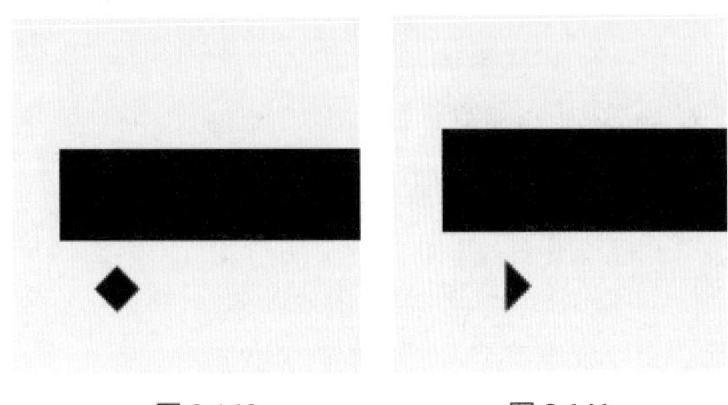

图 3.140　　图 3.141

6 按住 Ctrl 键的同时单击【矩形 2】图层缩览图，将其载入选区。

7 执行菜单栏中的【编辑】|【定义画笔预设】命令，在弹出的对话框中将【名称】更改为“锯齿”，完成之后单击【确定】按钮，如图 3.142 所示，最后将【图层 2】删除。

图 3.142

8 在【画笔】面板中，选择已定义的锯齿笔触，将【大小】更改为 15 像素，将【角度】更改为 90°，将【间距】更改为 100%，如图 3.143 所示。

9 单击面板底部的【创建新图层】按钮，新建一个【图层 1】图层。

10 将前景色更改为白色，按住 Shift 键在矩形底部左下角位置单击并向右侧拖动，绘制锯齿图像，如图 3.144 所示。

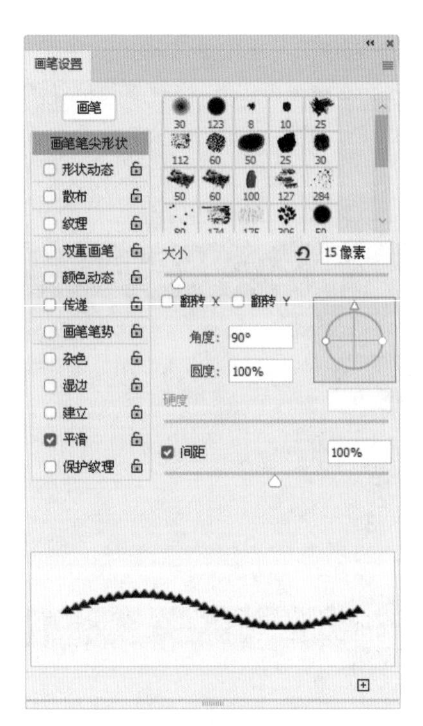

图 3.143

图 3.144

11 在【图层】面板中选中【矩形 1】图层，单击面板底部的【添加图层蒙版】按钮，为其添加图层蒙版，如图 3.145 所示。

12 按住 Ctrl 键的同时单击【图层 1】图层缩览图，将其载入选区，将选区填充为黑色，将部分图形隐藏，完成之后按 Ctrl+D 组合键将选区取消，再将【图层 1】图层删除，效果如图 3.146 所示。

13 在【图层】面板中选中【矩形 1】图层，单击面板底部的【添加图层样式】按钮fx，在菜单中选择【渐变叠加】选项，在弹出的对话框中将【渐变】更改为绿色（R:82，G:118，B:0）到绿色（R:137，G:174，B:0），完成之后单击【确定】按钮，如图 3.147 所示。

图 3.145

图 3.146

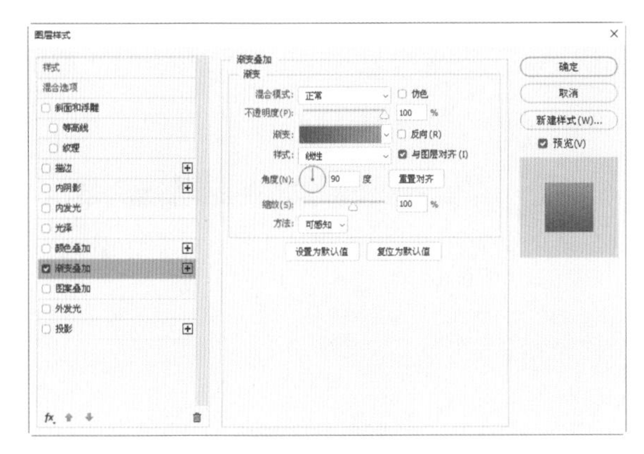

图 3.147

3.15.2 添加装饰图像

1 选择工具箱中的【矩形工具】□，在选项栏中将【填充】更改为黑色，设置【描边】为无，在已绘制的矩形左侧位置绘制一个矩形，此时将生成 1 个【矩形 2】图层，如图 3.148 所示。

图 3.148

2 选择工具箱中的【添加锚点工具】，在已绘制的矩形底部中间位置单击，添加锚点，如图 3.149 所示。

3 选择工具箱中的【转换点工具】，单击添加的锚点，再选择工具箱中的【直接选择工具】，选中经过转换的锚点，将其向上拖动，将图形变形，如图 3.150 所示。

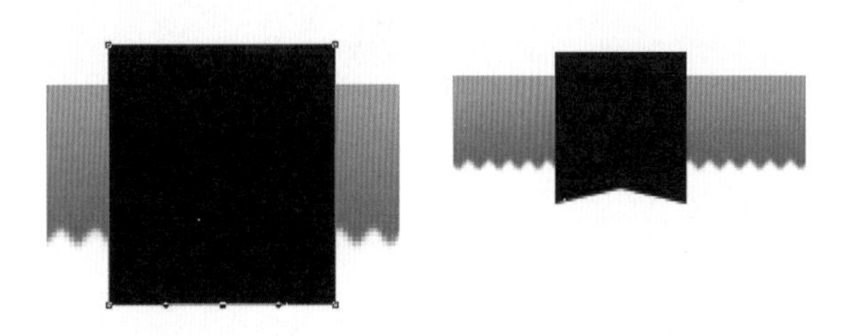

图 3.149　　图 3.150

4 在【图层】面板中选中【矩形 2】图层，单击面板底部的【添加图层样式】按钮fx，在菜单中选择【渐变叠加】选项，在弹出的对话框中将【渐变】更改为绿色（R:93，G:135，B:0）到绿色（R:167，G:212，B:0），如图 3.151 所示。

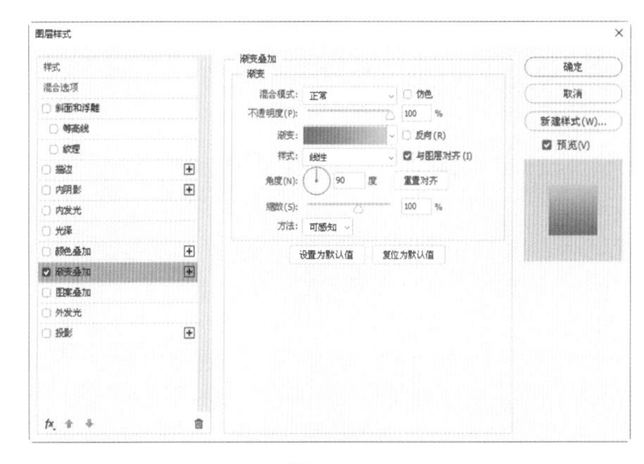

图 3.151

5 选中【投影】复选框，取消选中【使用全局光】复选框，将【角度】更改为 90 度，将【距离】更改为 1 像素，将【大小】更改为 2 像素，完成之后单击【确定】按钮，如图 3.152 所示。

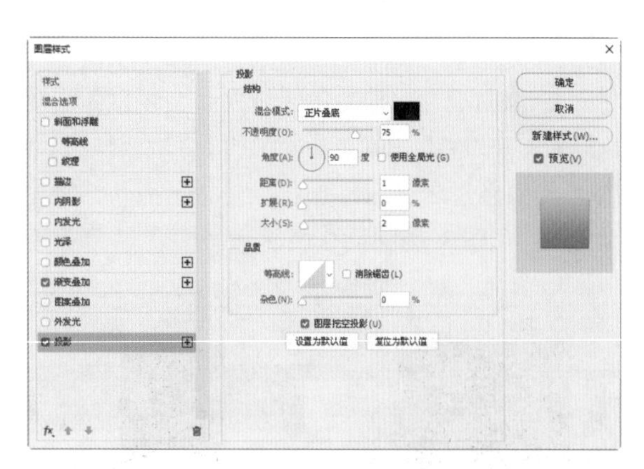

图 3.152

6 选择工具箱中的【钢笔工具】，设置【选择工具模式】为【形状】，将【填充】更改为深绿色（R:33，G:70，B:0），将【描边】更改为无，在两个矩形之间的位置绘制 1 个不规则图形，以制作组合效果，如图 3.153 所示。

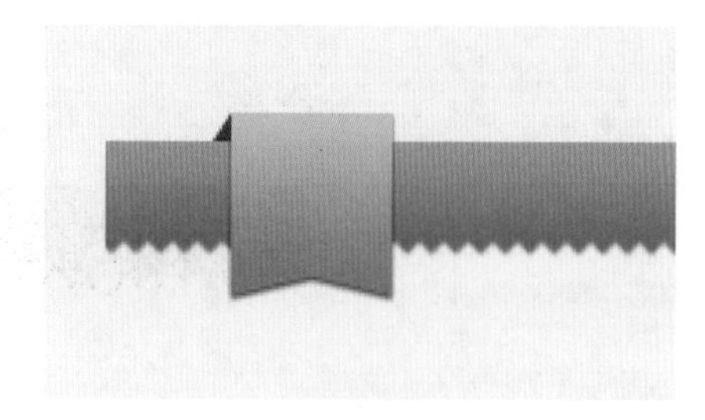

图 3.153

7 选择工具箱中的【横排文字工具】T，在画布适当位置添加文字，这样就完成了效果制作，最终效果如图 3.154 所示。

图 3.154

第4章 步步为营，绘制网店优惠券

本章介绍

本章讲解优惠券的制作。优惠券是电商广告中经常用到的元素，发放优惠券是商品宣传、促销的一种手段，受到很多顾客的青睐。通过对本章的学习，读者将能够掌握各种类型的优惠券的制作方法。

学习目标

- ◉ 学习封套优惠券的制作
- ◉ 了解全平台优惠券的制作方法
- ◉ 学会制作金袋优惠券
- ◉ 掌握复古风优惠券的制作思路

4.1 封套优惠券

实例讲解

本例讲解封套优惠券制作，制作的重点是在普通的优惠券图形上添加封套图形效果，最终效果如图 4.1 所示。

图 4.1

视频教学

调用素材：无

源文件：第 4 章 \ 封套优惠券制作 .psd

操作步骤

1 执行菜单栏中的【文件】|【新建】命令，在弹出的对话框中设置【宽度】为 400 像素，【高度】为 250 像素，【分辨率】为 72 像素 / 英寸，将画布填充为深紫色（R:38，G:34，B:49）。

2 选择工具箱中的【矩形工具】，在选项栏中将【填充】更改为蓝色（R:86，G:106，B:169），设置【描边】为无，【半径】为 5 像素，绘制一个圆角矩形，如图 4.2 所示。

图 4.2

3 在圆角矩形靠左侧位置再次绘制 1 个绿色（R:119，G:184，B:56）圆角矩形，如图 4.3 所示。

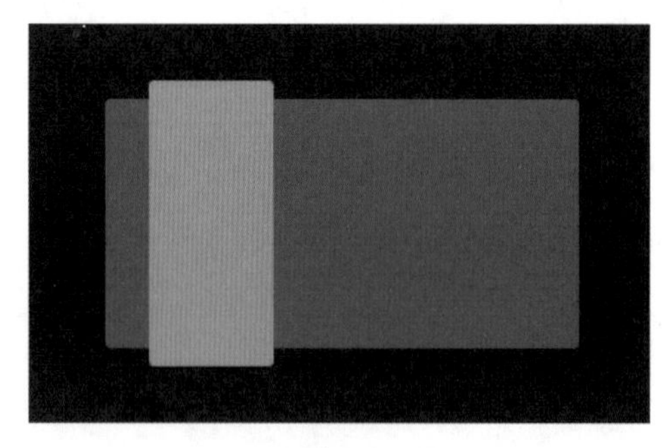

图 4.3

4 选择工具箱中的【钢笔工具】，设置【选择工具模式】为【形状】，将【填充】更改为深绿色（R:44，G:81，B:7），将【描边】更改为无，在绿色圆角矩形顶部位置绘制 1 个不规则图形，然后将其复制一份放置在底部相对应的位置并做适当调整，如图 4.4 所示。

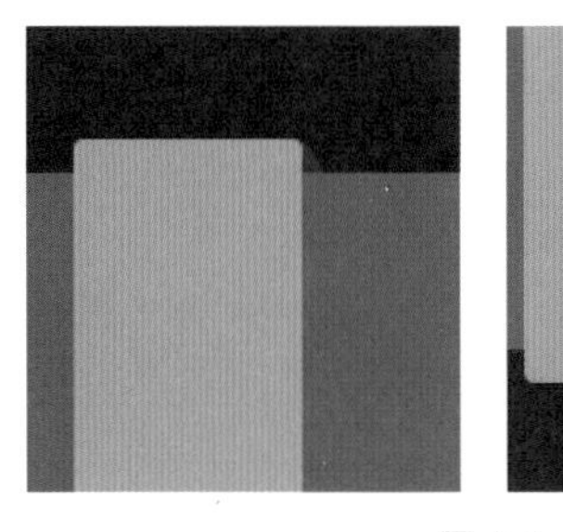

图 4.4

5 选择工具箱中的【椭圆工具】，在选项栏中将【填充】更改为深绿色（R:44，G:81，B:7），设置【描边】为无，在绿色矩形底部位置绘制1个椭圆图形，如图4.5所示，将生成一个【椭圆1】图层。

6 执行菜单栏中的【滤镜】|【模糊】|【高斯模糊】命令，在弹出的对话框中单击【栅格化】按钮，然后在弹出的对话框中将【半径】更改为8像素，完成之后单击【确定】按钮。

7 选中【椭圆1】图层，将其图层【不透明度】的值更改为60%，制作阴影，如图4.6所示。

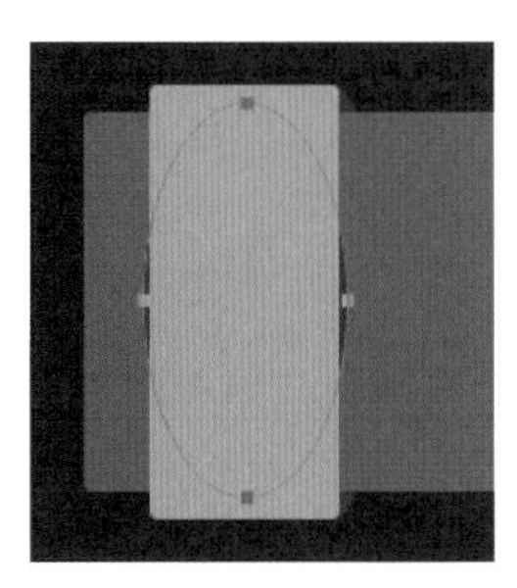

图 4.5

图 4.6

8 选择工具箱中的【直排文字工具】，添加文字（字体为方正兰亭黑），如图4.7所示。

9 选择工具箱中的【矩形工具】，在选项栏中将【填充】更改为白色，设置【描边】为无，绘制一个矩形，如图4.8所示。

图 4.7

图 4.8

10 选择工具箱中的【横排文字工具】，添加文字（字体为微软雅黑 Regular），这样就完成了效果制作，最终效果如图4.9所示。

图 4.9

4.2 票据式优惠券

实例讲解

本例讲解票据式优惠券制作，在制作过程中以经典的拟物化手法，打造小票样式的优惠券，最终效果如图4.10所示。

图 4.10

调用素材：第 4 章 \ 票据式优惠券

源文件：第 4 章 \ 票据式优惠券 .psd

操作步骤

1 执行菜单栏中的【文件】|【打开】命令，打开“背景 .jpg”文件，如图 4.11 所示。

图 4.11

2 选择工具箱中的【矩形工具】，在选项栏中将【填充】更改为白色，设置【描边】为无，【半径】为 10 像素，在画布中绘制一个细长的圆角矩形，此时将生成一个【圆角矩形 1】图层，如图 4.12 所示。

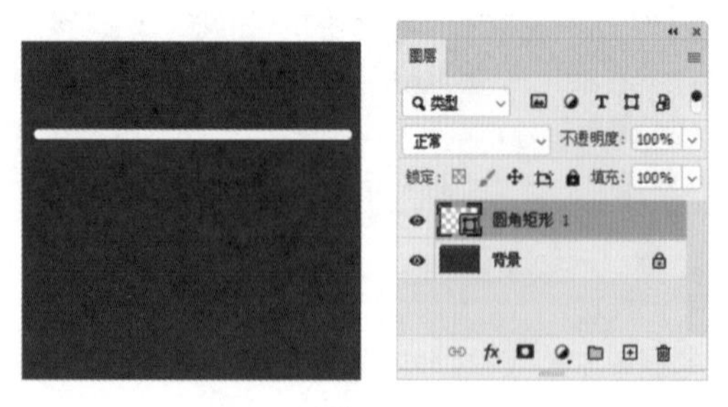

图 4.12

3 在【图层】面板中选中【圆角矩形 1】图层，单击面板底部的【添加图层样式】按钮 fx，在菜单中选择【描边】选项，在弹出的对话框中，将【大小】更改为 1 像素，将【混合模式】更改为【叠加】，将【不透明度】的值更改为 80%，将【填充类型】更改为【渐变】，将【渐变】更改为透明到白色，将【缩放】的值更改为 150%，如图 4.13 所示。

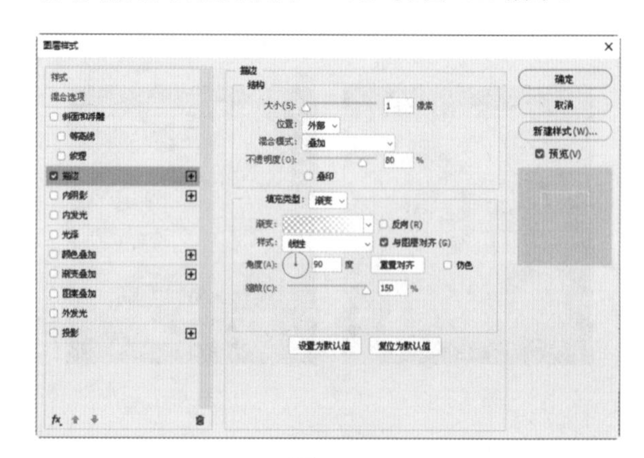

图 4.13

4 选中【内阴影】复选框，将【大小】更改为 13 像素，完成之后单击【确定】按钮，如图 4.14 所示。最后将【圆角矩形 1】的【填充】更改为 0%。

5 选择工具箱中的【矩形工具】，在选项栏中将【填充】更改为紫色（R:238，B:65，B:147），设置【描边】为无，在圆角矩形下方位置绘制一个矩形，此时将生成一个【矩形 1】图层，如图 4.15 所示。

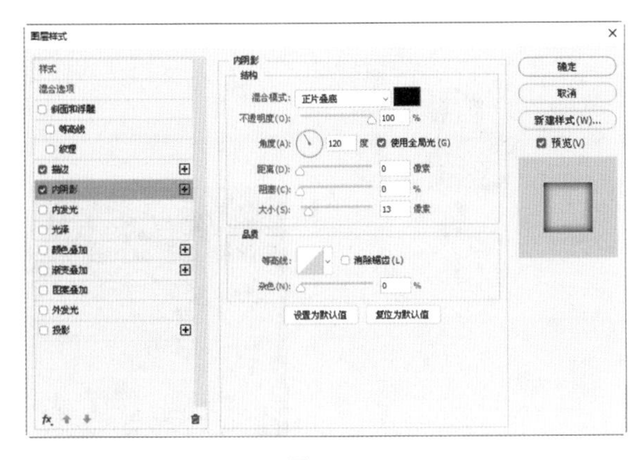

图 4.14

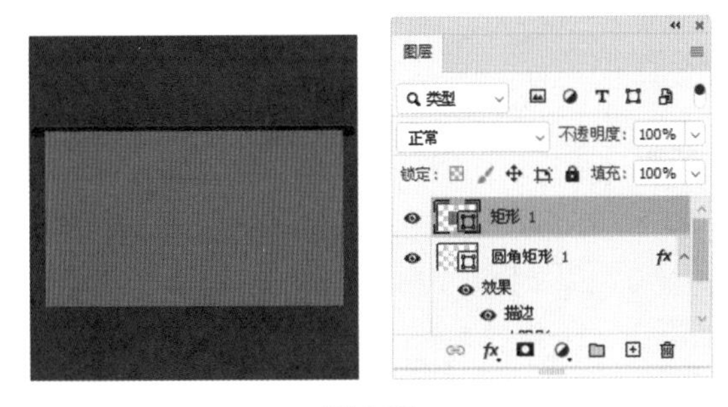

图 4.15

6 在【画笔】面板中选择一个圆角笔触，将【大小】更改为10像素，将【硬度】更改为100%，将【间距】更改为100%，如图4.16所示。

7 选中【平滑】复选框，如图4.17所示。

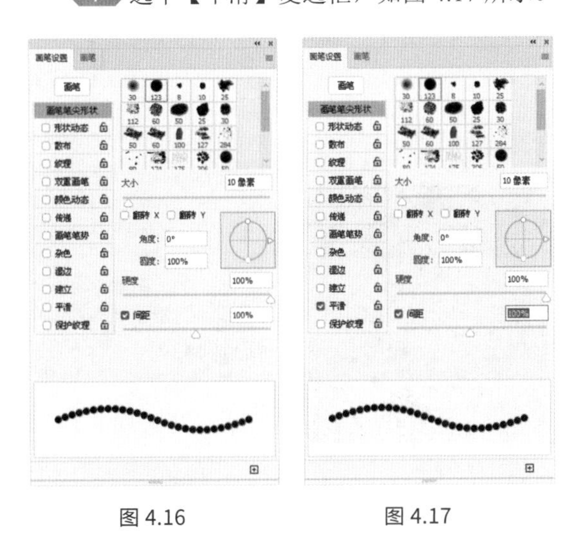

图 4.16　　图 4.17

8 单击面板底部的【创建新图层】按钮⊞，新建一个【图层1】图层，如图4.18所示。

9 将前景色更改为黑色，选中【图层1】图层，在图形左上角位置单击，然后按住Shift键在左下角位置再次单击，绘制图形，如图4.19所示。

图 4.18

图 4.19

提示　将前景色更改为黑色的目的是可以很好地与下方图形的颜色进行区分。

10 在【图层】面板中选中【矩形1】图层，单击面板底部的【添加图层蒙版】按钮◘，为图层添加图层蒙版，如图4.20所示。

11 按住Ctrl键的同时单击【图层1】图层，将其载入选区，将选区填充为黑色，将部分图形隐藏，如图4.21所示。

图 4.20

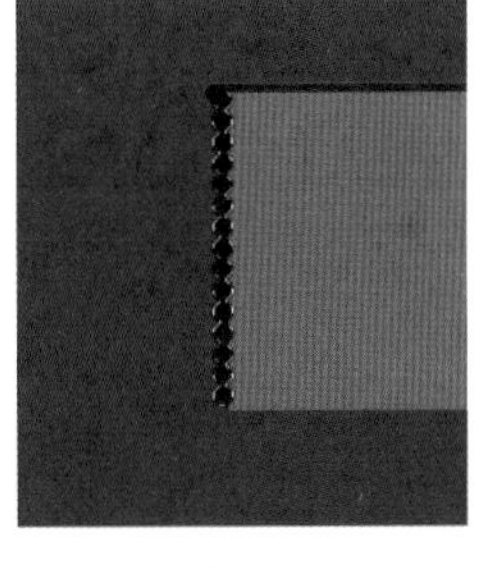

图 4.21

12 选中【图层1】图层，按住Shift键将图形向右侧平移至矩形右侧边缘位置，如图4.22所示。

13 使用同样的方法，将右侧的图形隐藏，如图4.23所示。

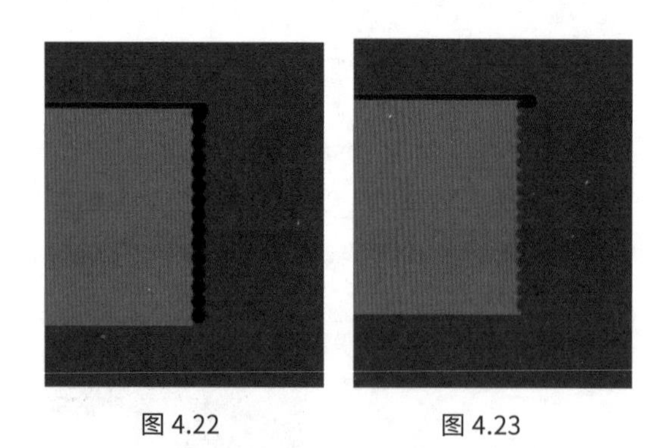

图 4.22　　图 4.23

提示　将矩形两侧的图形隐藏之后，可以直接将【图层 1】删除。

14 在【矩形 1】图层名称上单击鼠标右键，从弹出的快捷菜单中选择【转换为智能对象】选项，如图 4.24 所示。

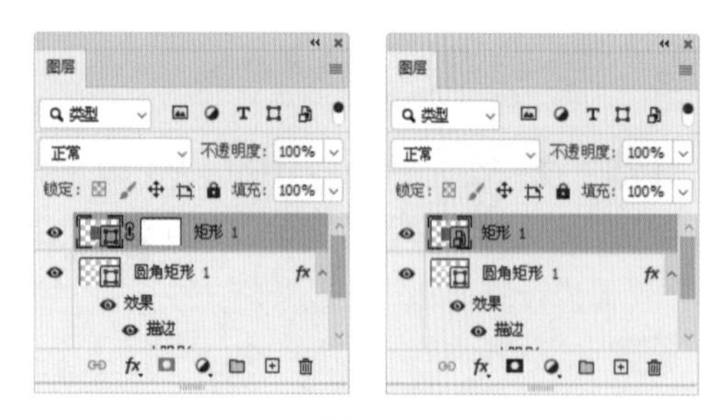

图 4.24

15 选中【矩形 1】图层，执行菜单栏中的【滤镜】|【杂色】|【添加杂色】命令，在弹出的对话框中，将【数量】更改为 2%，分别选中【平均分布】单选按钮和【单色】复选框，完成之后单击【确定】按钮，如图 4.25 所示。

16 在【图层】面板中选中【矩形 1】图层，单击面板底部的【添加图层样式】按钮fx，在菜单中选择【投影】选项，在弹出的对话框中，将【不透明度】的值更改为 50%，取消选中【使用全局光】复选框，将【角度】的值更改为 90 度，将【距离】的值更改为 10 像素，将【大小】的值更改为 18 像素，完成之后单击【确定】按钮，如图 4.26 所示。

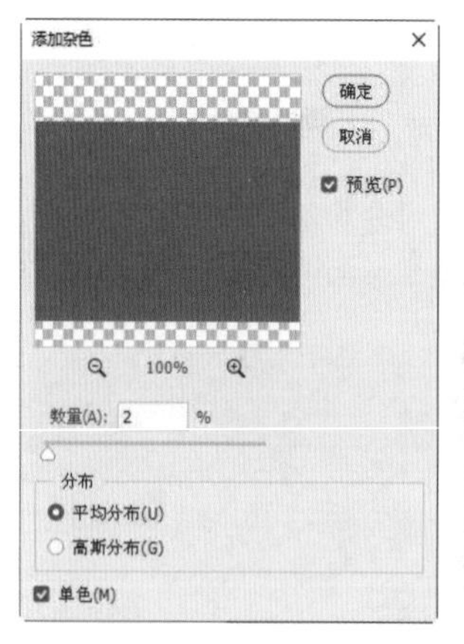

图 4.25

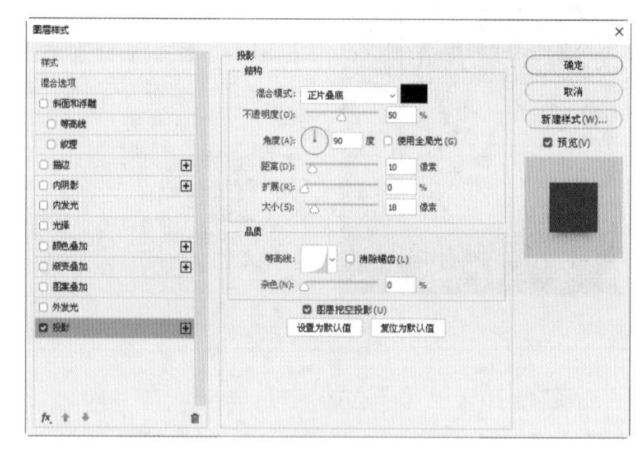

图 4.26

17 选择工具箱中的【矩形工具】，在选项栏中将【填充】更改为黑色，设置【描边】为无，在已绘制的细长圆角矩形位置绘制一个矩形，此时将生成一个【矩形 2】图层，如图 4.27 所示。

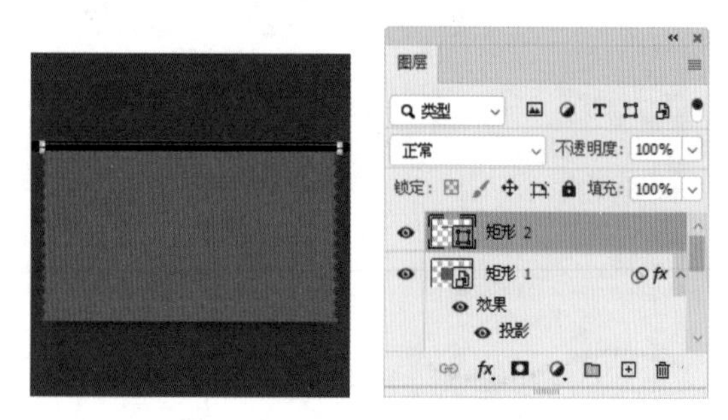

图 4.27

18 选中【矩形 2】图层，执行菜单栏中的【滤

镜】|【模糊】|【高斯模糊】命令，在弹出的对话框中，将【半径】的值更改为 3.0 像素，完成之后单击【确定】按钮，如图 4.28 所示。

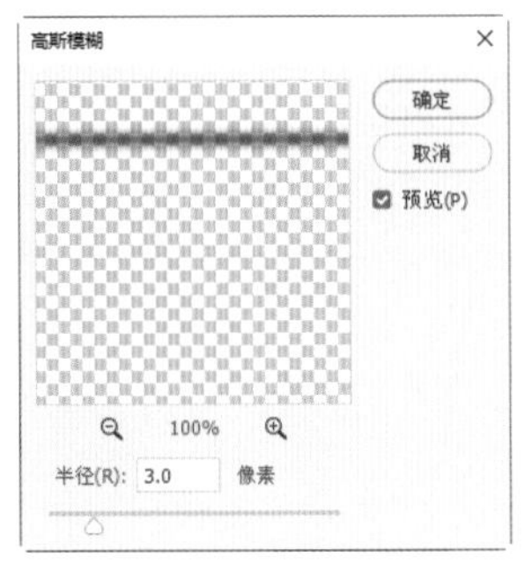

图 4.28

19 选择工具箱中的【矩形工具】，在选项栏中将【填充】更改为灰色（R:240，G:240，B:240），设置【描边】为无，在优惠券靠下方位置绘制一个矩形，此时将生成一个【矩形 3】图层，如图 4.29 所示。

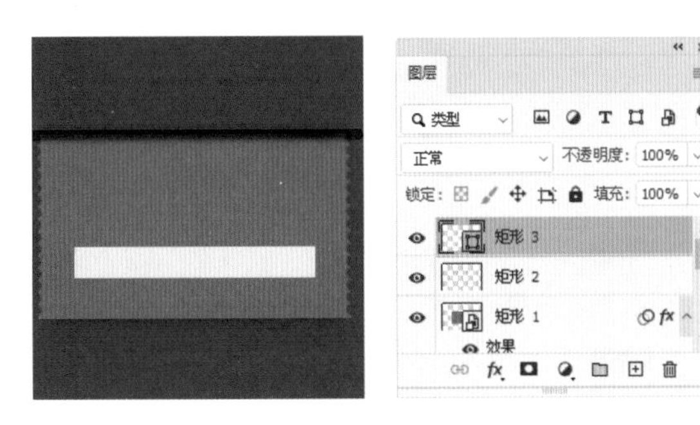

图 4.29

20 选择工具箱中的【矩形工具】，在选项栏中将【填充】更改为白色，设置【描边】为无，在已绘制的图形靠上半部分位置绘制一个矩形，此时将生成一个【矩形 4】图层，如图 4.30 所示。

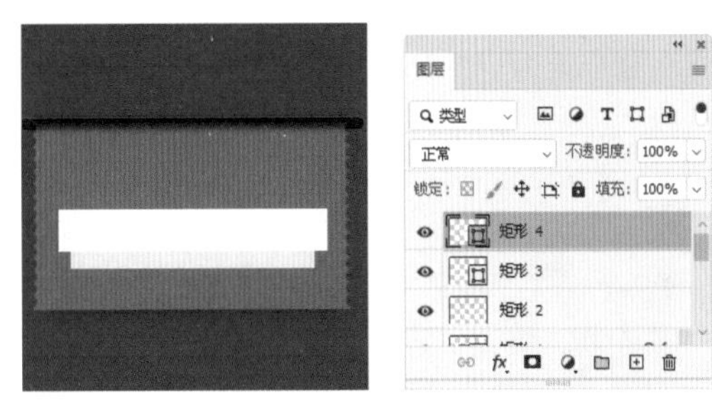

图 4.30

21 选中【矩形 4】图层，执行菜单栏中的【图层】|【创建剪贴蒙版】命令，为当前图层创建剪贴蒙版，并将部分图形隐藏，如图 4.31 所示。

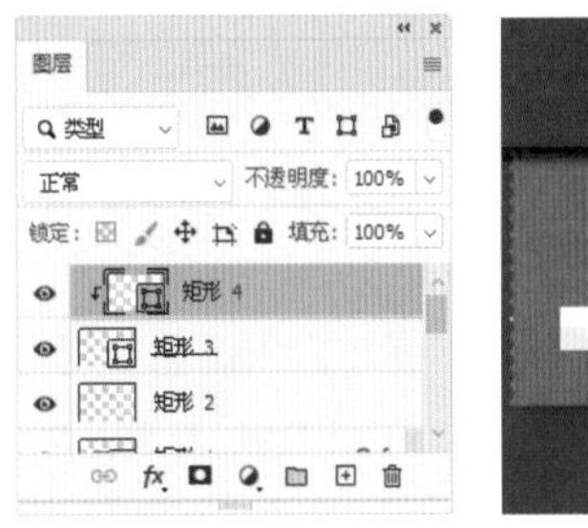

图 4.31

22 选择工具箱中的【横排文字工具】T，在画布中适当位置添加文字，这样就完成了效果制作，最终效果如图 4.32 所示。

图 4.32

4.3 全平台优惠券

实例讲解

本例讲解全平台优惠券制作，本例在制作过程中采用蓝色作为主色调，将醒目的黄色图形与之相组合，最终效果如图 4.33 所示。

图 4.33

视频教学

调用素材：无

源文件：第 4 章 \ 全平台优惠券 .psd

操作步骤

1 执行菜单栏中的【文件】|【新建】命令，在弹出的对话框中设置【宽度】为 350 像素，【高度】为 200 像素，【分辨率】为 72 像素 / 英寸，将画布填充为蓝色（R:166，G:230，B:255）。

2 选择工具箱中的【矩形工具】，在选项栏中将【填充】更改为蓝色（R:0，G:148，B:214），设置【描边】为无，在画布中绘制一个矩形，此时将生成一个【矩形 1】图层，如图 4.34 所示。

图 4.34

3 选择工具箱中的【椭圆工具】，在选项栏中将【填充】更改为白色，设置【描边】为无，按住 Shift 键在矩形左上角位置绘制一个正圆图形，此时将生成一个【椭圆 1】图层，如图 4.35 所示。

4 在【图层】面板中选中【椭圆 1】图层，在图层名称上单击鼠标右键，从弹出的快捷菜单中选择【栅格化图层】选项，如图 4.36 所示。

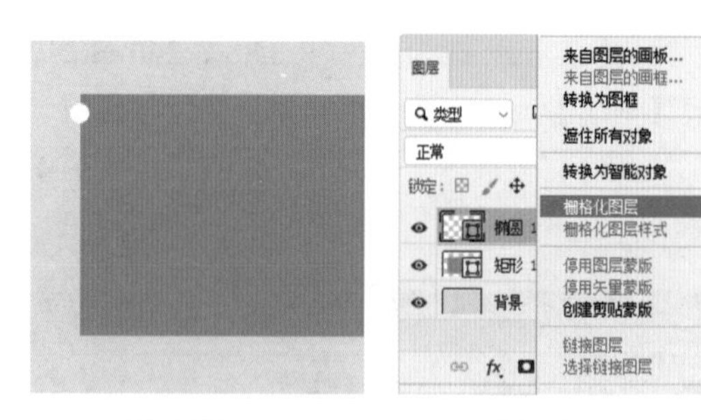

图 4.35　　图 4.36

5 按住 Ctrl 键的同时单击【椭圆 1】图层缩览图，将其载入选区，如图 4.37 所示。

6 选中【椭圆 1】图层，按 Ctrl+Alt+T 组合键对其执行复制变换命令，当出现变形框以后，将图像向下方移动，完成之后按 Enter 键确认，如图 4.38 所示。

图 4.37　　图 4.38

7 按住 Ctrl+Alt+Shift 组合键的同时按 T 键多次，执行多重复制命令，如图 4.39 所示。

8 在【图层】面板中选中【矩形 1】图层，单击面板底部的【添加图层蒙版】按钮，为图层添加图层蒙版，如图 4.40 所示。

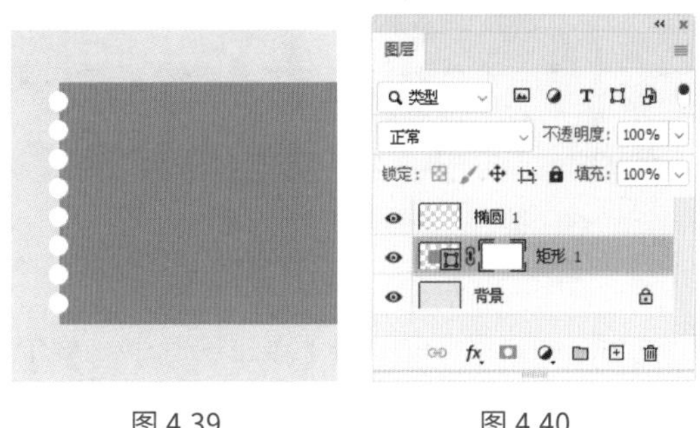

图 4.39　　图 4.40

9 按住 Ctrl 键的同时单击【椭圆 1】图层缩览图，将其载入选区，将选区填充为黑色，将部分图形隐藏，完成之后按 Ctrl+D 组合键将选区取消，如图 4.41 所示。

10 选中【椭圆 1】图层，按住 Shift 键在画布中将其向右侧平移，如图 4.42 所示。

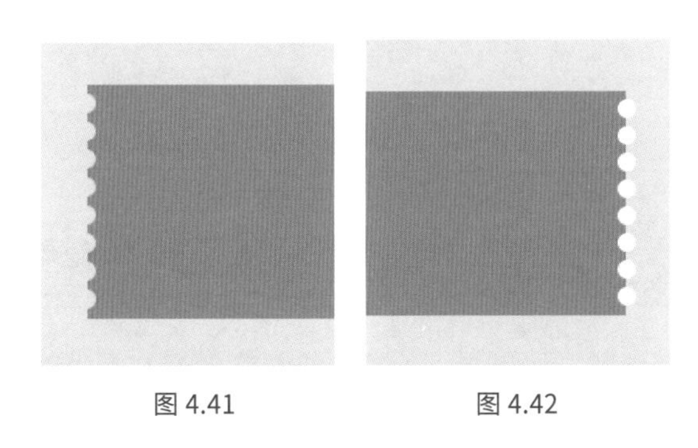

图 4.41　　图 4.42

11 以同样的方法将【椭圆 1】图层载入选区，如图 4.43 所示。

12 以同样的方法将部分图形隐藏，如图 4.44 所示。

13 选择工具箱中的【直线工具】，在选项栏中将【填充】更改为白色，设置【描边】为无，将【粗细】更改为 1 像素，按住 Shift 键在画布顶部绘制一条线段，此时将生成一个【形状 1】图层，如图 4.45 所示。

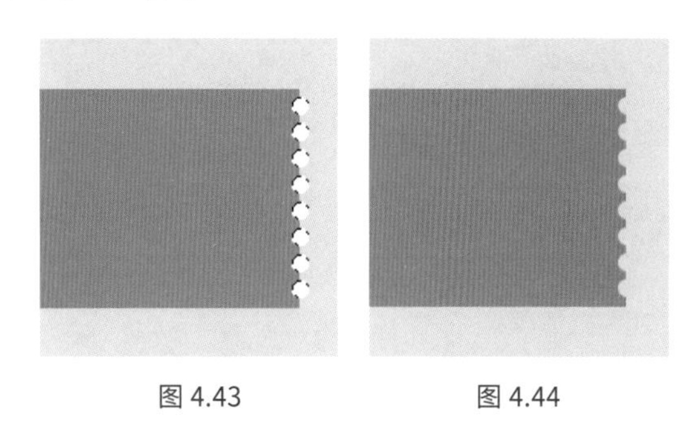

图 4.43　　图 4.44

图 4.45

14 按住 Ctrl 键的同时单击【形状 1】图层缩览图，将其载入选区，按 Ctrl+Alt+T 组合键对其执行复制变换命令，当出现变形框以后将图像向下方移动，完成之后按 Enter 键确认，如图 4.46 所示。

15 按住 Ctrl+Alt+Shift 组合键的同时按 T 键多次，执行多重复制命令，如图 4.47 所示。

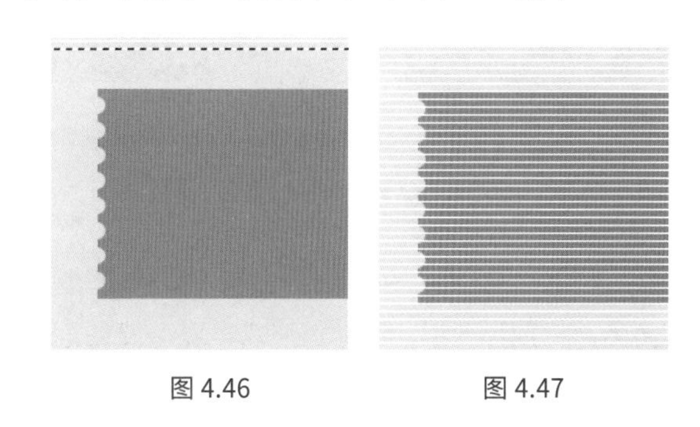

图 4.46　　图 4.47

16 选中【形状 1】图层，按 Ctrl+T 组合键对其执行【自由变换】命令，当出现框以后在选项栏中【旋转】后面的文本框中输入 45，完成之后按 Enter 键确认，效果如图 4.48 所示。

图 4.48

17 选中【形状 1】图层，按 Ctrl+Alt+G 组合键对其执行剪贴蒙版命令，将部分图像隐藏，再将其图层混合模式设置为【柔光】，将【不透明度】的值更改为 50%，如图 4.49 所示。

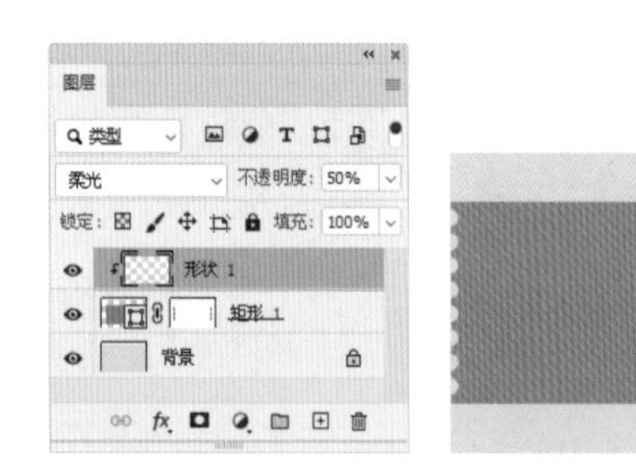

图 4.49

18 选择工具箱中的【横排文字工具】T，在画布适当位置添加文字，如图 4.50 所示。

19 选择工具箱中的【矩形工具】▢，在选项栏中将【填充】更改为黄色（R:255，G:216，B:0），设置【描边】为无，【半径】为 15 像素，在文字右下方位置绘制一个圆角矩形，如图 4.51 所示。

图 4.50

图 4.51

20 选择工具箱中的【横排文字工具】T，在画布适当位置添加文字，这样就完成了效果制作，最终效果如图 4.52 所示。

图 4.52

4.4 惊喜红包券

实例讲解

本例讲解惊喜红包券制作，整个制作过程比较简单，将图形变形，以红包形式呈现，使整个效果看起来直观、明了，最终效果如图 4.53 所示。

图 4.53

视频教学

调用素材：无

源文件：第 4 章 \ 惊喜红包券 .psd

操作步骤

1 执行菜单栏中的【文件】|【新建】命令，在弹出的对话框中设置【宽度】为 400 像素，【高度】为 250 像素，【分辨率】为 72 像素 / 英寸，将画布填充为黄色（R:238，G:203，B:35）。

2 选择工具箱中的【矩形工具】，在选项栏中将【填充】更改为红色（R:190，G:33，B:45），设置【描边】为无，在画布中绘制一个矩形，此时将生成一个【矩形 1】图层，效果如图 4.54 所示。

图 4.54

3 在【图层】面板中选中【矩形 1】图层，将其拖至面板底部的【创建新图层】按钮上，复制出 1 个【矩形 1 拷贝】图层，如图 4.55 所示。

4 选中【矩形 1 拷贝】图层，按 Ctrl+T 组合键对其执行【自由变换】命令，单击鼠标右键，从弹出的快捷菜单中选择【透视】选项，拖动变形框控制点，将图形变形，完成之后按 Enter 键确认，如图 4.56 所示。

5 在【图层】面板中选中【矩形 1】图层，单击面板底部的【添加图层样式】按钮 fx，在菜单中选择【渐变叠加】选项，在弹出的对话框中将【混合模式】更改为【叠加】，将【不透明度】的值更改为 40%，将【渐变】更改为白色到透明，将【样式】更改为【径向】，完成之后单击【确定】按钮，如图 4.57 所示。

图 4.55

图 4.56

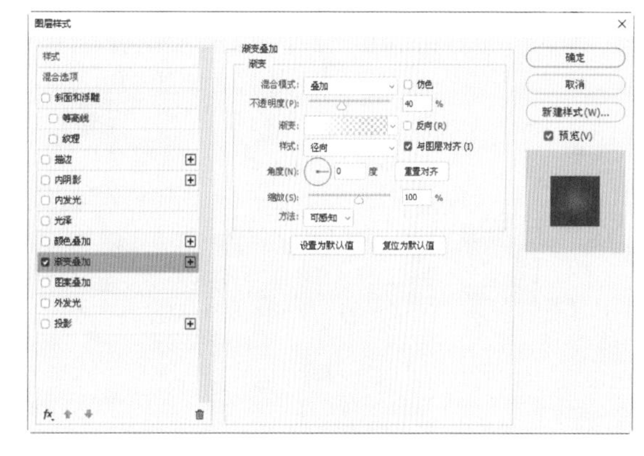

图 4.57

6 在【矩形 1】图层名称上单击鼠标右键，从弹出的快捷菜单中选择【拷贝图层样式】选项。然后在【矩形 1 拷贝】图层名称上单击鼠标右键，从弹出的快捷菜单中选择【粘贴图层样式】选项。

7 双击【矩形 1 拷贝】图层样式名称，在弹出的对话框中将【混合模式】更改为【正常】，将【不透明度】的值更改为100%，将【渐变】更改为红色（R:210，G:44，B:60）到红色（R:190，G:33，B:45），将【角度】更改为0度，如图4.58所示。

图 4.58

8 选中【投影】复选框，将【不透明度】的值更改为30%，将【距离】的值更改为2像素，将【大小】的值更改为4像素，完成之后单击【确定】按钮，如图4.59所示。

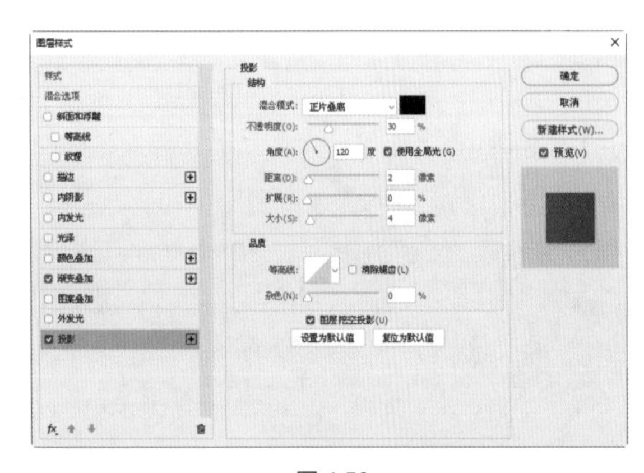

图 4.59

9 选择工具箱中的【矩形工具】，在选项栏中将【填充】更改为白色，设置【描边】为无，【半径】为30像素，在红包图像位置绘制一个圆角矩形，此时将生成一个【圆角矩形 1】图层，如图4.60所示。

图 4.60

10 在【圆角矩形 1】图层名称上单击鼠标右键，从弹出的快捷菜单中选择【粘贴图层样式】选项，再双击其图层样式名称，在弹出的对话框中将【渐变】更改为黄色（R:253，G:220，B:135）到橙色（R:243，G:137，B:57）到黄色（R:253，G:220，B:135），将中间色标位置更改为50%，完成之后单击【确定】按钮，如图4.61所示。

图 4.61

11 选择工具箱中的【横排文字工具】T，在画布适当位置添加文字，这样就完成了效果制作，最终效果如图4.62所示。

图 4.62

4.5 标签优惠券

实例讲解

本例讲解标签优惠券制作，本例中的优惠券制作十分简单，在制作的过程中将标签样式图形与圆角矩形相结合，使整体的信息呈现效果更加直观，最终效果如图 4.63 所示。

图 4.63

调用素材：无

源文件：第 4 章 \ 标签优惠券 .psd

操作步骤

1 执行菜单栏中的【文件】|【新建】命令，在弹出的对话框中设置【宽度】为 400 像素，【高度】为 250 像素，【分辨率】为 72 像素 / 英寸，将画布填充为灰色（R:223，G:223，B:223）。

2 选择工具箱中的【矩形工具】▭，在选项栏中将【填充】更改为白色，设置【描边】为无，【半径】为 10 像素，在画布中绘制一个圆角矩形，此时将生成一个【圆角矩形 1】图层，如图 4.64 所示。

图 4.64

3 在【图层】面板中选中【圆角矩形 1】图层，单击面板底部的【添加图层样式】按钮 fx，在菜单中选择【渐变叠加】选项，在弹出的对话框中将【渐变】更改为蓝色（R:136，G:152，B:203）到蓝色（R:90，G:108，B:163），将【角度】更改为 0 度，完成之后单击【确定】按钮，如图 4.65 所示。

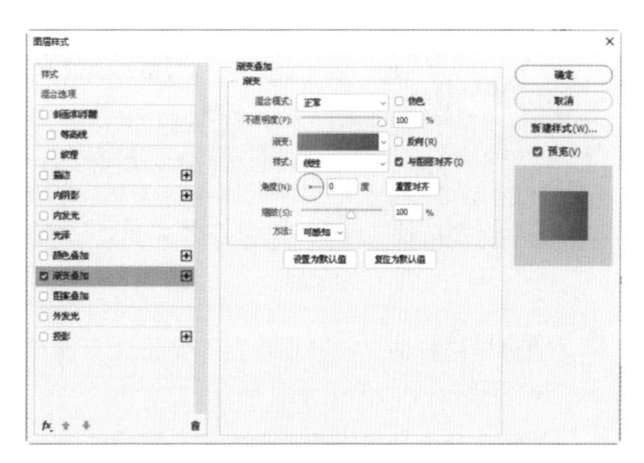

图 4.65

4 在【图层】面板中选中【圆角矩形 1】图层，

将其拖至面板底部的【创建新图层】按钮⊞上，复制出 1 个【圆角矩形 1 拷贝】图层，如图 4.66 所示。

5 选择工具箱中的【直接选择工具】，选中圆角矩形的部分锚点，按 Delete 键将其删除，再选中剩余锚点，拖动，将图形变形。然后将【渐变】更改为绿色（R:178，G:216，B:63）到绿色（R:136，G:166，B:36），如图 4.67 所示。

图 4.66

图 4.67

6 选择工具箱中的【钢笔工具】，设置【选择工具模式】为【形状】，将【填充】更改为深绿色（R:75，G:97，B:4），将【描边】更改为无，在【圆角矩形 1 拷贝】图层中图形右侧位置绘制 1 个不规则图形，以制作包边效果，此时将生成一个【形状 1】图层，将其移至【背景】图层上方，如图 4.68 所示。

图 4.68

7 以同样的方法在图形左下角位置再次绘制 1 个不规则图形，如图 4.69 所示。

8 选择工具箱中的【椭圆工具】，在选项栏中将【填充】更改为绿色（R:54，G:70，B:0），设置【描边】为无，在【圆角矩形 1 拷贝】图层中图形下方位置绘制一个椭圆图形并适当旋转，此时将生成一个【椭圆 1】图层，将其移至【圆角矩形 1 拷贝】图层下方，如图 4.70 所示。

图 4.69

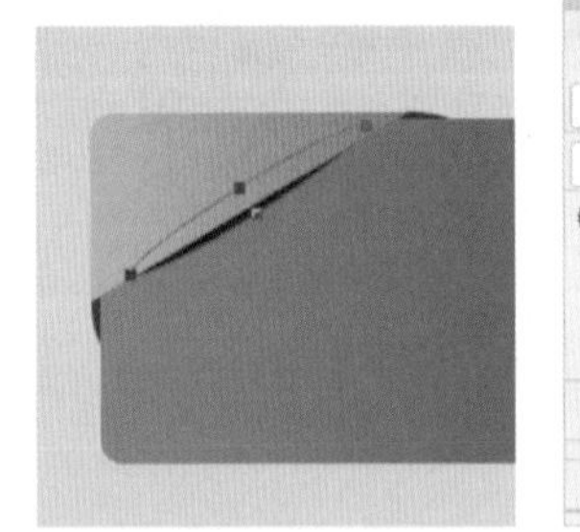

图 4.70

9 选中【椭圆 1】图层，执行菜单栏中的【滤镜】|【模糊】|【高斯模糊】命令，在弹出的对话框中将【半径】更改为 5 像素，完成之后单击【确定】按钮，如图 4.71 所示。

10 选中【椭圆 1】图层，将其图层【不透明度】更改为 60%，如图 4.72 所示。

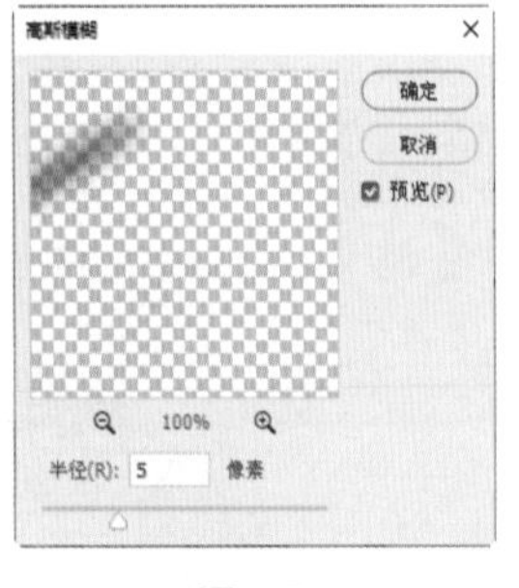

图 4.71

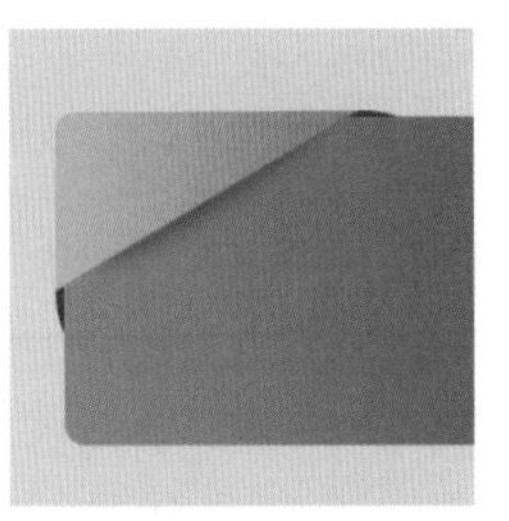

图 4.72

11 选择工具箱中的【横排文字工具】T，

在画布适当位置添加文字，如图 4.73 所示。

图 4.73

12 选择工具箱中的【矩形工具】，在选项栏中将【填充】更改为白色，设置【描边】为无，在“全场通用”文字位置绘制一个矩形，此时将生成一个【矩形 1】图层，效果如图 4.74 所示。

13 在【图层】面板中选中【矩形 1】图层，单击面板底部的【添加图层蒙版】按钮，为当前图层添加图层蒙版，如图 4.75 所示。

14 按住 Ctrl 键的同时单击【全场通用】文字图层缩览图，将其载入选区，将选区填充为黑色，将部分图形隐藏，以制作镂空效果，完成之后按 Ctrl+D 组合键将选区取消，再将【全场通用】图层删除，这样就完成了效果制作，最终效果如图 4.76 所示。

图 4.74　　图 4.75

图 4.76

4.6 店铺优惠券

实例讲解

本例讲解店铺优惠券制作，店铺优惠券的使用非常广泛，以突出店铺的整体营销特点为主，尽量采用直观、清晰的视觉风格，最终效果如图 4.77 所示。

图 4.77

调用素材：无

源文件：第 4 章 \ 店铺优惠券 .psd

操作步骤

1 执行菜单栏中的【文件】|【新建】命令，在弹出的对话框中设置【宽度】为 350 像素，【高度】为 200 像素，【分辨率】为 72 像素 / 英寸。

2 选择工具箱中的【渐变工具】，编辑黄色（R:250，G:240，B:197）到黄色（R:253，G:252，B:240）的渐变，单击选项栏中的【线性渐变】按钮，在画布中从下至上拖动，填充渐变，如图 4.78 所示。

图 4.78

3 选择工具箱中的【矩形工具】，在选项栏中将【填充】更改为深红色（R:90，G:0，B:4），设置【描边】为无，在画布中绘制一个矩形，此时将生成一个【矩形 1】图层，如图 4.79 所示。

图 4.79

4 在【图层】面板中选中【矩形 1】图层，将其拖至面板底部的【创建新图层】按钮上，复制出 1 个【矩形 1 拷贝】图层，如图 4.80 所示。

5 将【矩形 1 拷贝】图层中的图形颜色更改为红色（R:212，G:0，B:15），再按 Ctrl+T 组合键对其执行【自由变换】命令，将图形宽度缩小，完成之后按 Enter 键确认，如图 4.81 所示。

图 4.80

图 4.81

6 选择工具箱中的【椭圆工具】，在选项栏中将【填充】更改为白色，设置【描边】为无，按住 Shift 键在【矩形 1 拷贝】图层中的图形右侧位置绘制一个正圆图形，如图 4.82 所示，此时将生成一个【椭圆 1】图层。

7 在【图层】面板中选中【椭圆 1】图层，在图层名称上单击鼠标右键，从弹出的快捷菜单中选择【栅格化图层】选项，如图 4.83 所示。

图 4.82

图 4.83

8 按住 Ctrl 键的同时单击【椭圆 1】图层缩览图，将其载入选区，如图 4.84 所示。

9 选中【椭圆 1】图层，按 Ctrl+Alt+T 组合键对其执行复制变换命令，当出现变形框以后，将图像向下方移动，完成之后按 Enter 键确认，如图 4.85 所示。

10 按住 Ctrl+Alt+Shift 组合键的同时按 T 键多次，执行多重复制命令，如图 4.86 所示。

11 在【图层】面板中选中【矩形 1 拷贝】图层，单击面板底部的【添加图层蒙版】按钮◘，为图层添加图层蒙版，如图 4.87 所示。

图 4.84

图 4.85

图 4.86

图 4.87

12 按住 Ctrl 键的同时单击【椭圆 1】图层缩览图，将其载入选区，将选区填充为黑色，将部分图形隐藏，完成之后按 Ctrl+D 组合键将选区取消，如图 4.88 所示。

13 选择工具箱中的【横排文字工具】**T**，在图形适当位置添加文字，如图 4.89 所示。

图 4.88

图 4.89

提示　隐藏图形后，【椭圆 1】图层无用，可以直接将其删除。

14 在【图层】面板中选中【¥50】文字图层，单击面板底部的【添加图层样式】按钮*fx*，在菜单中选择【渐变叠加】选项，在弹出的对话框中将【渐变】更改为黄色（R:255，G:238，B:160）到浅黄色（R:253，G:254，B:240），如图 4.90 所示。

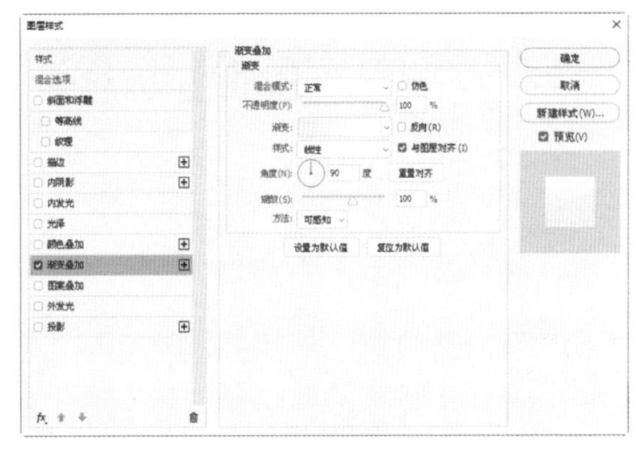

图 4.90

15 选中【投影】复选框，将【不透明度】的值更改为 30%，取消选中【使用全局光】复选框，将【角度】的值更改为 90 度，将【距离】的值更改为 2 像素，将【大小】的值更改为 2 像素，完成之后单击【确定】按钮，如图 4.91 所示。

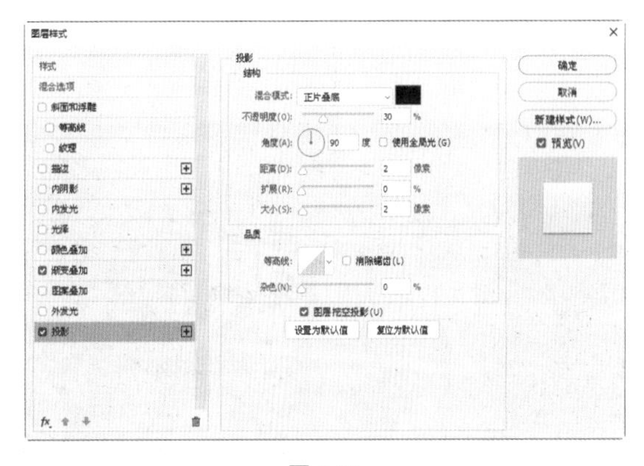

图 4.91

16 在【图层】面板中选中【¥50】文字图层，

单击面板底部的【添加图层蒙版】按钮，为图层添加图层蒙版，如图 4.92 所示。

17 选择工具箱中的【矩形选框工具】，在数字右侧位置绘制 1 个矩形选区，如图 4.93 所示。

图 4.92

图 4.93

18 将选区填充为黑色，完成之后按 Ctrl+D 组合键将选区取消，如图 4.94 所示。

19 选择工具箱中的文字工具，在适当位置再次添加文字，如图 4.95 所示。

20 在【￥50】文字图层名称上单击鼠标右键，从弹出的快捷菜单中选择【拷贝图层样式】选项。然后在【元店铺优惠券】文字图层名称上单击鼠标右键，从弹出的快捷菜单中选择【粘贴图层样式】选项，这样就完成了效果制作，最终效果如图 4.96 所示。

图 4.94

图 4.95

图 4.96

4.7 金袋优惠券

实例讲解

本例讲解金袋优惠券的制作方法，在绘制金袋优惠券时以模拟金袋样式为主，通过卡通形象来体现金袋优惠券的效果，最终效果如图 4.97 所示。

图 4.97

视频教学

调用素材：第 4 章 \ 金袋优惠券

源文件：第 4 章 \ 金袋优惠券 .psd

操作步骤

4.7.1 打开素材

1 执行菜单栏中的【文件】|【打开】命令，打开“背景.jpg”文件，如图 4.98 所示。

图 4.98

2 选择工具箱中的【钢笔工具】，设置【选择工具模式】为【形状】，将【填充】更改为橙色（R:252，G:136，B:0），将【描边】更改为无，在画布底部位置绘制一个不规则图形，如图 4.99 所示，此时将生成一个【形状 1】图层。

3 选中【形状 1】图层，将其拖至面板底部的【创建新图层】按钮上，复制出【形状 1 拷贝】及【形状 1 拷贝 2】两个新的图层，如图 4.100 所示。

图 4.99

图 4.100

4 在【图层】面板中选中【形状 1】图层，单击面板底部的【添加图层样式】按钮fx，在菜单中选择【渐变叠加】选项，在弹出的对话框中将【混合模式】更改为【叠加】，将【不透明度】的值更改为 60%，将【渐变】更改为透明到白色，完成之后单击【确定】按钮，如图 4.101 所示。

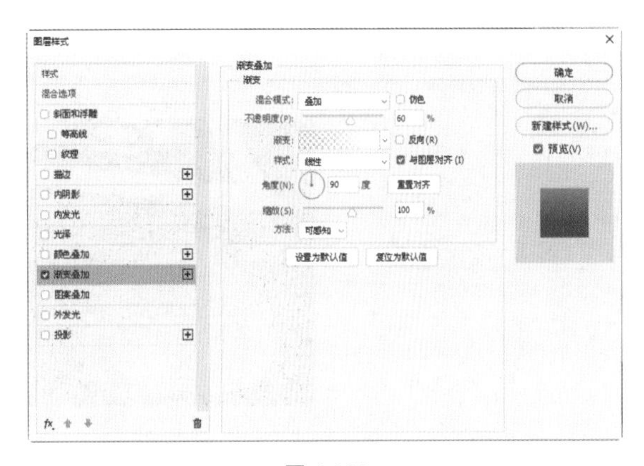

图 4.101

5 选中【形状 1 拷贝】图层，将图形颜色更改为红色（R:255，G:46，B:100），如图 4.102 所示。

6 选择工具箱中的【椭圆工具】，按住 Alt 键在【形状 1 拷贝】图层中的图形上绘制一个椭圆图形，将部分图形减去，如图 4.103 所示。

图 4.102

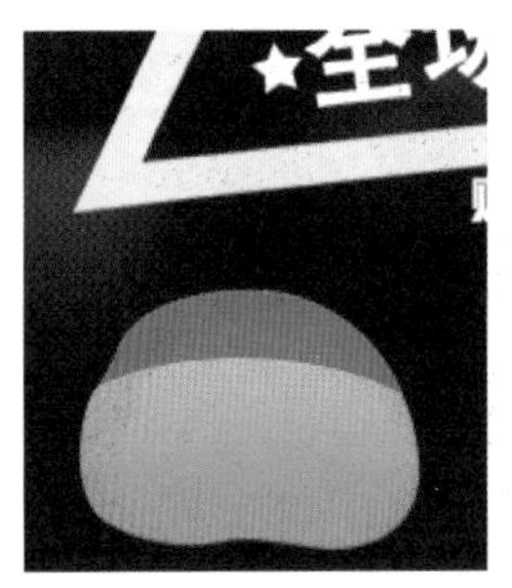

图 4.103

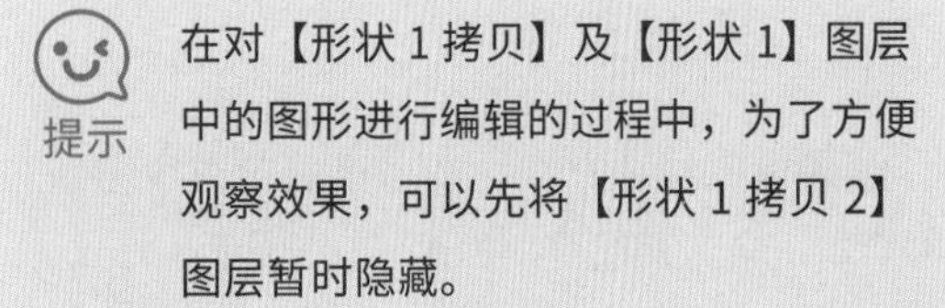

7 选中【形状 1 拷贝 2】图层，将其图形颜色更改为白色，将【不透明度】的值更改为 20%，如图 4.104 所示。

8 选择工具箱中的【直接选择工具】，

选中图形右下角的几个锚点，对其进行拖动，将图形变形，如图 4.105 所示。

图 4.104

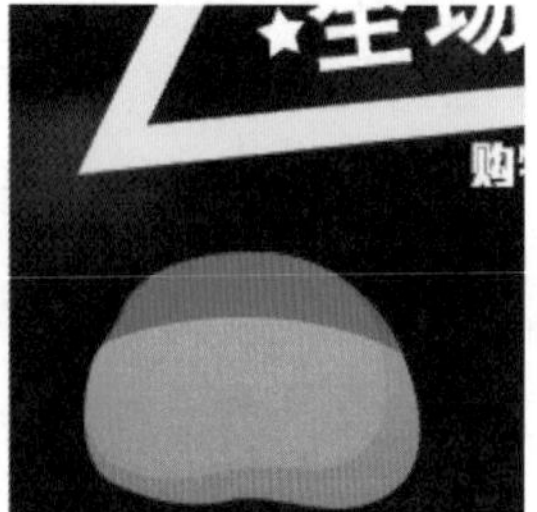

图 4.105

9 选择工具箱中的【钢笔工具】，设置【选择工具模式】为【形状】，将【填充】更改为无，将【描边】更改为红色（R:230，G:0，B:18），将【大小】更改为 2 点，在图形左上角位置绘制一条不规则线段，此时将生成一个【形状 2】图层，将【形状 2】图层移至【背景】图层上方，如图 4.106 所示。

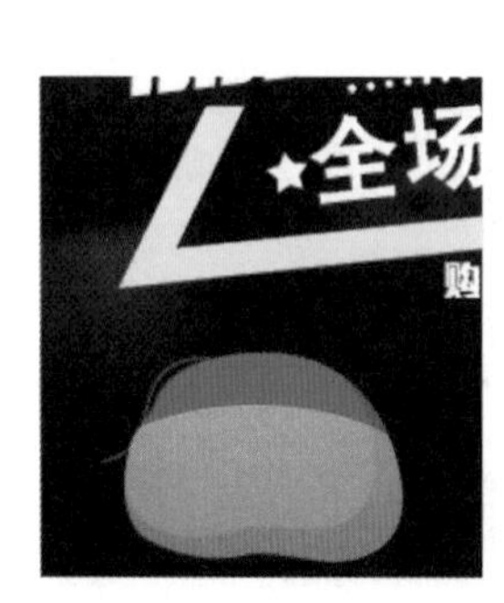

图 4.106

4.7.2 添加文字

1 以同样的方法，在已绘制的线段旁边位置再绘制一条弯曲线段，如图 4.107 所示。

2 选择工具箱中的【横排文字工具】T，在画布中适当位置添加文字，如图 4.108 所示。

3 选择工具箱中的【矩形工具】，在选项栏中将【填充】更改为红色（R:255，G:88，B:132），设置【描边】为无，在文字位置绘制一个矩形，此时将生成一个【矩形 1】图层，将【矩形 1】图层移至【满 99 元使用】文字图层下方，如图 4.109 所示。

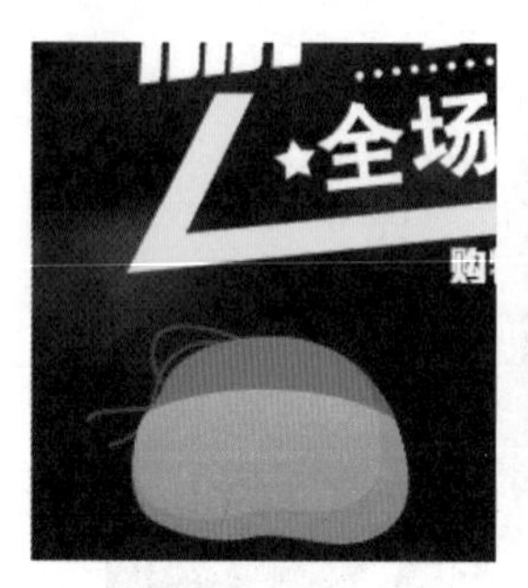

图 4.107

图 4.108

图 4.109

4 同时选中除【背景】之外的所有图层，按住 Alt+Shift 组合键将图形及文字复制，并对生成的拷贝图层中的文字信息进行更改，如图 4.110 所示。

图 4.110

5 以同样的方法，选中绘制的金袋图像，将其再次复制，并更改相关文字信息，这样就完成了效果制作，最终效果如图 4.111 所示。

图 4.111

4.8 食品优惠券

实例讲解

绘制食品类优惠券要以体现食品本身的特点为主，通过对文字及图形的变换制作出形象、生动的食品效果，最终效果如图 4.112 所示。

图 4.112

调用素材：第 4 章 \ 食品优惠券

源文件：第 4 章 \ 食品优惠券 .psd

操作步骤

4.8.1 打开素材

1 执行菜单栏中的【文件】|【打开】命令，打开“背景 .jpg”“喷溅 .psd”文件，将打开的【喷溅】图像拖入【背景】图的右侧位置，如图 4.113 所示。

2 在【图层】面板中选中【喷溅】图层，单击面板底部的【添加图层样式】按钮 fx，在菜单中选择【内阴影】选项，在弹出的对话框中将【距离】更改为 1 像素，将【大小】更改为 5 像素，如图 4.114 所示。

图 4.113

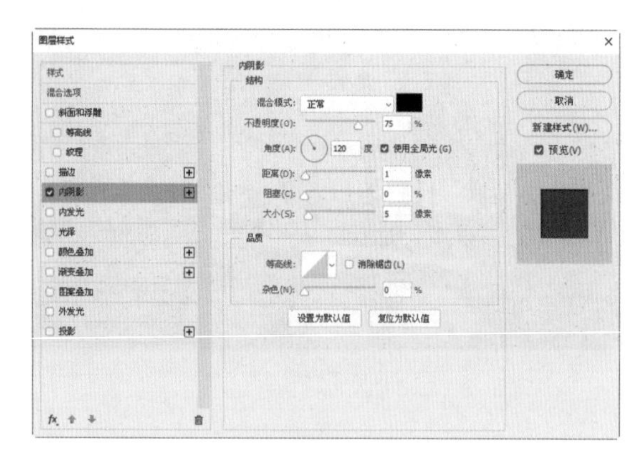

图 4.114

3 选中【渐变叠加】复选框，将【渐变】更改为深黄色（R:183，G:104，B:0）到咖啡色（R:80，G:40，B:12），将【样式】更改为【径向】，将【缩放】的值更改为 60%，完成之后单击【确定】按钮，如图 4.115 所示。

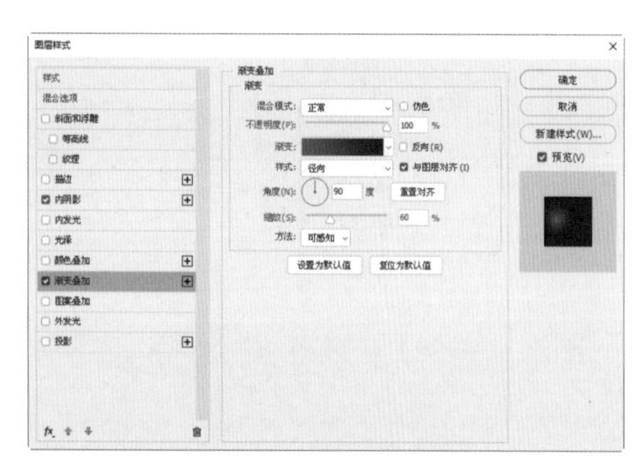

图 4.115

4 选择工具箱中的【椭圆工具】◯，在选项栏中将【填充】更改为深黄色（R:230，G:123，B:40），设置【描边】为无，在画布靠顶部边缘位置绘制一个椭圆图形，此时将生成一个【椭圆 1】图层，如图 4.116 所示。

5 选中【椭圆 1】图层，执行菜单栏中的【滤镜】|【模糊】|【高斯模糊】命令，在弹出的对话框中，将【半径】更改为 40 像素，完成之后单击【确定】按钮，如图 4.117 所示。

图 4.116

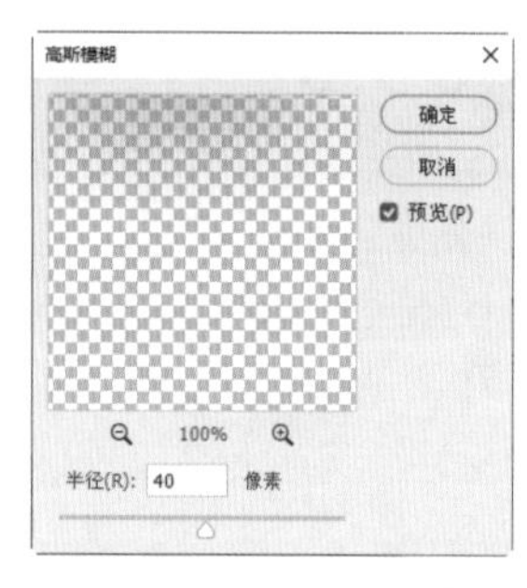

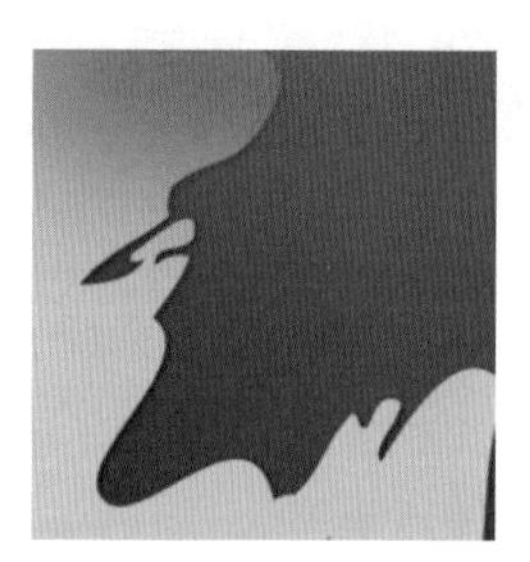

图 4.117

6 在【图层】面板中选中【椭圆 1】图层，将其图层混合模式设置为【滤色】，如图 4.118 所示。

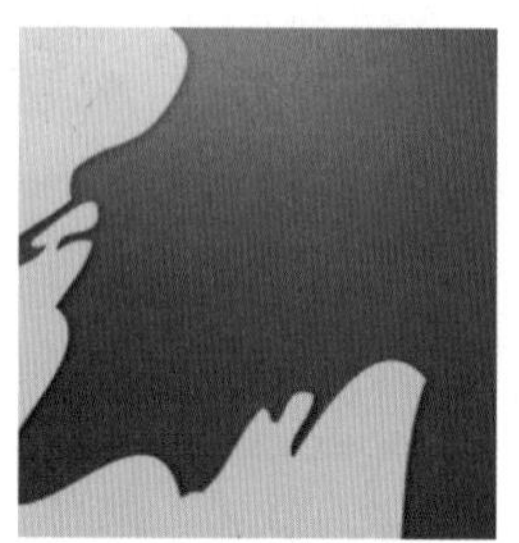

图 4.118

4.8.2 添加文字

1 选择工具箱中的【横排文字工具】T，在画布中的适当位置添加文字，如图 4.119 所示。

2 在【50】文字图层名称上单击鼠标右键，从弹出的快捷菜单中选择【转换为形状】选项，如图 4.120 所示。

图 4.119

图 4.120

3 选择工具箱中的【钢笔工具】，设置【选择工具模式】为【形状】，将【填充】更改为黄色（R:222，G:140，B:10），将【描边】更改为无，在“50”文字底部位置绘制一个不规则图形，此时将生成一个【形状 1】图层，如图 4.121 所示。

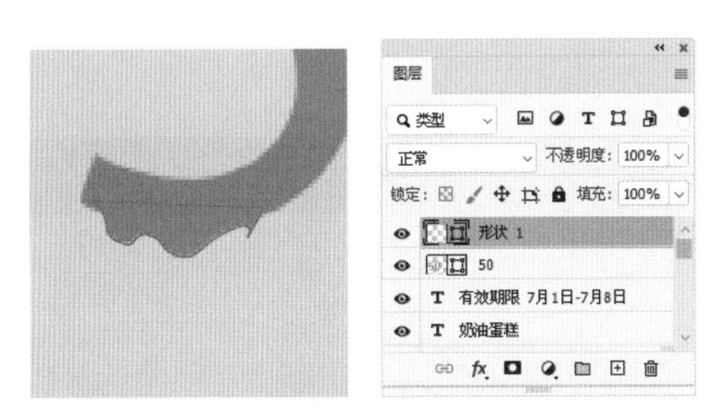

图 4.121

4 使用同样的方法，在文字其他位置绘制相似图形，同时选中包含【50】和【形状 1】在内的所有相关图层，按 Ctrl+E 组合键将图层向下合并，将生成的图层名称更改为【50】，如图 4.122 所示。

5 在【图层】面板中选中【50】图层，单击面板底部的【添加图层样式】按钮，在菜单中选择【斜面和浮雕】选项，在弹出的对话框中将【大小】更改为 5 像素，将【阴影模式】中的【不透明度】的值更改为 25%，如图 4.123 所示。

图 4.122

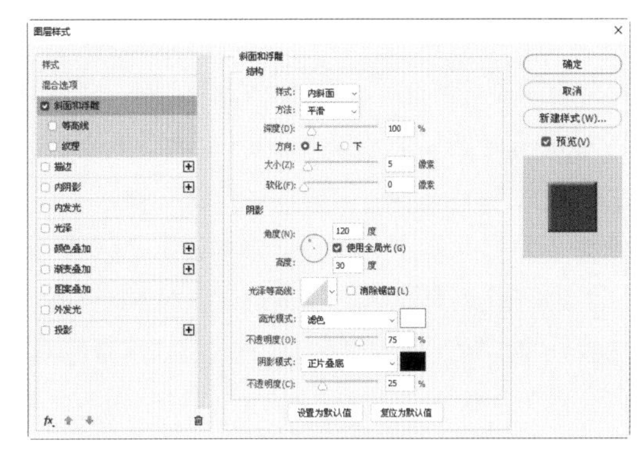

图 4.123

6 选中【投影】复选框，将【颜色】更改为深黄色（R:125，G:67，B:6），将【不透明度】的值更改为 30%，取消选中【使用全局光】复选框，将【角度】的值更改为 90 度，将【距离】的值更改为 3 像素，将【大小】的值更改为 10 像素，完成之后单击【确定】按钮，如图 4.124 所示。

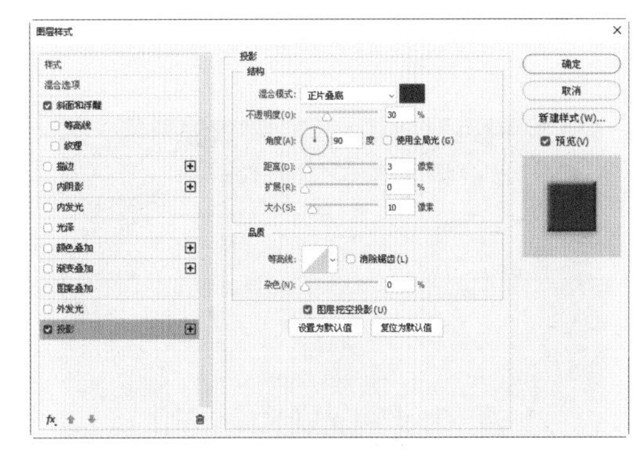

图 4.124

7 在【50】图层上单击鼠标右键，从弹出的快捷菜单中选择【拷贝图层样式】选项；然后在【￥】图层上单击鼠标右键，从弹出的快捷菜单中选择【粘贴图层样式】选项，如图 4.125 所示。

图 4.125

8 在【图层】面板中选中【奶油蛋糕】图层，单击面板底部的【添加图层样式】按钮 fx，在菜单中选择【投影】选项，在弹出的对话框中将【不透明度】的值更改为 50%，取消选中【使用全局光】复选框，将【角度】的值更改为 90 度，将【距离】的值更改为 2 像素，将【大小】的值更改为 1 像素，完成之后单击【确定】按钮，如图 4.126 所示。

9 在【奶油蛋糕】文字图层上单击鼠标右键，从弹出的快捷菜单中选择【拷贝图层样式】选项，在【Cake】文字图层上单击鼠标右键，从弹出的快捷菜单中选择【粘贴图层样式】选项，这样就完成了效果制作，最终效果如图 4.127 所示。

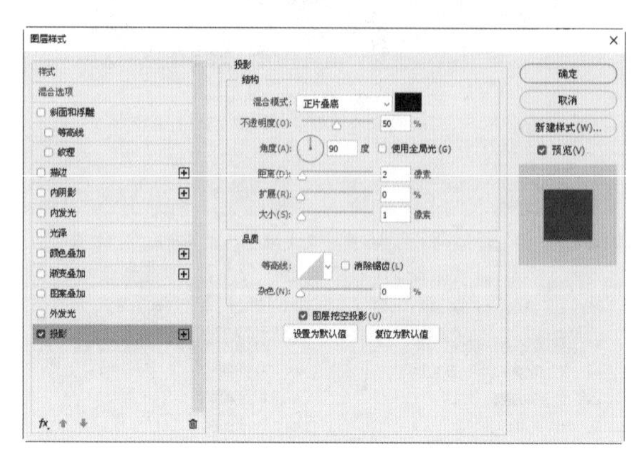

图 4.126

图 4.127

4.9 复古风优惠券

实例讲解

本例讲解复古风优惠券制作，复古风优惠券的特征明显，它的最大特点是具有浓厚的复古效果，最终效果如图 4.128 所示。

图 4.128

视频教学

调用素材：无

源文件：第 4 章 \ 复古风优惠券 .psd

操作步骤

4.9.1 制作背景

1 执行菜单栏中的【文件】|【新建】命令，在弹出的对话框中设置【宽度】为 400 像素，【高度】为 250 像素，【分辨率】为 72 像素 / 英寸。

2 执行菜单栏中的【滤镜】|【杂色】|【添加杂色】命令，在弹出的对话框中分别选中【平均分布】单选按钮及【单色】复选框，将【数量】的值更改为 5%，完成之后单击【确定】按钮，如图 4.129 所示。

图 4.129

3 单击面板底部的【创建新图层】按钮⊞，新建一个【图层 1】图层，将其填充为深红色（R:162，G:18，B:40），如图 4.130 所示。

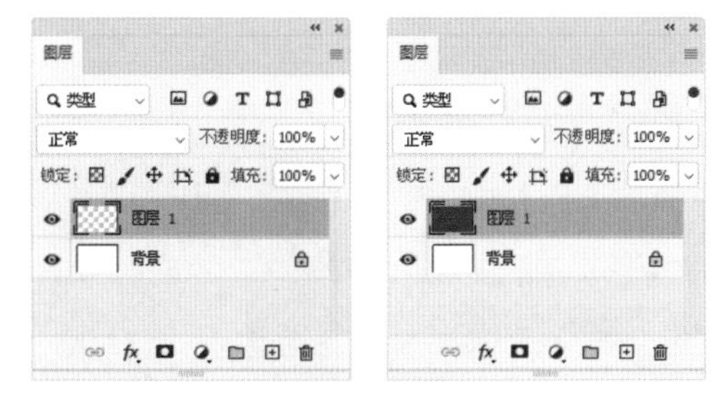

图 4.130

4 选中【图层 1】图层，将其图层混合模式设置为【正片叠底】，如图 4.131 所示。

图 4.131

5 选择工具箱中的【矩形工具】□，在选项栏中将【填充】更改为红色（R:230，G:140，B:140），设置【描边】为无，在画布中绘制一个矩形，此时将生成一个【矩形 1】图层，如图 4.132 所示。

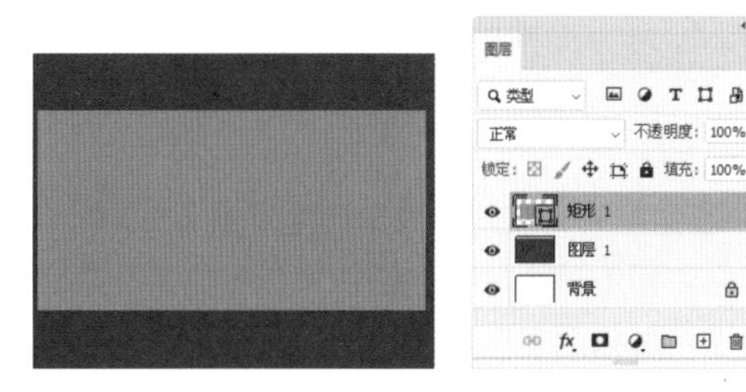

图 4.132

6 在【图层】面板中选中【矩形 1】图层，单击面板底部的【添加图层样式】按钮 fx，在菜单中选择【斜面和浮雕】选项，在弹出的对话框中将【大小】的值更改为 1 像素，将【高光模式】中的【不透明度】的值更改为 15%，将【阴影模式】更改为【正常】，将【不透明度】的值更改为 15%，将【颜色】更改为白色，如图 4.133 所示。

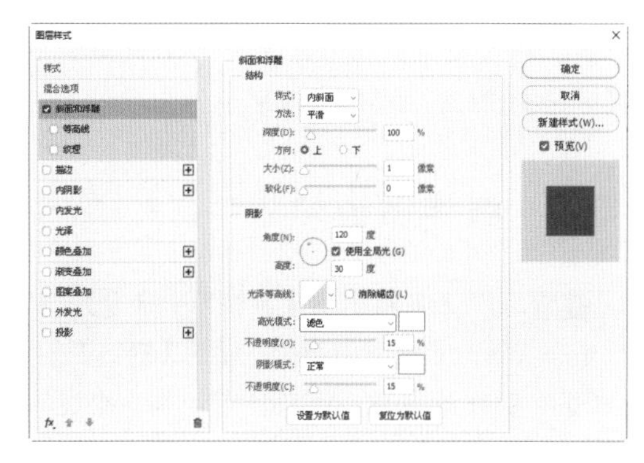

图 4.133

7 选中【投影】复选框，将【不透明度】的值更改为50%，将【距离】的值更改为1像素，将【大小】的值更改为2像素，完成之后单击【确定】按钮，如图4.134所示。

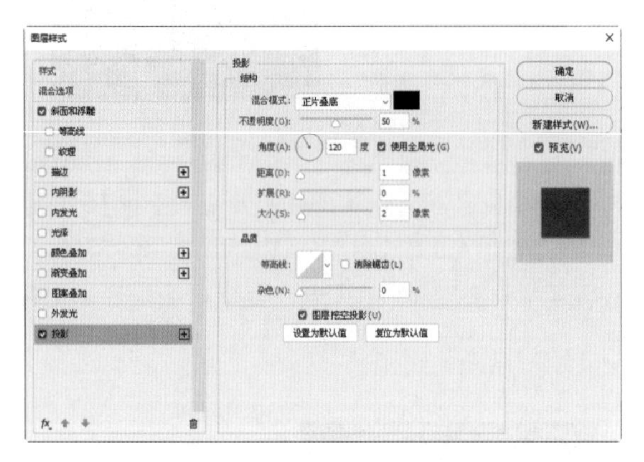

图 4.134

8 在【图层】面板中选中【矩形1】图层，在图层名称上单击鼠标右键，从弹出的快捷菜单中选择【栅格化图层样式】选项，如图4.135所示。

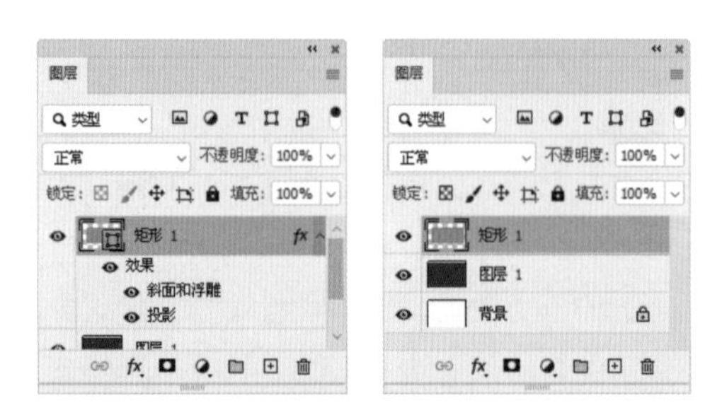

图 4.135

9 按Ctrl+Alt+F组合键打开【添加杂色】对话框，将【数量】的值更改为1%，完成之后单击【确定】按钮，如图4.136所示。

4.9.2 制作锯齿效果

1 选择工具箱中的【椭圆工具】◯，在选项栏中将【填充】更改为白色，设置【描边】为无，按住Shift键在画布靠左上角位置绘制一个正圆图形，此时将生成一个【椭圆1】图层，如图4.137所示。

2 在【图层】面板中选中【椭圆1】图层，在图层名称上单击鼠标右键，从弹出的快捷菜单中选择【栅格化图层】选项，如图4.138所示。

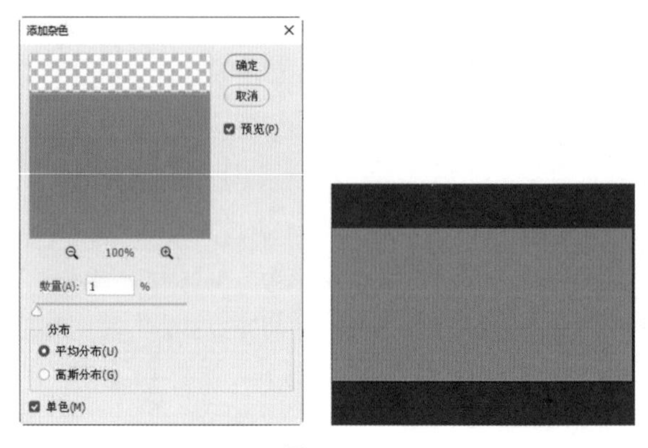

图 4.136

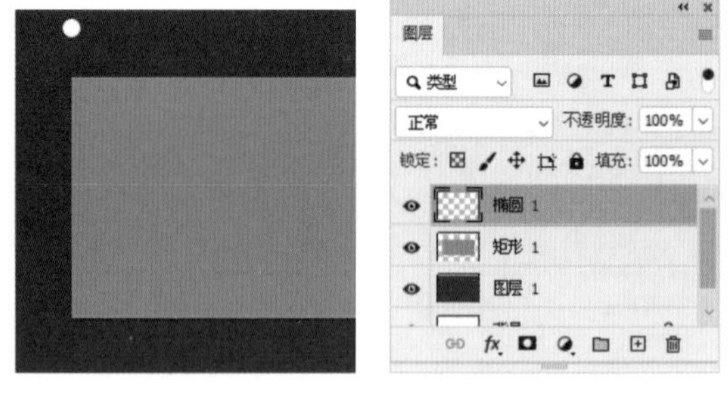

图 4.137　　图 4.138

3 按住Ctrl键的同时单击【椭圆1】图层缩览图，将其载入选区，如图4.139所示。

4 选中【椭圆1】图层，按Ctrl+Alt+T组合键对其执行复制变换命令，当出现变形框以后，将图像向下垂直移动，如图4.140所示。

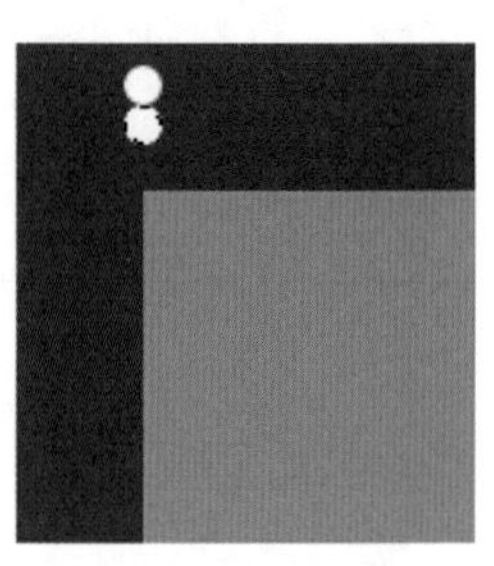

图 4.139　　图 4.140

5 按住 Ctrl+Alt+Shift 组合键的同时按 T 键多次，执行多重复制命令。

6 选中【椭圆 1】图层，按住 Alt+Shift 组合键将椭圆向右侧拖动，将图像复制，如图 4.141 所示。

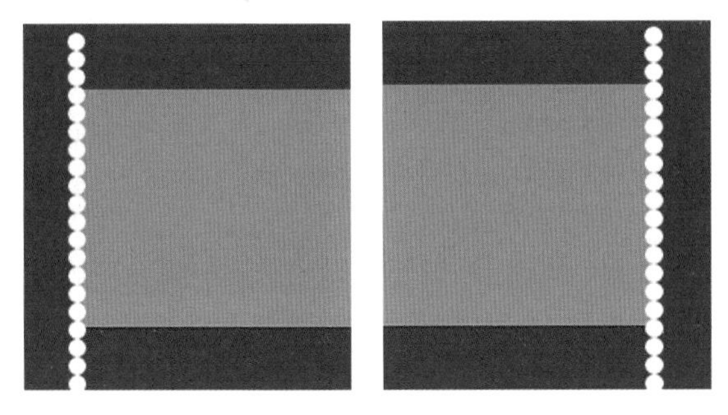

图 4.141

7 同时选中【椭圆 1 拷贝】及【椭圆 1】图层，按 Ctrl+E 组合键将其合并，此时将生成一个【椭圆 1 拷贝】图层，如图 4.142 所示。

8 在【图层】面板中选中【矩形 1】图层，单击面板底部的【添加图层蒙版】按钮，为图层添加图层蒙版，如图 4.143 所示。

图 4.142　　图 4.143

9 按住 Ctrl 键的同时单击【椭圆 1 拷贝】图层缩览图，将其载入选区，将选区填充为黑色，将部分图像隐藏，完成之后按 Ctrl+D 组合键将选区取消，如图 4.144 所示。

10 选择工具箱中的【椭圆选区工具】，按住 Shift 键在图像左上角位置绘制一个正圆选区。

11 将选区填充为黑色，将部分图像隐藏，如图 4.145 所示。

图 4.144

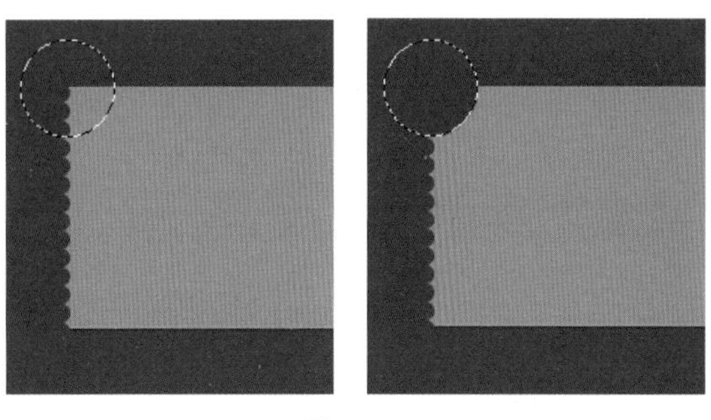

图 4.145

12 选择工具箱中的【椭圆选区工具】，在画布中将选区垂直移至图像左下角位置，以同样的方法将选区填充为黑色，将部分图像隐藏，如图 4.146 所示。

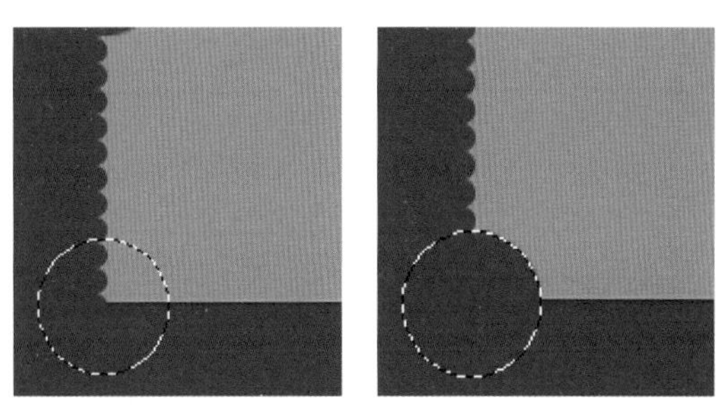

图 4.146

13 以同样的方法将图像右上角和右下角区域的部分图像隐藏，如图 4.147 所示。

14 选择工具箱中的【矩形工具】，在选项栏中将【填充】更改为无，设置【描边】为红色（R:170，G:50，B:50），【大小】为 3 点，【半径】为 3 像素，在画布中间位置绘制一个圆角矩形，此时将生成一个【圆角矩形 1】图层，如图 4.148 所示。

图 4.147

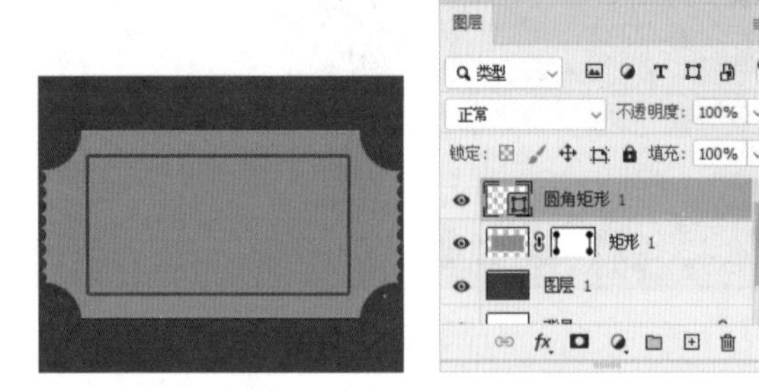

图 4.148

15 选择工具箱中的【直线工具】╱，在选项栏中将【填充】更改为红色（R:170，G:50，B:50），设置【描边】为无，将【粗细】更改为 2 像素，按住 Shift 键在已绘制的圆角矩形靠左侧位置绘制一条垂直线段，此时将生成一个【形状 1】图层，如图 4.149 所示。

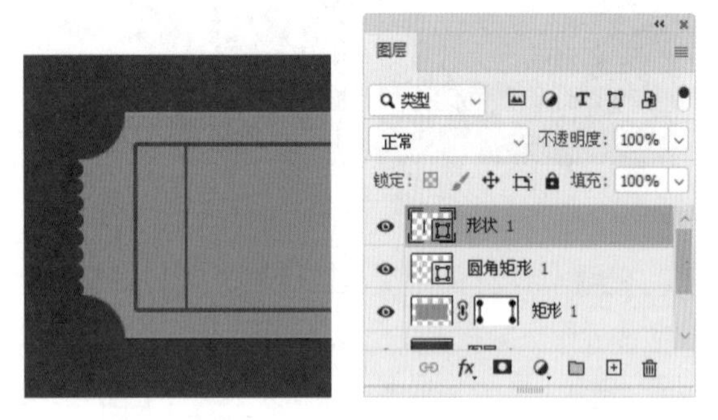

图 4.149

16 在【图层】面板中选中【形状 1】图层，将其拖至面板底部的【创建新图层】按钮⊞上，复制出 1 个【形状 1 拷贝】图层，如图 4.150 所示。

17 选中【形状 1 拷贝】图层，按住 Shift 键在画布中将其向右侧平移，如图 4.151 所示。

图 4.150

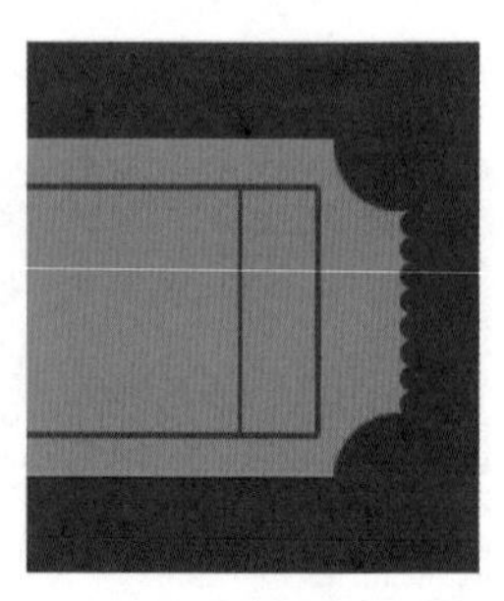

图 4.151

18 选择工具箱中的【直线工具】╱，在选项栏中将【填充】更改为红色（R:170，G:50，B:50），设置【描边】为无，将【粗细】更改为 2 像素，按住 Shift 键在已绘制的圆角矩形靠上方位置绘制一条水平线段，此时将生成一个【形状 2】图层，如图 4.152 所示。

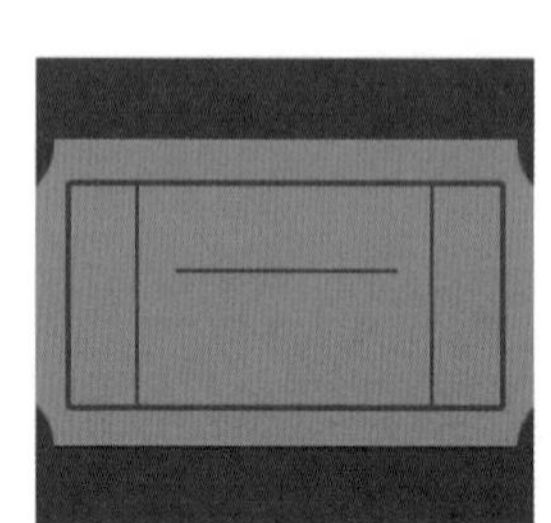

图 4.152

19 在【图层】面板中选中【形状 2】图层，单击面板底部的【添加图层蒙版】按钮◘，为当前图层添加图层蒙版，如图 4.153 所示。

20 选择工具箱中的【椭圆工具】◯，在选项栏中将【填充】更改为红色（R:170，G:50，B:50），设置【描边】为无，按住 Shift 键在线段中间位置绘制一个正圆图形，此时将生成一个【椭圆 1】图层，如图 4.154 所示。

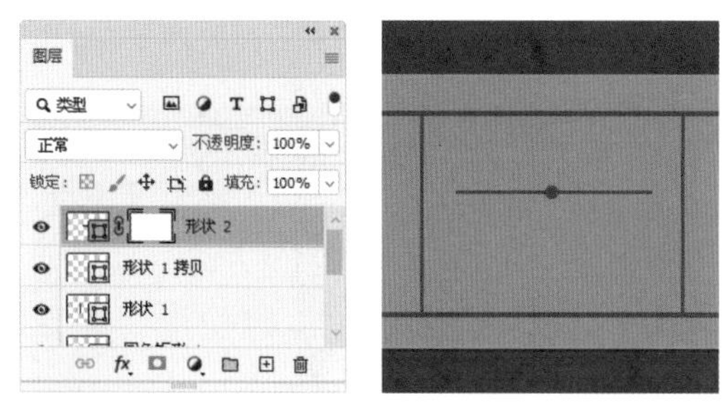

图 4.153　　图 4.154

21 按住 Ctrl 键的同时单击【椭圆 1】图层缩览图，将其载入选区，如图 4.155 所示。

22 执行菜单栏中的【选择】|【修改】|【扩展】命令，在弹出的对话框中将【扩展量】更改为 5 像素，完成之后单击【确定】按钮，如图 4.156 所示。

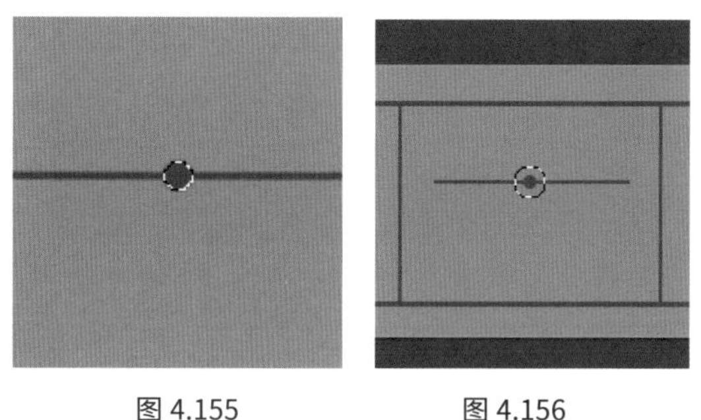

图 4.155　　图 4.156

23 将选区填充为黑色，将部分图形隐藏，完成之后按 Ctrl+D 组合键将选区取消，如图 4.157 所示。

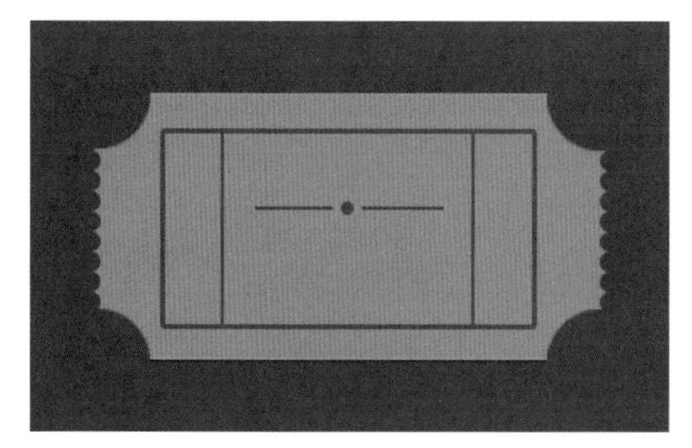

图 4.157

24 选择文字工具，在适当位置添加文字，如图 4.158 所示。

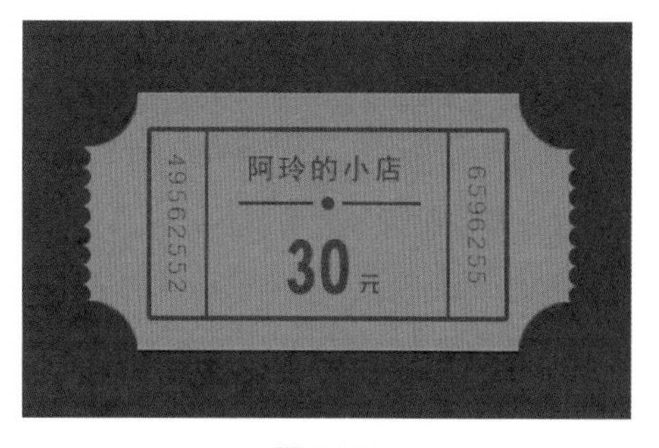

图 4.158

25 同时选中除【背景】【图层 1】【矩形 1】之外的所有图层，按 Ctrl+G 组合键将其编组，将生成的组名称更改为“文字”。

26 单击面板底部的【创建新图层】按钮⊞，新建一个【图层 2】图层，将其填充为白色，如图 4.159 所示。

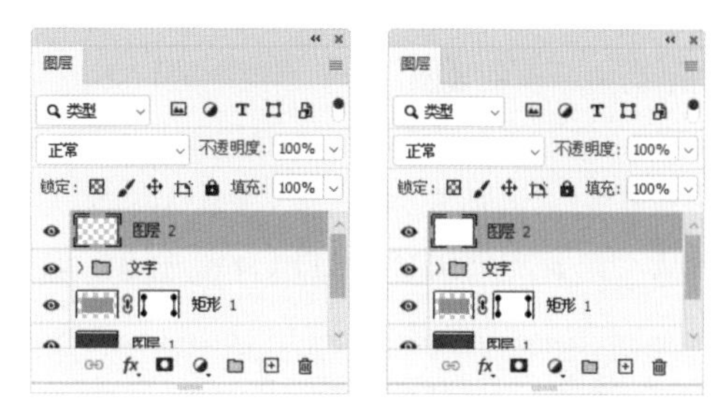

图 4.159

27 按 Ctrl+Alt+F 组合键打开【添加杂色】命令对话框，在弹出的对话框中将【数量】更改为 50%，完成之后单击【确定】按钮，如图 4.160 所示。

图 4.160

28 在【图层】面板中选中【文字】组，单击面板底部的【添加图层蒙版】按钮，为当前图层添加图层蒙版，如图 4.161 所示。

29 选择工具箱中的【魔棒工具】，在选项栏中取消选中【连续】复选框，在画布中的白色区域单击，创建选区，如图 4.162 所示。

图 4.161

图 4.162

30 执行菜单栏中的【选择】|【反向】命令，将选区反向，再将【图层 2】图层删除，如图 4.163 所示。

31 将选区填充为黑色，将选区中的文字区域隐藏，完成之后按 Ctrl+D 组合键将选区取消，这样就完成了效果制作，最终效果如图 4.164 所示。

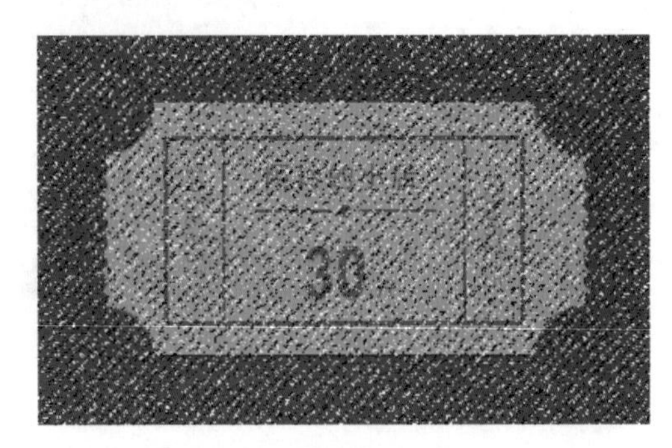
图 4.163

图 4.164

4.10 礼品袋优惠券

实例讲解

本例讲解礼品袋优惠券制作，将礼品袋造型与优惠券图形相结合，整个设计非常巧妙，最终效果如图 4.165 所示。

图 4.165

视频教学

调用素材：无

源文件：第 4 章 \ 礼品袋优惠券 .psd

4.10.1 制作主图效果

1 执行菜单栏中的【文件】|【新建】命令，在弹出的对话框中设置【宽度】为 300 像素，【高度】为 350 像素，【分辨率】为 72 像素 / 英寸，将画布填充为浅灰色（R:244，G:244，B:244）。

2 选择工具箱中的【矩形工具】，在选项栏中将【填充】更改为黄色（R:220，G:155，B:97），设置【描边】为无，在画布中绘制一个矩形，此时将生成一个【矩形 1】图层，如图 4.166 所示。

图 4.166

3 在【图层】面板中选中【矩形 1】图层，将其拖至面板底部的【创建新图层】按钮上，复制出 1 个【矩形 1 拷贝】图层，如图 4.167 所示。

4 选中【矩形 1 拷贝】图层，将图形颜色更改为浅灰色（R:254，G:253，B:248），按 Ctrl+T 组合键对其执行【自由变换】命令，将图形高度缩小，完成之后按 Enter 键确认，如图 4.168 所示。

图 4.167

图 4.168

5 在【图层】面板中选中【矩形 1】图层，单击面板底部的【添加图层样式】按钮 fx，在菜单中选择【渐变叠加】选项，在弹出的对话框中将【不透明度】的值更改为 25%，将【渐变】更改为透明到黑色，将【角度】的值更改为 10 度，将【缩放】的值更改为 20%，完成之后单击【确定】按钮，如图 4.169 所示。

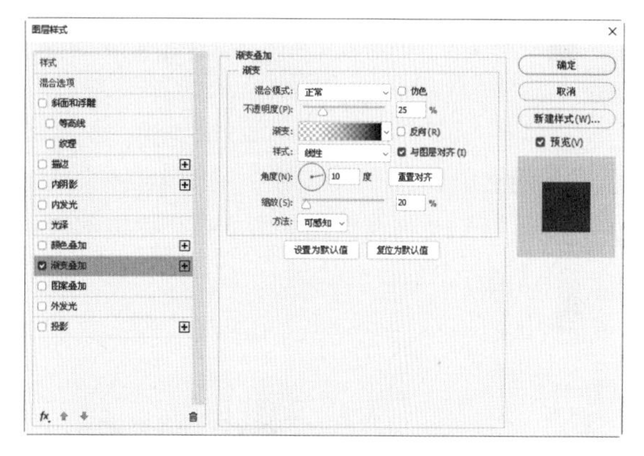

图 4.169

6 在【矩形 1】图层名称上单击鼠标右键，从弹出的快捷菜单中选择【拷贝图层样式】选项。然后在【矩形 1 拷贝】图层名称上单击鼠标右键，从弹出的快捷菜单中选择【粘贴图层样式】选项。

7 双击【矩形 1 拷贝】图层样式名称，在弹出的对话框中将【角度】的值更改为 5 度，将【缩放】的值更改为 20%，完成之后单击【确定】按钮，如图 4.170 所示。

图 4.170

8 选择工具箱中的【矩形工具】，在选项栏中将【填充】更改为黑色，设置【描边】为无，在矩形左侧位置绘制一个矩形，此时将生成一个【矩形 2】图层，如图 4.171 所示。

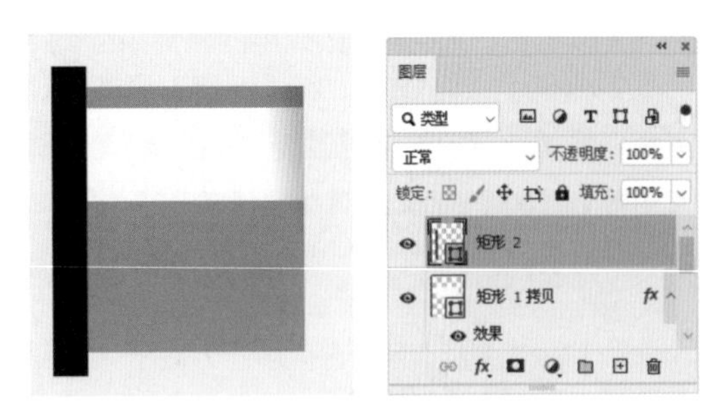

图 4.171

9 选中【矩形 2】图层，执行菜单栏中的【滤镜】|【模糊】|【高斯模糊】命令，在弹出的对话框中将【半径】的值更改为 10 像素，完成之后单击【确定】按钮，如图 4.172 所示。

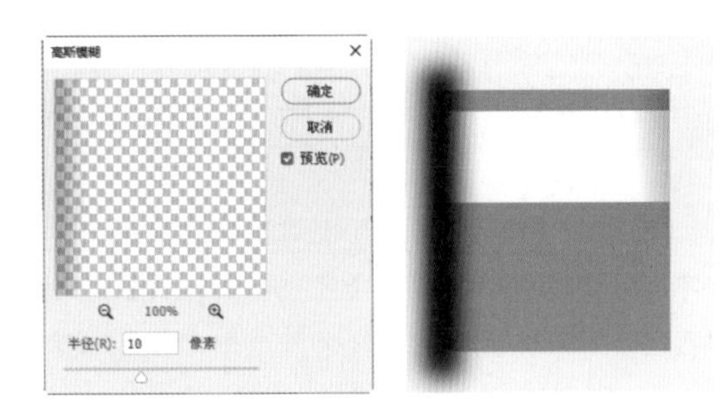

图 4.172

10 在【图层】面板中选中【矩形 2】图层，单击面板底部的【添加图层蒙版】按钮，为当前图层添加图层蒙版，如图 4.173 所示。

11 按住 Ctrl 键的同时单击【矩形 1】图层缩览图，将其载入选区，如图 4.174 所示。

图 4.173

图 4.174

12 将选区反选，然后将选区填充为黑色，将部分图像隐藏，完成之后按 Ctrl+D 组合键将选区取消，如图 4.175 所示。

13 选中【矩形 2】图层，将其图层【不透明度】的值更改为 20%，如图 4.176 所示。

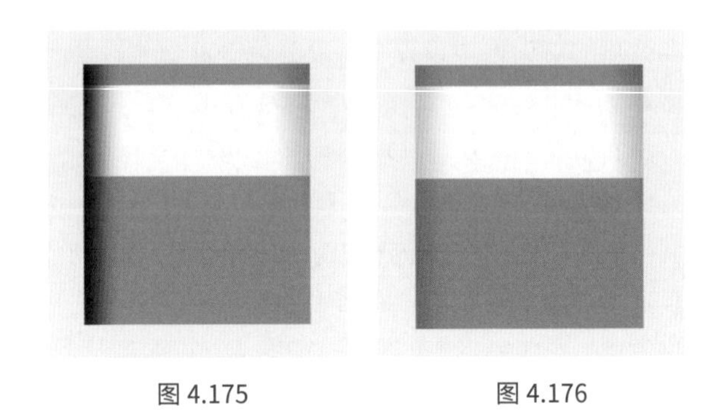

图 4.175　图 4.176

4.10.2　添加文字

1 选择工具箱中的【直线工具】，在选项栏中将【填充】更改为黄色（R:200，G:130，B:70），设置【描边】为无，将【粗细】更改为 2 像素，按住 Shift 键在矩形靠底部位置绘制一条水平线段，此时将生成一个【形状 1】图层，如图 4.177 所示。

图 4.177

2 在【图层】面板中选中【形状 1】图层，将其拖至面板底部的【创建新图层】按钮上，复制出 1 个【形状 1 拷贝】图层，如图 4.178 所示。

3 选中【形状 1 拷贝】图层，按住 Shift 键在画布中将图形向下垂直移动，如图 4.179 所示。

图 4.178

图 4.179

4 选择工具箱中的【矩形工具】，在选项栏中将【填充】更改为白色，设置【描边】为无，在两条线段之间绘制一个矩形，此时将生成一个【矩形 3】图层，如图 4.180 所示。

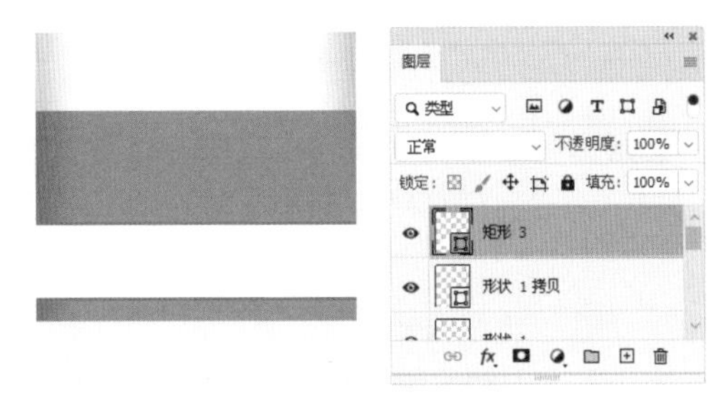

图 4.180

5 在【图层】面板中选中【矩形 3】图层，单击面板底部的【添加图层蒙版】按钮，为当前图层添加图层蒙版，如图 4.181 所示。

6 选择工具箱中的【渐变工具】，编辑从黑色到白色再到黑色的渐变，单击选项栏中的【线性渐变】按钮，在当前图形上拖动，将部分图形隐藏，再将其图层【不透明度】的值更改为 20%，效果如图 4.182 所示。

图 4.181

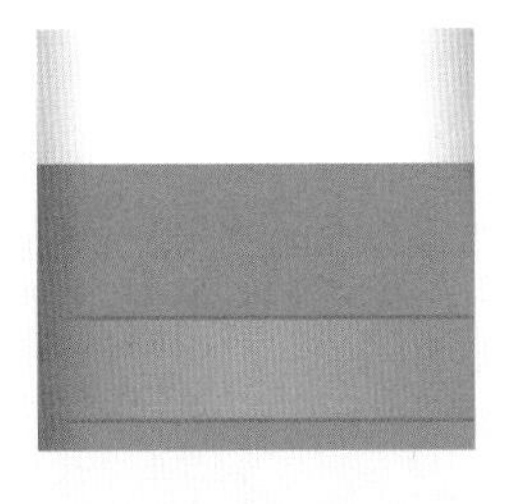

图 4.182

7 选择工具箱中的【椭圆工具】，在选项栏中将【填充】更改为白色，设置【描边】为无，按住 Shift 键在图形靠左上角位置绘制一个正圆图形，此时将生成一个【椭圆 1】图层，如图 4.183 所示。

8 在【图层】面板中选中【椭圆 1】图层，将其拖至面板底部的【创建新图层】按钮上，复制出 1 个【椭圆 1 拷贝】图层，如图 4.184 所示。

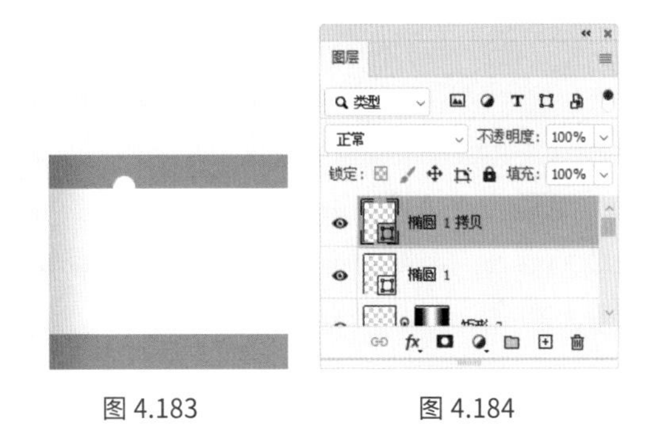

图 4.183 图 4.184

9 在【图层】面板中选中【椭圆 1】图层，单击面板底部的【添加图层样式】按钮fx，在菜单中选择【斜面和浮雕】选项，在弹出的对话框中将【大小】的值更改为 4 像素，将【阴影模式】中的【不透明度】的值更改为 10%，如图 4.185 所示。

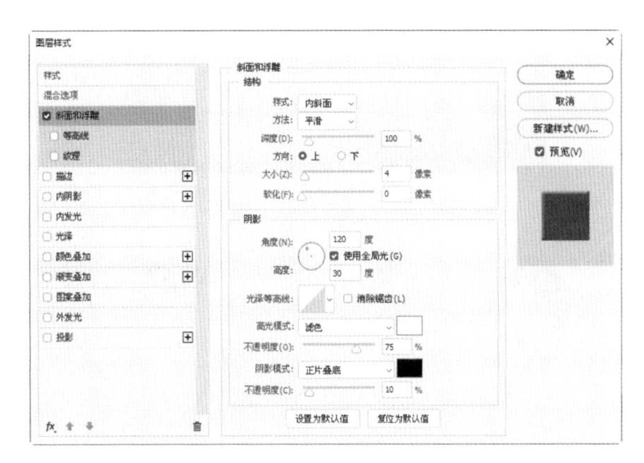

图 4.185

10 选中【投影】复选框，将【不透明度】更改为 20%，将【距离】的值更改为 2 像素，将【大小】的值更改为 2 像素，完成之后单击【确定】按钮，如图 4.186 所示。

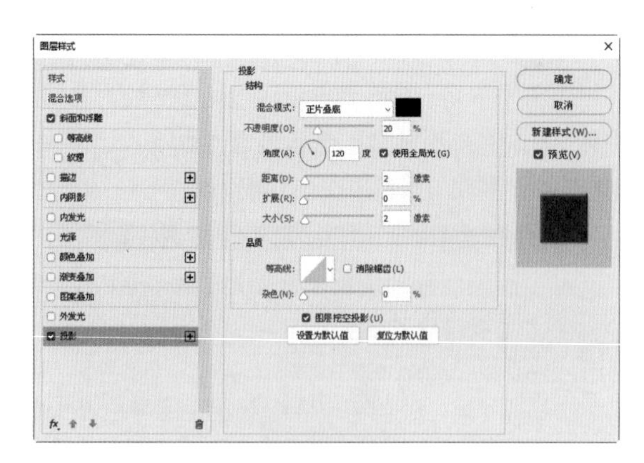

图 4.186

11 选中【椭圆 1 拷贝】图层，将图形颜色更改为黑色，再按 Ctrl+T 组合键对其执行【自由变换】命令，将图形等比缩小，完成之后按 Enter 键确认，如图 4.187 所示。

12 同时选中【椭圆 1 拷贝】及【椭圆 1】图层，按住 Alt+Shift 组合键的同时在画布中向右侧拖动图形，将图形复制，如图 4.188 所示。

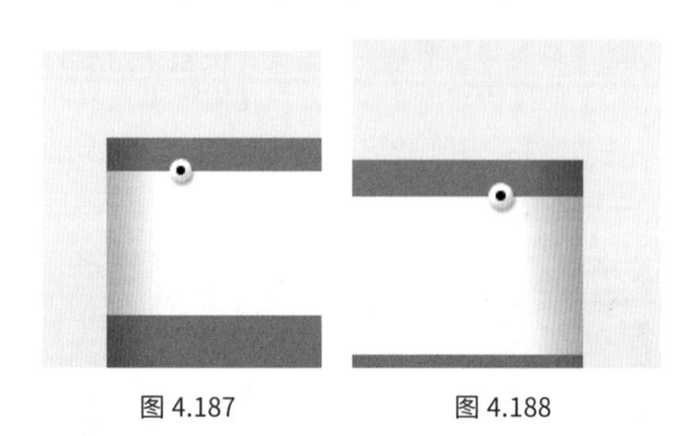
图 4.187　　图 4.188

13 选择工具箱中的【钢笔工具】，设置【选择工具模式】为【形状】，将【填充】更改为无，将【描边】更改为深灰色（R:110，G:86，B:74），设置【大小】为 2 点，在两个椭圆图形之间绘制 1 条弧线，此时将生成一个【形状 2】图层，效果如图 4.189 所示。

图 4.189

14 选择文字工具，输入文字，这样就完成了效果制作，最终效果如图 4.190 所示。

图 4.190

第5章 网店必备，店铺头条banner制作

本章介绍

本章讲解网店 banner 制作。banner 可以理解为网店页面的横幅广告，它的特点主要是体现商品本身的内容和特色，它可以 GIF 动画形式存在，还可以静态页面形式展示，本章中主要以静态 banner 的制作为主。通过对本章内容的学习，读者将对网店 banner 有一个全新的认识，同时在制作静态页面时也会更加得心应手。

学习目标

- 学会春装 banner 制作
- 了解润肤乳 banner 制作技巧
- 学会糖果彩裙 banner 制作
- 掌握金秋钜惠促销 banner 制作
- 学会热力狂欢节 banner 制作

5.1 高跟鞋 banner

实例解析

本例讲解高跟鞋 banner 制作，在制作过程中主要以体现高跟鞋本身的品质、特点为主，并将简洁的图像与文字信息进行组合，最终效果如图 5.1 所示。

图 5.1

调用素材：第 5 章 \ 高跟鞋 banner

源文件：第 5 章 \ 高跟鞋 banner.psd

操作步骤

1 执行菜单栏中的【文件】|【新建】命令，在弹出的对话框中设置【宽度】为 900 像素，【高度】为 400 像素，【分辨率】为 72 像素 / 英寸，【颜色模式】为 RGB 颜色，新建一个空白画布。

2 选择工具箱中的【渐变工具】，编辑从浅蓝色（R:240，G:238，B:246）到白色再到灰色（R:207，G:207，B:207）的渐变，将白色色标位置更改为 60%。单击选项栏中的【线性渐变】按钮，在画布中按住鼠标左键从左侧向右侧拖动，填充渐变。

3 执行菜单栏中的【文件】|【打开】命令，打开“高跟鞋 .psd”“鞋子 .psd”文件，将其拖入画布中并适当缩小，如图 5.2 所示。

图 5.2

4 选择工具箱中的【多边形套索工具】，在高跟鞋位置绘制 1 个不规则选区，如图 5.3 所示。

5 选中【高跟鞋】图层，执行菜单栏中的【图层】|【新建】|【通过拷贝的图层】命令，此时将生成 1 个【图层 1】图层，如图 5.4 所示。

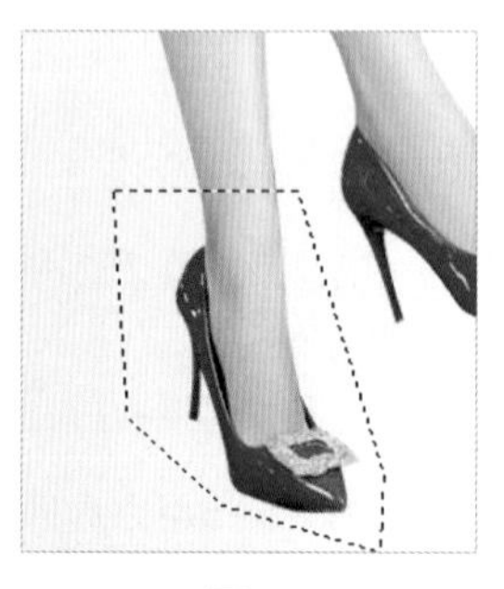

图 5.3

图 5.4

6 在【图层】面板中选中【图层 1】图层，单击面板底部的【添加图层蒙版】按钮，为其添加图层蒙版，如图 5.5 所示。

7 选中【图层 1】图层，按 Ctrl+T 组合键对其执行【自由变换】命令，然后单击鼠标右键，从弹出的快捷菜单中选择【垂直翻转】选项，完成之后按 Enter 键确认，如图 5.6 所示。

图 5.5

图 5.6

8 选择工具箱中的【渐变工具】，编辑从黑色到白色的渐变，然后单击选项栏中的【线性渐变】按钮，在图像上按住鼠标左键并拖动，将部分图像隐藏，为其制作倒影，如图 5.7 所示。

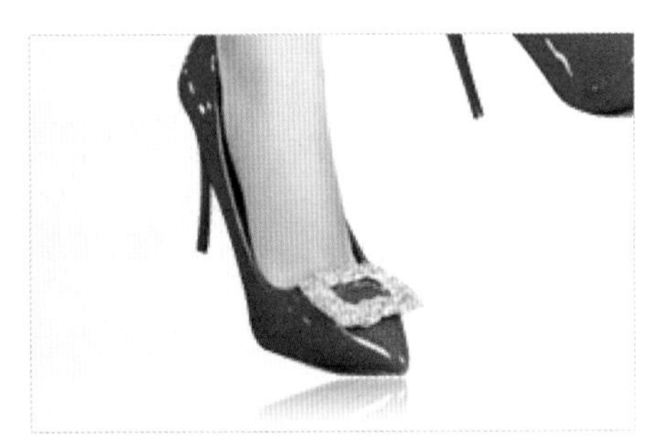
图 5.7

9 选择工具箱中的【钢笔工具】，设置【选择工具模式】为【形状】，将【填充】更改为深红色（R:63，G:24，B:25），将【描边】更改为无，在右侧鞋子图像底部位置绘制 1 个不规则图形，此时将生成一个【形状 1】图层，将其移至【鞋子】图层下方，效果如图 5.8 所示。

10 选中【形状 1】图层，执行菜单栏中的【滤镜】|【模糊】|【高斯模糊】命令，在弹出的对话框中将【半径】更改为 2 像素，完成之后单击【确定】按钮，效果如图 5.9 所示。

11 在【图层】面板中选中【形状 1】图层，单击面板底部的【添加图层蒙版】按钮，为图层添加图层蒙版，如图 5.10 所示。

12 选择工具箱中的【画笔工具】，在画布中单击鼠标右键，在弹出的面板中选择一种圆角笔触，将【大小】更改为 80 像素，将【硬度】更改为 0%，如图 5.11 所示。

图 5.8

图 5.9

图 5.10

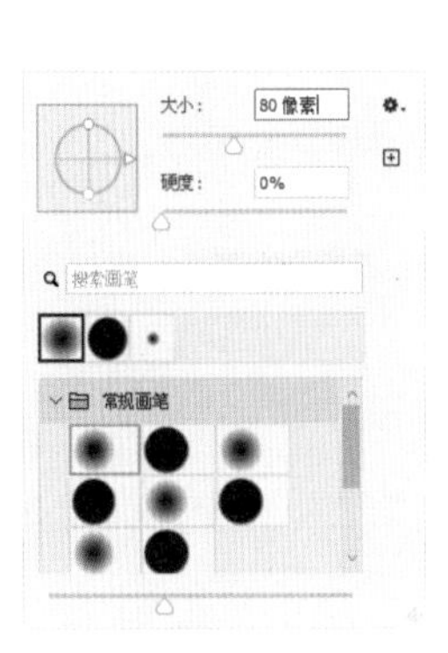

图 5.11

13 将前景色更改为黑色，在图像中的部分区域涂抹，将其隐藏，如图 5.12 所示。

14 选中【形状 1】图层，按住 Alt 键的同时在画布中将其拖动至其他鞋子底部位置，以进行复制，如图 5.13 所示。

图 5.12

图 5.13

> 提示　在复制图像时，需要注意阴影与鞋底之间的距离。

15 选择工具箱中的【椭圆工具】◯，在选项栏中将【填充】更改为深红色（R:63，G:24，B:25），设置【描边】为无，在高跟鞋图像左上角的腿部位置绘制一个椭圆图形，如图 5.14 所示，此时将生成一个【椭圆 1】图层，将该图层移至【高跟鞋】图层下方。

16 选中【椭圆 1】图层，执行菜单栏中的【滤镜】|【模糊】|【动感模糊】命令，在弹出的对话框中将【角度】更改为 30 度，将【距离】更改为 20 像素，设置完成之后单击【确定】按钮，再将图层【不透明度】更改为 60%，效果如图 5.15 所示。

图 5.14

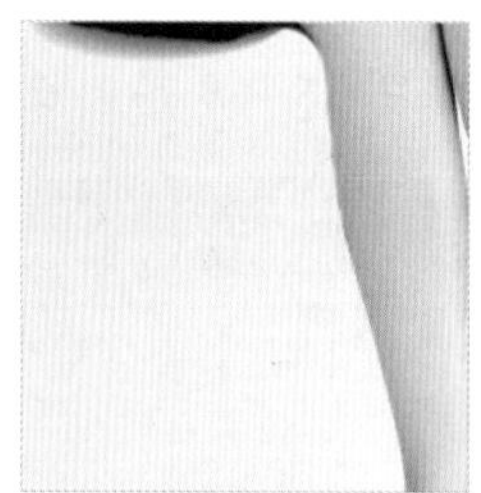

图 5.15

17 使用文字工具分别输入“时尚新品”和 GUSAE 文字，同时选中【时尚新品】及【GUSAE】图层，按 Ctrl+G 组合键将其编组，此时将生成 1 个【组 1】组。

18 执行菜单栏中的【文件】|【打开】命令，打开“星空 .jpg”文件，将其拖入画布中并适当缩小，将图层名称更改为【图层 2】，并将其移至【组 1】组上方，效果如图 5.16 所示。

19 选中【图层 2】图层，执行菜单栏中的【图层】|【创建剪贴蒙版】命令，为当前图层创建剪贴蒙版，将部分图像隐藏，如图 5.17 所示。

图 5.16

图 5.17

20 在【图层】面板中选中【高跟鞋】图层，单击面板底部的【添加图层样式】按钮 fx，在菜单中选择【内发光】选项，在弹出的对话框中将【混合模式】更改为【柔光】，将【颜色】更改为白色，将【大小】更改为 30 像素，完成之后单击【确定】按钮，如图 5.18 所示。

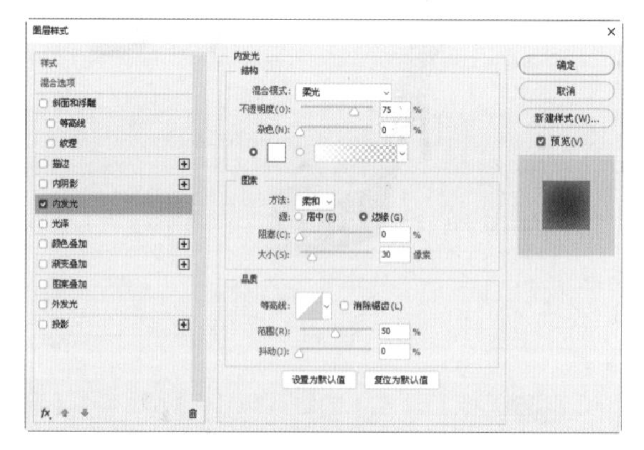

图 5.18

21 选择工具箱中的【横排文字工具】T，在画布适当位置添加文字，这样就完成了效果制作，最终效果如图 5.19 所示。

图 5.19

5.2 春装 banner

实例解析

本例讲解春装 banner 制作，区别于传统的绿色主题春装类广告，该 banner 画面整体色调偏素，具有十分浓郁的中国风，最终效果如图 5.20 所示。

图 5.20

视频教学

调用素材：第 5 章 \ 春装 banner

源文件：第 5 章 \ 春装 banner 设计 .psd

操作步骤

5.2.1 打开素材

1 执行菜单栏中的【文件】|【打开】命令，打开“背景 .jpg”“人物 .psd”文件，将人物图像拖入背景中靠左侧位置并适当缩小，如图 5.21 所示。

图 5.21

2 在【图层】面板中选中【人物 2】图层，将其拖至面板底部的【创建新图层】按钮⊞上，复制出 1 个【人物 2 拷贝】图层。

3 选中【人物 2】图层，单击面板上方的【锁定透明像素】按钮，将当前图层中的透明像素锁定，并将图像填充为黑色，再次单击此按钮将其解除锁定，如图 5.22 所示。

4 选中【人物 2】图层，按 Ctrl+T 组合键对其执行【自由变换】命令，单击鼠标右键，从弹出的快捷菜单中选择【扭曲】选项，拖动变形框顶部控制点，将图像扭曲变形，完成之后按 Enter 键确认，如图 5.23 所示。

图 5.22

图 5.23

5 选中【人物 2】图层，执行菜单栏中的【滤镜】|【模糊】|【高斯模糊】命令，在弹出的对话框中，将【半径】更改为 5 像素，完成之后单击【确定】

按钮，再将图层【不透明度】的值更改为 20%，如图 5.24 所示。

图 5.24

6 在【图层】面板中选中【人物 2】图层，单击面板底部的【添加图层蒙版】按钮，为图层添加图层蒙版，如图 5.25 所示。

7 选择工具箱中的【画笔工具】，在画布中单击鼠标右键，在弹出的面板中选择一种圆角笔触，将【大小】更改为 80 像素，将【硬度】更改为 0%，如图 5.26 所示。

图 5.25

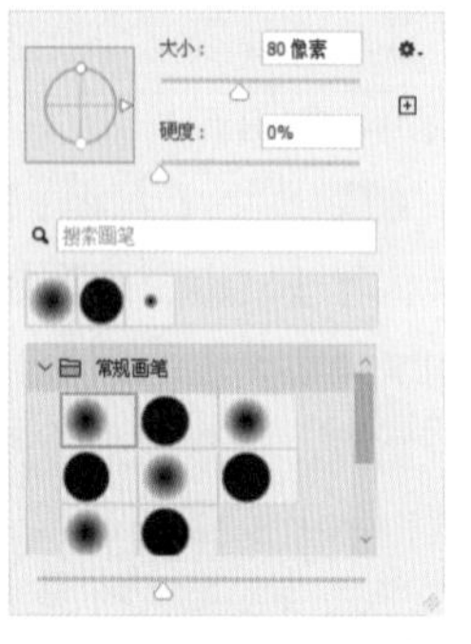

图 5.26

8 将前景色更改为黑色，在图像中的部分区域涂抹，将多余投影图像隐藏，如图 5.27 所示。

9 使用同样的方法，为【人物】图像制作投影效果，如图 5.28 所示。

5.2.2 添加文字

1 选择工具箱中的【横排文字工具】T，在画布靠右侧位置添加文字，如图 5.29 所示。

图 5.27

图 5.28

图 5.29

2 在【图层】面板中选中【初春记忆】文字图层，单击面板底部的【添加图层样式】按钮fx，在菜单中选择【渐变叠加】选项，在弹出的对话框中，将【渐变】更改为红色（R:140，G:22，B:44）到紫色（R:75，G:52，B:94）到紫色（R:75，G:52，B:94）再到青色（R:27，G:90，B:105），将第 1 个紫色色标位置更改为 25%，将第 2 个紫色色标位置更改为 75%，完成之后单击【确定】按钮，如图 5.30 所示。

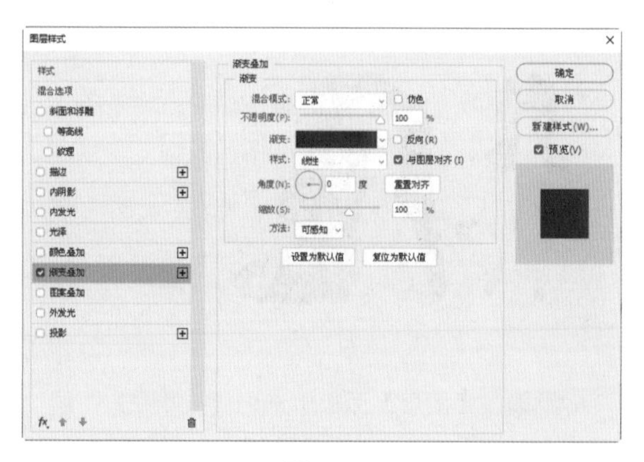

图 5.30

3 选择工具箱中的【直线工具】，在选

项栏中将【填充】更改为灰色（R:200，G:200，B:200），设置【描边】为无，将【粗细】更改为 1 像素，在画布中的英文文字左侧位置绘制一条垂直线段，这样就完成了效果制作，最终效果如图 5.31 所示。

图 5.31

5.3 润肤乳 banner

实例解析

本例讲解润肤乳 banner 制作，本例的制作重点在于对图形的装饰及文字信息位置的摆放，最终效果如图 5.32 所示。

图 5.32

调用素材：第 5 章 \ 润肤乳 banner

源文件：第 5 章 \ 润肤乳 banner.psd

操作步骤

5.3.1 添加素材制作倒影

1 执行菜单栏中的【文件】|【打开】命令，打开“背景 .jpg”“化妆品 .psd”文件，将“化妆品”素材拖入背景图中间位置，如图 5.33 所示。

图 5.33

2 在【图层】面板中选中【化妆品】图层，将其拖至面板底部的【创建新图层】按钮上，复制出 1 个【化妆品 拷贝】图层，如图 5.34 所示。

3 选中【化妆品 拷贝】图层，按 Ctrl+T 组合键执行【自由变换】命令，从弹出的快捷菜单中选择【垂直翻转】选项，完成之后按 Enter 键确认，并将复制的图像与原图像底部对齐，如图 5.35 所示。

4 在【图层】面板中选中【化妆品 拷贝】图层，单击面板底部的【添加图层蒙版】按钮，为图层添加图层蒙版，如图 5.36 所示。

5 选择工具箱中的【渐变工具】，编辑从黑色到白色的渐变，然后单击选项栏中的【线性渐变】按钮，按住鼠标左键在图像中从下至上拖动，将部分图像隐藏，如图 5.37 所示。

图 5.34

图 5.35

图 5.36

图 5.37

5.3.2 绘制图形并添加文字

1 选择工具箱中的【多边形工具】，在选项栏中将【填充】更改为青色（R:60，G:220，B:247），将【边】更改为 6，在化妆品图像左上角位置绘制一个多边形，此时将生成一个【多边形 1】图层，将图层【不透明度】的值更改为 20%，如图 5.38 所示。

图 5.38

2 选中【多边形 1】图层，按住 Alt 键在画布中将其复制两份并分别适当缩小，如图 5.39 所示。

3 选择工具箱中的【横排文字工具】T，在适当位置添加文字，如图 5.40 所示。

图 5.39

图 5.40

4 在【图层】面板中选中【改变】文字图层，单击面板底部的【添加图层样式】按钮fx，在菜单中选择【渐变叠加】选项，在弹出的对话框中将【渐变】更改为蓝色（R:116，G:216，B:250）到蓝色（R:200，G:246，B:255），如图 5.41 所示。

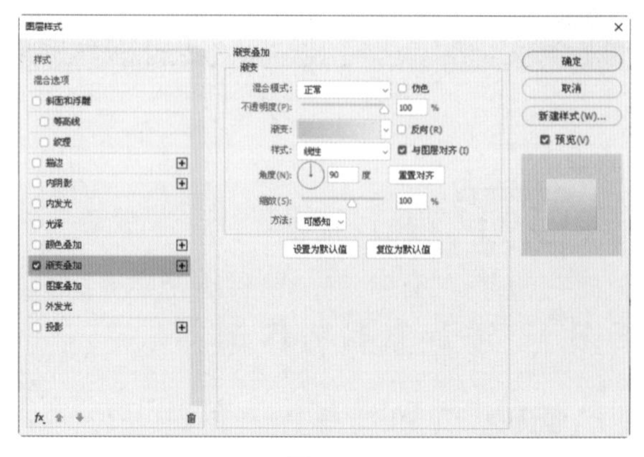

图 5.41

5 选中【外发光】复选框，将【混合模式】更改为【叠加】，将【颜色】更改为白色，将【大小】更改为 7 像素，完成之后单击【确定】按钮，如图 5.42 所示。

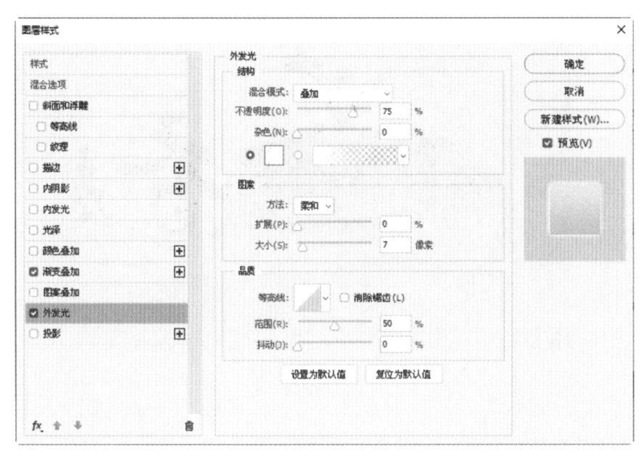

图 5.42

6 选择工具箱中的【横排文字工具】T，在适当位置添加文字，这样就完成了效果制作，最终效果如图 5.43 所示。

图 5.43

5.4 春茶上新 banner

实例解析

本例讲解春茶上新 banner 制作，本例中的茶元素比较丰富，通过将中国风古典背景与淡雅的茶壶图像组合，给人一种宁静致远的感觉，最终效果如图 5.44 所示。

图 5.44

视频教学

调用素材：第 5 章 \ 春茶上新 banner

源文件：第 5 章 \ 春茶上新 banner 设计 .psd

操作步骤

5.4.1 打开素材

1 执行菜单栏中的【文件】|【打开】命令，打开“背景 .jpg”“柳叶 .psd”“茶 .psd”文件，将“柳叶”和“茶”素材图像拖入“背景”图中并适当缩小，如图 5.45 所示。

图 5.45

2 选择工具箱中的【钢笔工具】，设置【选择工具模式】为【形状】，将【填充】更改为黑色，将【描边】更改为无，沿茶壶底部边框绘制一个不规则图形，此时将生成一个【形状 1】图层，将【形状 1】图层移至【背景】图层上方，如图 5.46 所示。

图 5.46

3 选中【形状 1】图层，执行菜单栏中的【滤镜】|【模糊】|【高斯模糊】命令，在弹出的对话框中，将【半径】更改为 3.0 像素，完成之后单击【确定】按钮，如图 5.47 所示。

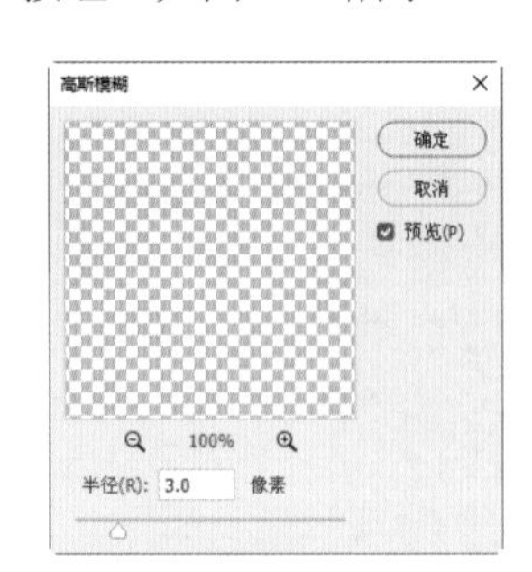

图 5.47

4 选择工具箱中的【横排文字工具】T，在画布中的适当位置添加文字，如图 5.48 所示。

图 5.48

5 执行菜单栏中的【文件】|【打开】命令，打开“茶叶.psd”文件，将其拖入画布中“茶”文字的位置并适当缩小，如图 5.49 所示。

图 5.49

6 选中【茶叶】图层，执行菜单栏中的【图层】|【创建剪贴蒙版】命令，为当前图层创建剪贴蒙版，将部分图像隐藏，如图 5.50 所示。

图 5.50

7 同时选中【远】及【永】文字图层，按 Ctrl+G 组合键将其编组，此时将生成一个【组 1】组，如图 5.51 所示。

图 5.51

5.4.2 绘制图形

1 选择工具箱中的【椭圆工具】◯，在选

项栏中，将【填充】更改为红色（R:195，G:56，B:56），设置【描边】为无，按住 Shift 键在文字右侧位置绘制一个正圆图形，此时将生成一个【椭圆 1】图层，将【椭圆 1】图层移至【组 1】组上方，如图 5.52 所示。

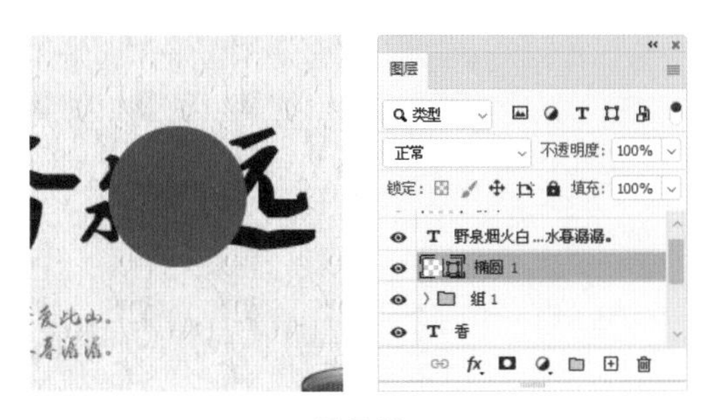

图 5.52

2 选中【椭圆 1】图层，执行菜单栏中的【滤镜】|【模糊】|【高斯模糊】命令，在弹出的对话框中，将【半径】更改为 20.0 像素，完成之后单击【确定】按钮，如图 5.53 所示。

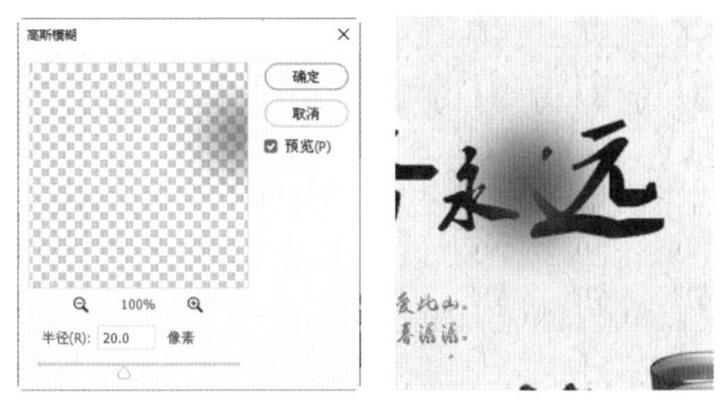

图 5.53

3 选中【椭圆 1】图层，执行菜单栏中的【图层】|【创建剪贴蒙版】命令，为当前图层创建剪贴蒙版，将部分图像隐藏，如图 5.54 所示。

4 执行菜单栏中的【文件】|【打开】命令，打开“茶叶 .psd”文件，将其拖入画布中茶壶图像左上角壶嘴位置，并适当缩小，如图 5.55 所示。

图 5.54

图 5.55

5 选中【茶叶】图层，按住 Alt 键在画布中拖动图像，将图像复制数份，对其适当旋转并缩小，然后进行摆放，这样就完成了效果制作，最终效果如图 5.56 所示。

图 5.56

5.5 糖果彩裙 banner

实例解析

本例讲解糖果彩裙 banner 制作，制作的重点在于糖果色彩的搭配，使其看起来充满青春气息，最终效果如图 5.57 所示。

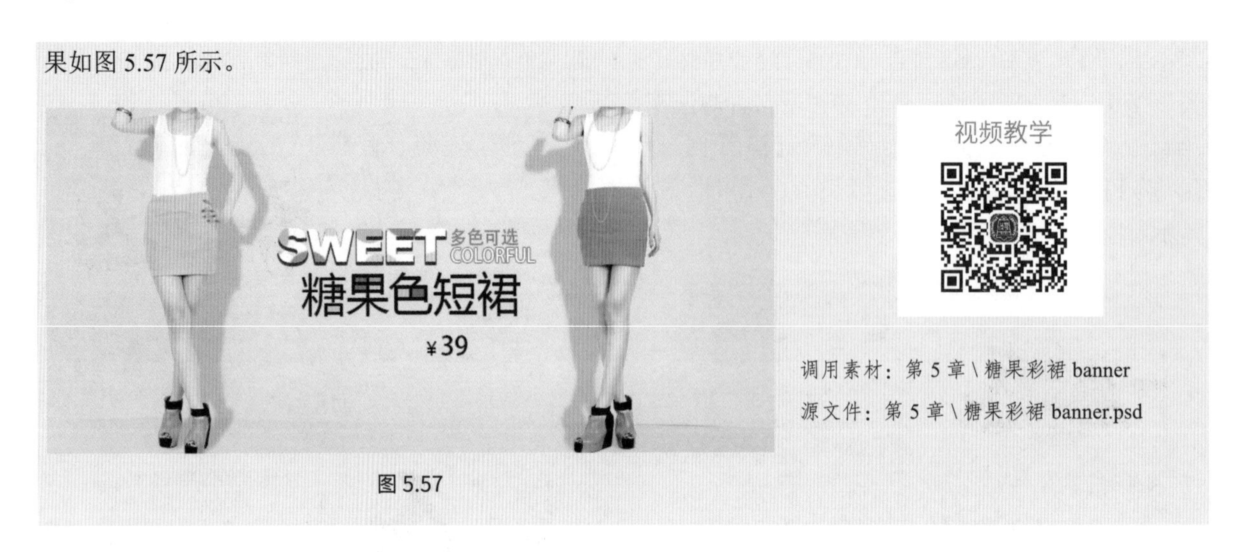

调用素材：第 5 章 \ 糖果彩裙 banner

源文件：第 5 章 \ 糖果彩裙 banner.psd

图 5.57

操作步骤

5.5.1 为素材制作投影

1 执行菜单栏中的【文件】|【打开】命令，打开“背景.jpg”“人物.psd”文件，将“人物”素材拖入“背景”图像左右两侧位置，并适当缩小，如图 5.58 所示。

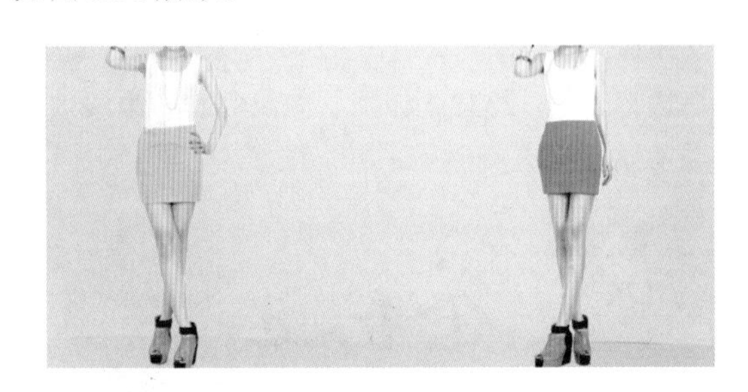

图 5.58

2 在【图层】面板中选中【人物】图层，将其拖至面板底部的【创建新图层】按钮上，复制出 1 个【人物 拷贝】图层。选中【人物】图层，单击面板上方的【锁定透明像素】按钮，将透明像素锁定，然后在画布中将图像填充为深蓝色（R:83，G:128，B:143），填充完成后将其解除锁定，如图 5.59 所示。

图 5.59

3 选择工具箱中的【矩形选框工具】，在【人物】图层中图像底部位置绘制一个矩形选区，以选中部分图像。

4 按 Ctrl+T 组合键对图像执行【自由变换】命令，单击鼠标右键，从弹出的快捷菜单中选择【斜切】选项，拖动变形框，使选中的部分图像变形，完成之后按 Enter 键确认，如图 5.60 所示。

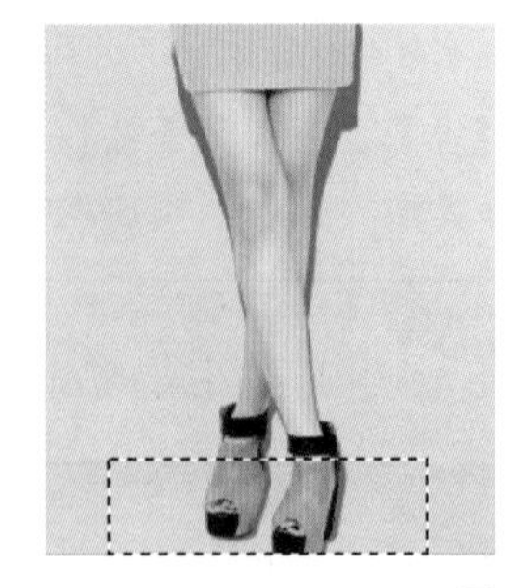

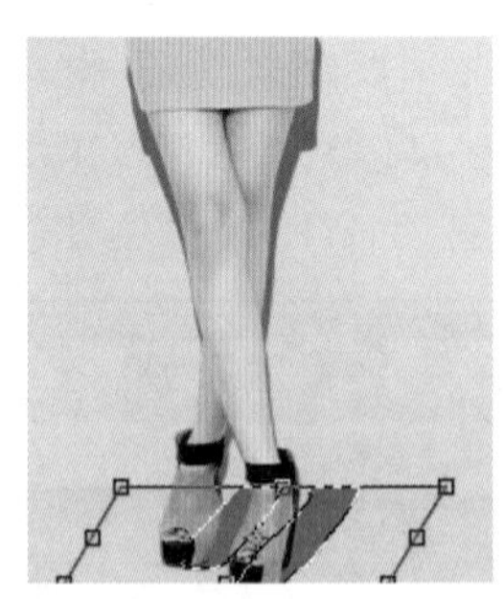

图 5.60

5 按 Ctrl+Shift+I 组合键将选区反向，再按 Ctrl+T 组合键对其执行【自由变换】命令，将图像向右侧拖动，使其变形，如图 5.61 所示。

图 5.61

6 选中【人物】图层，执行菜单栏中的【滤镜】|【模糊】|【高斯模糊】命令，在弹出的对话框中将【半径】更改为 2 像素，完成之后单击【确定】按钮，再将图层【不透明度】更改为 30%，如图 5.62 所示。

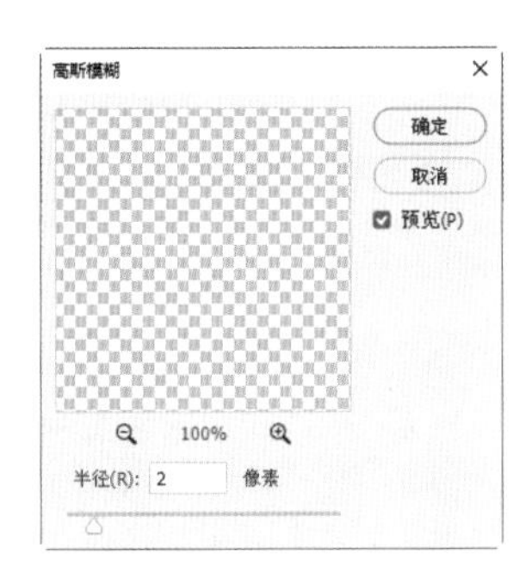

图 5.62

7 使用同样的方法将【人物 2】图层复制，并为其制作同样的投影效果，如图 5.63 所示。

图 5.63

5.5.2 添加文字

1 选择工具箱中的【横排文字工具】T，在适当位置添加文字，如图 5.64 所示。

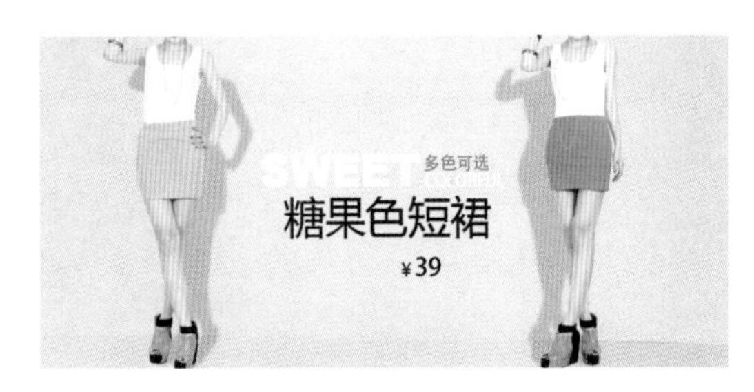

图 5.64

2 在【图层】面板中选中【SWEET】文字图层，单击面板底部的【添加图层样式】按钮fx，在菜单中选择【投影】选项，在弹出的对话框中取消选中【使用全局光】复选框，将【角度】更改为 90 度，将【距离】更改为 3 像素，将【扩展】更改为 100%，将【大小】更改为 1 像素，完成之后单击【确定】按钮，如图 5.65 所示。

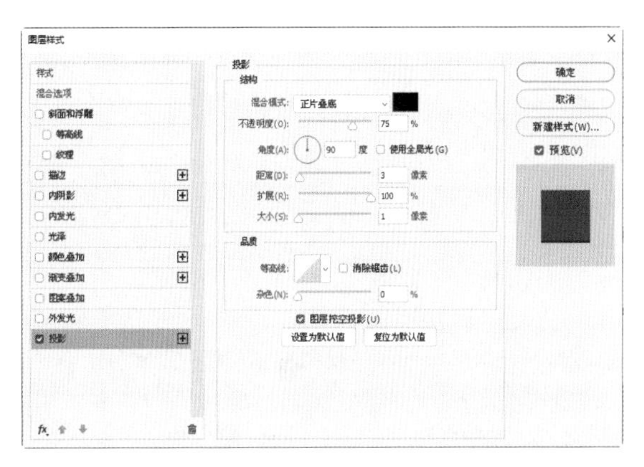

图 5.65

3 在【图层】面板中选中【COLORFUL】文字图层，单击面板底部的【添加图层样式】按钮fx，在菜单中选择【描边】选项，在弹出的对话框中将【大小】更改为 1 像素，将【不透明度】更改为 50%，完成之后单击【确定】按钮，如图 5.66 所示。

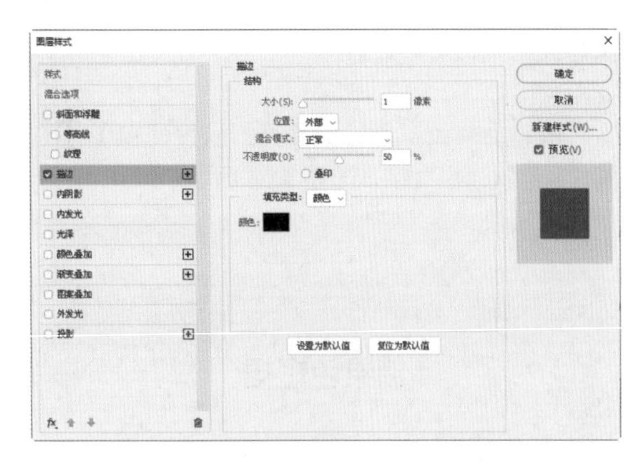

图 5.66

5.5.3 修改文字颜色

1 在【图层】面板中选中【SWEET】文字图层，单击面板底部的【创建新图层】按钮⊞，新建一个【图层 1】图层，选中【图层 1】图层，按 Ctrl+Alt+G 组合键执行【创建剪贴蒙版】命令，如图 5.67 所示。

2 选择工具箱中的【画笔工具】，在画布中单击鼠标右键，在弹出的面板中选择一种圆角笔触，将【大小】更改为 50 像素，将【硬度】更改为 100%，如图 5.68 所示。

图 5.67

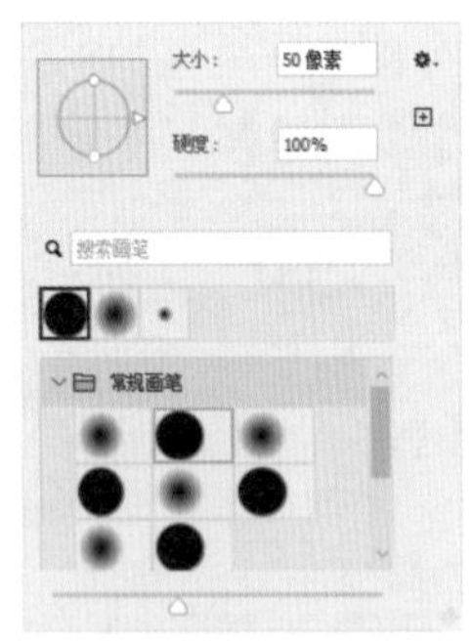

图 5.68

3 将前景色更改为不同的颜色，如黄色（R:255，G:235，B:154）、绿色（R:156，G:255，B:154）、红色（R:255，G:150，B:150），选中【图层 1】图层，在【SWEET】图层中的文字位置单击，添加颜色效果，如图 5.69 所示。

图 5.69

提示 在添加颜色时可以不断更改前景及背景颜色。

4 选择工具箱中的【矩形选框工具】，在【糖果色短裙】文字图层中的"糖"字位置绘制一个矩形选区，如图 5.70 所示。

5 选中【背景】图层，单击面板底部的【创建新图层】按钮⊞，新建一个【图层 2】图层，如图 5.71 所示。

图 5.70

图 5.71

6 选中【图层 2】图层，将选区填充为黄色（R:255，G:230，B:3），完成之后按 Ctrl+D 组合键将选区取消，如图 5.72 所示。

7 使用同样的方法在文字其他位置绘制选区并填充不同的颜色，这样就完成了效果制作，最终效果如图 5.73 所示。

图 5.72

图 5.73

5.6 运动季 banner

实例解析

本例讲解运动季 banner 制作，本例的背景采用动感水蓝色，同时为文字添加特效，以凸显运动元素，最终效果如图 5.74 所示。

图 5.74

调用素材：第 5 章 \ 运动季 banner

源文件：第 5 章 \ 运动季 banner 设计 .psd

操作步骤

5.6.1 打开素材

1 执行菜单栏中的【文件】|【打开】命令，打开“背景 .jpg”“鞋子 .psd”“T 恤 .psd”文件，将打开的“鞋子”“T 恤”素材图像拖入“背景”图中靠左侧位置并适当缩小，如图 5.75 所示。

2 按住 Ctrl 键单击【鞋子 2】图层缩览图，将其载入选区，按住 Ctrl+Shift 组合键单击【鞋子】图层缩览图，将其添加至选区，如图 5.76 所示。

图 5.75

3 选中【背景】图层，单击面板底部的【创建新图层】按钮⊞，在其图层上方新建一个【图层 1】图层，如图 5.77 所示。

4 选中【图层 1】图层，将选区填充为黑色，完成之后按 Ctrl+D 组合键将选区取消，再将图像向下移动，效果如图 5.78 所示。

图 5.76

图 5.77　　图 5.78

5 选中【图层 1】图层，执行菜单栏中的【滤镜】|【模糊】|【高斯模糊】命令，在弹出的对话框中，将【半径】更改为 5 像素，完成之后单击【确定】按钮，如图 5.79 所示。

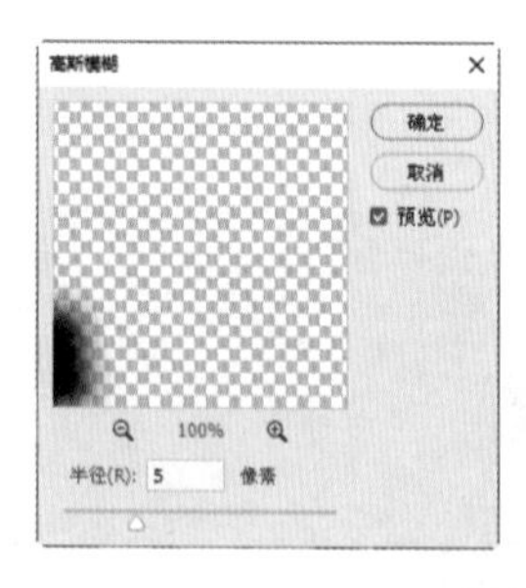

图 5.79

6 在【图层】面板中选中【T 恤 2】图层，单击面板底部的【添加图层样式】按钮 fx，在菜单中选择【投影】选项，在弹出的对话框中，将【不透明度】的值更改为 15%，取消选中【使用全局光】复选框，将【角度】更改为 25 度，将【距离】更改为 8 像素，将【大小】更改为 16 像素，完成之后单击【确定】按钮，如图 5.80 所示。

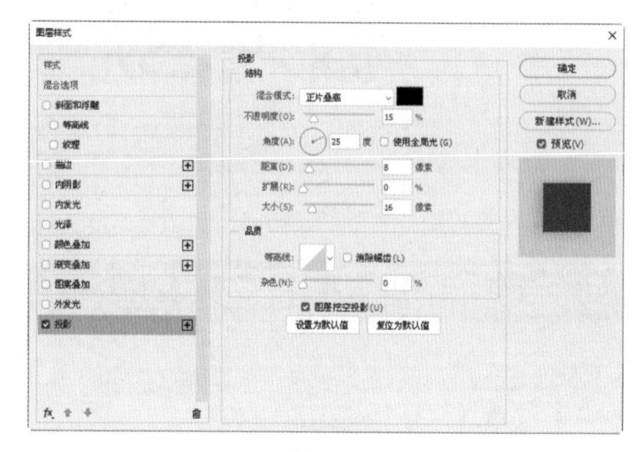

图 5.80

5.6.2 添加文字

1 选择工具箱中的【横排文字工具】T，在画布中的适当位置添加文字，如图 5.81 所示。

图 5.81

2 在【图层】面板中选中【运动季】文字图层，单击面板底部的【添加图层样式】按钮 fx，在菜单中选择【投影】选项，在弹出的对话框中，将【距离】更改为 2 像素，将【大小】更改为 2 像素，完成之后单击【确定】按钮，如图 5.82 所示。

3 执行菜单栏中的【文件】|【打开】命令，打开“水 .jpg”文件，将其拖入画布中“运动季”文字位置并缩小，如图 5.83 所示，然后将图层名称更改为“图层 2”。

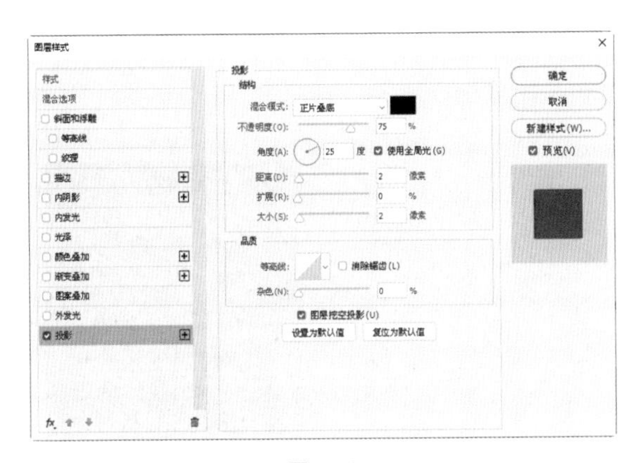

图 5.82

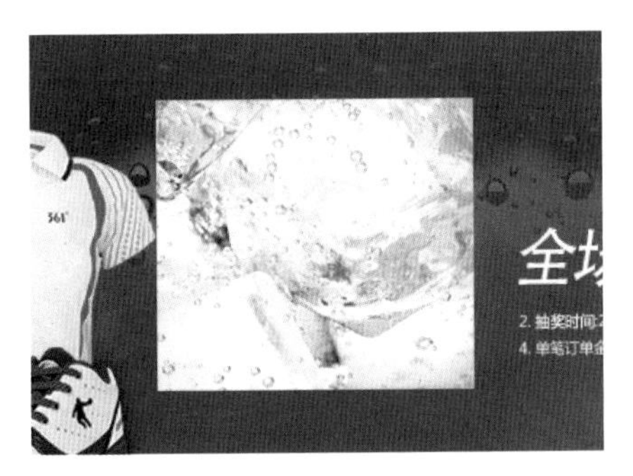

图 5.83

4 选中【图层 2】图层，将其移至【运动季】图层上方，执行菜单栏中的【图层】|【创建剪贴蒙版】命令，为当前图层创建剪贴蒙版，将部分图像隐藏，如图 5.84 所示。

图 5.84

5.6.3 绘制图形

1 选择工具箱中的【矩形工具】，在选项栏中将【填充】更改为白色，设置【描边】为无，在文字下方位置绘制一个矩形，此时将生成一个【矩形 1】图层，如图 5.85 所示。

图 5.85

2 在【图层】面板中选中【矩形 1】图层，将图层的【不透明度】更改为 25%，单击面板底部的【添加图层蒙版】按钮，为图层添加图层蒙版，如图 5.86 所示。

3 选择工具箱中的【渐变工具】，编辑从黑色到白色的渐变，单击选项栏中的【线性渐变】按钮，按住鼠标左键在图像上从右侧向左侧拖动，将部分图形隐藏，如图 5.87 所示。

图 5.86

图 5.87

4 选择工具箱中的【矩形工具】，在选项栏中将【填充】更改为蓝色（R:62，G:140，B:207），设置【描边】为淡蓝色（R:235，G:244，B:250），【半径】为 5 像素，在矩形上绘制一个圆角矩形，此时将生成一个【圆角矩形 1】图层，如图 5.88 所示。

5 选择工具箱中的【椭圆工具】，在选项栏中，将【填充】更改为深蓝色（R:24，G:63，B:96），设置【描边】为无，在圆角矩形底部位置绘制一个椭圆图形，此时将生成一个【椭圆 1】图层，将【椭圆 1】图层移至【圆角矩形 1】图层下方，如图 5.89 所示。

图 5.88

图 5.89

6 选中【椭圆 1】图层，执行菜单栏中的【滤镜】|【模糊】|【高斯模糊】命令，在弹出的对话框中，将【半径】更改为 3.0 像素，完成之后单击【确定】按钮，如图 5.90 所示。

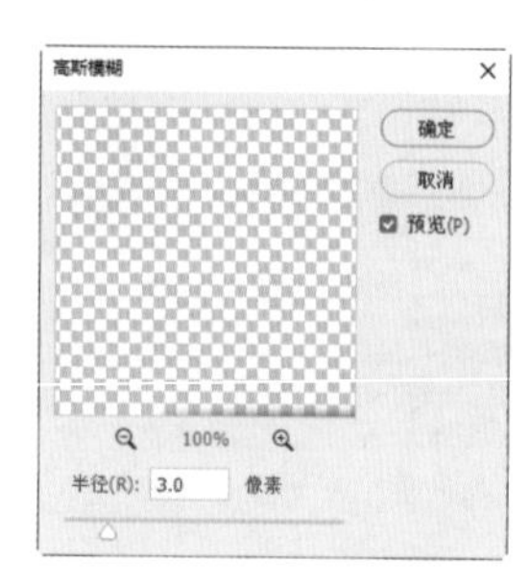

图 5.90

7 选择工具箱中的【横排文字工具】T，在圆角矩形位置添加文字，这样就完成了效果制作，最终效果如图 5.91 所示。

图 5.91

5.7 羽绒被 banner

实例解析

本例中的整个画面以冬日元素为背景，广告的指向性十分明确，同时羽绒被图像也能很好地与背景融合，最终效果如图 5.92 所示。

图 5.92

视频教学

调用素材：第 5 章 \ 羽绒被 banner

源文件：第 5 章 \. 羽绒被 banner 设计 .psd

操作步骤

5.7.1 打开素材

1 执行菜单栏中的【文件】|【打开】命令，打开“背景.jpg”“羽绒被.psd”文件，将“羽绒被”素材拖入“背景”中靠右侧位置，并适当缩小，如图 5.93 所示。

图 5.93

2 在【图层】面板中选中【羽绒被】图层，单击面板底部的【添加图层样式】按钮 fx，在菜单中选择【投影】选项，在弹出的对话框中，将【不透明度】的值更改为 50%，取消选中【使用全局光】复选框，将【角度】的值更改为 90 度，将【距离】的值更改为 7 像素，将【大小】的值更改为 13 像素，完成之后单击【确定】按钮，如图 5.94 所示。

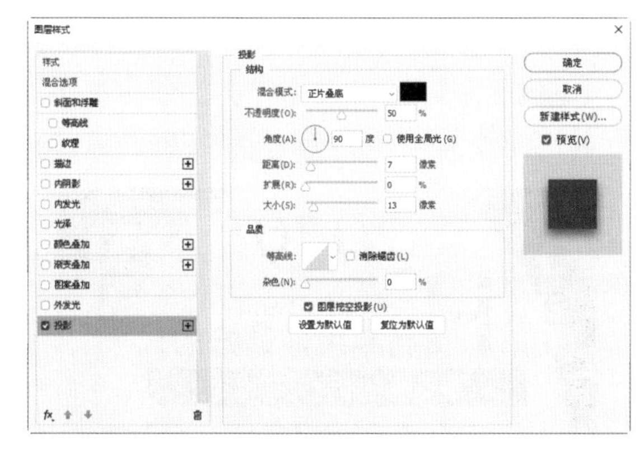

图 5.94

3 在【羽绒被】图层样式名称上单击鼠标右键，从弹出的快捷菜单中选择【创建图层】选项，此时将生成一个【“羽绒被”的投影】图层，如图 5.95 所示。

图 5.95

4 在【图层】面板中选中【“羽绒被”的投影】图层，单击面板底部的【添加图层蒙版】按钮，为当前图层添加图层蒙版，如图 5.96 所示。

5 选择工具箱中的【画笔工具】，在画布中单击鼠标右键，在弹出的面板中选择一种圆角笔触，将【大小】更改为 150 像素，将【硬度】更改为 0%，如图 5.97 所示。

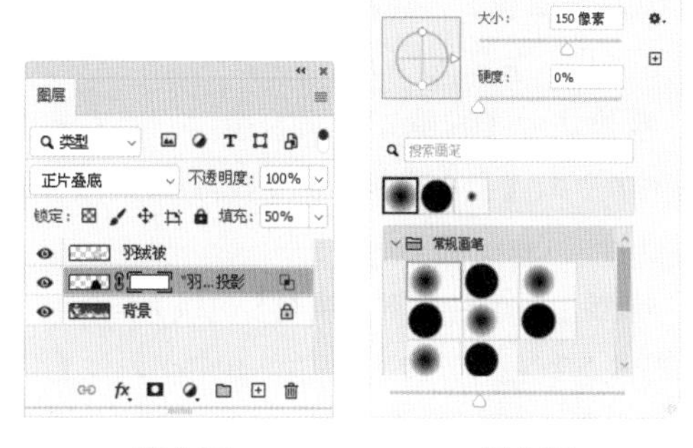

图 5.96　　图 5.97

6 将前景色更改为黑色，在图像上部分区域涂抹，将其隐藏，以增强阴影真实感，如图 5.98 所示。

图 5.98

5.7.2 绘制图形

1 选择工具箱中的【椭圆工具】◯，在选项栏中将【填充】更改为白色，设置【描边】为无，按住Shift键在画布靠中间位置绘制一个正圆图形，此时将生成一个【椭圆 1】图层，如图5.99所示。

图 5.99

2 选中【椭圆 1】图层，将其拖至面板底部的【创建新图层】按钮⊞上，复制出1个【椭圆 1 拷贝】图层，如图5.100所示。

3 选中【椭圆 1 拷贝】图层，按Ctrl+T组合键对其执行【自由变换】命令，将图形等比缩小，完成之后按Enter键确认。

4 在选项栏中将【填充】更改为无，将【描边】更改为红色（R:172，G:30，B:30），将【大小】更改为1点，设置样式为虚线，效果如图5.101所示。

图 5.100

图 5.101

5.7.3 添加文字

1 选择工具箱中的【横排文字工具】T，在画布中的适当位置添加文字，如图5.102所示。

图 5.102

2 选择工具箱中的【矩形工具】▭，在选项栏中，将【填充】更改为红色（R:192，G:0，B:0），设置【描边】为无，在添加的文字中间位置绘制一个矩形，此时将生成一个【矩形 1】图层，将【矩形 1】图层移至【羽绒被】图层下方，如图5.103所示。

图 5.103

3 选择工具箱中的【横排文字工具】T，在已绘制的矩形上添加文字，如图5.104所示。

图 5.104

4 在【图层】面板中选中【最美寒冬腊月天不再冷！】文字图层，单击面板底部的【添加图层样式】按钮 fx，在菜单中选择【投影】选项，在弹出的对话框中，将【不透明度】的值更改为 60%，取消选中【使用全局光】复选框，将【角度】的值更改为 90 度，将【距离】的值更改为 1 像素，完成之后单击【确定】按钮，如图 5.105 所示。

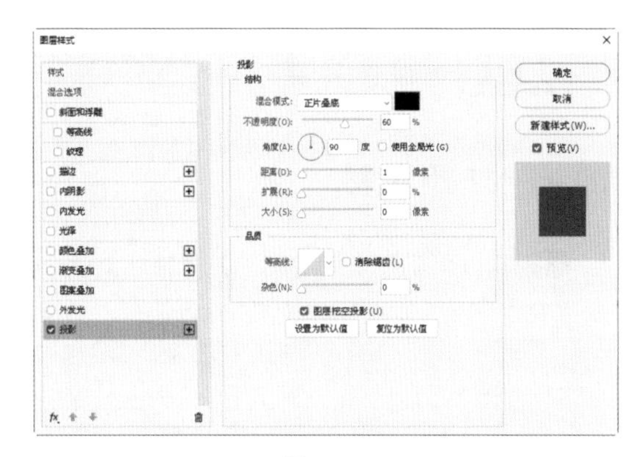

图 5.105

5 在【最美寒冬腊月天不再冷！】图层上单击鼠标右键，从弹出的快捷菜单中选择【拷贝图层样式】选项，然后选中【2029】及【H】文字图层，在图层名称上单击鼠标右键，从弹出的快捷菜单中选择【粘贴图层样式】选项，这样就完成了效果制作，最终效果如图 5.106 所示。

图 5.106

5.8 早春童鞋 banner

实例解析

本例讲解早春童鞋 banner 制作，在制作 banner 的过程中应抓住产品的卖点，以舒适淡雅的配色方式表现商品的特点，最终效果如图 5.107 所示。

图 5.107

视频教学

调用素材：第 5 章 \ 早春童鞋 banner

源文件：第 5 章 \ 早春童鞋 banner 设计 .psd

操作步骤

5.8.1 打开素材

1 执行菜单栏中的【文件】|【打开】命令，打开“背景.jpg”文件，如图 5.108 所示。

图 5.108

2 选择工具箱中的【椭圆工具】◯，在选项栏中将【填充】更改为白色，设置【描边】为浅蓝色（R:227，G:244，B:248），【大小】为 15 点，按住 Shift 键在画布靠左侧位置绘制一个正圆图形，此时将生成一个【椭圆 1】图层，如图 5.109 所示。

图 5.109

5.8.2 添加素材

1 执行菜单栏中的【文件】|【打开】命令，打开“花朵.jpg”文件，将其拖入画布中的椭圆图形位置并适当缩小，同时将图层名称更改为“图层 1”，并将【图层 1】图层移至【椭圆 1】图层下方，效果如图 5.110 所示。

图 5.110

2 在【图层】面板中选中【图层 1】图层，将其图层混合模式设置为【正片叠底】，如图 5.111 所示。

图 5.111

3 选中【图层 1】图层，按住 Alt 键拖动图像，将图像复制数份，并适当缩小及变换，如图 5.112 所示。

图 5.112

5.8.3 添加文字

1 选择工具箱中的【横排文字工具】T，在画布中的适当位置添加文字，如图 5.113 所示。

2 选择工具箱中的【矩形工具】▢，在选

项栏中，将【填充】更改为橙色（R:233，G:114，B:28），设置【描边】为无，在画布中绘制一个矩形，此时将生成一个【矩形 1】图层，如图 5.114 所示。

图 5.113

图 5.114

3 选择工具箱中的【横排文字工具】T，在矩形及其下方位置添加文字，如图 5.115 所示。

4 选中【2019】文字图层，按 Ctrl+T 组合键对其执行【自由变换】命令，单击鼠标右键，从弹出的快捷菜单中选择【斜切】选项，将文字斜切变形，完成之后按 Enter 键确认。以同样的方法选中【早春新品】图层，将其中的文字变形，如图 5.116 所示。

图 5.115

图 5.116

5 执行菜单栏中的【文件】|【打开】命令，打开“鞋子 .psd”文件，将其拖入画布中靠右侧位置并适当缩小，如图 5.117 所示。

图 5.117

5.8.4 制作阴影

1 选择工具箱中的【钢笔工具】，设置【选择工具模式】为【形状】，将【填充】更改为黑色，将【描边】更改为无，沿鞋子底部边缘绘制一个不规则图形，如图 5.118 所示。

图 5.118

2 选中【形状 1】图层，执行菜单栏中的【滤镜】|【模糊】|【高斯模糊】命令，在弹出的对话框中，将【半径】更改为 6 像素，完成之后单击【确定】按钮，如图 5.119 所示。

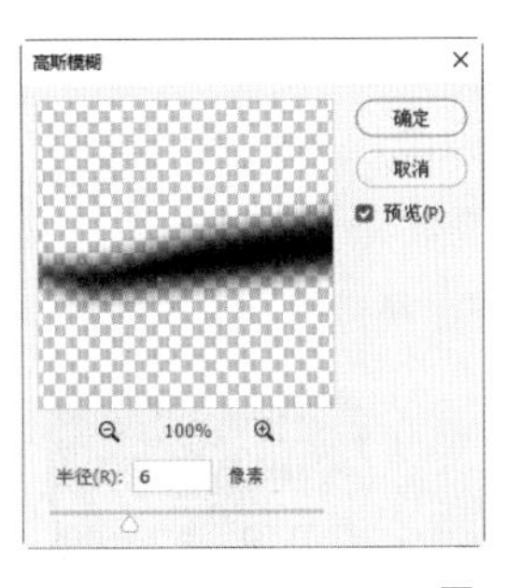

图 5.119

3 执行菜单栏中的【文件】|【打开】命令，打开“蝴蝶.psd”文件，将其拖入画布中的鞋子位置并适当缩小，这样就完成了效果制作，最终效果如图 5.120 所示。

图 5.120

5.9 樱花季婚纱 banner

实例解析

本例以浪漫的樱花素材作为主视觉图，与婚纱素材图像组合在一起十分协调，整个画面非常唯美，最终效果如图 5.121 所示。

图 5.121

调用素材：第 5 章 \ 樱花季婚纱 banner

源文件：第 5 章 \ 樱花季婚纱 banner 设计 .psd

操作步骤

5.9.1 打开素材

1 执行菜单栏中的【文件】|【打开】命令，打开“背景.jpg”“婚纱.psd”文件，将“婚纱”图像拖入“背景”中靠右侧位置并适当缩小，如图 5.122 所示。

图 5.122

2 在【图层】面板中，单击面板底部的【创建新的填充或调整图层】按钮，在弹出的快捷菜单中选中【照片滤镜】选项，在弹出的面板中单击面板底部的【此调整影响下面的所有图层】按钮，选中【颜色】单选按钮，将【颜色】更改为黄色（R:255，G:200，B:138），将【密度】更改为 30%，如图 5.123 所示。

图 5.123

5.9.2 绘制图形

1 选择工具箱中的【椭圆工具】◯，在选项栏中将【填充】更改为白色，设置【描边】为无，按住 Shift 键在画布靠左侧位置绘制一个正圆图形，此时将生成一个【椭圆 1】图层，如图 5.124 所示。

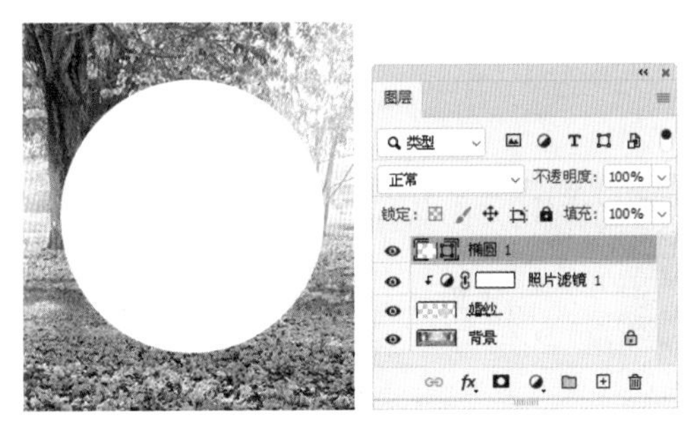

图 5.124

2 在【图层】面板中选中【椭圆 1】图层，单击面板底部的【添加图层样式】按钮 fx，在菜单中选择【描边】选项，在弹出的对话框中将【大小】更改为 1 像素，将【颜色】更改为白色，如图 5.125 所示。

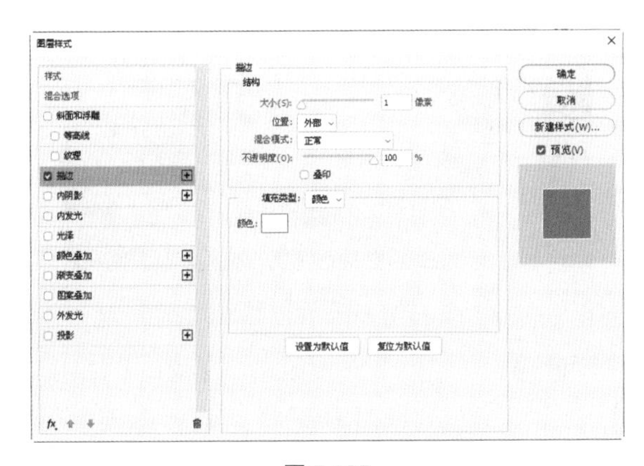

图 5.125

3 在【图层】面板中选中【椭圆 1】图层，将图层的【填充】更改为 60%，如图 5.126 所示。

5.9.3 添加文字

1 选择工具箱中的【横排文字工具】T，在绘制的图形位置添加文字，如图 5.127 所示。

图 5.126

图 5.127

2 在【图层】面板中选中【浪漫樱花】文字图层，单击面板底部的【添加图层样式】按钮 fx，在菜单中选择【投影】选项，在弹出的对话框中将【不透明度】的值更改为 60%，取消选中【使用全局光】复选框，将【角度】的值更改为 90 度，将【距离】的值更改为 1 像素，完成之后单击【确定】按钮，如图 5.128 所示。

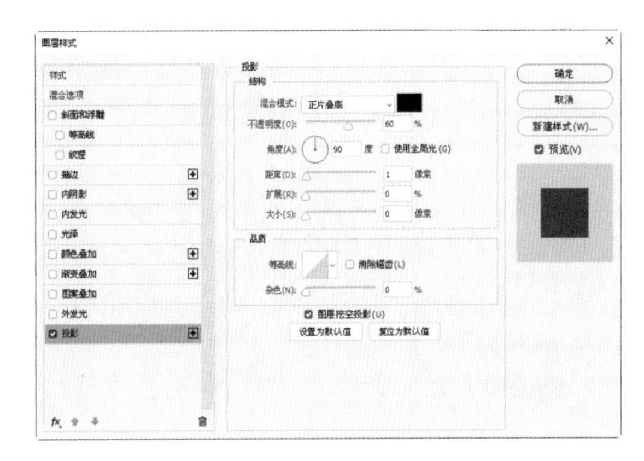

图 5.128

3 在【浪漫樱花】文字图层上单击鼠标右键，从弹出的快捷菜单中选择【拷贝图层样式】选项，然后同时选中【The new … Loved】及【新品私人订…惊艳上市】图层，在其图层上单击鼠标右键，从弹出的快捷菜单中选择【粘贴图层样式】选项，如图 5.129 所示。

图 5.129

4 执行菜单栏中的【文件】|【打开】命令，打开"花瓣.psd"文件，将其拖入画布中并适当缩小，如图 5.130 所示。

图 5.130

5 在【图层】面板中选中【花瓣】图层，将图层【填充】的值更改为70%，再单击面板底部的【添加图层蒙版】按钮，为图层添加图层蒙版，如图 5.131 所示。

6 选择工具箱中的【画笔工具】，在画布中单击鼠标右键，在弹出的面板中选择一种圆角笔触，将【大小】更改为 150 像素，将【硬度】更改为 0%，如图 5.132 所示。

7 将前景色更改为黑色，在图像上的部分区域涂抹，将部分花瓣隐藏，如图 5.133 所示。

图 5.131

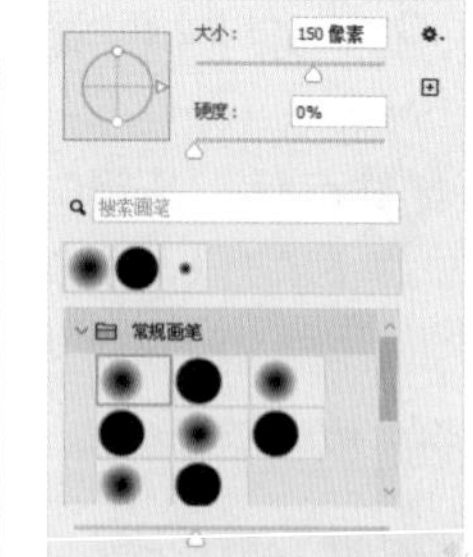

图 5.132

图 5.133

5.9.4 添加素材

1 执行菜单栏中的【文件】|【打开】命令，打开"太阳.psd"文件，将其拖入画布中并适当缩小，如图 5.134 所示。

图 5.134

2 在【图层】面板中选中【太阳】图层，将图层混合模式设置为【叠加】，这样就完成了效果制作，最终效果如图 5.135 所示。

图 5.135

5.10 时尚女裤 banner

实例解析

本例讲解时尚女裤 banner 制作，本例的最大特点在于体现时尚、前卫的视觉效果，在制作过程中巧妙地将多边形与模特组合，具有很强的立体感，同时在配色上也显得干净舒适，最终效果如图 5.136 所示。

图 5.136

视频教学

调用素材：第 5 章 \ 时尚女裤 banner

源文件：第 5 章 \ 时尚女裤 banner .psd

操作步骤

5.10.1 添加并处理素材

1 执行菜单栏中的【文件】|【新建】命令，在弹出的对话框中设置【宽度】为 800 像素，【高度】为 350 像素，【分辨率】为 72 像素 / 英寸，【颜色模式】为 RGB 颜色，新建一个空白画布。

2 选择工具箱中的【渐变工具】，编辑从浅灰色（R:253，G:253，B:253）到灰色（R:240，G:236，B:237）的渐变，单击选项栏中的【径向渐变】按钮，按住鼠标左键在画布中从中间向左侧拖动，填充渐变，如图 5.137 所示。

3 执行菜单栏中的【文件】|【打开】命令，打开“模特 .jpg”文件，将其拖入画布中靠左侧位置并适当缩小，如图 5.138 所示，将图层名称更改为“图层 1”。

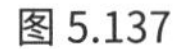

图 5.137

4 选择工具箱中的【画笔工具】，在画布中单击鼠标右键，在弹出的面板中选择一种圆角笔触，将【大小】更改为 100 像素，将【硬度】更改为 0%，在选项栏中将【不透明度】的值更改为 30%。

5 选择工具箱中的【吸管工具】，在素材图像右侧边缘位置单击并涂抹，添加颜色，在左侧位置执行同样的操作，使素材图像与画布颜色的接触部分看起来更加自然，如图 5.139 所示。

图 5.138

图 5.139

技巧 适当降低画笔不透明度再多次涂抹添加颜色呈现的效果比不降低不透明度直接单次涂抹呈现的效果更加自然。

6 执行菜单栏中的【文件】|【打开】命令，打开“模特 2.jpg”文件，将其拖入画布中靠右侧位置并适当缩小，如图 5.140 所示，将图层名称更改为“图层 2”。

7 分别选择工具箱中的【画笔工具】及【吸管工具】，使用第 4 步和第 5 步中的方法调整素材图像边缘，如图 5.141 所示。

图 5.140

图 5.141

5.10.2 添加围绕图文

1 选择工具箱中的【钢笔工具】，设置【选择工具模式】为【形状】，将【填充】更改为红色（R:255，G:116，B:163），将【描边】更改为无，在左侧素材图像位置绘制 1 个不规则图形，此时将生成一个【形状 1】图层，如图 5.142 所示。

图 5.142

2 在【图层】面板中选中【形状 1】图层，单击面板底部的【添加图层蒙版】按钮，为图层添加图层蒙版，如图 5.143 所示。

3 为了方便操作，选中【形状 1】图层，将图层【不透明度】更改为 50%，效果如图 5.144 所示。

图 5.143

图 5.144

4 选择工具箱中的【磁性套索工具】，在画布中沿左侧图像与形状重叠的边缘绘制大致选区，以选中部分图形，如图 5.145 所示。

5 按住 Alt 键在不重叠的区域单击并拖动鼠标左键，再次选中部分图形，如图 5.146 所示。

图 5.145

图 5.146

6 将选区填充为黑色，将部分图形隐藏，

完成之后按 Ctrl+D 组合键将选区取消，然后将【不透明度】的值更改为 100%，效果如图 5.147 所示。

7 在画布靠右侧位置再次绘制数个不规则图形，使其组合成 1 个折纸图形，如图 5.148 所示。

图 5.147

图 5.148

8 选择工具箱中的【横排文字工具】T，在适当位置添加文字，如图 5.149 所示。

9 选择工具箱中的【矩形工具】，在选项栏中将【填充】更改为红色（R:226，G:98，B:142），设置【描边】为无，在文字下方绘制一个矩形，如图 5.150 所示。

图 5.149

图 5.150

10 选择工具箱中的【横排文字工具】T，在画布适当位置添加文字，这样就完成了效果制作，最终效果如图 5.151 所示。

图 5.151

5.11 变形本 banner

实例解析

本例讲解变形本 banner 制作，本例的制作重点在于素材图像的变形，同时简练的文字信息也是本例的亮点所在，最终效果如图 5.152 所示。

图 5.152

视频教学

调用素材：第 5 章 \ 变形本 banner

源文件：第 5 章 \ 变形本 banner 设计 .psd

操作步骤

5.11.1 打开素材

1 执行菜单栏中的【文件】|【打开】命令，打开“背景.jpg”“电脑.psd”文件，将“电脑”素材图像拖入“背景”中靠左侧位置，如图5.153所示。

图5.153

2 在【图层】面板中选中【电脑】图层，将其拖至面板底部的【创建新图层】按钮⊞上，复制出【电脑 拷贝】及【电脑 拷贝2】两个图层，如图5.154所示。

3 选中【电脑 拷贝】图层，按Ctrl+T组合键对其执行【自由变换】命令，单击鼠标右键，从弹出的快捷菜单中选择【扭曲】选项，拖动变形框控制点，将图像扭曲变形，完成之后按Enter键确认。使用同样的方法选中【电脑】图层，在画布中将图像扭曲变形，如图5.155所示。

图5.154

图5.155

4 选择工具箱中的【多边形套索工具】，在图像下半部分区域绘制不规则选区（以选中多余图像），选中其所在图层，将选区中的图像删除，完成之后按Ctrl+D组合键将选区取消，如图5.156所示。

图5.156

5 选中【电脑】图层，将图层【不透明度】的值更改为20%；选中【电脑 拷贝】图层，将图层【不透明度】的值更改为50%，如图5.157所示。

图5.157

5.11.2 绘制阴影

1 选择工具箱中的【钢笔工具】，设置【选择工具模式】为【形状】，将【填充】更改为黑色，将【描边】更改为无，在电脑底部绘制一个不规则图形，此时将生成一个【形状1】图层，将【形状1】图层移至【背景】图层上方，如图5.158所示。

2 选中【形状1】图层，执行菜单栏中的【滤镜】|【模糊】|【高斯模糊】命令，在弹出的对话框中，将【半径】更改为2像素，完成之后单击【确定】按钮，如图5.159所示。

图 5.158

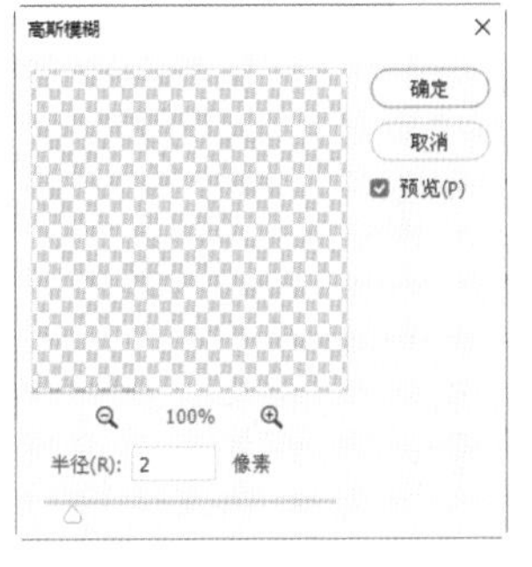

图 5.159

3 在【图层】面板中选中【形状 1】图层，单击面板底部的【添加图层蒙版】按钮◘，为图层添加图层蒙版，如图 5.160 所示。

4 选择工具箱中的【渐变工具】▇，编辑从黑色到白色的渐变，单击选项栏中的【线性渐变】按钮▇，按住鼠标左键在图像上从上至下拖动，将部分图像隐藏，如图 5.161 所示。

图 5.160　　图 5.161

5.11.3 添加素材

1 执行菜单栏中的【文件】|【打开】命令，打开“旅行箱 .psd”文件，将其拖入画布中电脑旁边的位置，并适当缩小，如图 5.162 所示。

图 5.162

2 在【图层】面板中选中【旅行箱】图层，将其拖至面板底部的【创建新图层】按钮⊞上，复制出【旅行箱 拷贝】图层，如图 5.163 所示。

3 选中【旅行箱 拷贝】图层，按 Ctrl+T 组合键对其执行【自由变换】命令，单击鼠标右键，从弹出的快捷菜单中选择【垂直翻转】选项，完成之后按 Enter 键确认，将复制的图像与原图像对齐，如图 5.164 所示。

图 5.163　　图 5.164

4 在【图层】面板中选中【旅行箱 拷贝】图层，单击面板底部的【添加图层蒙版】按钮◘，为图层添加图层蒙版，如图 5.165 所示。

5 选择工具箱中的【渐变工具】▇，编辑从黑色到白色的渐变，单击选项栏中的【线性渐变】按钮▇，按住鼠标左键在图像上从下至上拖动，将部分图像隐藏，如图 5.166 所示。

图 5.165

图 5.166

5.11.4 绘制图形

1 选择工具箱中的【多边形工具】，在选项栏中，将【填充】更改为红色（R:190，G:2，B:0），单击选项栏中的图标，将【星形比例】的值更改为 80%，设置【边】为 20，在旅行箱左下角位置绘制一个多边形，此时将生成一个【多边形 1】图层，如图 5.167 所示。

图 5.167

2 选择工具箱中的【横排文字工具】T，在画布中的适当位置添加文字，如图 5.168 所示。

图 5.168

3 选择工具箱中的【矩形工具】，在选项栏中，将【填充】更改为红色（R:190，G:2，B:0），设置【描边】为无，在文字位置绘制矩形，并将其复制 1 份，放在“立即抢购”文字处，如图 5.169 所示。

图 5.169

4 选择工具箱中的【矩形工具】，在选项栏中将【填充】更改为无，设置【描边】为白色，将【大小】更改为 1 点，按住 Shift 键在“立即抢购”文字右侧位置绘制一个矩形，此时将生成一个【矩形 2】图层，如图 5.170 所示。

图 5.170

5 选中【矩形 2】图层，按 Ctrl+T 组合键对其执行【自由变换】命令，在选项栏中的【旋转】文本框中输入 45，将图形旋转，完成之后按 Enter 键确认，如图 5.171 所示。

图 5.171

6 选择工具箱中的【直接选择工具】，选中矩形左侧锚点，按 Delete 键将其删除，这样就完成了效果制作，最终效果如图 5.172 所示。

图 5.172

5.12 金秋钜惠促销 banner

实例解析

本例讲解金秋钜惠促销 banner 制作，此款 banner 由放射状图形与不规则图形组合而成，整体呈现出强烈的视觉冲击力，最终效果如图 5.173 所示。

图 5.173

视频教学

调用素材：第 5 章 \ 金秋钜惠促销 banner 设计

源文件：第 5 章 \ 金秋钜惠促销 banner 设计 .psd

操作步骤

5.12.1 处理炫酷背景

1 执行菜单栏中的【文件】|【新建】命令，在弹出的对话框中设置【宽度】为 750 像素，【高度】为 350 像素，【分辨率】为 72 像素 / 英寸，新建一个空白画布，将画布填充为紫色（R:208，G:34，B:87）。

2 选择工具箱中的【矩形工具】，在选项栏中将【填充】更改为白色，设置【描边】为无，在画布靠左侧位置绘制一个矩形，如图 5.174 所示，此时将生成一个【矩形 1】图层。

3 选择工具箱中的【路径选择工具】，选中矩形，按 Ctrl+Alt+T 组合键对其执行变换复制命令，当出现变形框以后，将图形向右侧平移，完成之后单击【确定】按钮，如图 5.175 所示。

图 5.174　　图 5.175

4 按住 Ctrl+Alt+Shift 组合键的同时按 T 键多次，执行多重复制命令，将矩形复制多份，如图 5.176 所示。

图 5.176

5 执行菜单栏中的【滤镜】|【扭曲】|【极坐标】命令，在弹出的对话框中单击【栅格化】按钮，选中【平面坐标到极坐标】复选框，完成之后单击【确定】按钮，再将图像向下移动，如图 5.177 所示。

图 5.177

6 在【图层】面板中选中【矩形 1】图层，将图层混合模式更改为【叠加】，将图层【不透明度】的值更改为 30%，再单击面板底部的【添加图层蒙版】按钮，为当前图层添加图层蒙版，如图 5.178 所示。

图 5.178

7 选择工具箱中的【渐变工具】，编辑从白色到黑色的渐变，单击选项栏中的【径向渐变】按钮，按住鼠标左键在图像上拖动，将部分图像隐藏，如图 5.179 所示。

图 5.179

8 选择工具箱中的【钢笔工具】，设置【选择工具模式】为【形状】，将【填充】更改为橙色（R:237，G:149，B:51），将【描边】更改为无，绘制 1 个多边形，如图 5.180 所示，将生成 1 个【形状 1】图层。

9 在【图层】面板中选中【形状 1】图层，将其拖至面板底部的【创建新图层】按钮上，复制出 1 个【形状 1 拷贝】图层，如图 5.181 所示。

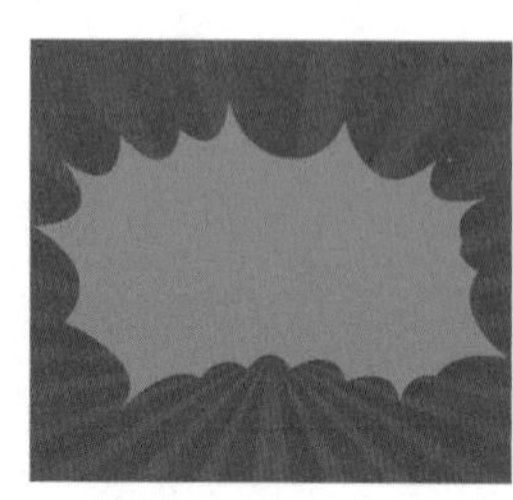

图 5.180

图 5.181

10 将【形状 1 拷贝】图层中图形的【填充】更改为深紫色（R:90，G:23，B:49），将【描边】更改为红色（R:179，G:33，B:53），设置【宽度】为 5 点，再将图形进行适当旋转，如图 5.182 所示。

11 选择工具箱中的【钢笔工具】，设置【选择工具模式】为【形状】，将【填充】更改为深红色（R:172，G:23，B:43），将【描边】更改为无，在画布左上角绘制 1 个多边形，将生成 1 个【形状

1】图层。

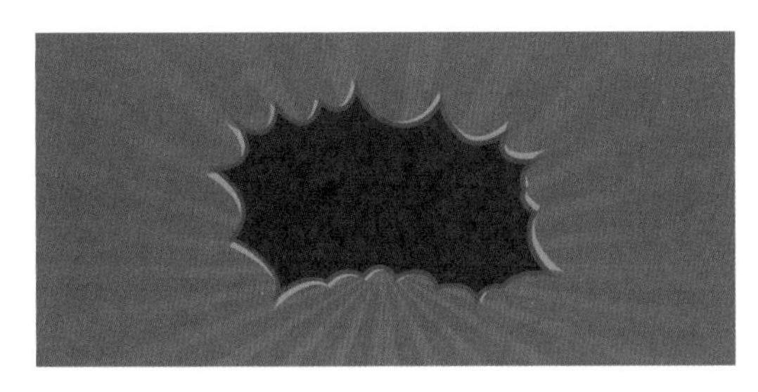

图 5.182

12 在深红色图形右侧位置再次绘制 1 个橙色（R:231，G:81，B:30）图形，将生成 1 个【形状 2】图层，如图 5.183 所示。

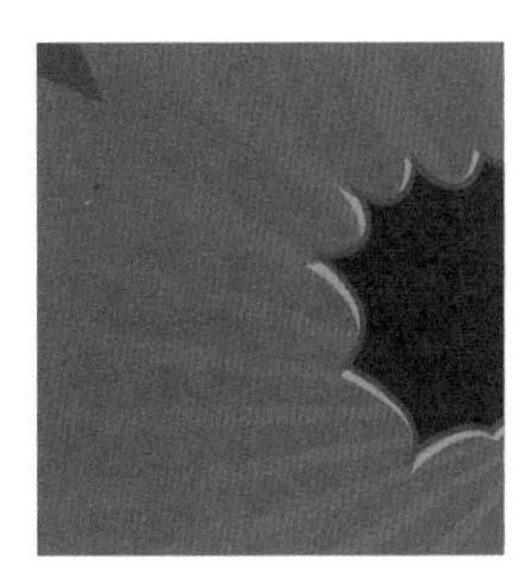
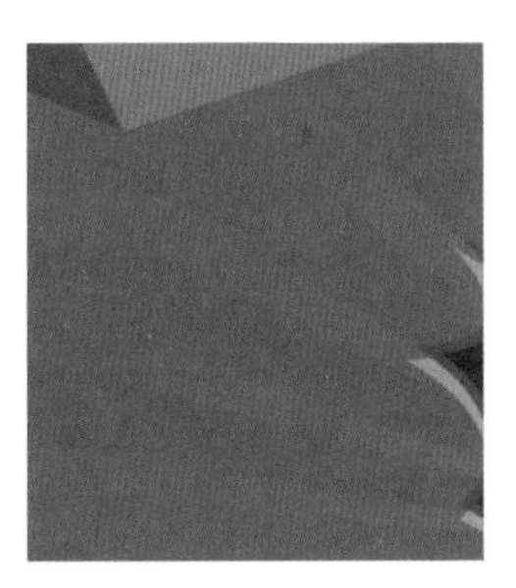

图 5.183

13 使用步骤 11 的方法再次绘制数个相似图形，组合成立体图形，如图 5.184 所示。

图 5.184

14 同时选中所有和顶部图形相关的图层，按 Ctrl+G 组合键将其编组，将生成的组名称更改为“顶部图形”。

15 在【图层】面板中，单击面板底部的【添加图层样式】按钮 fx，在菜单中选择【投影】选项。

16 在弹出的对话框中将【混合模式】更改为【正常】，将【颜色】更改为深红色（R:39，G:2，B:10），将【不透明度】的值更改为 30%，将【距离】的值更改为 3 像素，将【大小】的值更改为 10 像素，完成之后单击【确定】按钮，如图 5.185 所示。

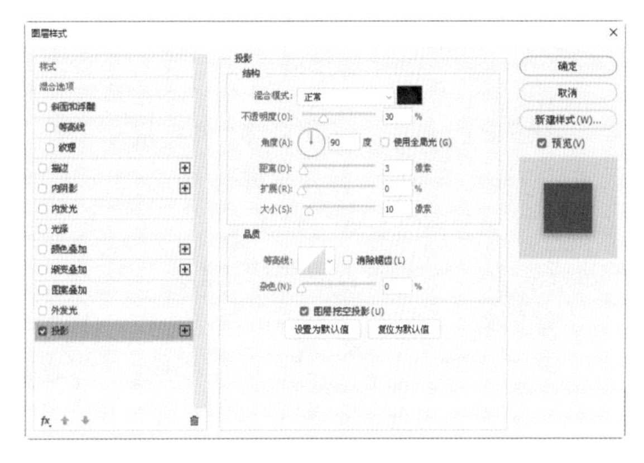

图 5.185

17 选择工具箱中的【钢笔工具】，设置【选择工具模式】为【形状】，将【填充】更改为棕色（R:193，G:53，B:4），将【描边】更改为无，在画布底部绘制 1 个多边形，将生成 1 个【形状 10】图层，如图 5.186 所示。

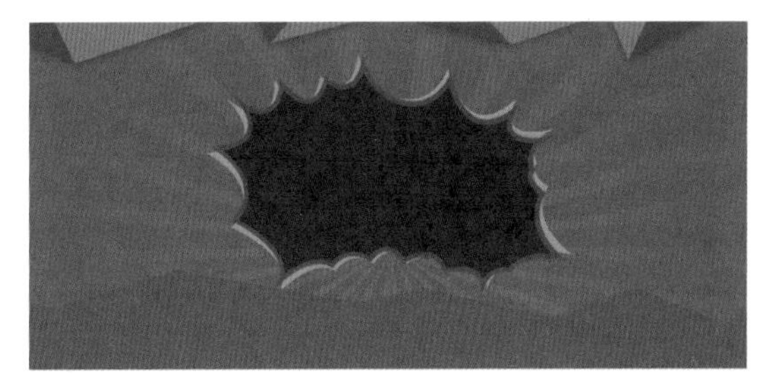

图 5.186

18 选中【形状 10】图层，按住 Alt+Shift 组合键在画布中向下方拖动图形，将图形进行复制，生成 1 个【形状 10 拷贝】图层。

19 将【形状 10 拷贝】图层中图形的【填充】更改为橙色（R:231，G:81，B:30），再选择工具箱中的【直接选择工具】，拖动图形锚点，将其变形，如图 5.187 所示。

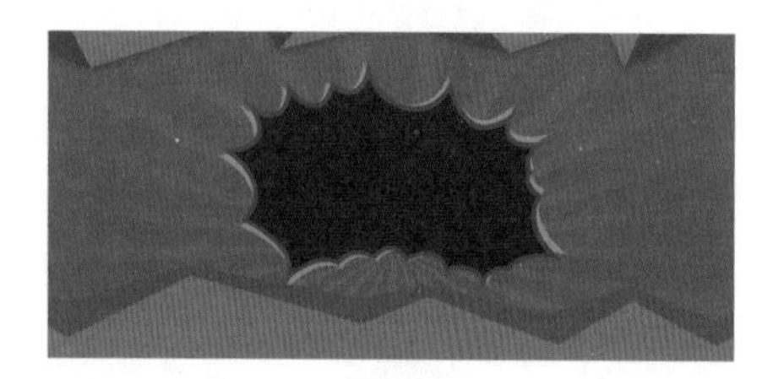

图 5.187

20 在【顶部图形】组名称上单击鼠标右键，从弹出的快捷菜单中选择【拷贝图层样式】选项，在【形状 10】图层名称上单击鼠标右键，从弹出的快捷菜单中选择【粘贴图层样式】选项。

21 双击【形状 10】图层样式名称，在弹出的对话框中将【角度】的值更改为 -90 度，完成之后单击【确定】按钮，如图 5.188 所示。

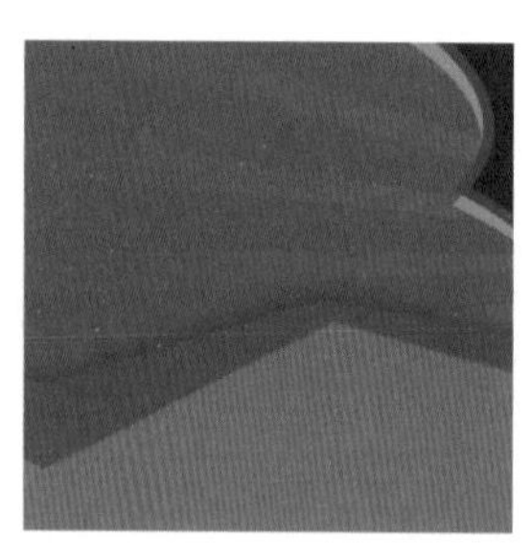

图 5.188

5.12.2 制作特效文字

1 选择工具箱中的【横排文字工具】T，添加文字，如图 5.189 所示。

2 按 Ctrl+T 组合键对其执行【自由变换】命令，单击鼠标右键，从弹出的快捷菜单中选择【变形】选项，拖动变形框控制点，将图形变形，完成之后按 Enter 键确认，如图 5.190 所示。

3 在【图层】面板中，单击面板底部的【添加图层样式】按钮fx，在菜单中选择【斜面和浮雕】选项。

4 在弹出的对话框中将【大小】更改为 3 像素，将【高光模式】中的【不透明度】的值更改为 50%，将【阴影模式】中的【不透明度】的值更改为 50%，如图 5.191 所示。

图 5.189

图 5.190

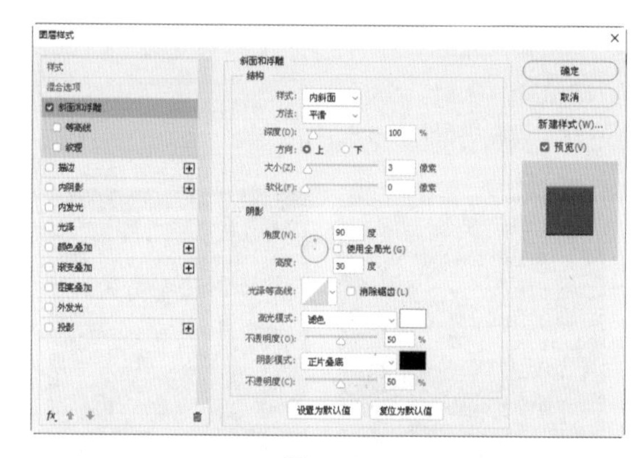

图 5.191

5 选中【投影】复选框，将【混合模式】更改为【正常】，将【颜色】更改为深红色（R:39，G:2，B:10），将【不透明度】更改为 50%，取消选中【使用全局光】复选框，将【角度】更改为 -90 度，将【距离】更改为 3 像素，将【大小】更改为 4 像素，完成之后单击【确定】按钮，如图 5.192 所示。

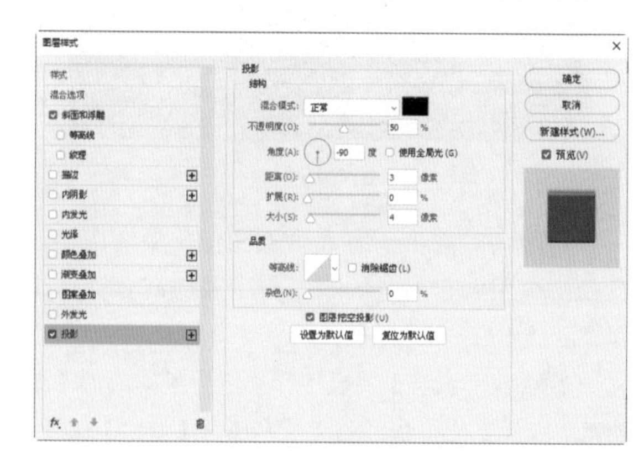

图 5.192

6 选择工具箱中的【钢笔工具】，设置【选择工具模式】为【形状】，将【填充】更改为黄色（R:255，G:189，B:31），将【描边】更改为无，在文字下半部分位置绘制 1 个不规则图形，如图 5.193 所示。

7 执行菜单栏中的【图层】|【创建剪贴蒙版】命令，为当前图层创建剪贴蒙版，将部分图形隐藏，如图 5.194 所示。

图 5.193

图 5.194

8 选择工具箱中的【横排文字工具】T，在适当位置添加文字（字体为方正兰亭中粗黑），如图 5.195 所示。

9 在【图层】面板中选中【家电旗舰店】文字图层，单击面板底部的【添加图层样式】按钮fx，在菜单中选择【渐变叠加】选项。

10 在弹出的对话框中将【渐变】更改为紫色（R:129，G:73，B:149）到紫色（R:236，G:197，B:255），完成之后单击【确定】按钮，如图 5.196 所示。

图 5.195

图 5.196

11 选择工具箱中的【矩形工具】，在选项栏中将【填充】更改为紫色（R:150，G:84，B:182），设置【描边】为无，在文字下方绘制一个矩形，如图 5.197 所示，此时将生成一个【矩形 2】图层。

12 选择工具箱中的【横排文字工具】T，在矩形位置添加文字（字体为方正兰亭中粗黑），如图 5.198 所示。

图 5.197

图 5.198

13 同时选中【爆款抢先购】及【矩形 2】文字图层，按住 Alt+Shift 组合键在画布中向右侧拖动，将图形进行复制，如图 5.199 所示。

14 更改生成的拷贝图层中的文字信息，如图 5.200 所示。

图 5.199

图 5.200

15 同时选中【爆款抢先购】及【矩形 2】文字图层，按 Ctrl+E 组合键将其向下合并，此时将生成一个【爆款抢先购】图层。

16 按 Ctrl+T 组合键对其执行【自由变换】命令，单击鼠标右键，从弹出的快捷菜单中选择【斜切】选项，拖动变形框控制点，将图像斜切变形。

17 再次单击鼠标右键，从弹出的快捷菜单中选择【扭曲】选项，拖动变形框控制点，将图像变形，完成之后按 Enter 键确认，如图 5.201 所示。

图 5.201

18 使用同样的方法同时选中【提前大放价】及【矩形 2 拷贝】图层，将其合并，再将其变形，如图 5.202 所示。

19 在【图层】面板中选中【提前大放价】图层，单击面板底部的【添加图层样式】按钮 fx，在菜单中选择【颜色叠加】选项。

20 在弹出的对话框中将【混合模式】更改为【柔光】，设置【颜色】为黑色，将【不透明度】的值更改为 60%，完成之后单击【确定】按钮，如图 5.203 所示。

图 5.202

钜惠
提前大放价

图 5.203

21 选择工具箱中的【钢笔工具】，设置【选择工具模式】为【形状】，将【填充】更改为黄色（R:252，G:233，B:132），将【描边】更改为无，绘制 1 个细长图形，如图 5.204 所示。

22 按住 Alt+Shift 组合键在画布中向右侧拖动细长图形，将图形进行复制。

23 单击鼠标右键，从弹出的快捷菜单中选择【水平翻转】选项，完成之后按 Enter 键确认，如图 5.205 所示。

图 5.204

图 5.205

5.12.3 添加装饰元素

1 执行菜单栏中的【文件】|【打开】命令，选择“电器 .psd”文件，将其拖入画布中并适当缩小，如图 5.206 所示。

图 5.206

2 选择工具箱中的【钢笔工具】，设置【选择工具模式】为【形状】，将【填充】更改为深黄色（R:83，G:29，B:7），将【描边】更改为无，在空气净化器底部绘制 1 个不规则图形，如图 5.207 所示。

3 执行菜单栏中的【滤镜】|【模糊】|【高斯模糊】命令，在弹出的对话框中单击【栅格化】按钮，然后在弹出的对话框中将【半径】更改为 3 像素，完成之后单击【确定】按钮，如图 5.208 所示。

4 以同样的方法在【电饭煲】图层中的图像底部绘制 1 个不规则图形，并为图形添加高斯模糊，制作阴影，如图 5.209 所示。

5 选择工具箱中的【钢笔工具】，设置【选择工具模式】为【形状】，将【填充】更改为黄色（R:252，G:233，B:132），将【描边】更改为无，在文字左上角绘制 1 个三角形，如图 5.210 所示。

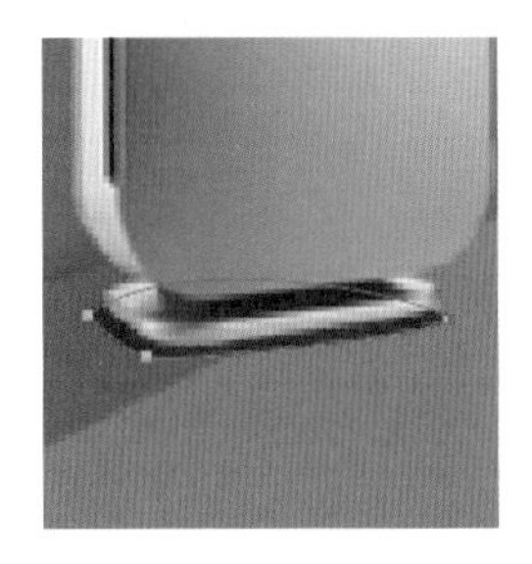

图 5.207

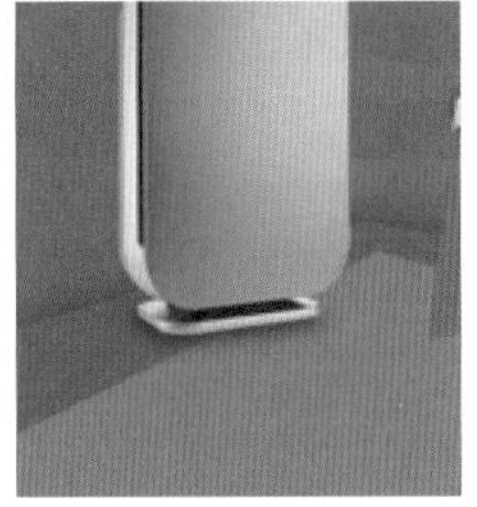

图 5.208

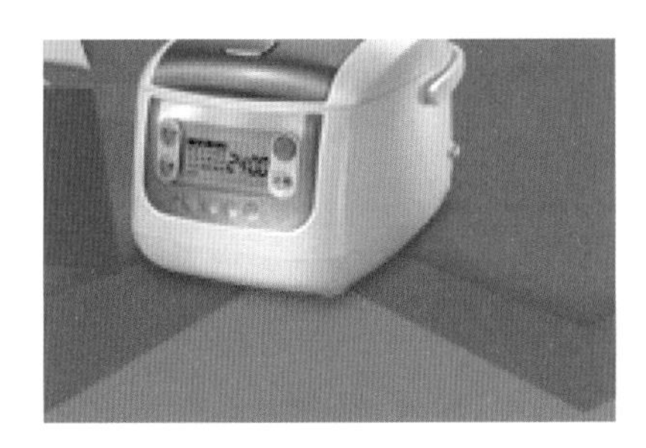

图 5.209

6 在【图层】面板中选中三角形所在图层，将其拖至面板底部的【创建新图层】按钮⊞上，复制出 1 个【拷贝】图层。

7 选中三角形图层，执行菜单栏中的【滤镜】|【模糊】|【动感模糊】命令，在弹出的对话框中单击【栅格化】按钮，然后在弹出的对话框中将【角度】更改为 -18 度，将【距离】更改为 40 像素，设置完成之后单击【确定】按钮，如图 5.211 所示。

图 5.210

图 5.211

8 以同样的方法绘制数个相似三角形，并为其添加动感模糊效果，如图 5.212 所示。

图 5.212

9 选择工具箱中的【椭圆工具】◯，在选项栏中将【填充】更改为黄色(R:252，G:233，B:132)，设置【描边】为无，按住 Shift 键绘制一个正圆图形，如图 5.213 所示。

10 按住 Alt+Shift 组合键在画布中向右侧拖动圆形，将图形复制出 3 份，如图 5.214 所示。

图 5.213

图 5.214

11 选择工具箱中的【横排文字工具】T，添加文字（字体为方正兰亭中粗黑），这样就完成了效果制作，最终效果如图 5.215 所示。

图 5.215

5.13 时装 banner

实例解析

本例讲解时装 banner 制作，时装类的广告以体现时尚、前沿信息为主，本例通过绘制不规则图形，同时搭配时装图像形成一种独特的视觉效果，最终效果如图 5.216 所示。

图 5.216

视频教学

调用素材：第 5 章 \ 时装 banner

源文件：第 5 章 \ 时装 banner 设计 .psd

操作步骤

5.13.1 打开素材

1 执行菜单栏中的【文件】|【打开】命令，打开“背景 .jpg”“服装 .psd”文件，将“服装”素材图像拖入“背景”图中间位置，如图 5.217 所示。

图 5.217

2 在【图层】面板中选中【服装】图层，将其拖至面板底部的【创建新图层】按钮⊞上，复制出 1 个【服装 拷贝】图层，如图 5.218 所示。

3 选中【服装】图层，单击面板上方的【锁定透明像素】按钮▩，将透明像素锁定，然后将图像填充为黑色，填充完成之后再次单击该按钮，将其解除锁定，如图 5.219 所示。

图 5.218　　图 5.219

4 选中【服装】图层，执行菜单栏中的【滤镜】|【模糊】|【高斯模糊】命令，在弹出的对话框中，将【半径】更改为 6 像素，完成之后单击【确定】按钮，再将图层【不透明度】的值更改为 30%，如图 5.220 所示。

5 在【图层】面板中选中【服装 拷贝】图层，将其拖至面板底部的【创建新图层】按钮⊞上，复制出 1 个【服装 拷贝 2】图层，如图 5.221 所示。

6 选中【服装 拷贝 2】图层，执行菜单栏中的【图像】|【调整】|【去色】命令，将图像中的颜色信息去除，如图 5.222 所示。

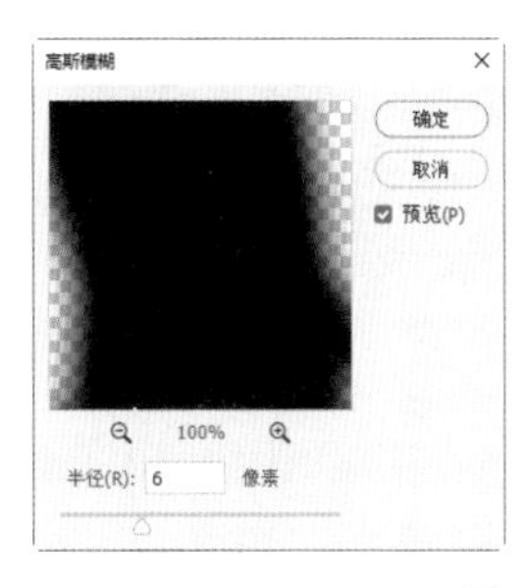

图 5.220

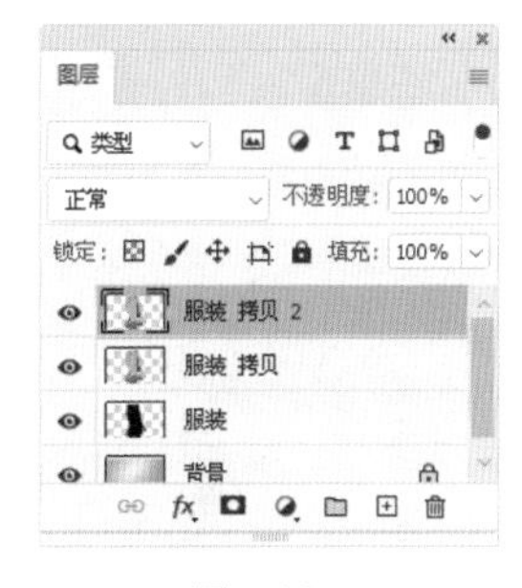

图 5.221 图 5.222

7 选中【服装 拷贝 2】图层，执行菜单栏中的【图像】|【调整】|【色阶】命令，在弹出的对话框中，将数值更改为（56，1.23，250），完成之后单击【确定】按钮，如图 5.223 所示。

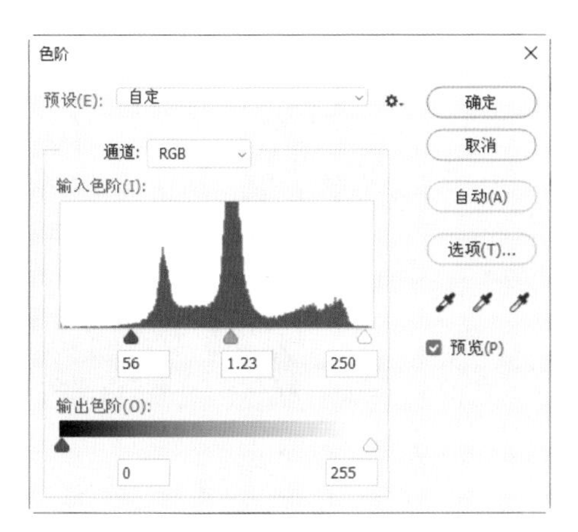

图 5.223

8 在【图层】面板中选中【服装 拷贝 2】图层，单击面板底部的【添加图层蒙版】按钮，为图层添加图层蒙版，如图 5.224 所示。

9 选择工具箱中的【画笔工具】，在画布中单击鼠标右键，在弹出的面板中选择一种圆角笔触，将【大小】更改为 50 像素，将【硬度】更改为 100%，如图 5.225 所示。

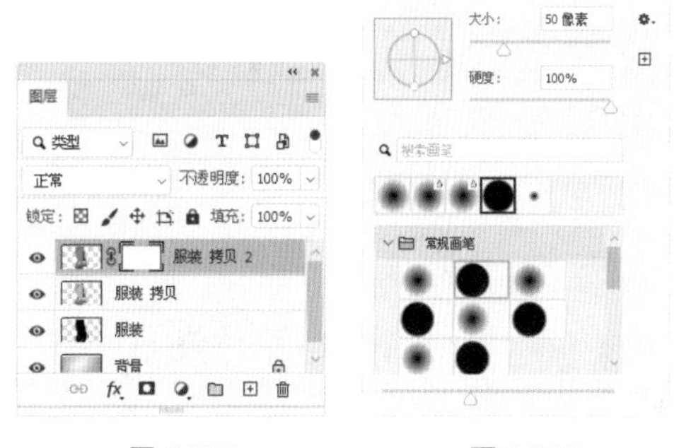

图 5.224 图 5.225

10 将前景色更改为黑色，在图像的部分区域涂抹，将其隐藏，如图 5.226 所示。

图 5.226

5.13.2 绘制图形

1 选择工具箱中的【矩形工具】，在选项栏中将【填充】更改为无，设置【描边】为白色，将【大小】更改为 25 点，在画布中绘制一个矩形，此时将生成一个【矩形 1】图层，如图 5.227 所示。

2 选择工具箱中的【删除锚点工具】，单击矩形右上角锚点，将其删除，如图 5.228 所示。

3 选中【矩形 1】图层，选择工具箱中的【直接选择工具】，拖动图形锚点，将其进行变形，如图 5.229 所示。

图 5.227

图 5.228

图 5.229

4 在【图层】面板中选中【矩形 1】图层，将其拖至面板底部的【创建新图层】按钮上，复制出 1 个【矩形 1 拷贝】图层，如图 5.230 所示。

5 选中【矩形 1】图层，在选项栏中将【填充】更改为黑色，将【描边】更改为无，在画布中向右下角方向移动，如图 5.231 所示。

图 5.230

图 5.231

6 选中【矩形 1】图层，将其移至【背景】图层上方，再将图层【不透明度】的值更改为 30%，如图 5.232 所示。

图 5.232

7 在【图层】面板中选中【矩形 1 拷贝】图层，单击面板底部的【添加图层蒙版】按钮，为图层添加图层蒙版，如图 5.233 所示。

8 选择工具箱中的【多边形套索工具】，在【矩形 1 拷贝】图形与服装图形交叉的位置绘制不规则选区，以选中部分图形，如图 5.234 所示。

图 5.233

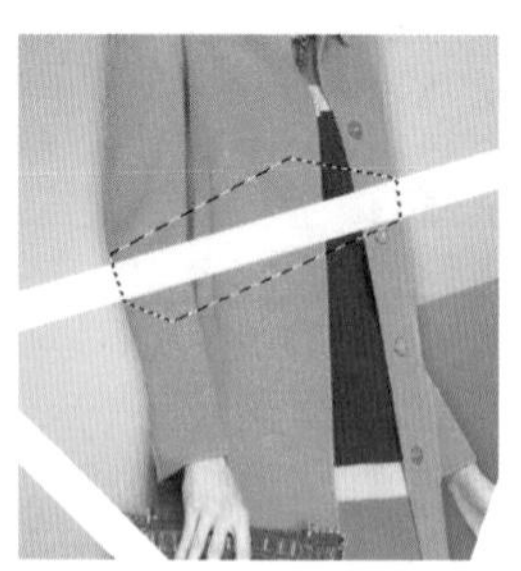

图 5.234

9 将选区填充为黑色，将部分图形隐藏，完成之后按 Ctrl+D 组合键将选区取消，如图 5.235 所示。

图 5.235

10 选择工具箱中的【矩形工具】，在选

项栏中，将【填充】更改为深紫色（R:67，G:17，B:50），设置【描边】为无，在画布中绘制一个矩形，此时将生成一个【矩形 2】图层，如图 5.236 所示。

图 5.236

11 在【图层】面板中选中【矩形 2】图层，将其拖至面板底部的【创建新图层】按钮⊞上，复制出 1 个【矩形 2 拷贝】图层，如图 5.237 所示。

12 选中【矩形 2 拷贝】图层，将图形【填充】更改为紫色（R:255，G:0，B:193），再将图形适当缩小并进行移动，如图 5.238 所示。

图 5.237

图 5.238

5.13.3 添加文字

1 选择工具箱中的【横排文字工具】**T**，在画布中的适当位置添加文字，如图 5.239 所示。

2 在【图层】面板中选中【矩形 1 拷贝】图层，单击面板底部的【添加图层样式】按钮*fx*，在菜单中选择【渐变叠加】选项，在弹出的对话框中将【渐变】更改为紫色（R:255，G:0，B:216）到紫色（R:255，G:0，B:156），完成之后单击【确定】按钮，如图 5.240 所示。

图 5.239

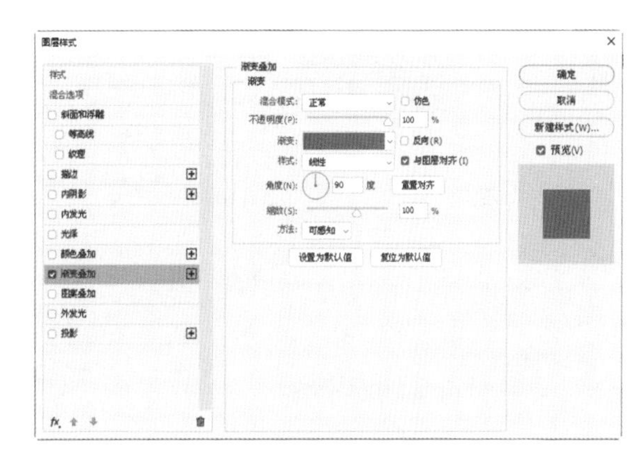

图 5.240

3 选择工具箱中的【横排文字工具】**T**，在画布中的适当位置添加文字，将该文字所在的图层移至【背景】图层上方，将图层【不透明度】的值更改为 20%，这样就完成了效果制作，最终效果如图 5.241 所示。

图 5.241

5.14 文艺时装 banner

实例解析

本例讲解文艺时装 banner 制作，在制作过程中，主要以绿色树叶作为文字底纹，整个画面文艺感十足，最终效果如图 5.242 所示。

图 5.242

视频教学

调用素材：第 5 章 \ 文艺时装 banner

源文件：第 5 章 \ 文艺时装 banner 设计 .psd

操作步骤

5.14.1 打开素材

1 执行菜单栏中的【文件】|【打开】命令，打开“背景 .jpg”“花 .psd”文件，将“花”图像拖入“背景”图中靠左上角位置，如图 5.243 所示，将图层名称更改为“图层 1”。

图 5.243

2 在【图层】面板中选中【图层 1】图层，将图层混合模式设置为【正片叠底】，如图 5.244 所示。

图 5.244

3 在【图层】面板中选中【图层 1】图层，将其拖至面板底部的【创建新图层】按钮⊞上，复制出 1 个【图层 1 拷贝】图层，如图 5.245 所示。

4 选中【图层 1 拷贝】图层，按 Ctrl+T 组合键对其执行【自由变换】命令，单击鼠标右键，从弹出的快捷菜单中选择【旋转 180 度】选项，完成之后按 Enter 键确认，如图 5.246 所示。

图 5.245

图 5.246

5 单击面板底部的【创建新图层】按钮，新建一个【图层 2】图层，将其填充为黄色（R:255，G:255，B:200）。

6 在【图层】面板中选中【图层 2】图层，将图层混合模式设置为【柔光】，将【不透明度】的值更改为 80%，如图 5.247 所示。

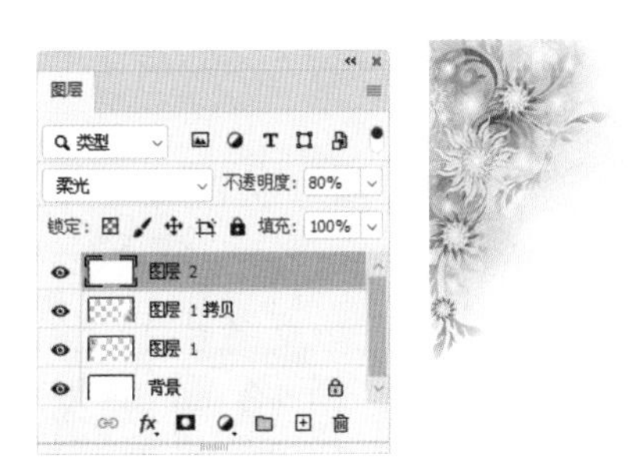

图 5.247

5.14.2 添加文字

1 选择工具箱中的【横排文字工具】T，在画布中的适当位置添加文字，如图 5.248 所示。

图 5.248

2 在【图层】面板中选中【2019】图层，单击面板底部的【添加图层样式】按钮fx，在菜单中选择【渐变叠加】选项，在弹出的对话框中，将【渐变】更改为红色（R:230，G:8，B:17）到橙色（R:240，G:124，B:0），完成之后单击【确定】按钮，如图 5.249 所示。

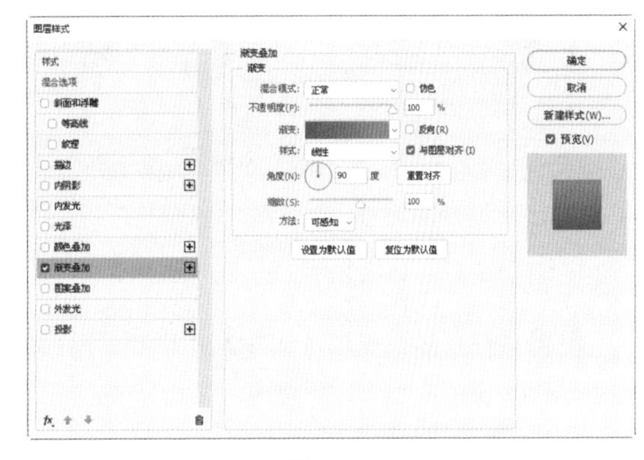

图 5.249

3 在【图层】面板中选中【2019】文字图层，单击面板底部的【添加图层蒙版】按钮，为当前图层添加图层蒙版，如图 5.250 所示。

4 选择工具箱中的【多边形套索工具】，在数字 1 的位置绘制一个不规则选区，如图 5.251 所示。

图 5.250

图 5.251

5.14.3 添加素材

1 将选区填充为黑色，将部分文字隐藏，完成之后按 Ctrl+D 组合键将选区取消，如图 5.252 所示。

2 执行菜单栏中的【文件】|【打开】命令，打开“花朵 .psd”文件，将其拖入画布中隐藏的文字位置处，如图 5.253 所示。

图 5.252

图 5.253

3 执行菜单栏中的【文件】|【打开】命令，打开“树叶 .psd”文件，将其拖入画布中的文字位置并适当缩小，将 AUTUMN 文字覆盖，如图 5.254 所示。

图 5.254

4 按住 Ctrl 键的同时单击【AUTUMN】图层缩览图，将其载入选区，如图 5.255 所示。

5 在【图层】面板中选中【树叶】图层，单击面板底部的【添加图层蒙版】按钮，效果如图 5.256 所示。

图 5.255

图 5.256

6 选择工具箱中的【横排文字工具】T，在画布中的适当位置再次添加文字（字体为方正正准黑），如图 5.257 所示。

图 5.257

7 在【2019】文字图层上单击鼠标右键，从弹出的快捷菜单中选择【拷贝图层样式】选项。在【文艺复古装】文字图层上单击鼠标右键，在弹出的快捷菜单中选择【粘贴图层样式】选项，如图 5.258 所示。

图 5.258

8 选择工具箱中的【矩形工具】，在选项栏中将【填充】更改为绿色（R:97，G:118，B:2），设置【描边】为无，在“艾艺家”文字位置绘制一个矩形，将文字覆盖，此时将生成一个【矩形 1】图层。

9 将【矩形 1】图层移至【艾艺家】图层下方，选中【矩形 1】图层，单击面板底部的【添加图层蒙版】按钮，为图层添加图层蒙版，如图 5.259 所示。

10 按住 Ctrl 键的同时单击【艾艺家】图层缩览图，将其载入选区，如图 5.260 所示。

11 将选区填充为黑色，将部分图形隐藏，完成之后按 Ctrl+D 组合键将选区取消，如图 5.261 所示。

图 5.259

图 5.260　　图 5.261

12 在【图层】面板中选中【树叶】图层，将其拖至面板底部的【创建新图层】按钮上，复制出 1 个【树叶 拷贝】图层，选中【树叶 拷贝】图层蒙版，将其删除，如图 5.262 所示。

13 选中【树叶 拷贝】图层，在视图中将图像向下移动，将矩形覆盖，如图 5.263 所示。

图 5.262　　图 5.263

14 按住 Ctrl 键的同时单击【矩形 1】图层缩览图，将其载入选区，如图 5.264 所示。

15 在【图层】面板中选中【树叶 拷贝】图层，单击面板底部的【添加图层蒙版】按钮，将部分图像隐藏，如图 5.265 所示。

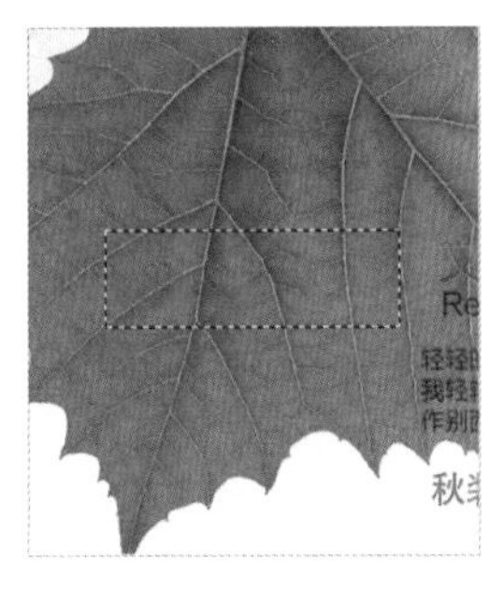

图 5.264　　图 5.265

16 按住 Ctrl 键的同时单击【矩形 1】图层蒙版缩览图，将其载入选区，按 Ctrl+Shift+I 组合键将选区反向，如图 5.266 所示。

图 5.266

17 将选区填充为黑色，将部分图像隐藏，完成之后按 Ctrl+D 组合键将选区取消，这样就完成了效果制作，最终效果如图 5.267 所示。

图 5.267

5.15 热力狂欢节 banner

实例解析

本例讲解热力狂欢节 banner 制作，本例在制作过程中采用黄、白两色装饰文字，特别是黄色的加入能够表现出活力四射的效果，然后以文字为中心使“红包”“彩带”等装饰元素向外膨胀飞出，表现出狂热迸发的感觉，最终效果如图 5.268 所示。

图 5.268

视频教学

调用素材：第 5 章\热力狂欢节 banner

源文件：第 5 章\热力狂欢节 banner.psd

操作步骤

5.15.1 制作背景并添加文字

1 执行菜单栏中的【文件】|【新建】命令，在弹出的对话框中设置【宽度】为 750 像素，【高度】为 300 像素，【分辨率】为 72 像素 / 英寸，【颜色模式】为 RGB 颜色，新建一个空白画布。

2 选择工具箱中的【渐变工具】，编辑红色（R:250，G:65，B:140）到红色（R:222，G:32，B:80）的渐变，单击选项栏中的【径向渐变】按钮，按住鼠标左键在画布中从中间向右上角拖动，填充渐变，如图 5.269 所示。

图 5.269

3 选择工具箱中的【椭圆工具】，在选项栏中将【填充】更改为深红色（R:164，G:15，B:53），设置【描边】为无，在画布中间位置绘制一个椭圆图形，此时将生成一个【椭圆 1】图层，如图 5.270 所示。

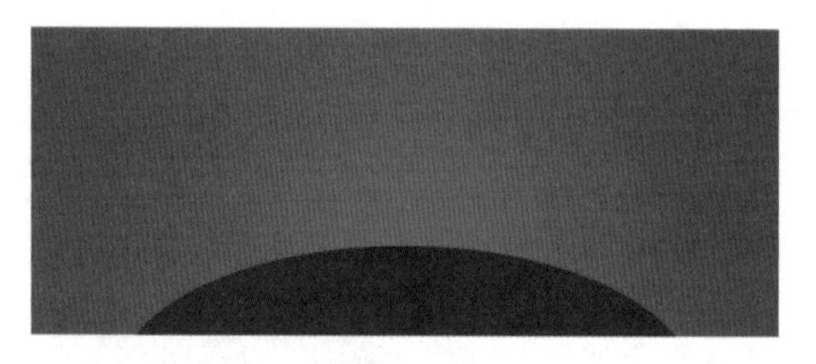

图 5.270

4 在【图层】面板中选中【椭圆 1】图层，单击面板底部的【添加图层蒙版】按钮，为图层添加图层蒙版。

5 选择工具箱中的【渐变工具】，编辑从黑色到白色的渐变，单击选项栏中的【线性渐变】按钮，按住鼠标左键在【椭圆】图层中的图形上拖动，将部分图形隐藏，如图 5.271 所示。

图 5.271

6 选择工具箱中的【横排文字工具】T，在画布中间位置添加文字（字体分别为汉真广标和方正兰亭中粗黑 -GBK），如图 5.272 所示。

图 5.272

7 在【图层】面板中选中【热力狂欢节】图层，单击面板底部的【添加图层样式】按钮 fx，在菜单中选择【投影】选项，在弹出的对话框中将【混合模式】更改为【柔光】，将【不透明度】的值更改为 100%，取消选中【使用全局光】复选框，将【角度】的值更改为 90 度，将【距离】的值更改为 4 像素，将【大小】的值更改为 4 像素，完成之后单击【确定】按钮，如图 5.273 所示。

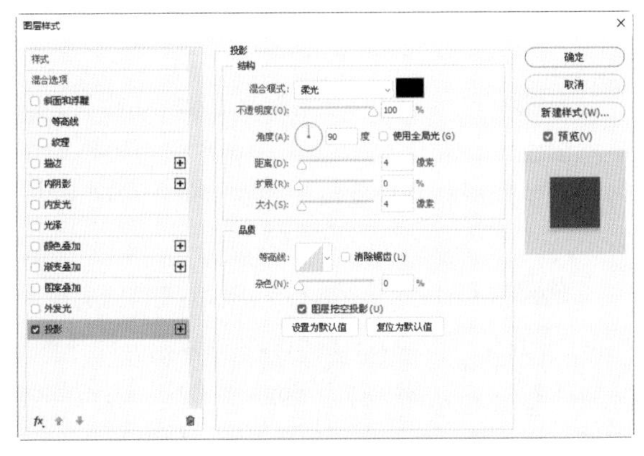

图 5.273

8 选择工具箱中的【钢笔工具】，设置【选择工具模式】为【形状】，将【填充】更改为黄色（R:255，G:228，B:0），将【描边】更改为无，在文字靠左侧位置绘制 1 个不规则图形，如图 5.274 所示，此时将生成一个【形状 1】图层。

9 选中【形状 1】图层，执行菜单栏中的【图层】|【创建剪贴蒙版】命令，为当前图层创建剪贴蒙版，将部分图形隐藏，如图 5.275 所示。

图 5.274

图 5.275

10 以同样的方法再次绘制数个不规则图形并创建剪贴蒙版，如图 5.276 所示。

图 5.276

11 在【图层】面板中选中【第 3 届狂欢节火热开启】文字图层，单击面板底部的【添加图层样式】按钮 fx，在菜单中选择【渐变叠加】选项，在弹出的对话框中将【渐变】更改为蓝色（R:132，G:203，B:233）到白色，完成之后单击【确定】按钮，如图 5.277 所示。

12 在【图层】面板中选中【第 3 届狂欢节火热开启】图层，将其拖至面板底部的【创建新图层】按钮上，复制出 1 个【第 3 届狂欢节火热开启 拷贝】图层，在【第 3 届狂欢节火热开启 拷贝】图层名称上单击鼠标右键，在弹出的快捷菜单中选择【栅格化图层样式】选项，如图 5.278 所示。

13 选中【第 3 届狂欢节火热开启 拷贝】图层，按 Ctrl+T 组合键对其执行【自由变换】命令，单击鼠标右键，从弹出的快捷菜单中选择【垂直翻转】选项，完成之后按 Enter 键确认，将变换后的文字与原文字底部对齐，如图 5.279 所示。

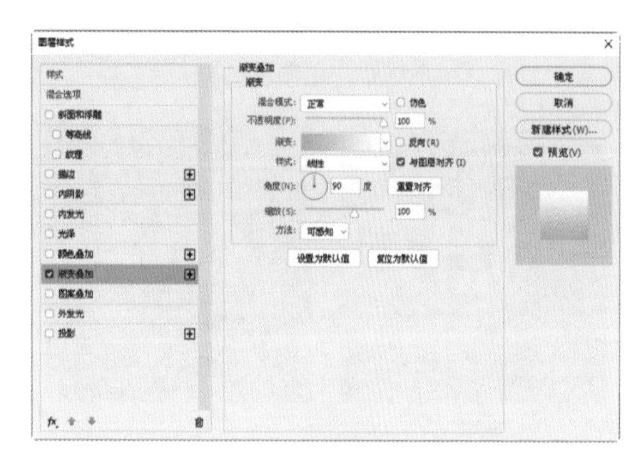

图 5.277

图 5.278　　图 5.279

14 在【图层】面板中选中【第 3 届狂欢节火热开启 拷贝】图层，单击面板底部的【添加图层蒙版】按钮，为其添加图层蒙版，如图 5.280 所示。

15 选择工具箱中的【渐变工具】，编辑从黑色到白色的渐变，单击选项栏中的【线性渐变】按钮，按住鼠标左键在其文字上拖动，将部分文字隐藏，如图 5.281 所示。

16 选择工具箱中的【钢笔工具】，设置【选择工具模式】为【形状】，将【填充】更改为白色，将【描边】更改为无，在文字左侧位置绘制 1 个不规则图形，此时将生成一个【形状 6】图层。

图 5.280　　图 5.281

17 选中【形状 6】图层，将图层【不透明度】的值更改为 60%，再将其拖至面板底部的【创建新图层】按钮上，复制出 1 个【形状 6 拷贝】图层，如图 5.282 所示。

18 选中【形状 6 拷贝】图层，按 Ctrl+T 组合键对其执行【自由变换】命令，将图形适当旋转，完成之后按 Enter 键确认，如图 5.283 所示。

图 5.282　　图 5.283

19 同时选中【形状 6】及【形状 6 拷贝】图层，按住 Alt+Shift 组合键在画布中向右侧拖动图形至与原图形相对位置，将图形复制，如图 5.284 所示。

20 按 Ctrl+T 组合键对图形执行【自由变换】命令，单击鼠标右键，从弹出的快捷菜单中选择【水平翻转】选项，完成之后按 Enter 键确认，如图 5.285 所示。

图 5.284

图 5.285

5.15.2 添加装饰元素

1 执行菜单栏中的【文件】|【打开】命令，打开“气球 .psd”文件，将其拖入画布中的适当位置并缩小，如图 5.286 所示。

图 5.286

2 选中【气球】图层，执行菜单栏中的【滤镜】|【模糊】|【高斯模糊】命令，在弹出的对话框中将【半径】更改为 1 像素，完成之后单击【确定】按钮，如图 5.287 所示。

3 选中【气球 2】图层，按 Ctrl+Alt+F 组合键打开【高斯模糊】命令对话框，将【半径】更改为 2 像素，完成之后单击【确定】按钮，如图 5.288 所示。

技巧 按两次 Ctrl+F 组合键的效果与打开【高斯模糊】命令对话框所添加的效果相同。

4 执行菜单栏中的【文件】|【打开】命令，打开“红包 .psd”文件，将其拖入画布中靠右侧位置并适当缩小，如图 5.289 所示。

5 在【图层】面板中选中【红包】图层，将其拖至面板底部的【创建新图层】按钮⊞上，复制出 1 个【红包 拷贝】图层，如图 5.290 所示。

图 5.287

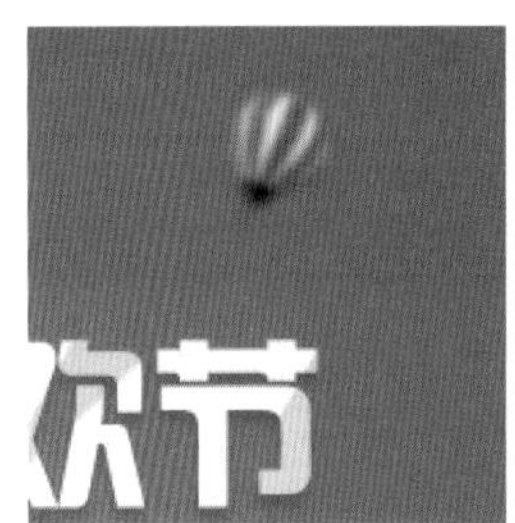

图 5.288

图 5.289

图 5.290

6 选中【红包】图层，执行菜单栏中的【滤镜】|【模糊】|【动感模糊】命令，在弹出的对话框中将【角度】更改为 40 度，将【距离】更改为 40 像素，设置完成之后单击【确定】按钮，如图 5.291 所示。

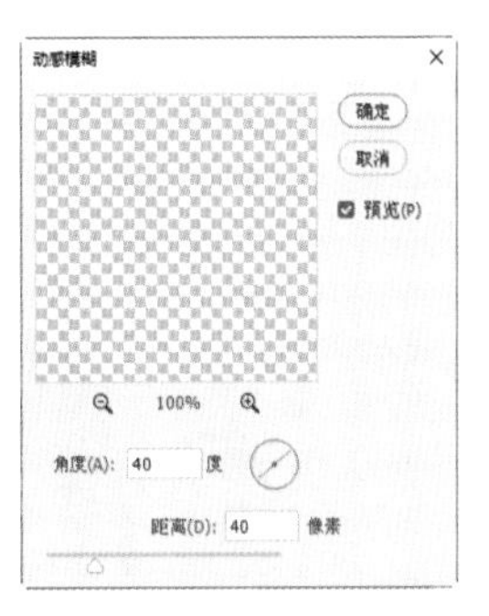

图 5.291

7 同时选中【红包】及【红包 拷贝】图层，按住 Alt 键在画布中拖动图像，将图像复制数份，并将部分图像缩小、移动及旋转，如图 5.292 所示。

图 5.292

8 选择工具箱中的【钢笔工具】，设置【选择工具模式】为【形状】，将【填充】更改为黄色（R:255，G:228，B:0），将【描边】更改为无，在适当位置绘制 1 个不规则图形，此时将生成一个【形状 7】图层，如图 5.293 所示。

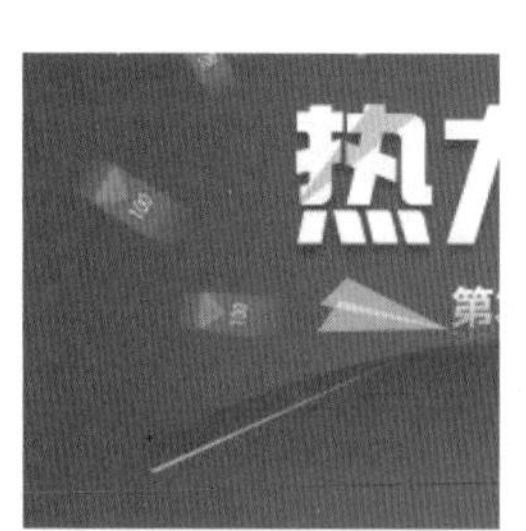

图 5.293

9 选中【形状 7】图层，按住 Alt 键在画布中拖动图形，将图形复制数份，如图 5.294 所示。

图 5.294

10 以同样的方法在画布其他位置再次绘制多个相似图形，这样就完成了效果制作，最终效果如图 5.295 所示。

图 5.295

5.16 柔肤水 banner

实例解析

本例讲解柔肤水 banner 制作，在所有的化妆品类 banner 的制作过程中都应当以化妆品本身的特点为中心添加相对应的图像及文字信息，重点强调化妆品的特点，最终效果如图 5.296 所示。

图 5.296

视频教学

调用素材：第 5 章 \ 柔肤水 banner

源文件：第 5 章 \ 柔肤水 banner.psd

操作步骤

5.16.1 为素材添加倒影

1 执行菜单栏中的【文件】|【打开】命令，打开“背景.jpg”“柔肤水.psd”文件，将“柔肤水”素材拖入“背景”图中的靠右侧位置，并适当缩小，如图 5.297 所示。

图 5.297

2 在【图层】面板中选中【柔肤水】图层，将其拖至面板底部的【创建新图层】按钮⊞上，复制出 1 个【柔肤水 拷贝】图层，如图 5.298 所示。

3 选中【柔肤水】图层，按 Ctrl+T 组合键对其执行【自由变换】命令，单击鼠标右键，从弹出的快捷菜单中选择【垂直翻转】选项，完成之后按 Enter 键确认，然后将图像向下移动，使其与原图像底部对齐，如图 5.299 所示。

图 5.298

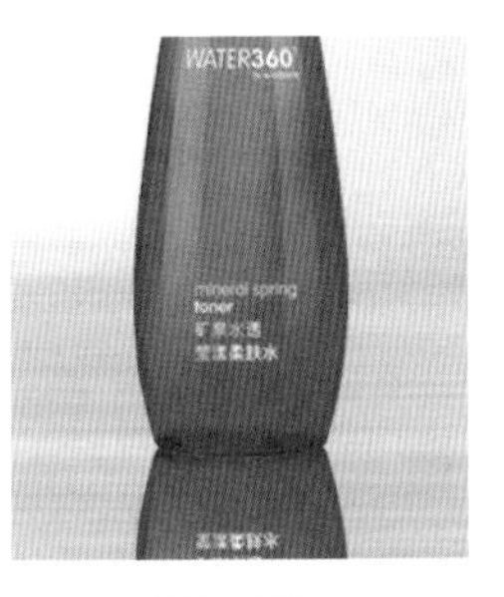

图 5.299

4 在【图层】面板中选中【柔肤水】图层，单击面板底部的【添加图层蒙版】按钮◘，为图层添加图层蒙版，如图 5.300 所示。

5 选择工具箱中的【渐变工具】▮，编辑从黑色到白色的渐变，单击选项栏中的【线性渐变】按钮▮，按住鼠标左键在画布中变换后的图像上从下至上拖动，将部分图像隐藏，为原图像制作倒影，如图 5.301 所示。

图 5.300

图 5.301

6 同时选中【柔肤水】和【柔肤水拷贝】两个图层，按 Ctrl+G 组合键将其编组，再将其拖至面板底部的【创建新图层】按钮⊞上，复制出 1 个【组 1 拷贝】组，选中【组 1】组，按 Ctrl+E 组合键将其向下合并，如图 5.302 所示。

7 选中【组 1】图层，按 Ctrl+T 组合键在画布中对其执行【自由变换】命令，将图像等比缩小，完成之后按 Enter 键确认，再将图像向右侧稍微移动，如图 5.303 所示。

图 5.302

图 5.303

8 选中【组 1】图层，执行菜单栏中的【滤镜】|【模糊】|【高斯模糊】命令，在弹出的对话框中将【半径】更改为 2 像素，完成之后单击【确定】按钮，如图 5.304 所示。

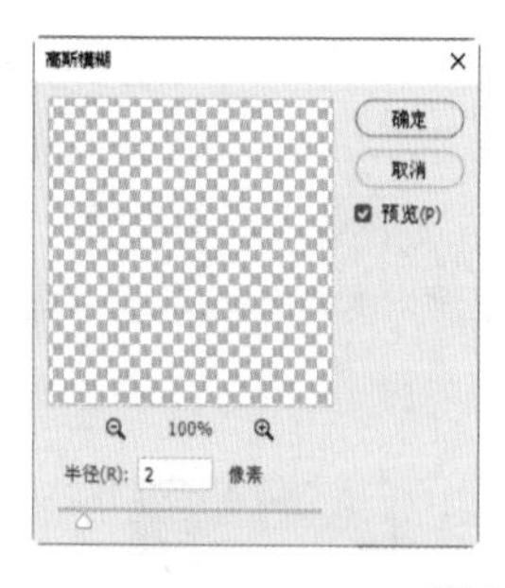

图 5.304

9 在【图层】面板中选中【组 1】图层，将其拖至面板底部的【创建新图层】按钮上，复制出 1 个【组 1 拷贝 2】图层，如图 5.305 所示。

10 选中【组 1 拷贝 2】图层，按 Ctrl+T 组合键在画布中对其执行【自由变换】命令，将图像等比缩小，完成之后按 Enter 键确认，再将图像向左侧稍微移动，如图 5.306 所示。

图 5.305

图 5.306

11 选中【组 1 拷贝 2】图层，按 Ctrl+Alt+ F 组合键打开【高斯模糊】命令对话框，将【半径】的值更改为 5 像素，完成之后单击【确定】按钮，如图 5.307 所示。

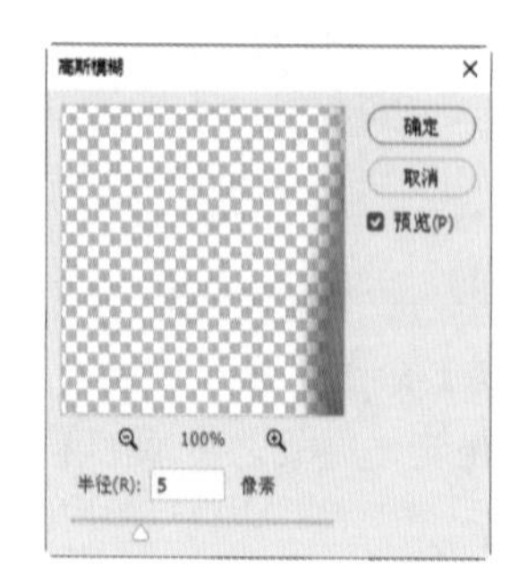

图 5.307

5.16.2 绘制圆球

1 选择工具箱中的【椭圆工具】，在选项栏中将【填充】更改为白色，设置【描边】为无，按住 Shift 键在画布靠左下角位置绘制一个椭圆图形，此时将生成一个【椭圆 1】图层，如图 5.308 所示。

图 5.308

2 在【图层】面板中选中【椭圆 1】图层，单击面板底部的【添加图层样式】按钮 *fx*，在菜单中选择【斜面和浮雕】选项，在弹出的对话框中将【大小】的值更改为 55 像素，将【高光模式】中的【不透明度】的值更改为 100%，将【阴影模式】中的【颜色】更改为白色，如图 5.309 所示。

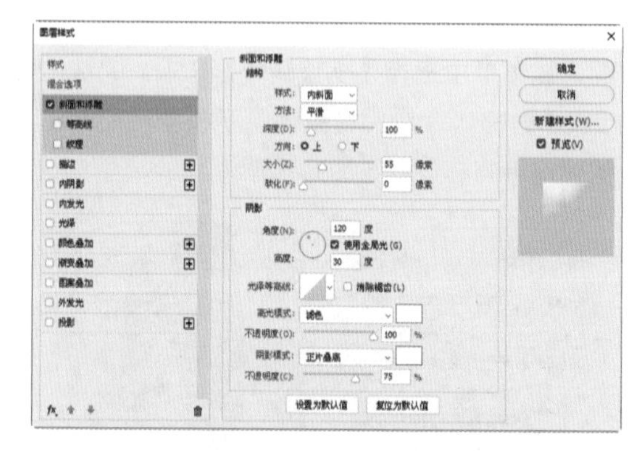

图 5.309

3 选中【内发光】复选框，将【混合模式】更改为【正常】，将【不透明度】的值更改为 15%，将【颜色】更改为紫色（R:180，G:70，B:130），将【大小】的值更改为 35 像素，完成之后单击【确定】按钮，如图 5.310 所示。

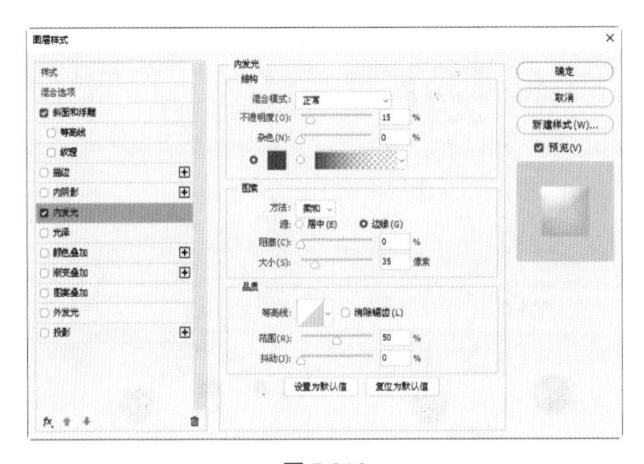

图 5.310

4 在【图层】面板中选中【椭圆 1】图层，将图层【填充】的值更改为 0%，如图 5.311 所示。

图 5.311

5 选中【椭圆 1】图层，按住 Alt 键在画布中将图像复制多份并将部分图像适当缩小、移动，如图 5.312 所示。

图 5.312

5.16.3 为圆球添加投影

1 选择工具箱中的【椭圆工具】，在选项栏中将【填充】更改为深紫色(R:76，G:10，B:46)，设置【描边】为无，在已绘制的气泡图像底部位置绘制一个椭圆图形，此时将生成一个【椭圆 2】图层，如图 5.313 所示。

图 5.313

2 选中【椭圆 2】图层，执行菜单栏中的【滤镜】|【模糊】|【高斯模糊】命令，在弹出的对话框中将【半径】更改为 3.0 像素，完成之后单击【确定】按钮，如图 5.314 所示。

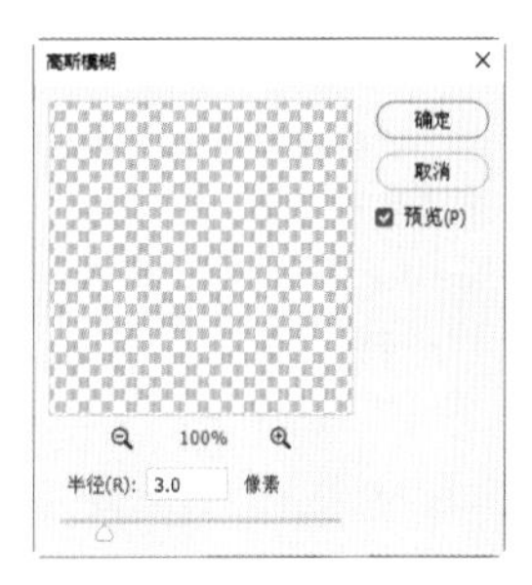

图 5.314

3 选中【椭圆 2】图层，执行菜单栏中的【滤镜】|【模糊】|【动感模糊】命令，在弹出的对话框中将【角度】更改为 0 度，将【距离】的值更改为 45 像素，设置完成之后单击【确定】按钮，如图 5.315 所示。

4 选中【椭圆 2】图层，按住 Alt 键在画布中将图像复制数份并分别移至已绘制的气泡图像底部位置，同时根据气泡图像的大小适当缩小阴影图像的大小，如图 5.316 所示。

5 选择工具箱中的【横排文字工具】T，在适当位置添加文字，如图 5.317 所示。

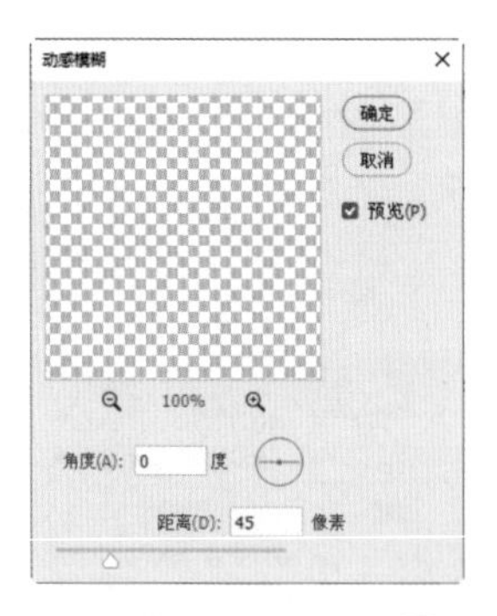

图 5.315

图 5.316

图 5.317

5.16.4 添加艺术笔触效果

1 在【画笔】面板中选择一个圆角笔触，将【大小】的值更改为 100 像素，将【硬度】的值更改为 70%，将【间距】的值更改为 300%，如图 5.318 所示。

2 选中【形状动态】复选框，将【大小抖动】的值更改为 80%，如图 5.319 所示。

3 选中【背景】图层，单击面板底部的【创建新图层】按钮⊞，新建一个【图层 1】图层，如图 5.320 所示。

4 将前景色更改为白色，选中【图层 1】图层，在画布中拖动鼠标，添加泡泡效果，如图 5.321 所示。

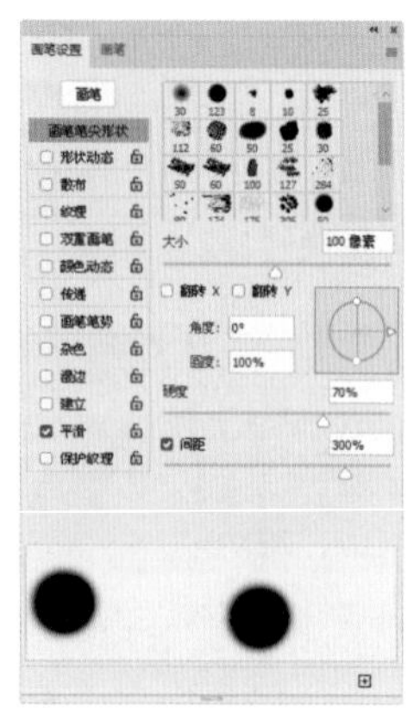

图 5.318

图 5.319

图 5.320

图 5.321

5 选中【图层 1】图层，将图层【不透明度】的值更改为 50%，这样就完成了效果制作，最终效果如图 5.322 所示。

图 5.322

第6章 商品焦点，精品主图直通车制作

本章介绍

本章讲解主图直通车制作。直通车是店铺中相当重要的组成部分，通常商品刚上架之后需要对其进行有针对性的说明，如价格、折扣等，以吸引用户下单，准确扣题的信息说明是直通车的制作重点，同时直通车的主图样式还需要与店铺的整体风格相符合。通过对本章知识的学习，读者可以熟练地掌握商品直通车的制作方法。

学习目标

- 学会制作全民疯抢直通车
- 学习制作旺季促销直通车
- 了解家电促销直通车制作
- 掌握会员专享直通车制作
- 学习制作折纸样式直通车

6.1 全民疯抢直通车

实例解析

本例讲解全民疯抢直通车制作，制作的重点在于对背景放射状图像效果的处理，从而衬托出醒目的主题文字信息，最终效果如图 6.1 所示。

图 6.1

视频教学

调用素材：第 6 章 \ 全民疯抢直通车

源文件：第 6 章 \ 全民疯抢直通车 .psd

操作步骤

1 执行菜单栏中的【文件】|【新建】命令，在弹出的对话框中设置【宽度】为 600 像素，【高度】为 600 像素，【分辨率】为 72 像素 / 英寸，新建一个空白画布，将画布填充为黄色（R:252，G:212，B:14）。

2 选择工具箱中的【矩形工具】，在选项栏中将【填充】更改为白色，设置【描边】为无，在画布靠左侧位置绘制一个矩形，此时将生成一个【矩形 1】图层，如图 6.2 所示。

图 6.2

3 选中【矩形 1】图层，按 Ctrl+Alt+T 组合键对其执行自由变换命令，当出现变形框以后，将图形向右侧稍微移动，如图 6.3 所示。

4 选中【矩形 1】图层，按住 Ctrl+Shift+Alt 组合键的同时按 T 键多次，执行多重复制命令，将图形复制多份，如图 6.4 所示。

图 6.3

图 6.4

提示　在复制图形并铺满画布的同时多复制几个矩形，将其移至画布之外，以增加矩形的数量。

5 同时选中除【背景】之外的所有图层，按 Ctrl+E 组合键将图层向下合并，并将生成的图层名称更改为“矩形”。

6 选中【矩形】图层，执行菜单栏中的【滤镜】|【扭曲】|【极坐标】命令，在弹出的对话框中选中【平面坐标到极坐标】单选按钮，完成之后单击【确定】按钮，如图 6.5 所示。

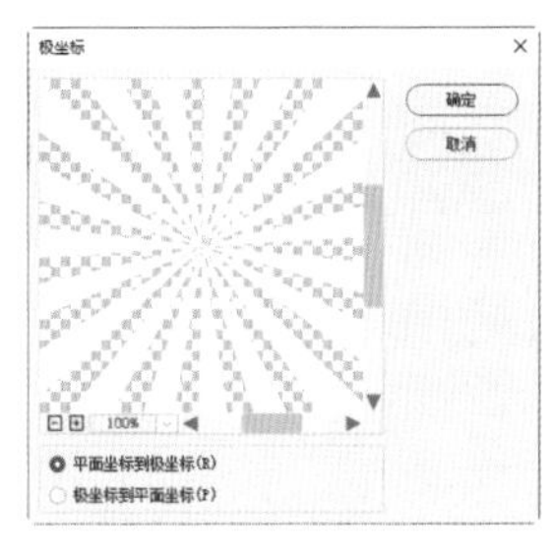

图 6.5

7 选中【矩形】图层，按 Ctrl+T 组合键对其执行【自由变换】命令，单击鼠标右键，从弹出的快捷菜单中选择【垂直翻转】选项，完成之后按 Enter 键确认，如图 6.6 所示。

8 在【图层】面板中选中【矩形】图层，将图层【不透明度】更改为 20%，效果如图 6.7 所示。

图 6.6

图 6.7

9 选择工具箱中的【矩形工具】，在选项栏中将【填充】更改为红色（R:178，G:0，B:0），设置【描边】为无，按住 Shift 键在画布左下角位置绘制一个矩形，此时将生成一个【矩形 1】图层，如图 6.8 所示。

10 选择工具箱中的【删除锚点工具】，单击矩形右上角的锚点，将其删除，如图 6.9 所示。

图 6.8

图 6.9

11 选择工具箱中的【椭圆工具】，在选项栏中将【填充】更改为红色（R:250，G:16，B:16），设置【描边】为白色，【大小】为 3 点，按住 Shift 键在画布左下角位置绘制一个正圆图形，此时将生成一个【椭圆 1】图层，如图 6.10 所示。

12 选择工具箱中的【钢笔工具】，设置【选择工具模式】为【形状】，单击选项栏中的【路径操作】按钮，在弹出的选项中选择【合并形状】，在正圆图形右上角位置绘制 1 个不规则图形，如图 6.11 所示。

图 6.10

图 6.11

13 执行菜单栏中的【文件】|【打开】命令，打开“彩条 .psd”“标志 .psd”文件，将其拖入画布中的适当位置并缩小，如图 6.12 所示。

图 6.12

图 6.13

14 选择工具箱中的【横排文字工具】T，在画布适当位置添加文字，这样就完成了效果制作，最终效果如图 6.13 所示。

6.2 旺季促销直通车

实例解析

本例讲解旺季促销直通车制作，此款直通车的制作思路颇具亮点，将条纹背景与圆点边栏图形相组合，使整体的视觉效果看上去十分新颖，最终效果如图 6.14 所示。

图 6.14

视频教学

调用素材：无

源文件：第 6 章 \ 旺季促销直通车 .psd

操作步骤

1 执行菜单栏中的【文件】|【新建】命令，在弹出的对话框中设置【宽度】为 500 像素，【高度】为 500 像素，【分辨率】为 72 像素 / 英寸，新建一个空白画布，将画布填充为灰色（R:242，G:242，B:245）。

2 选择工具箱中的【矩形工具】，在选项栏中将【填充】更改为灰色(R:232，G:233，B:235)，设置【描边】为无，在画布顶部位置绘制一个矩形，此时将生成一个【矩形 1】图层，如图 6.15 所示。

3 在【矩形 1】图层名称上单击鼠标右键，从弹出的快捷菜单中选择【栅格化图层】选项，如图 6.16 所示。

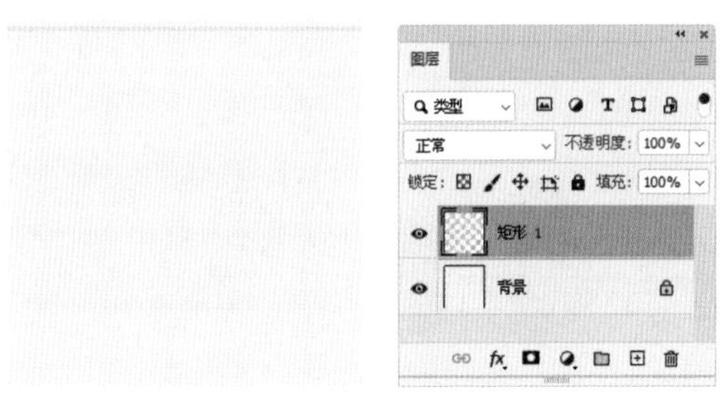

图 6.15　　图 6.16

4 按住 Ctrl 键的同时单击【矩形 1】图层缩览图，将其载入选区。

5 按 Ctrl+Alt+T 组合键对其执行复制变换命令，当出现变形框以后，将图形向下垂直移动，完成之后按 Enter 键确认，如图 6.17 所示。

图 6.17

6 按住 Ctrl+Shift+Alt 组合键的同时按 T 键多次，执行多重复制命令，将图像复制多份并铺满整个画布，如图 6.18 所示。

7 选中【矩形 1】图层，按 Ctrl+T 组合键对其执行【自由变换】命令，将图像适当旋转，完成之后按 Enter 键确认，并向左上角方向移动，如图 6.19 所示。

图 6.18　　图 6.19

8 选中【矩形 1】图层，按住 Alt 键的同时向视图右下角方向拖动，复制条纹图像，如图 6.20 所示。

图 6.20

提示　在复制图像时注意图像之间的距离，在必要情况下，可以按 Ctrl+T 组合键先调出变形框，再进行复制。

技巧　在复制图像时按住 Shift 键可以以 45 度的倍数旋转复制。

9 选择工具箱中的【矩形工具】，在选项栏中将【填充】更改为黑色，设置【描边】为无，在画布右下角位置绘制一个矩形，此时将生成一个【矩形 2】图层，如图 6.21 所示。

10 选择工具箱中的【添加锚点工具】，在矩形左下角位置单击，添加锚点，如图 6.22 所示。

11 选择工具箱中的【删除锚点工具】，单击矩形左下角锚点，将其删除，如图 6.23 所示。

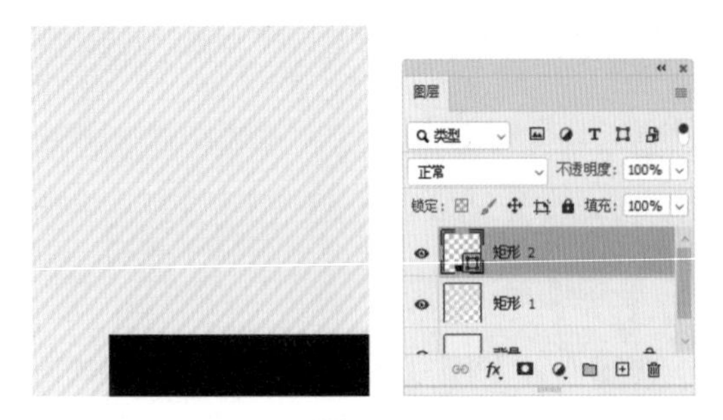

图 6.21

图 6.22　　图 6.23

12 在【图层】面板中选中【矩形 2】图层，单击面板底部的【添加图层样式】按钮，在菜单中选择【渐变叠加】选项，在弹出的对话框中将【渐变】更改为蓝色（R:10，G:115，B:183）到蓝色（R:38，G:170，B:225），将【角度】更改为 0 度，完成之后单击【确定】按钮，如图 6.24 所示。

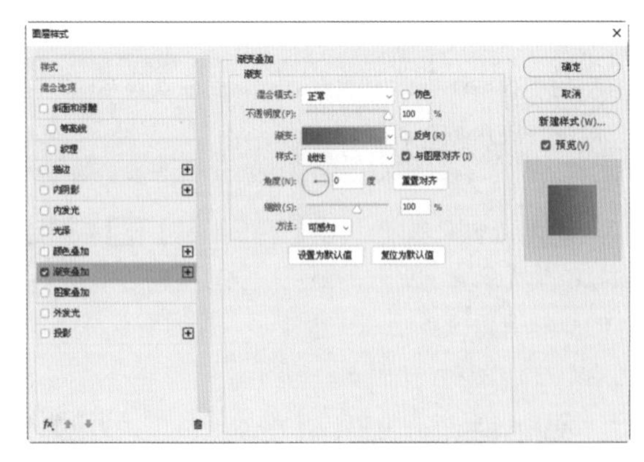

图 6.24

13 选择工具箱中的【椭圆工具】，在选项栏中将【填充】更改为黑色，设置【描边】为无，按住 Shift 键在矩形左上角位置绘制一个正圆图形，此时将生成一个【椭圆 1】图层，如图 6.25 所示。

图 6.25

14 在【图层】面板中选中【矩形 2】图层，单击面板底部的【添加图层蒙版】按钮，为图层添加图层蒙版，如图 6.26 所示。

15 按住 Ctrl 键的同时单击【椭圆 1】图层蒙版缩览图，将其载入选区，如图 6.27 所示。

图 6.26　　图 6.27

16 选择工具箱中的【矩形选框工具】，在选区中单击鼠标右键，从弹出的快捷菜单中选择【变换选区】选项，将选区等比扩大，完成之后按 Enter 键确认，如图 6.28 所示。

17 将选区填充为黑色，将部分图形隐藏，完成之后按 Ctrl+D 组合键将选区取消，如图 6.29 所示。

18 在【图层】面板中选中【椭圆 1】图层，将其拖至面板底部的【创建新图层】按钮上，复制出 1 个【椭圆 1 拷贝】图层，如图 6.30 所示。

19 选中【椭圆 1 拷贝】图层，将图形颜色更改为蓝色（R:10，G:115，B:183），按 Ctrl+T 组合键对其执行【自由变换】命令，将图像等比缩小，完成之后按 Enter 键确认，如图 6.31 所示。

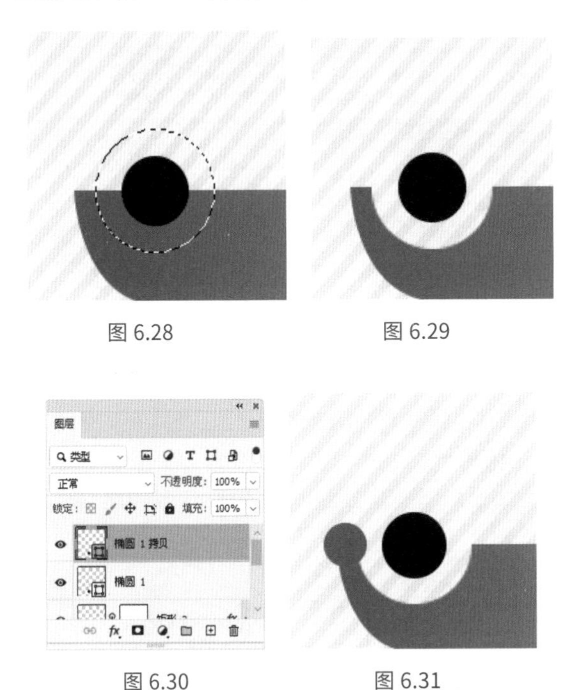

图 6.28　图 6.29

图 6.30　图 6.31

20 在【矩形 2】图层名称上单击鼠标右键，从弹出的快捷菜单中选择【拷贝图层样式】选项。在【椭圆 1】图层名称上单击鼠标右键，在弹出的快捷菜单中选择【粘贴图层样式】选项，如图 6.32 所示。

21 双击【椭圆 1】图层样式名称，在弹出的对话框中选中【反向】复选框，将【样式】更改为【径向】，完成之后单击【确定】按钮，效果如图 6.33 所示。

22 在【图层】面板中选中【矩形 2】图层，将其拖至面板底部的【创建新图层】按钮⊞上，复制出 1 个【矩形 2 拷贝】图层，单击【矩形 2 拷贝】图层蒙版缩览图，将其删除，如图 6.34 所示。

23 选中【矩形 2 拷贝】图层，按 Ctrl+T 组合键对其执行【自由变换】命令，单击鼠标右键，从弹出的快捷菜单中选择【旋转 180 度】选项，完成之后按 Enter 键确认，再将图形等比缩小，如图 6.35 所示。

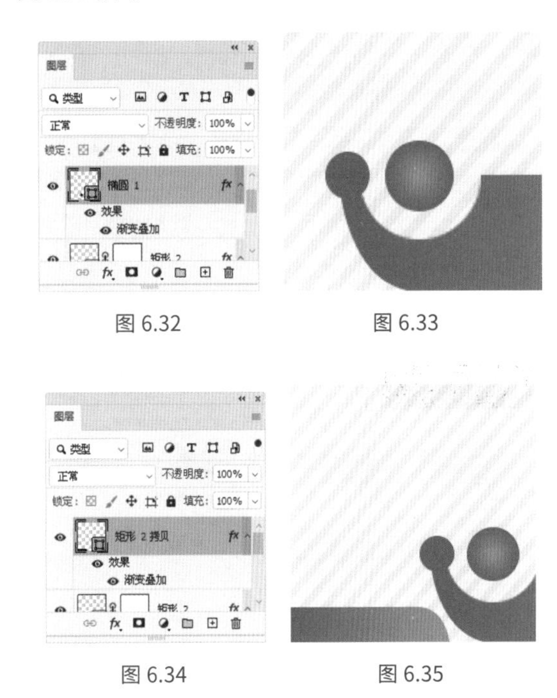

图 6.32　图 6.33

图 6.34　图 6.35

24 选择工具箱中的【直接选择工具】，拖动图形右下角锚点，将图形变形，如图 6.36 所示。

25 双击【矩形 2 拷贝】图层样式名称，在弹出的对话框中将【渐变】更改为紫色（R:228，G:50，B:140）到紫色（R:255，G:120，B:193），将【角度】更改为 0 度，完成之后单击【确定】按钮，如图 6.37 所示。

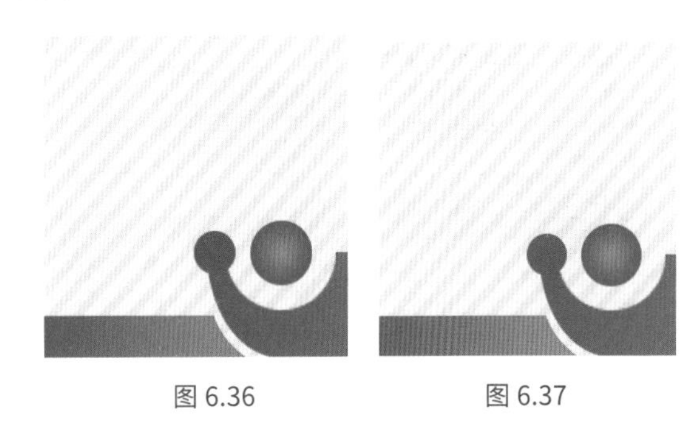

图 6.36　图 6.37

> 技巧 按住 Shift 键的同时单击【矩形 2 拷贝】图层蒙版缩览图，可快速将图层蒙版停用，其效果与删除蒙版一样，但此方法更加方便后期再次启用图层蒙版。

26 选择工具箱中的【矩形工具】，在选项栏中将【填充】更改为黑色，设置【描边】为无，在画布左上角位置绘制一个矩形，此时将生成一个【矩形 3】图层，如图 6.38 所示。

图 6.38

27 在【矩形 2 拷贝】图层名称上单击鼠标右键，从弹出的快捷菜单中选择【拷贝图层样式】选项。在【矩形 3】图层名称上单击鼠标右键，从弹出的快捷菜单中选择【粘贴图层样式】选项，如图 6.39 所示。

28 双击【矩形 3】图层样式名称，在弹出的对话框中选中【反向】复选框，完成之后单击【确定】按钮，效果如图 6.40 所示。

图 6.39

图 6.40

29 在【图层】面板中选中【椭圆 1】图层，将其拖至面板底部的【创建新图层】按钮上，复制出 1 个【椭圆 1 拷贝 2】图层，如图 6.41 所示。

30 选中【椭圆 1 拷贝 2】图层，在画布中将图形移至已绘制的矩形右侧位置，如图 6.42 所示。

图 6.41

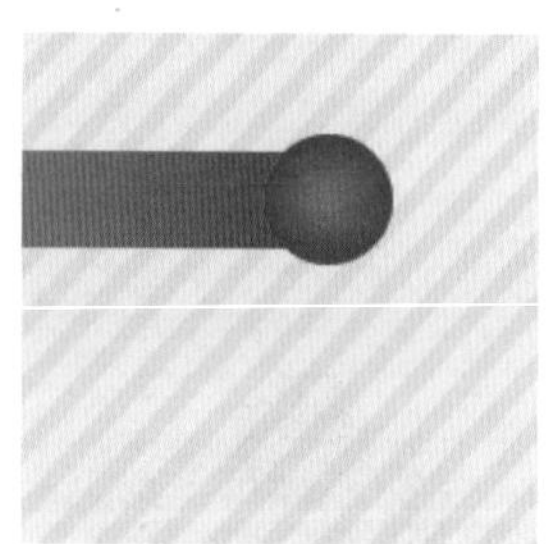

图 6.42

31 在【图层】面板中选中【矩形 3】图层，单击面板底部的【添加图层蒙版】按钮，为其添加图层蒙版，如图 6.43 所示。

32 按住 Ctrl 键的同时单击【椭圆 1 拷贝 2】图层缩览图，将其载入选区，如图 6.44 所示。

图 6.43

图 6.44

33 选择工具箱中任意选区工具，在选区中单击鼠标右键，从弹出的快捷菜单中选择【变换选区】选项，将选区等比扩大，完成之后按 Enter 键确认，如图 6.45 所示。

34 将选区填充为黑色，将部分图形隐藏，完成之后按 Ctrl+D 组合键将选区取消，如图 6.46 所示。

35 选择工具箱中的【横排文字工具】T，在画布适当位置添加文字，如图 6.47 所示。

36 选中【2 折包邮】文字图层，按 Ctrl+T 组合键对其执行【自由变换】命令，单击鼠标右键，从弹出的快捷菜单中选择【斜切】选项，拖动变形框控制点，将文字变形，完成之后按 Enter 键确认，这样就完成了效果制作，最终效果如图 6.48 所示。

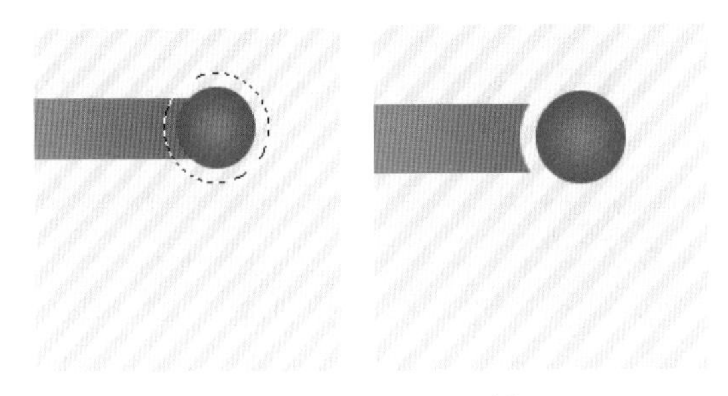

图 6.45　　图 6.46

图 6.47　　图 6.48

6.3 家电促销直通车

实例解析

本例讲解家电促销直通车制作，家电类商品的广告页面通常以科技蓝为主色调，在制作过程中主要突出科技、品质、优惠等特点，最终效果如图 6.49 所示。

图 6.49

视频教学

调用素材：第 6 章 \ 家电促销直通车

源文件：第 6 章 \ 家电促销直通车 .psd

操作步骤

1 执行菜单栏中的【文件】|【打开】命令，打开“背景 .jpg”文件。

2 选择工具箱中的【矩形工具】，在选项栏中将【填充】更改为白色，设置【描边】为无，在背景右下角位置绘制一个矩形，此时将生成一个【矩形 1】图层，如图 6.50 所示。

3 选择工具箱中的【直接选择工具】，拖动矩形左上角锚点，将其左侧稍微变形，如图 6.51 所示。

4 在【图层】面板中选中【矩形 1】图层，单击面板底部的【添加图层样式】按钮 fx，在菜单中选择【渐变叠加】选项，在弹出的对话框中将【渐变】更改为黄色（R:250，G:194，B:0）到黄色（R:255，G:144，B:3），将【样式】更改为【径向】，将【角度】更改为0度，完成之后单击【确定】按钮，如图6.52所示。

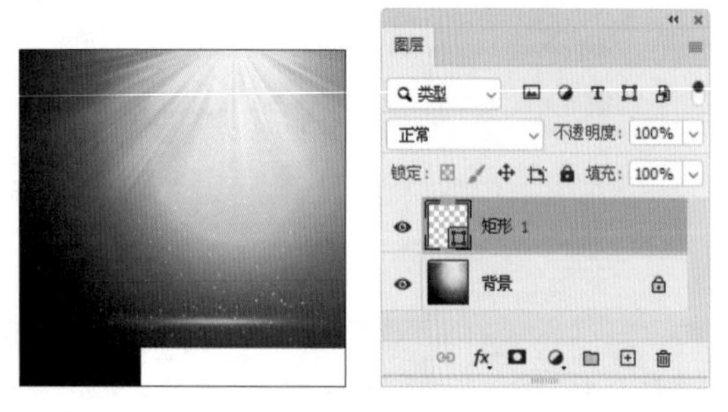

图 6.50

图 6.51

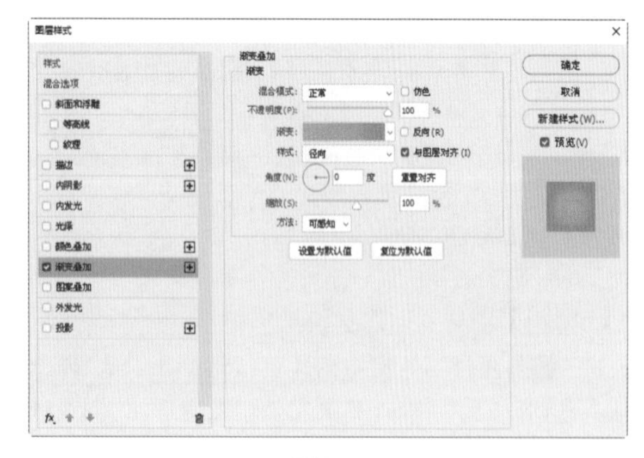

图 6.52

5 在【图层】面板中选中【矩形 1】图层，将其拖至面板底部的【创建新图层】按钮⊞上，复制出1个【矩形 1 拷贝】图层，如图6.53所示。

6 选中【矩形 1 拷贝】图层，在画布中将图形向左侧平移，再选择工具箱中的【直接选择工具】，拖动矩形锚点，将其变形。再双击图层样式名称，在弹出的对话框中将【渐变】更改为蓝色（R:0，G:162，B:255）到蓝色（R:0，G:43，B:105），如图6.54所示。

图 6.53

图 6.54

7 选择工具箱中的【钢笔工具】，设置【选择工具模式】为【形状】，将【填充】更改为深蓝色（R:0，G:25，B:60），将【描边】更改为无，在【矩形 1 拷贝】图层中图形右侧位置绘制1个不规则图形，如图6.55所示。

8 选择工具箱中的【横排文字工具】T，在画布适当位置添加文字，如图6.56所示。

图 6.55

图 6.56

9 选中【厂家直供】文字图层，按Ctrl+T组合键对其执行【自由变换】命令，单击鼠标右键，从弹出的快捷菜单中选择【斜切】选项，拖动变形框控制点，将文字变形，完成之后按Enter键确认。以同样的方法选中【品质保证】文字图层，将文字变形，这样就完成了效果制作，最终效果如图6.57所示。

图 6.57

6.4 会员专享直通车

实例解析

本例讲解会员专享直通车制作，本例的主色调采用浅绿色，整体给人一种清新、舒适的浏览体验。在版式上将文字与图形相结合，同时还可以在空白处添加一些图形元素作为点缀，最终效果如图6.58所示。

图 6.58

视频教学

调用素材：无

源文件：第6章\会员专享直通车.psd

操作步骤

6.4.1 制作背景

1 执行菜单栏中的【文件】|【新建】命令，在弹出的对话框中设置【宽度】为500像素，【高度】为500像素，【分辨率】为72像素/英寸，新建一个空白画布。

2 选择工具箱中的【渐变工具】，编辑从浅绿色（R:240，G:244，B:237）到绿色（R:210，

G:230，B:207）的渐变，单击选项栏中的【径向渐变】按钮，在画布中从中间向右上角方向拖动，填充渐变。

3 选择工具箱中的【椭圆工具】，在选项栏中将【填充】更改为白色，设置【描边】为无，按住 Shift 键在画布靠左上角位置绘制一个正圆图形，此时将生成一个【椭圆 1】图层，如图 6.59 所示。

图 6.59

4 选中【椭圆 1】图层，将图层混合模式设置为【柔光】，将【不透明度】更改为 60%，如图 6.60 所示。

图 6.60

5 在【图层】面板中选中【椭圆 1】图层，将其拖至面板底部的【创建新图层】按钮上，复制出 1 个【椭圆 1 拷贝】图层。

6 选中【椭圆 1】图层，将【填充】更改为无，将【描边】更改为白色，将【大小】更改为 10 点，再选中【椭圆 1 拷贝】图层，按 Ctrl+T 组合键对其执行【自由变换】命令，将图形等比缩小，完成之后按 Enter 键确认，再将其【填充】更改为无，将【描边】更改为白色，将【大小】更改为 10 点，如图 6.61 所示。

图 6.61

7 同时选中【椭圆 1】及【椭圆 1 拷贝】图层，按住 Alt 键在画布中拖动图形，将其复制数份，并将部分图形适当缩小，如图 6.62 所示。

图 6.62

6.4.2 绘制标签

1 选择工具箱中的【矩形工具】，在选项栏中将【填充】更改为绿色（R:126，G:170，B:90），设置【描边】为无，在画布靠底部位置绘制一个矩形，此时将生成一个【矩形 1】图层，如图 6.63 所示。

2 在【图层】面板中选中【矩形 1】图层，将其拖至面板底部的【创建新图层】按钮上，复制出 1 个【矩形 1 拷贝】图层，如图 6.64 所示。

3 选中【矩形 1 拷贝】图层，将其图形颜色更改为绿色（R:93，G:145，B:45），再按 Ctrl+T 组合键对其执行【自由变换】命令，将图形宽度缩小，完成之后按Enter键确认，如图6.65所示。

图 6.63

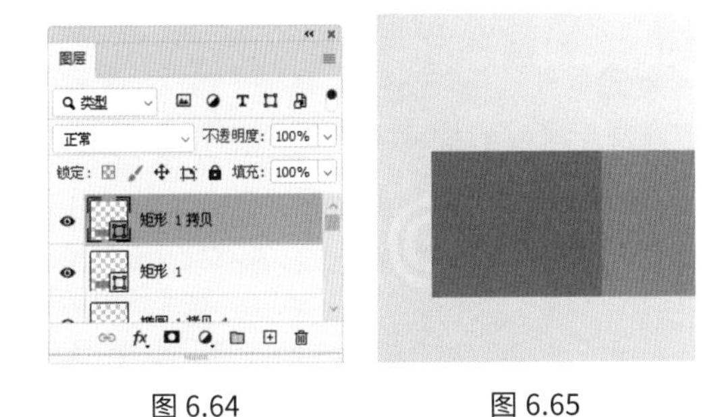

图 6.64　　图 6.65

4 在【图层】面板中选中【矩形 1 拷贝】图层，单击面板底部的【添加图层蒙版】按钮，为其添加图层蒙版，如图 6.66 所示。

5 选择工具箱中的【多边形套索工具】，在图形右侧位置绘制一个三角形选区，以选中部分图形，如图 6.67 所示。

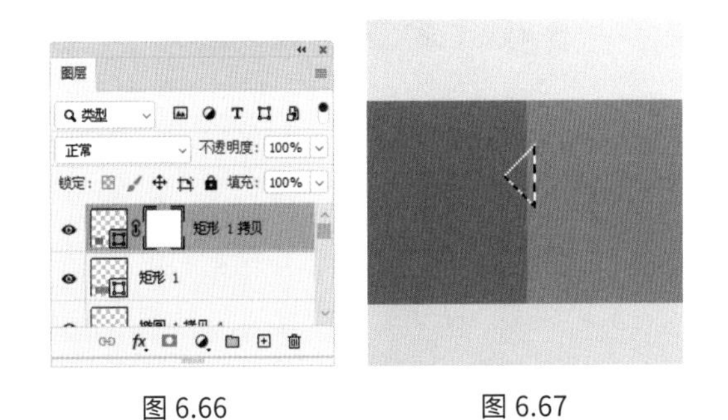

图 6.66　　图 6.67

6 将选区填充为黑色，将部分图形隐藏，完成之后按 Ctrl+D 组合键将选区取消，如图 6.68 所示。

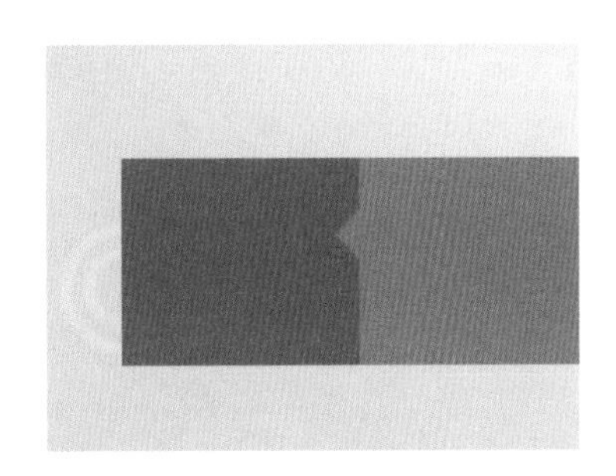

图 6.68

7 选择工具箱中的【钢笔工具】，设置【选择工具模式】为【形状】，将【填充】更改为白色，将【描边】更改为无，在矩形右侧位置绘制 1 个不规则图形，此时将生成一个【形状 1】图层，如图 6.69 所示。

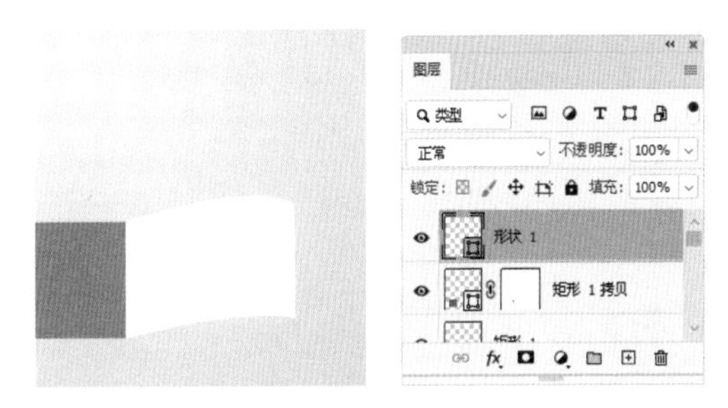

图 6.69

8 在【图层】面板中选中【形状 1】图层，单击面板底部的【添加图层样式】按钮，在菜单中选择【渐变叠加】选项，在弹出的对话框中将【渐变】更改为绿色（R:56，G:95，B:24）到绿色（R:152，G:198，B:124），将【角度】更改为 0 度，完成之后单击【确定】按钮，如图 6.70 所示。

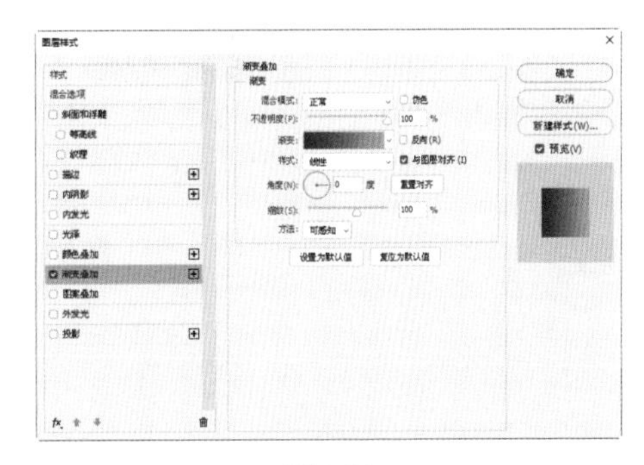

图 6.70

9 选择工具箱中的【钢笔工具】，设置【选择工具模式】为【形状】，将【填充】更改为白色，将【描边】更改为无，在已绘制的图形下方位置再次绘制1个不规则图形，此时将生成一个【形状 2】图层，将其移至【形状 1】图层下方，如图 6.71 所示。

图 6.71

10 在【形状 1】图层名称上单击鼠标右键，从弹出的快捷菜单中选择【拷贝图层样式】选项。在【形状 2】图层名称上单击鼠标右键，从弹出的快捷菜单中选择【粘贴图层样式】选项，如图 6.72 所示。

11 双击【形状 2】图层样式名称，在弹出的对话框中将【渐变】更改为绿色（R:102，G:135，B:70）到绿色（R:22，G:39，B:30），将第1个色标位置更改为20%，将【角度】更改为95度，完成之后单击【确定】按钮，效果如图 6.73 所示。

图 6.72

图 6.73

12 选择工具箱中的【矩形工具】，在选项栏中将【填充】更改为深绿色（R:56，G:97，B:29），设置【描边】为无，在适当位置绘制一个矩形，如图 6.74 所示。

13 选择工具箱中的【横排文字工具】T，在画布适当位置添加文字，如图 6.75 所示。

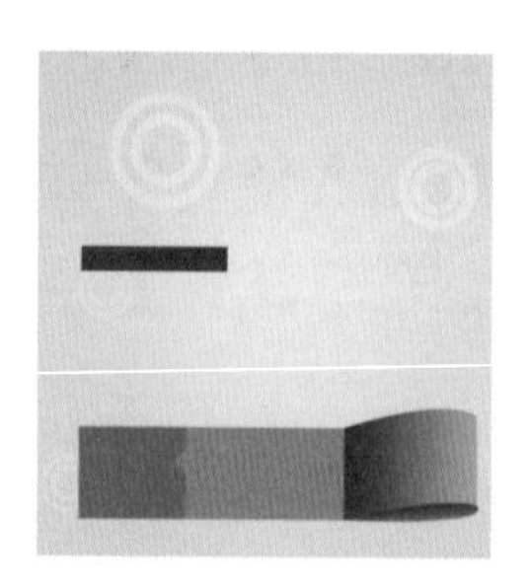

图 6.74

图 6.75

14 选中【新品特惠】文字图层，按 Ctrl+T 组合键对其执行【自由变换】命令，单击鼠标右键，从弹出的快捷菜单中选择【斜切】选项，拖动变形框，将文字变形，完成之后按 Enter 键确认，如图 6.76 所示。

图 6.76

15 选择工具箱中的【钢笔工具】，设置【选择工具模式】为【形状】，将【填充】更改为深绿色（R:30，G:47，B:27），将【描边】更改为无，在画布底部位置绘制1个不规则图形，此时将生成一个【形状 3】图层，将【形状 3】图层移至【背景】图层上方，如图 6.77 所示。

16 选中【形状 3】图层，执行菜单栏中的【滤镜】|【模糊】|【高斯模糊】命令，在弹出的对话框中将【半径】更改为3像素，完成之后单击【确

定】按钮，这样就完成了效果制作，最终效果如图 6.78 所示。

图 6.77

图 6.78

6.5 巨划算直通车

实例解析

本例讲解巨划算直通车制作，在制作过程中以模拟舞台为背景，整个画面具有较强的空间感及立体感，同时也将文字信息衬托得更清晰、直观，最终效果如图 6.79 所示。

图 6.79

视频教学

调用素材：第 6 章 \ 巨划算直通车

源文件：第 6 章 \ 巨划算直通车 .psd

操作步骤

6.5.1 制作舞台背景

1 执行菜单栏中的【文件】|【新建】命令，在弹出的对话框中设置【宽度】为 500 像素，【高度】为 500 像素，【分辨率】为 72 像素 / 英寸，新建一个空白画布。

2 执行菜单栏中的【文件】|【打开】命令，打开“木板 .jpg”文件，将其拖入画布中靠下方位置并适当缩小，同时将图层名称更改为“图层 1”。

3 选中【图层 1】图层，按 Ctrl+T 组合键对其执行【自由变换】命令，单击鼠标右键，从弹出的快捷菜单中选择【透视】选项，拖动变形框控制点，将图像变形，完成之后按 Enter 键确认，如图 6.80 所示。

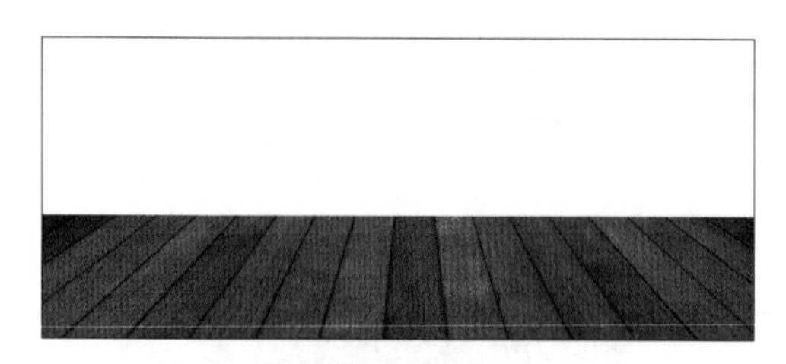

图 6.80

4 在【图层】面板中选中【图层 1】图层，单击面板底部的【添加图层样式】按钮 *fx*，在菜单中选择【内阴影】选项，在弹出的对话框中将【不透明度】的值更改为 40%，取消选中【使用全局光】复选框，将【角度】的值更改为 90 度，将【距离】的值更改为 5 像素，将【大小】的值更改为 10 像素，如图 6.81 所示。

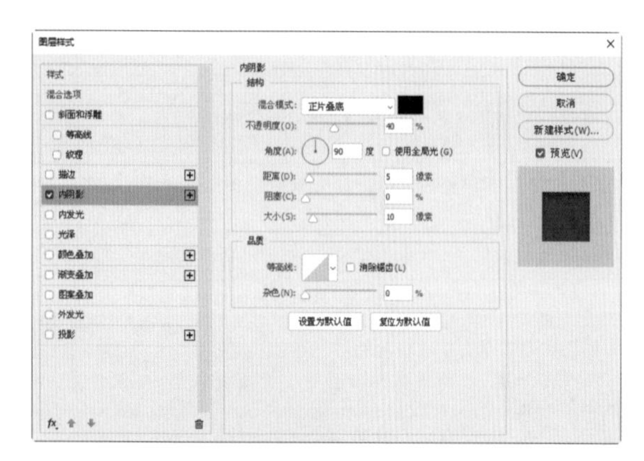

图 6.81

5 选中【颜色叠加】复选框，将【颜色】更改为紫色（R:85，G:12，B:40），将【不透明度】的值更改为 80%，完成之后单击【确定】按钮，如图 6.82 所示。

6 选择工具箱中的【矩形工具】，在选项栏中将【填充】更改为紫色（R:190，G:0，B:78），设置【描边】为无，在画布靠上半部分位置绘制一个矩形，此时将生成一个【矩形 1】图层，如图 6.83 所示。

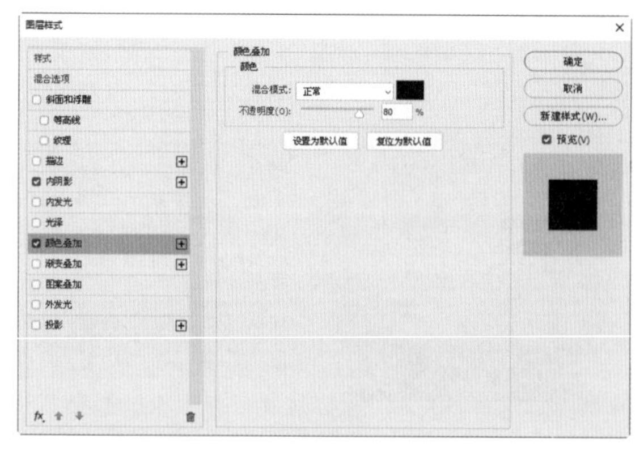

图 6.82

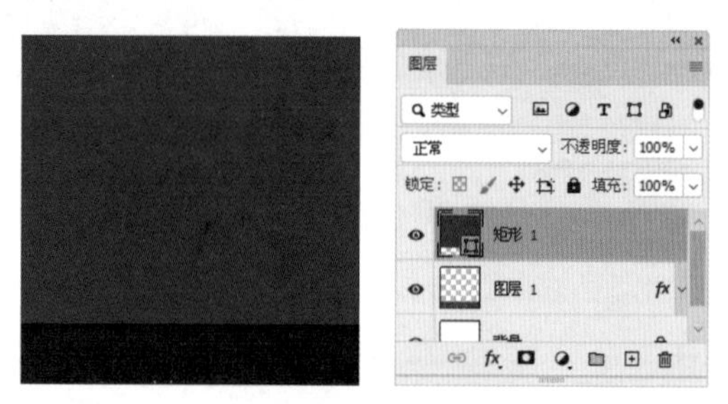

图 6.83

7 选择工具箱中的【矩形工具】，在选项栏中将【填充】更改为任意颜色，设置【描边】为无，按住 Shift 键在画布中绘制一个矩形，此时将生成一个【矩形 2】图层，如图 6.84 所示。

图 6.84

8 选中【矩形 2】图层，按 Ctrl+T 组合键对其执行【自由变换】命令，当出现框以后，在选项栏中【旋转】后方的文本框中输入 45，完成之后按 Enter 键确认，效果如图 6.85 所示。

图 6.85

9 选中【矩形 2】图层，执行菜单栏中的【图层】|【创建剪贴蒙版】命令，为当前图层创建剪贴蒙版，将部分图形隐藏，如图 6.86 所示。

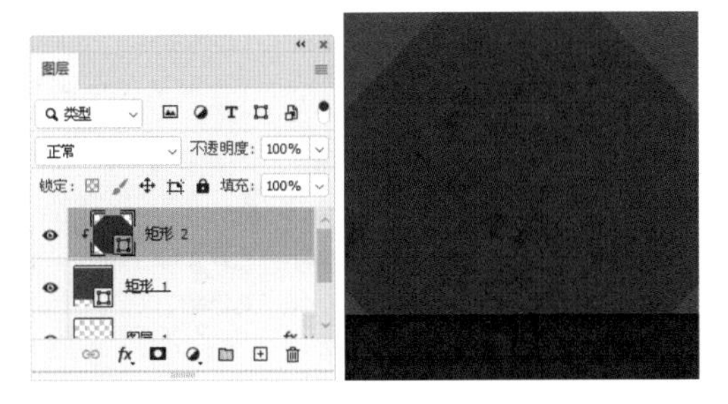

图 6.86

10 在【图层】面板中选中【矩形 2】图层，单击面板底部的【添加图层样式】按钮fx，在菜单中选择【渐变叠加】选项，在弹出的对话框中将【渐变】更改为紫色（R:160，G:0，B:60）到紫色（R:242，G:0，B:106），完成之后单击【确定】按钮，如图 6.87 所示。

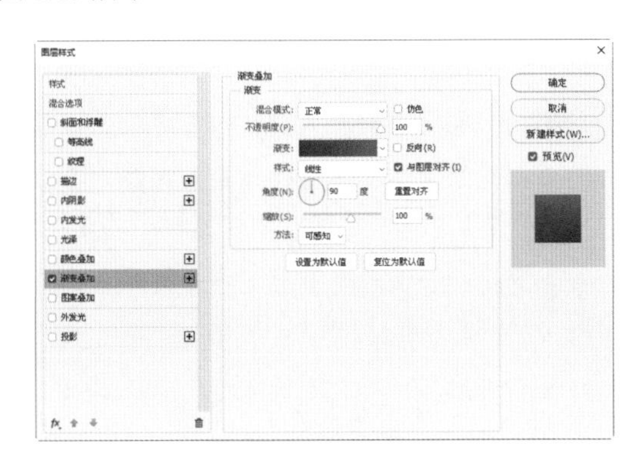

图 6.87

11 选择工具箱中的【直线工具】，在选项栏中将【填充】更改为黄色（R:255，G:232，B:20），设置【描边】为无，将【粗细】更改为 1 像素，在已绘制的矩形左侧边缘位置绘制一条线段，此时将生成一个【形状 1】图层，如图 6.88 所示。

图 6.88

12 在【图层】面板中选中【形状 1】图层，单击面板底部的【添加图层蒙版】按钮，为当前图层添加图层蒙版，如图 6.89 所示。

13 选择工具箱中的【渐变工具】，编辑从黑色到白色再到黑色的渐变，单击选项栏中的【线性渐变】按钮，在图形上单击并拖动鼠标，将部分图形隐藏，如图 6.90 所示。

图 6.89

图 6.90

14 在【图层】面板中选中【形状 1】图层，将其拖至面板底部的【创建新图层】按钮上，复制出 1 个【形状 1 拷贝】图层，然后将其水平翻转并放置到右侧，如图 6.91 所示。

15 在【图层】面板中选中【矩形 2】图层，将其拖至面板底部的【创建新图层】按钮上，复制出 1 个【矩形 2 拷贝】图层，将其移至【矩形 2】图层下方。

16 双击【矩形 2 拷贝】图层样式名称，在弹出的对话框中将【角度】更改为 0 度，完成之后单击【确定】按钮，然后在画布中将其向上垂直移动，如图 6.92 所示。

图 6.91

图 6.92

17 双击【矩形 2 拷贝】图层样式名称，在弹出的对话框中选中【投影】复选框，将【不透明度】的值更改为 20%，取消选中【使用全局光】复选框，将【角度】的值更改为 90 度，将【距离】的值更改为 2 像素，将【大小】的值更改为 4 像素，完成之后单击【确定】按钮，如图 6.93 所示。

18 选择工具箱中的【矩形工具】▭，在选项栏中将【填充】更改为紫色（R:245，G:2，B:110），设置【描边】为无，在画布左上角位置绘制一个矩形，此时将生成一个【矩形 3】图层，如图 6.94 所示。

19 选中【矩形 3】图层，按 Ctrl+T 组合键对其执行【自由变换】命令，当出现框以后在选项栏中【旋转】后方的文本框中输入 45，完成之后按 Enter 键确认，再将其移至【矩形 2 拷贝】图层下方，如图 6.95 所示。

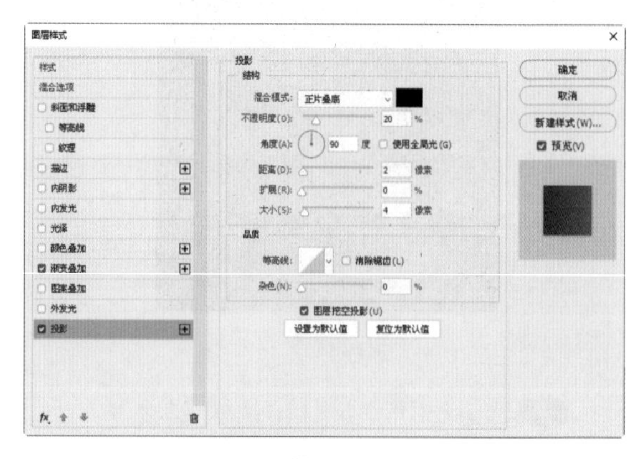

图 6.93

图 6.94

图 6.95

20 在【图层】面板中选中【矩形 3】图层，单击面板底部的【添加图层样式】按钮 fx，在菜单中选择【投影】选项，在弹出的对话框中将【距离】更改为 5 像素，将【大小】更改为 4 像素，完成之后单击【确定】按钮，如图 6.96 所示。

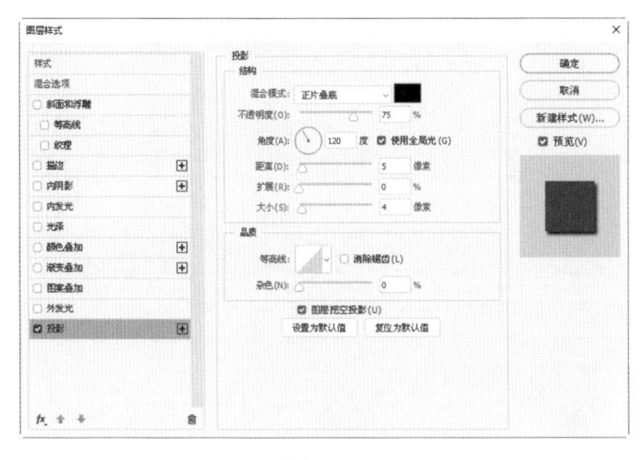

图 6.96

21 选中【矩形 3】图层，按住 Alt+Shift 组合键在画布中向右侧拖动图形至与原图形相对的位置，再双击其图层样式名称，在弹出的对话框中取消选中【使用全局光】复选框，将【角度】更改为 60 度，完成之后单击【确定】按钮，效果如图 6.97 所示。

图 6.97

22 选择工具箱中的【矩形工具】，在选项栏中将【填充】更改为红色（R:247，G:0，B:90），设置【描边】为无，在画布左下角位置绘制一个矩形，此时将生成一个【矩形 4】图层，如图 6.98 所示。

23 选中【矩形 4】图层，按 Ctrl+T 组合键对其执行【自由变换】命令，单击鼠标右键，从弹出的快捷菜单中选择【透视】选项，拖动变形框控制点，将图形变形，完成之后按 Enter 键确认，如图 6.99 所示。

图 6.98

图 6.99

24 在【图层】面板中选中【矩形 4】图层，单击面板底部的【添加图层蒙版】按钮，为其添加图层蒙版，如图 6.100 所示。

25 选择工具箱中的【渐变工具】，编辑从黑色到白色的渐变，单击选项栏中的【线性渐变】按钮，在其图形上单击并拖动鼠标，将部分图形隐藏，如图 6.101 所示。

图 6.100　　图 6.101

26 选择工具箱中的【椭圆工具】，在选项栏中将【填充】更改为白色，设置【描边】为无，在已绘制的发光图形底部绘制一个椭圆图形，此时将生成一个【椭圆 1】图层，如图 6.102 所示。

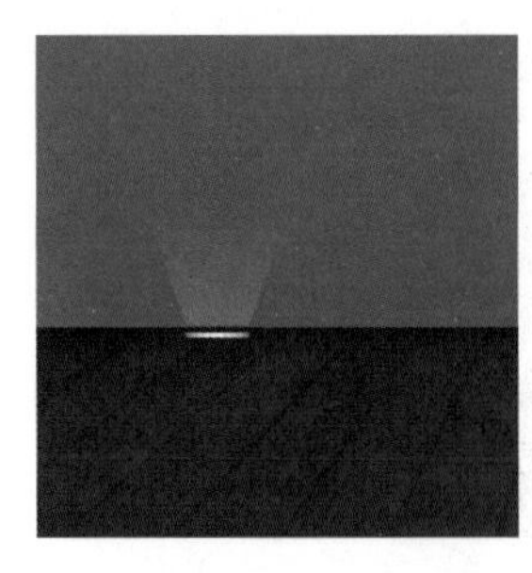

图 6.102

27 在【图层】面板中选中【椭圆 1】图层，单击面板底部的【添加图层样式】按钮 fx，在菜单中选择【外发光】选项，在弹出的对话框中将【混合模式】更改为【线性减淡（添加）】，将【不透明度】更改为 100%，将【颜色】更改为红色（R:255，G:0，B:90），将【大小】更改为 8 像素，完成之后单击【确定】按钮，如图 6.103 所示。

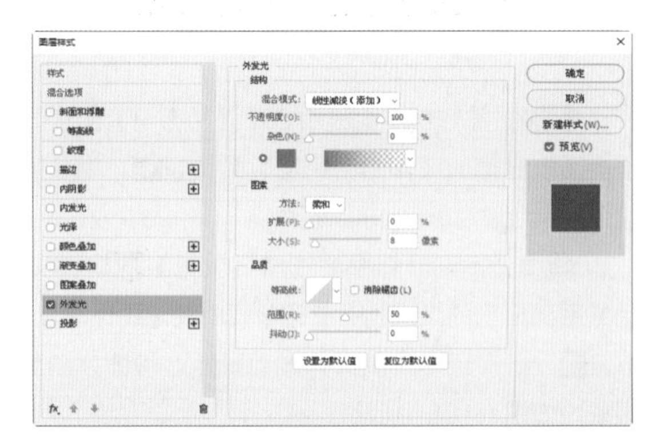

图 6.103

28 同时选中【矩形 4】及【椭圆 1】图层，按住 Alt+Shift 组合键在画布中向右侧拖动图形，将图形复制 3 份，如图 6.104 所示。

图 6.104

6.5.2 绘制图形并添加文字

1 选择工具箱中的【椭圆工具】，在选项栏中将【填充】更改为黄色（R:255，G:232，B:20），设置【描边】为无，按住 Shift 键在画布左下角位置绘制一个正圆图形，此时将生成一个【椭圆 2】图层，如图 6.105 所示。

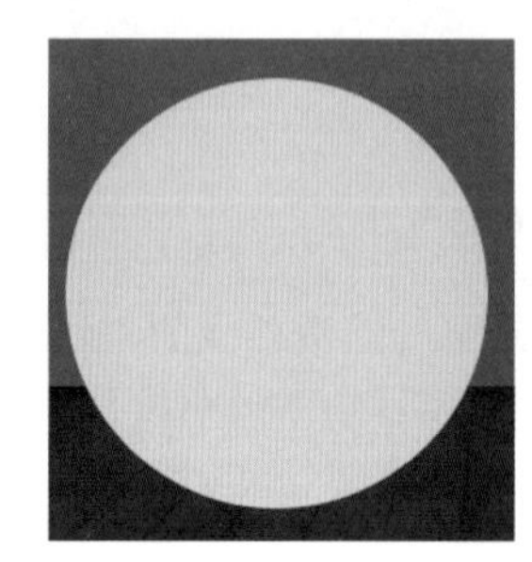

图 6.105

2 选择工具箱中的【矩形工具】，在选项栏中将【填充】更改为深灰色（R:33，G:33，B:33），设置【描边】为无，在椭圆图形中间位置绘制一个矩形，此时将生成一个【矩形 5】图层，如图 6.106 所示。

图 6.106

3 选中【矩形 5】图层，执行菜单栏中的【图层】|【创建剪贴蒙版】命令，为当前图层创建剪贴蒙版，将部分图形隐藏，如图 6.107 所示。

4 选择工具箱中的【横排文字工具】T，在画布适当位置添加文字，这样就完成了效果制作，最终效果如图 6.108 所示。

图 6.107

图 6.108

6.6 疯狂底价直通车

实例解析

本例讲解疯狂底价直通车制作，疯狂底价直通车所表达的主题是体现商品的最低价，整个制作的重点在于炫目背景的绘制及主题文字信息的添加，最终效果如图 6.109 所示。

图 6.109

视频教学

调用素材：无

源文件：第 6 章 \ 疯狂底价直通车 .psd

操作步骤

6.6.1 制作炫目背景

1 执行菜单栏中的【文件】|【新建】命令，在弹出的对话框中设置【宽度】为 500 像素，【高度】为 500 像素，【分辨率】为 72 像素 / 英寸，新建一个空白画布，将画布填充为深紫色（R:70，G:0，B:60）。

2 选择工具箱中的【钢笔工具】，设置【选择工具模式】为【形状】，将【填充】更改为紫色（R:192，G:10，B:100），将【描边】更改为无，绘制 1 个不规则图形，此时将生成一个【形状 1】图层，如图 6.110 所示。

图 6.110

3 在【图层】面板中选中【形状 1】图层，单击面板底部的【添加图层蒙版】按钮，为其添加图层蒙版，如图 6.111 所示。

4 选择工具箱中的【渐变工具】，编辑从黑色到白色的渐变，单击选项栏中的【线性渐变】按钮，在其图形上单击并拖动鼠标，将部分图形隐藏，如图 6.112 所示。

图 6.111　　图 6.112

5 选择工具箱中的【椭圆工具】，在选项栏中将【填充】更改为白色，设置【描边】为无，按住 Shift 键在画布靠左侧位置绘制一个正圆图形，此时将生成一个【椭圆 1】图层，如图 6.113 所示。

图 6.113

6 选中【椭圆 1】图层，执行菜单栏中的【滤镜】|【模糊】|【高斯模糊】命令，在弹出的对话框中将【半径】更改为 70.0 像素，完成之后单击【确定】按钮，如图 6.114 所示。

图 6.114

7 以同样的方法绘制 1 个多边形，此时将生成一个【形状 2】图层，隐藏图形，如图 6.115 所示。

图 6.115

8 在【图层】面板中选中【形状 2】图层，将其拖至面板底部的【创建新图层】按钮上，复制出 1 个【形状 2 拷贝】图层。

9 选中【形状 2 拷贝】图层，在画布中将图形向右下角方向稍微移动，如图 6.116 所示。

图 6.116

提示 移动图形之后可以利用【渐变工具】将图形部分区域隐藏。

10 选择工具箱中的【钢笔工具】，在画布左上角位置绘制一个三角形，此时将生成一个【形状 3】图层，将图层【不透明度】的值更改为 30%，如图 6.117 所示。

图 6.117

6.6.2 绘制边栏

1 选择工具箱中的【矩形工具】，在选项栏中将【填充】更改为黄色（R:254，G:229，B:10），设置【描边】为无，在画布靠底部位置绘制一个矩形，此时将生成一个【矩形 1】图层，如图 6.118 所示。

图 6.118

2 选择工具箱中的【直接选择工具】，向下拖动矩形左上角锚点，如图 6.119 所示。

3 在【图层】面板中选中【矩形 1】图层，单击面板底部的【添加图层样式】按钮，在菜单中选择【内阴影】选项，在弹出的对话框中将【混合模式】更改为【叠加】，将【颜色】更改为白色，将【距离】更改为 2 像素，将【大小】更改为 2 像素，完成之后单击【确定】按钮，如图 6.120 所示。

图 6.119

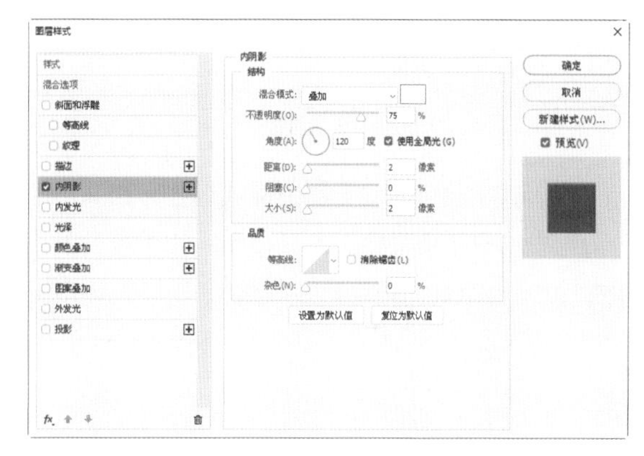

图 6.120

4 选择工具箱中的【矩形工具】，在选项栏中将【填充】更改为白色，设置【描边】为无，在画布靠底部左侧位置绘制一个矩形，此时将生成一个【矩形 2】图层，如图 6.121 所示。

5 选择工具箱中的【直接选择工具】，拖动矩形锚点，将其变形，如图 6.122 所示。

6 在【矩形 1】图层名称上单击鼠标右键，从弹出的快捷菜单中选择【拷贝图层样式】选项。在【矩形 2】图层名称上单击鼠标右键，从弹出的快捷菜单中选择【粘贴图层样式】选项，如图 6.123 所示。

图 6.121

图 6.122

图 6.123

(7) 双击【矩形 2】图层样式名称，在弹出的对话框中选中【渐变叠加】复选框，将【渐变】更改为橙色(R:254，G:152，B:0)到黄色(R:250，G:193，B:0)，完成之后单击【确定】按钮，如图 6.124 所示。

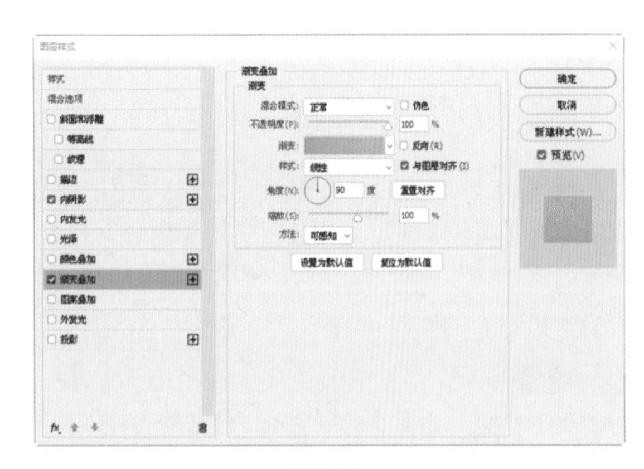

图 6.124

(8) 选择工具箱中的【钢笔工具】，设置【选择工具模式】为【形状】，将【填充】更改为深红色（R:143，G:17，B:0），将【描边】更改为无，在已绘制的两个图形之间绘制 1 个不规则图形，如图 6.125 所示。

(9) 选择工具箱中的【矩形工具】，在选项栏中将【填充】更改为黄色(R:254，G:229，B:10)，设置【描边】为无，【半径】为 8 像素，绘制一个圆角矩形，如图 6.126 所示。

图 6.125

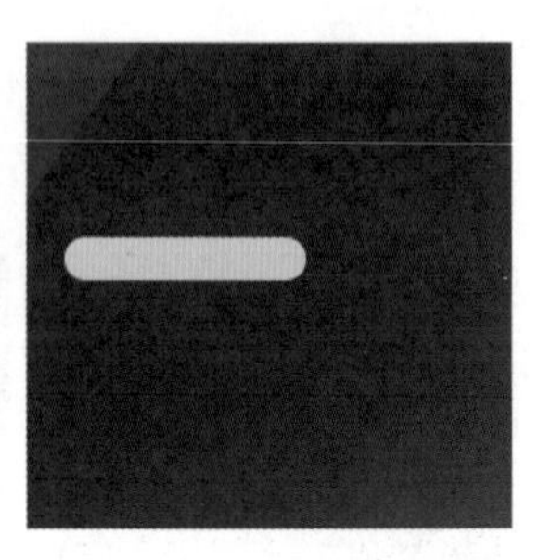

图 6.126

(10) 选择工具箱中的【横排文字工具】T，在画布适当位置添加文字（字体为方正粗谭黑简体），如图 6.127 所示。

(11) 同时选中【全国包邮】及【疯狂底价】文字图层，在图层名称上单击鼠标右键，从弹出的快捷菜单中选择【转换为形状】选项，如图 6.128 所示。

图 6.127

图 6.128

(12) 选中【疯狂底价】文字图层，按 Ctrl+T 组合键对其执行【自由变换】命令，单击鼠标右键，从弹出的快捷菜单中选择【扭曲】选项，拖动变形框，将文字变形，完成之后按 Enter 键确认，如图 6.129 所示。

图 6.129

13 以同样的方法选中【全国包邮】文字图层，将文字变形，这样就完成了效果制作，最终效果如图 6.130 所示。

图 6.130

6.7 折纸样式直通车

实例解析

本例讲解折纸样式直通车制作，此款直通车在视觉效果上与主题搭配得非常协调，通过绘制类似折纸效果的图形能提升整个画布的立体感，最终效果如图 6.131 所示。

激情折扣 30% SALE

图 6.131

视频教学

调用素材：无

源文件：第 6 章 \ 折纸样式直通车 .psd

操作步骤

6.7.1 制作格子背景

1 执行菜单栏中的【文件】|【新建】命令，在弹出的对话框中设置【宽度】为 600 像素，【高度】为 600 像素，【分辨率】为 72 像素 / 英寸，新建一个空白画布。

2 选择工具箱中的【矩形工具】，在选项栏中将【填充】更改为黑色，设置【描边】为无，按住 Shift 键在画布中的任意位置绘制一个矩形，此时将生成一个【矩形 1】图层，如图 6.132 所示。

图 6.132

3 选中【矩形 1】图层，按 Ctrl+T 组合键对其执行【自由变换】命令，当出现框以后在选项栏中【旋转】后方的文本框中输入 45，完成之后按 Enter 键确认，如图 6.133 所示。

图 6.133

4 在【图层】面板中选中【矩形 1】图层，单击面板底部的【添加图层样式】按钮 *fx*，在菜单中选择【渐变叠加】选项，在弹出的对话框中将【不透明度】的值更改为 5%，将【渐变】更改为从黑色到透明到黑色，完成之后单击【确定】按钮，如图 6.134 所示。

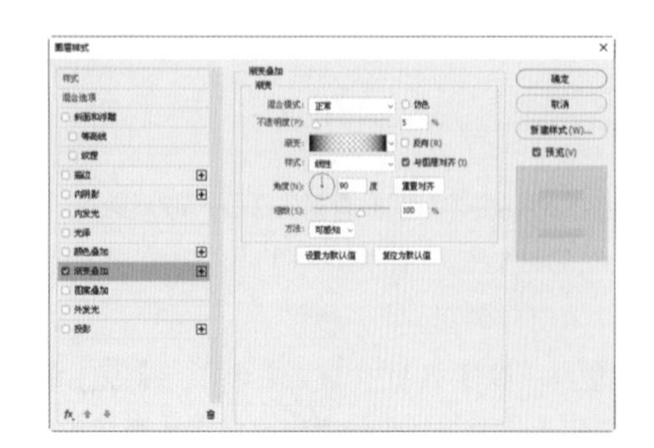

图 6.134

5 在【图层】面板中选中【矩形 1】图层，将其图层【填充】更改为 0%，如图 6.135 所示。

图 6.135

6 选中【矩形 1】图层，将其图形移至画布左上角位置。

7 选中【矩形 1】图层，按 Ctrl+Alt+T 组合键在画布中对图形执行复制变换命令，当出现变形框以后将其向右侧平移，完成之后按 Enter 键确认，如图 6.136 所示。

8 按住 Ctrl+Alt+Shift 组合键的同时按 T 键数次，执行多重复制命令，将图形复制多份，如图 6.137 所示。

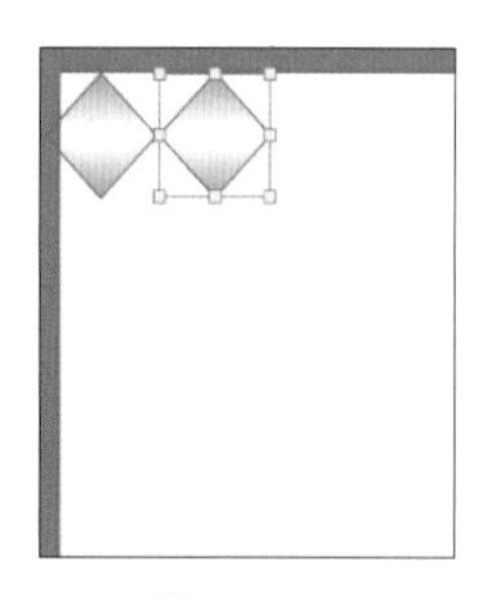

图 6.136

图 6.137

9 同时选中所有和矩形相关的图层，按 Ctrl+E 组合键将它们合并，此时将生成 1 个【矩形 1 拷贝 8】图层，如图 6.138 所示。

图 6.138

10 选中【矩形 1 拷贝 8】图层，按住 Alt 键在画布中向下拖动图形，将图形复制并将其与原图形交叉摆放，此时将生成1个【矩形 1 拷贝 9】图层。

11 同时选中【矩形 1 拷贝 8】及【矩形 1 拷贝 9】图层，按住 Alt 键在画布中向下拖动图形，将图形复制并铺满整个画布。

6.7.2 绘制折纸图像

1 选择工具箱中的【矩形工具】，在选项栏中将【填充】更改为橙色（R:253，G:128，B:0），设置【描边】为无，在画布左下角位置绘制一个矩形，此时将生成一个【矩形 1】图层，如图 6.139 所示。

图 6.139

2 在【图层】面板中选中【矩形 1】图层，将其拖至面板底部的【创建新图层】按钮上，复制出 1 个【矩形 1 拷贝】图层，如图 6.140 所示。

3 选中【矩形 1 拷贝】图层，按 Ctrl+T 组合键对其执行【自由变换】命令，单击鼠标右键，从弹出的快捷菜单中选择【透视】选项，拖动变形框控制点，将图形变形，完成之后按 Enter 键确认，再将图形颜色更改为浅橙色（R:255，G:176，B:97），如图 6.141 所示。

4 同时选中【矩形 1】及【矩形 1 拷贝】图层，按住 Alt+Shift 组合键在画布中向右侧拖动图形，将图形复制，将生成的 2 个【矩形 1 拷贝 2】图层移至【矩形 1】图层下方，如图 6.142 所示。

5 选中图形稍大的【矩形 1 拷贝 2】图层，将其图形颜色更改为紫色（R:255，G:0，B:130），将另外 1 个稍小的矩形（也就是梯形）颜色更改为浅紫色（R:255，G:96，B:176），如图 6.143 所示。

图 6.140

图 6.141

图 6.142

图 6.143

6 以同样的方法将图形复制 2 份并分别更改其颜色，如图 6.144 所示。

图 6.144

7 在【图层】面板中选中【矩形 1 拷贝】图层，单击面板底部的【添加图层样式】按钮 fx，在菜单中选择【投影】选项，在弹出的对话框中将【不透明度】的值更改为 30%，取消选中【使用全局光】复选框，将【角度】的值更改为 180 度，将【距离】的值更改为 3 像素，将【大小】的值更改为 10 像素，完成之后单击【确定】按钮，如图 6.145 所示。

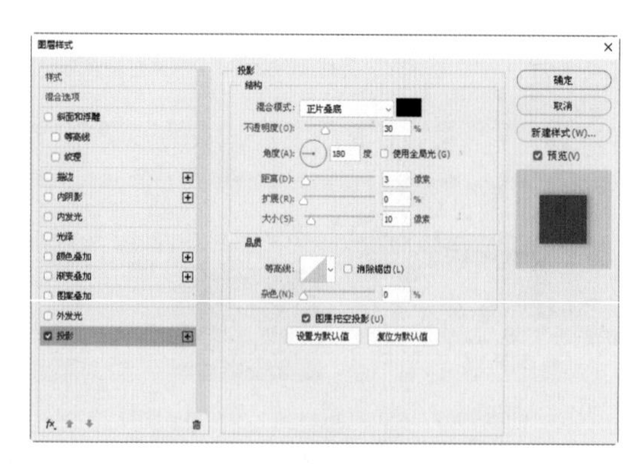

图 6.145

8 在【矩形 1 拷贝】图层名称上单击鼠标右键，从弹出的快捷菜单中选择【拷贝图层样式】选项，再分别在其他几个折纸图形所在图层名称上单击鼠标右键，从弹出的快捷菜单中选择【粘贴图层样式】选项，如图 6.146 所示。

9 选择工具箱中的【横排文字工具】T，在图形适当位置添加文字，如图 6.147 所示。

图 6.146　　图 6.147

10 以同样的方法在画布左上角位置绘制 2 个相似的折纸图形，如图 6.148 所示。

11 选择工具箱中的【横排文字工具】T，在已绘制的折纸图形位置添加文字，如图 6.149 所示。

12 在【图层】面板中选中【激情折扣】文字图层，单击面板底部的【添加图层样式】按钮fx，在菜单中选择【投影】选项，在弹出的对话框中将【混合模式】更改为【叠加】，将【颜色】更改为白色，取消选中【使用全局光】复选框，将【角度】更改为 90 度，将【距离】更改为 1 像素，完成之后单击【确定】按钮，如图 6.150 所示。

图 6.148　　图 6.149

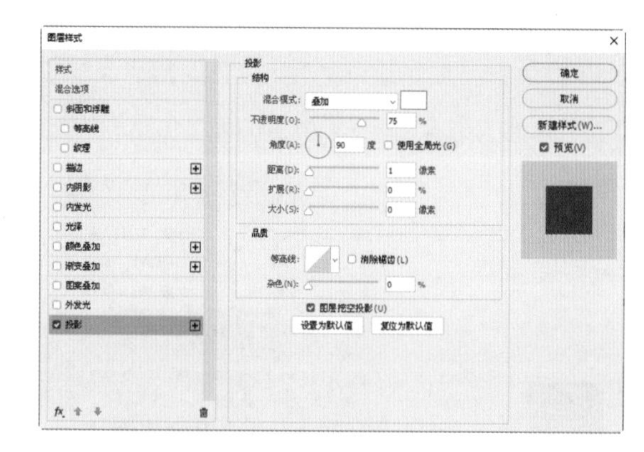

图 6.150

13 在【激情折扣】文字图层名称上单击鼠标右键，从弹出的快捷菜单中选择【拷贝图层样式】选项，在【限前 50 名 售完即止】文字图层名称上单击鼠标右键，从弹出的快捷菜单中选择【粘贴图层样式】选项，这样就完成了效果制作，最终效果如图 6.151 所示。

图 6.151

第 7 章 门庭若市，醒目主题店招制作

本章介绍

本章讲解店招制作，店招是一个网店的招牌所在，店招广告的内容包括网店的经营范围、种类等信息，因此其制作重点在于店铺的主要经营活动，以及对经营范围内的部分商品进行详细解读等，本章列举了常见的网店店招，如青年时代店招、约惠家装店招、十月折扣季店招、床品店招等。通过对本章的学习，读者可以基本掌握不同风格店招的制作方法。

学习目标

- 学习青年时代店招制作
- 了解约惠家装店招制作
- 掌握十月折扣季店招制作
- 学会制作床品店招

7.1 青年时代店招

实例解析

本例讲解青年时代店招制作，此款店招的版式比较简单，整体的布局简洁、大气，通过将主题文字与图像相结合，使店招表达的意图十分明确，最终效果如图 7.1 所示。

图 7.1

调用素材：第 7 章 \ 青年时代店招

源文件：第 7 章 \ 青年时代店招 .psd

操作步骤

7.1.1 绘制背景

1 执行菜单栏中的【文件】|【新建】命令，在弹出的对话框中设置【宽度】为 900 像素，【高度】为 400 像素，【分辨率】为 72 像素 / 英寸，将画布填充为浅黄色（R:247，G:244，B:240）。

2 选择工具箱中的【矩形工具】，在选项栏中将【填充】更改为黄色（R:236，G:225，B:57），设置【描边】为无，绘制一个与画布相同大小的矩形，此时将生成一个【矩形 1】图层。

3 选择工具箱中的【直接选择工具】，选中左下角锚点，将其向右侧拖动，将图形变形，如图 7.2 所示。

图 7.2

4 选择工具箱中的【矩形工具】，在选项栏中将【填充】更改为蓝色（R:70，G:67，B:132），在画布顶部位置绘制 1 个与其宽度相同的矩形，此时将生成一个【矩形 2】图层，如图 7.3 所示。

图 7.3

5 在【图层】面板中选中【矩形 2】图层，将其拖至面板底部的【创建新图层】按钮上，复制出 1 个【矩形 2 拷贝】图层。

6 选中【矩形 2 拷贝】图层，将其图形颜色更改为蓝色（R:48，G:46，B:96），按 Ctrl+T 组合键对其执行【自由变换】命令，将图形宽度缩小，完成之后按 Enter 键确认，如图 7.4 所示。

图 7.4

7 选择工具箱中的【添加锚点工具】，在【矩形 2 拷贝】图层中图形左侧边缘位置单击，添加锚点，如图 7.5 所示。

8 选择工具箱中的【转换点工具】，单击添加的锚点，再选择工具箱中的【直接选择工具】，选中经过转换的锚点，将其向右侧拖动，将图形变形，如图 7.6 所示。

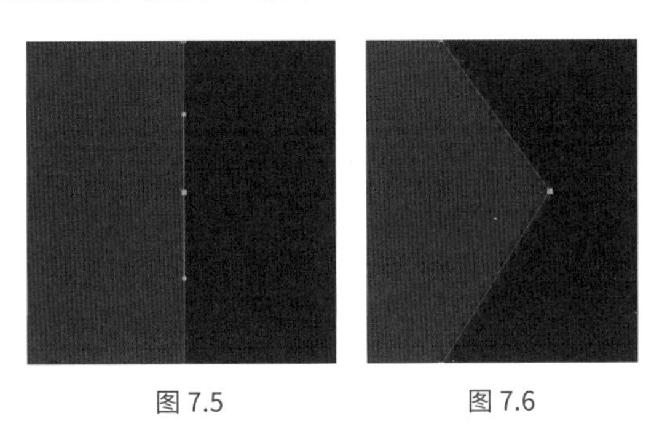

图 7.5　　图 7.6

9 选择工具箱中的【矩形工具】，在选项栏中将【填充】更改为无，设置【描边】为黑色，【大小】为 40 点，在画布靠左侧位置绘制一个圆角矩形，此时将生成一个【圆角矩形 1】图层，如图 7.7 所示。

10 选择工具箱中的【直接选择工具】，同时选中圆角矩形右侧的两个锚点，按 Delete 键将其删除，如图 7.8 所示。

11 同时选中右侧的两个锚点，将其向左侧拖动，将图形宽度缩小，如图 7.9 所示。

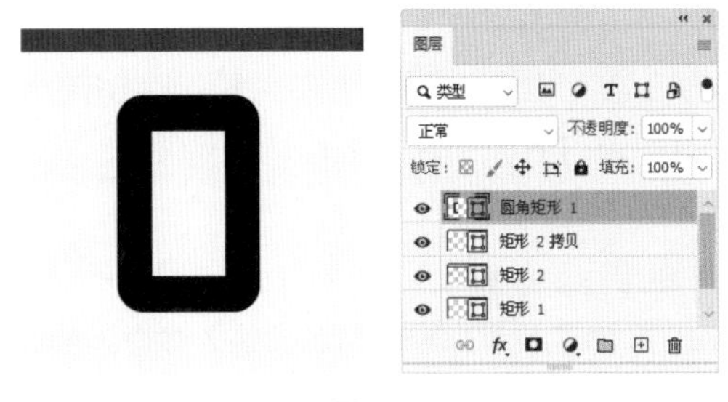

图 7.7

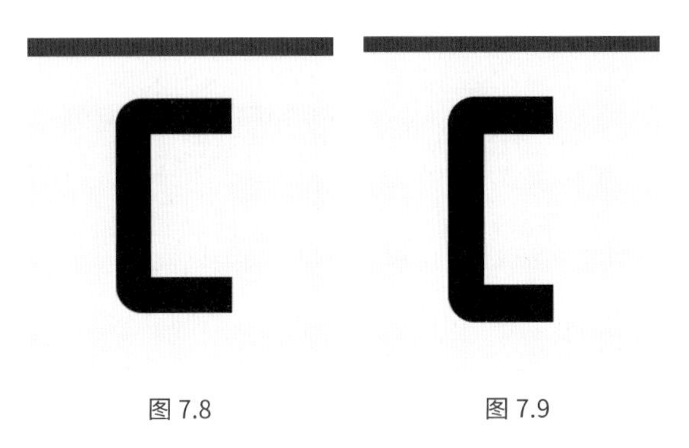

图 7.8　　图 7.9

12 在【图层】面板中选中【圆角矩形 1】图层，单击面板底部的【添加图层样式】按钮，在菜单中选择【渐变叠加】选项，在弹出的对话框中将【渐变】更改为红色（R:250，G:52，B:70）到蓝色（R:118，G:97，B:202），将【角度】更改为 60 度，完成之后单击【确定】按钮，如图 7.10 所示。

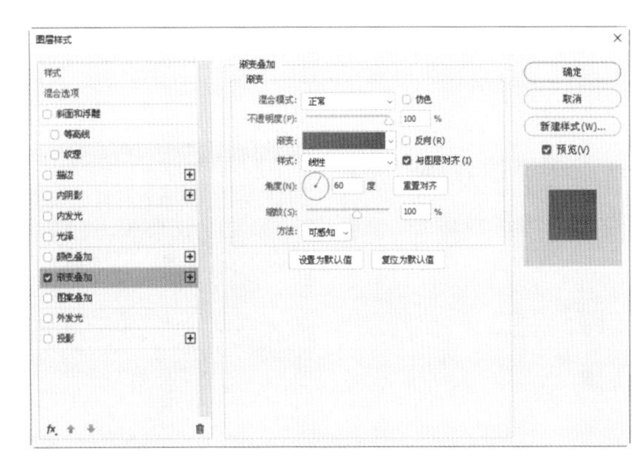

图 7.10

13 在【图层】面板中选中【圆角矩形 1】图层，将其拖至面板底部的【创建新图层】按钮上，复制出1个【圆角矩形 1 拷贝】图层，在【圆角矩形 1 拷贝】图层名称上单击鼠标右键，从弹出的快捷菜单中选择【栅格化图层】选项，并将其渐变做反向处理，如图 7.11 所示。

14 选中【圆角矩形 1 拷贝】图层，按 Ctrl+T 组合键对其执行【自由变换】命令，单击鼠标右键，从弹出的快捷菜单中选择【水平翻转】选项，完成之后按 Enter 键确认，并将图像向右侧平移，如图 7.12 所示。

图 7.11　　图 7.12

7.1.2 添加文字及素材

1 选择工具箱中的【横排文字工具】T，在画布的适当位置添加文字，如图 7.13 所示。

2 执行菜单栏中的【文件】|【打开】命令，打开“鞋.psd”文件，将其拖入画布中并适当缩小，如图 7.14 所示。

图 7.13

图 7.14

3 同时选中【鞋 2】【鞋 3】及【鞋 4】图层，将其图层混合模式设置为【正片叠底】，如图 7.15 所示。

图 7.15

4 选择工具箱中的【矩形工具】▭，在选项栏中将【填充】更改为蓝色（R:48，G:46，B:95），设置【描边】为无，在画布靠左侧位置绘制一个矩形，如图 7.16 所示。

图 7.16

5 选择工具箱中的【矩形工具】▭，在选项栏中将【填充】更改为浅蓝色（R:183，G:182，B:205），在已绘制的矩形位置绘制1个细长矩形，再按住 Alt+Shift 组合键将其向下拖动，将图形复制数份，如图 7.17 所示。

图 7.17

6 执行菜单栏中的【文件】|【打开】命令，打开“分类.psd”“售后标志.psd”文件，将其拖

入画布中的适当位置，并适当缩小，如图 7.18 所示。

图 7.18

7 选择工具箱中的【横排文字工具】T，在画布适当位置添加文字，这样就完成了效果制作，最终效果如图 7.19 所示。

图 7.19

7.2 约惠家装店招

实例解析

本例讲解约惠家装店招制作，通过将变形的文字与主题元素相结合，整体呈现一种前卫的视觉效果，最终效果如图 7.20 所示。

图 7.20

视频教学

调用素材：第 7 章 \ 约惠家装店招

源文件：第 7 章 \ 约惠家装店招 .psd

操作步骤

7.2.1 制作主题背景

1 执行菜单栏中的【文件】|【新建】命令，在弹出的对话框中设置【宽度】为 800 像素，【高度】为 400 像素，【分辨率】为 72 像素 / 英寸，新建一个空白画布。

2 选择工具箱中的【渐变工具】，编辑黄色（R:250，G:160，B:86）到橘黄色（R:233，G:70，B:15）的渐变，单击选项栏中的【径向渐变】按钮，在画布中从左上角向右下角方向单击并拖动鼠标，填充渐变，如图 7.21 所示。

3 选择工具箱中的【钢笔工具】，在选项栏中单击【选择工具模式】按钮，在弹出的选项中选择【形状】，将【填充】更改为红色（R:236，

G:58，B:20），设置【描边】为无，在画布左下角位置绘制1个不规则图形，此时将生成一个【形状1】图层，如图7.22所示。

图 7.21

图 7.22

4 在【图层】面板中选中【形状1】图层，将其拖至面板底部的【创建新图层】按钮上，复制出1个【形状1拷贝】图层，如图7.23所示。

5 选中【形状1拷贝】图层，在画布中将图形向上移动，再选择工具箱中的【直接选择工具】，拖动图形锚点，将图形变形，如图7.24所示。

图 7.23　　图 7.24

6 同时选中【形状1】及【形状1拷贝】图层，按住Alt+Shift组合键在画布中向右侧拖动图形，将图形复制，再按Ctrl+T组合键对其执行【自由变换】命令，单击鼠标右键，从弹出的快捷菜单中选择【水平翻转】选项，完成之后按Enter键确认，再将图形颜色更改为黄色（R:246，G:140，B:20），如图7.25所示。

图 7.25

7 选择工具箱中的【钢笔工具】，在选项栏中单击【选择工具模式】按钮，在弹出的选项中选择【形状】，将【填充】更改为白色，设置【描边】为无，在画布左侧位置绘制1个三角形图形，此时将生成一个【形状2】图层，如图7.26所示。

图 7.26

8 选中【形状2】图层，将图层混合模式设置为【叠加】，将【不透明度】的值更改为20%，如图7.27所示。

图 7.27

9 以同样的方法绘制多个图形，设置图层混合模式并更改不透明度，如图7.28所示。

图7.28

10 选择工具箱中的【钢笔工具】，在选项栏中将【填充】更改为无，设置【描边】为白色，【大小】为1点，在画布适当位置绘制数个三角形，并以同样的方法为其设置图层混合模式，更改不透明度，如图7.29所示。

图7.29

11 选择工具箱中的【横排文字工具】T，在画布中间位置添加文字，如图7.30所示。

12 同时选中两个文字图层，在图层名称上单击鼠标右键，从弹出的快捷菜单中选择【转换为形状】选项，如图7.31所示。

图7.30

图7.31

13 选中【盛夏】文字图层，按Ctrl+T组合键对其执行【自由变换】命令，单击鼠标右键，从弹出的快捷菜单中选择【斜切】选项，拖动变形框控制点，将文字变形，完成之后按Enter键确认，以同样的方法选中【约惠家装】文字图层，将文字变形，如图7.32所示。

图7.32

14 选择工具箱中的【直接选择工具】，拖动文字部分锚点，将其变形，如图7.33所示。

图7.33

15 在【图层】面板中选中【盛夏】文字图层，单击面板底部的【添加图层样式】按钮fx，在菜单中选择【渐变叠加】选项，在弹出的对话框中将【渐变】更改为黄色(R:255，G:192，B:0)到黄色(R:254，G:237，B:0)，如图7.34所示。

16 选中【内阴影】复选框，将【混合模式】更改为【叠加】，将【颜色】更改为白色，将【距离】更改为2像素，将【大小】更改为2像素，如图7.35所示。

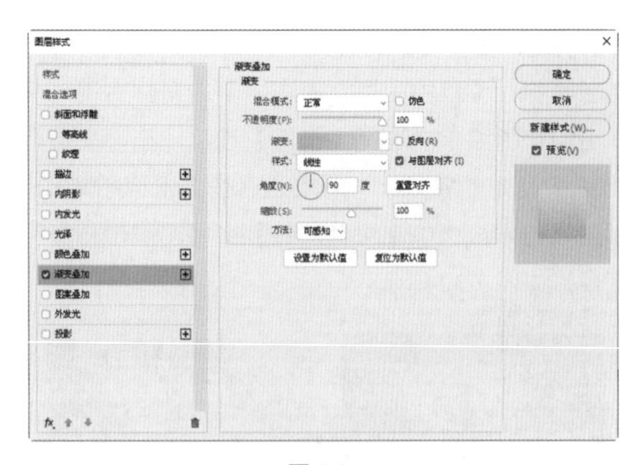

图 7.34

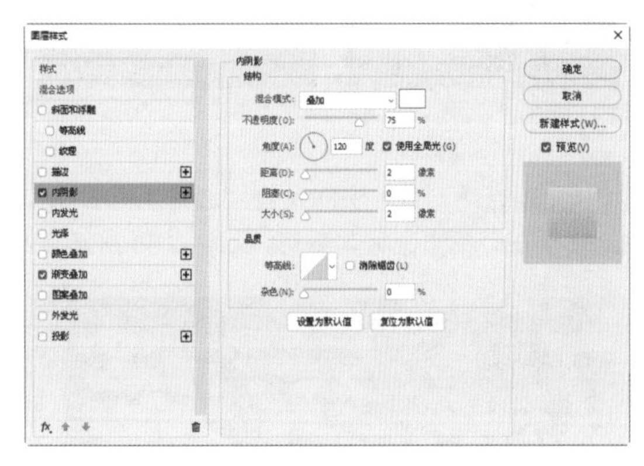

图 7.35

17 选中【投影】复选框，将【颜色】更改为红色（R:136，G:0，B:17），将【距离】更改为 2 像素，将【扩展】更改为 50%，将【大小】更改为 2 像素，完成之后单击【确定】按钮，如图 7.36 所示。

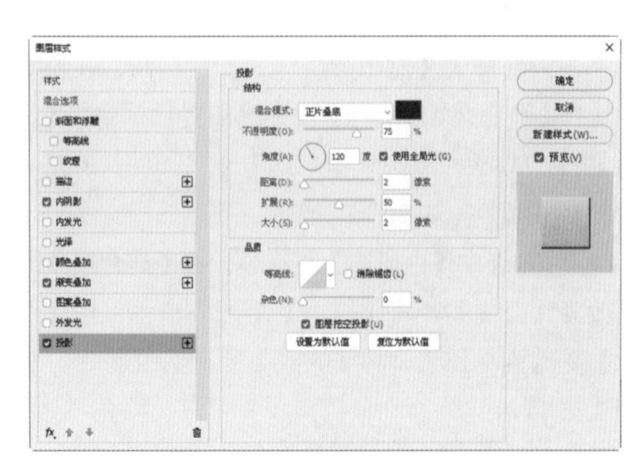

图 7.36

18 在【盛夏】文字图层名称上单击鼠标右键，从弹出的快捷菜单中选择【拷贝图层样式】选项，在【约惠家装】文字图层名称上单击鼠标右键，从弹出的快捷菜单中选择【粘贴图层样式】选项。

19 双击【约惠家装】渐变叠加图层样式名称，在弹出的对话框中将【渐变】更改为灰色（R:208，G:208，B:208）到灰色（R:230，G:230，B:230），完成之后单击【确定】按钮，如图 7.37 所示。

图 7.37

7.2.2 绘制特效图像

1 选择工具箱中的【矩形工具】，在选项栏中将【填充】更改为黄色（R:254，G:230，B:0），设置【描边】为无，绘制一个矩形，此时将生成一个【矩形 1】图层，将其复制一份，如图 7.38 所示。

图 7.38

2 设置默认的前景色和背景色，选中【矩形 1 拷贝】图层，执行菜单栏中的【滤镜】|【渲染】|【纤维】命令，在弹出的对话框中将【差异】更改为 15，将【强度】更改为 5，完成之后单击【确定】按钮，如图 7.39 所示。

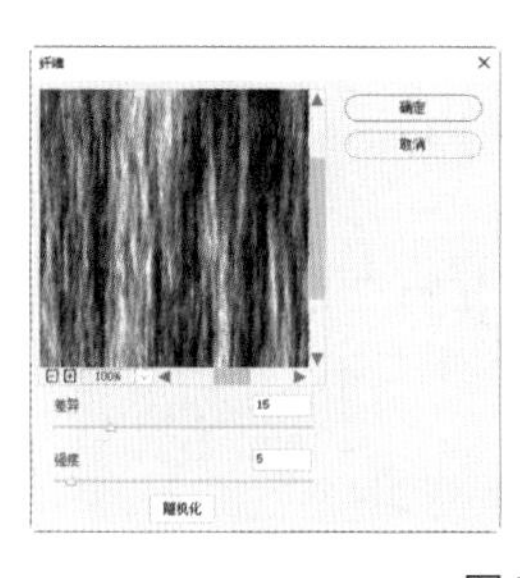

图 7.39

3 选中【矩形 1 拷贝】图层，将图层混合模式设置为【叠加】，如图 7.40 所示。

图 7.40

4 同时选中【矩形 1 拷贝】及【矩形 1】图层，按 Ctrl+E 组合键将其向下合并，将生成的图层名称更改为“油漆”，并将其适当旋转，如图 7.41 所示。

图 7.41

5 选中【油漆】图层，执行菜单栏中的【滤镜】|【扭曲】|【水波】命令，在弹出的对话框中将【数量】更改为 10，将【起伏】更改为 10，将【样式】更改为【从中心向外】，完成之后单击【确定】按钮，如图 7.42 所示。

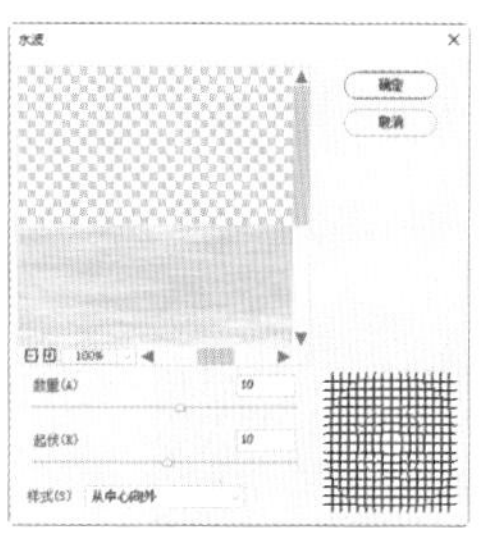

图 7.42

6 选中【油漆】图层，执行菜单栏中的【滤镜】|【风格化】|【风】命令，在弹出的对话框中分别选中【方法】中的【风】和【方向】中的【从左】单选按钮，完成之后单击【确定】按钮，如图 7.43 所示。

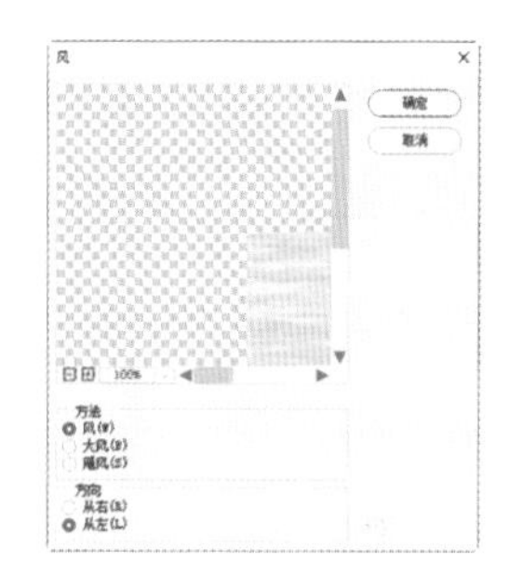

图 7.43

7 执行菜单栏中的【文件】|【打开】命令，打开“刷子 .psd”文件，将其拖入画布，然后适当缩小并旋转，如图 7.44 所示。

8 选择工具箱中的【多边形套索工具】，在油漆图像右下角多余的区域绘制选区，如图 7.45 所示。

图 7.44

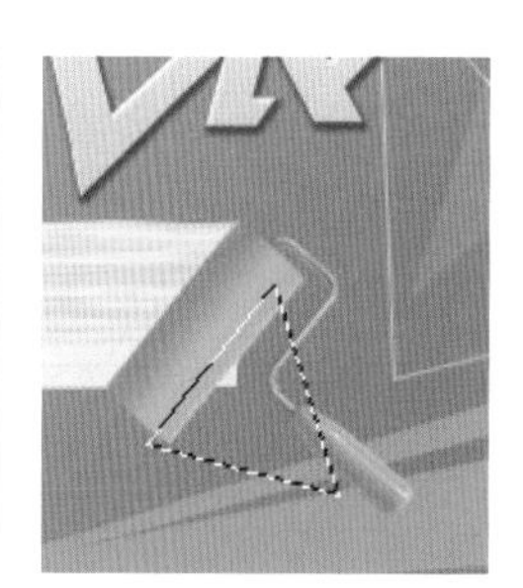

图 7.45

9 选中【油漆】图层，将选区中的图像删除，完成之后按Ctrl+D组合键将选区取消，如图7.46所示。

图 7.46

10 在【图层】面板中选中【刷子】图层，单击面板底部的【添加图层样式】按钮*fx*，在菜单中选择【投影】选项，在弹出的对话框中将【不透明度】更改为30%，将【距离】更改为3像素，将【大小】更改为5像素，完成之后单击【确定】按钮，如图7.47所示。

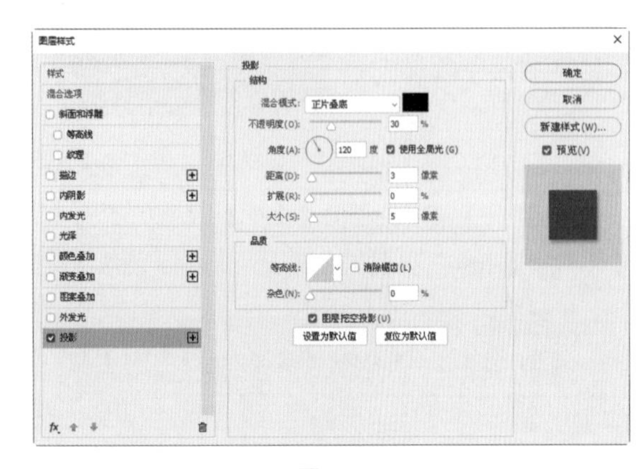

图 7.47

11 执行菜单栏中的【文件】|【打开】命令，打开“素材 .psd”文件，将其拖入画布中并缩小，如图7.48所示。

12 选择工具箱中的【矩形工具】，在选项栏中将【填充】更改为黄色（R:255，G:190，B:48），设置【描边】为无，在画布靠底部位置绘制一个矩形，此时将生成一个【矩形 1】图层，如图7.49所示。

图 7.48

图 7.49

13 在【图层】面板中选中【矩形 1】图层，将其拖至面板底部的【创建新图层】按钮上，复制出1个【矩形 1 拷贝】图层，如图7.50所示。

14 选中【矩形 1 拷贝】图层，将图形颜色更改为深黄色（R:230，G:123，B:0），按Ctrl+T组合键对其执行【自由变换】命令，当出现框以后，将图形宽度缩小，完成之后按Enter键确认，如图7.51所示。

图 7.50

图 7.51

15 选择工具箱中的【横排文字工具】**T**，在画布适当位置添加文字，这样就完成了效果制作，最终效果如图7.52所示。

图 7.52

7.3 十月折扣季店招

实例解析

本例讲解十月折扣季店招制作，本例在制作过程中以星形作为主视觉图像元素，将产品图像与星形元素相结合，能够增强整体的视觉效果，最终效果如图 7.53 所示。

图 7.53

视频教学

调用素材：第 7 章 \ 十月折扣季店招

源文件：第 7 章 \ 十月折扣季店招 .psd

操作步骤

7.3.1 制作主题背景

1 执行菜单栏中的【文件】|【新建】命令，在弹出的对话框中设置【宽度】为 900 像素，【高度】为 500 像素，【分辨率】为 72 像素 / 英寸。

2 选择工具箱中的【渐变工具】，编辑从紫色（R:137，G:48，B:224）到紫色（R:56，G:3，B:95）的渐变，单击选项栏中的【径向渐变】按钮，在画布中从右上角向左下角方向单击并拖动，填充渐变，如图 7.54 所示。

3 选择工具箱中的【椭圆工具】，在选项栏中将【填充】更改为紫色（R:137，G:48，B:224），设置【描边】为无，在画布靠下半部分位置绘制 1 个椭圆图形，如图 7.55 所示，此时将生成一个【椭圆 1】图层。

图 7.54

图 7.55

4 在【图层】面板中选中【椭圆 1】图层，单击面板底部的【添加图层蒙版】按钮，为其添加图层蒙版，如图 7.56 所示。

5 选择工具箱中的【渐变工具】，编辑从黑色到白色的渐变，单击选项栏中的【线性渐变】按钮，在其图形上单击并拖动，将部分图形隐藏，如图 7.57 所示。

图 7.56　　图 7.57

6 选择工具箱中的【多边形工具】，在选项栏中将【填充】更改为无，将【描边】更改为浅紫色（R:232，G:126，B:248），将【大小】更改为 2 点，单击选项栏中的图标，将【星形比例】更改为 80%，将【边】更改为 5，在画布适当位置绘制 1 个星形，此时将生成 1 个【多边形 1】图层，如图 7.58 所示。

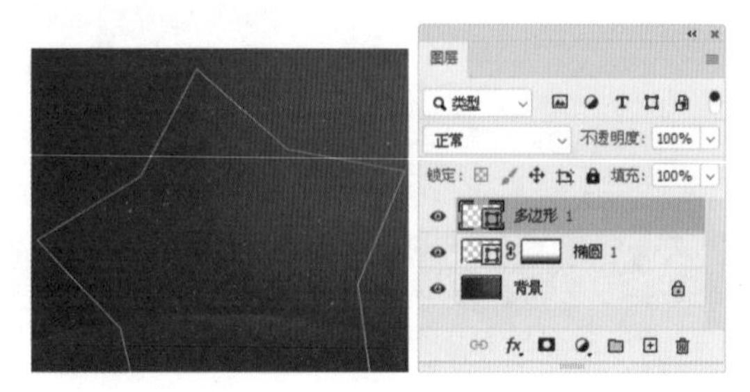

图 7.58

7 选择工具箱中的【直接选择工具】，同时选中星形底部的两个锚点，按 Delete 键将其删除，如图 7.59 所示。

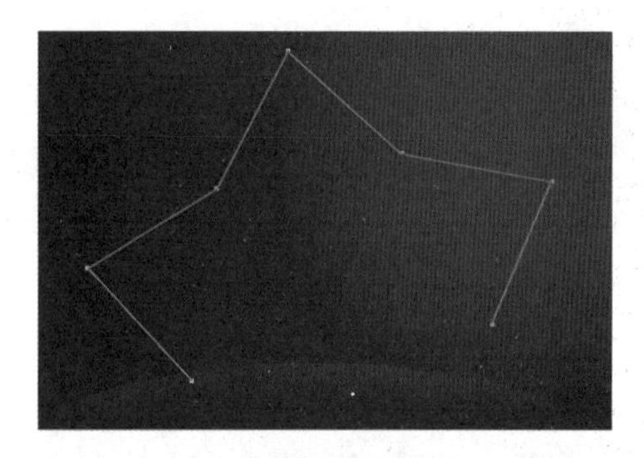

图 7.59

8 在【图层】面板中选中【多边形 1】图层，将其拖至面板底部的【创建新图层】按钮上，复制出 1 个【多边形 1 拷贝】图层，如图 7.60 所示。

9 选中【多边形 1 拷贝】图层，在选项栏中将其【描边】更改为白色，将【大小】更改为 6 点，单击【设置形状描边类型】按钮，在弹出的选项中单击【对齐】下方按钮，在弹出的选项中选择第 2 种对齐方式，并将其适当缩小，如图 7.61 所示。

10 在【图层】面板中选中【多边形 1 拷贝】图层，单击面板底部的【添加图层样式】按钮，在菜单中选择【描边】选项，在弹出的对话框中将【大小】更改为 4 像素，将【颜色】更改为紫色（R:220，

G:4，B:203），如图 7.62 所示。

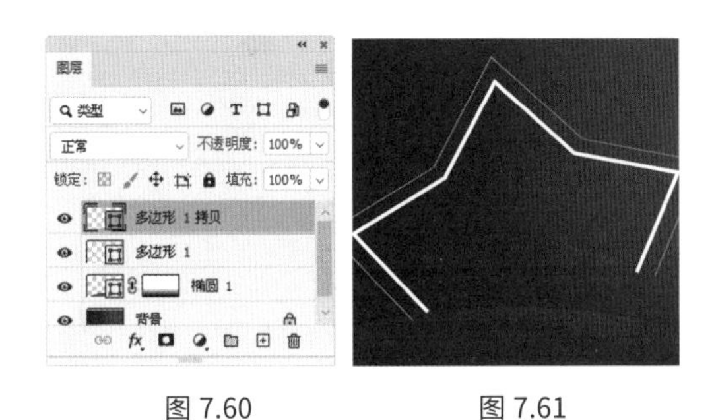

图 7.60　　图 7.61

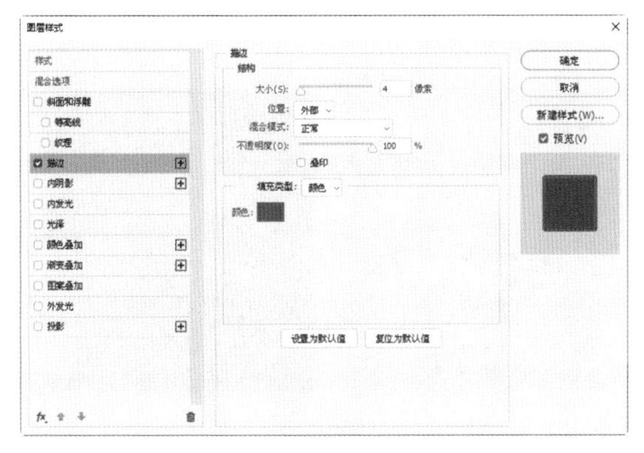

图 7.62

11 选中【外发光】复选框，将【颜色】更改为紫色（R:220，G:4，B:203），将【大小】更改为 15 像素，完成之后单击【确定】按钮，如图 7.63 所示。

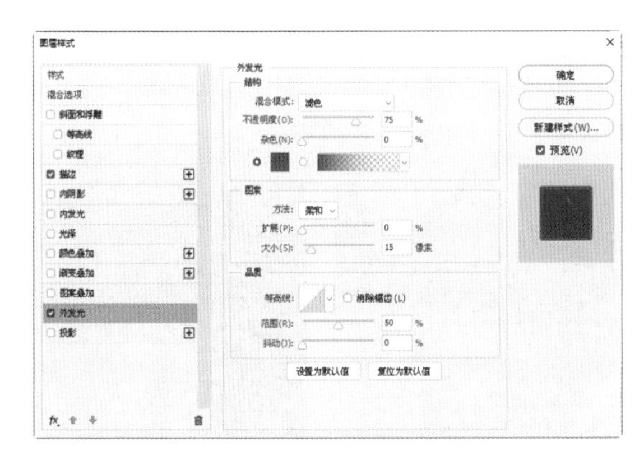

图 7.63

12 在【多边形 1 拷贝】图层名称上单击鼠标右键，从弹出的快捷菜单中选择【拷贝图层样式】选项。在【多边形 1】图层名称上单击鼠标右键，从弹出的快捷菜单中选择【粘贴图层样式】选项，然后将【描边】图层样式删除，如图 7.64 所示。

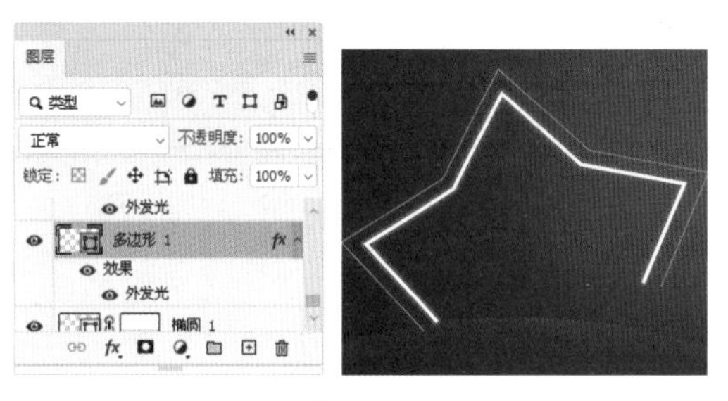

图 7.64

7.3.2 添加素材及文字信息

1 执行菜单栏中的【文件】|【打开】命令，打开“商品 .psd”文件，将其拖入画布中并适当缩小，如图 7.65 所示。

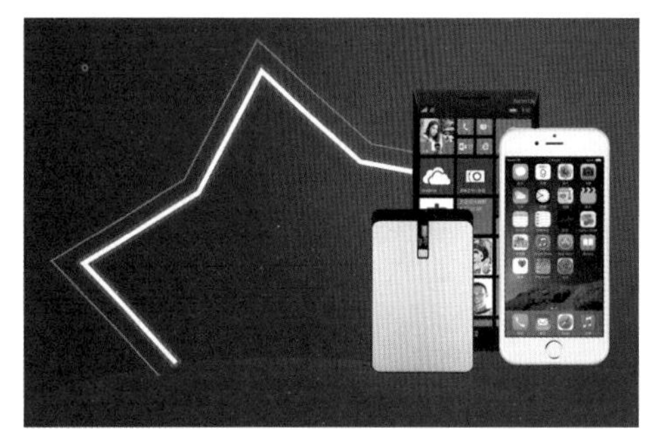

图 7.65

2 选择工具箱中的【横排文字工具】T，在画布适当位置添加文字，如图 7.66 所示。

3 选中【新潮 数码类】文字图层，按 Ctrl+T 组合键对其执行【自由变换】命令，单击鼠标右键，从弹出的快捷菜单中选择【斜切】选项，拖动变形框控制点，将文字变形，完成之后按 Enter 键确认，以同样的方法选中【十月折扣季】文字图层，将文字变形，如图 7.67 所示。

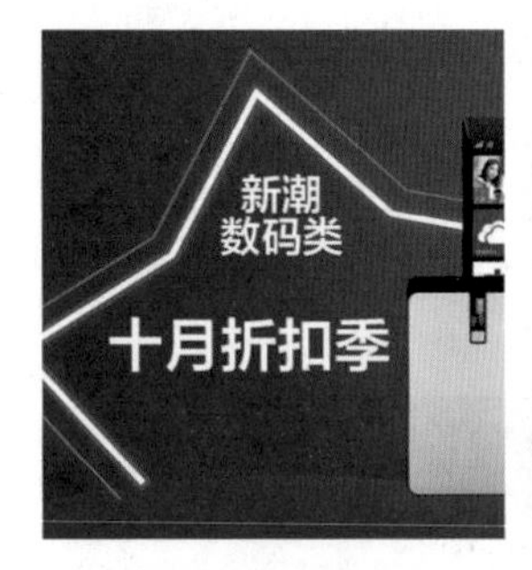

图 7.66

图 7.67

4 在【图层】面板中选中【新潮 数码类】文字图层，单击面板底部的【添加图层样式】按钮 fx，在菜单中选择【渐变叠加】选项，在弹出的对话框中将【渐变】更改为从黄色（R:255，G:222，B:0）到橙色（R:255，G:138，B:0），如图 7.68 所示。

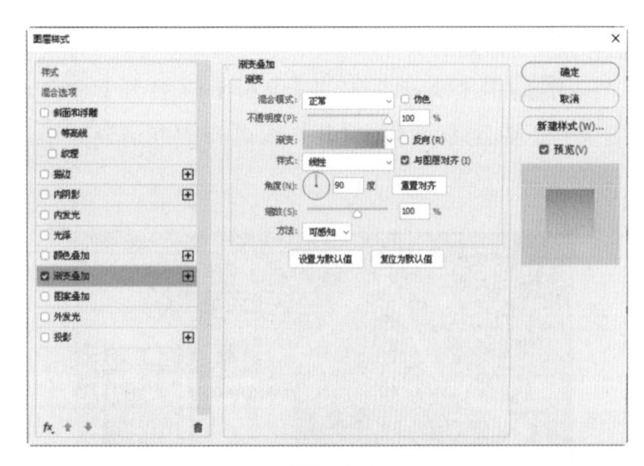

图 7.68

5 选中【投影】复选框，将【混合模式】更改为【叠加】，将【不透明度】更改为 100%，取消选中【使用全局光】复选框，将【角度】更改为 90 度，将【距离】更改为 2 像素，将【大小】更改为 2 像素，完成之后单击【确定】按钮，如图 7.69 所示。

6 在【新潮 数码类】文字图层名称上单击鼠标右键，从弹出的快捷菜单中选择【拷贝图层样式】选项。在【十月折扣季】文字图层名称上单击鼠标右键，从弹出的快捷菜单中选择【粘贴图层样式】选项，如图 7.70 所示。

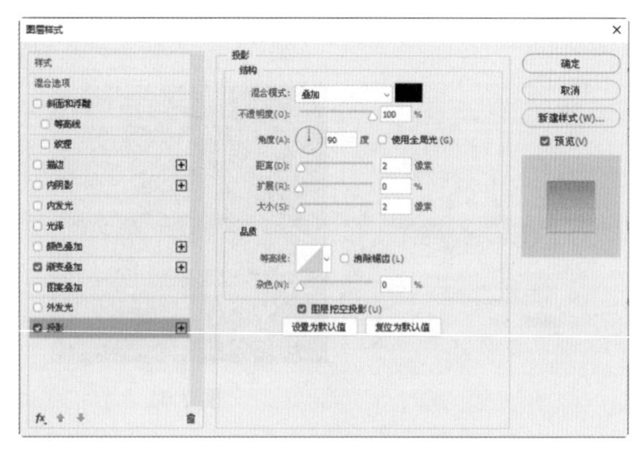

图 7.69

图 7.70

7 选择工具箱中的【直线工具】，在选项栏中将【填充】更改为浅紫色（R:232，G:126，B:248），设置【描边】为无，将【粗细】更改为 2 像素，在已添加的文字下方位置绘制一条倾斜线段，如图 7.71 所示。

8 选择工具箱中的【横排文字工具】 T，在画布适当位置添加文字并以步骤 3 的方法将其斜切变形，如图 7.72 所示。

图 7.71

图 7.72

9 执行菜单栏中的【文件】|【打开】命令，

打开“光晕.jpg”文件，将其拖入画布中并适当缩小，将其移至【背景】图层上方，并将其图层名称更改为“图层 1”，如图 7.73 所示。

图 7.73

10 选中【图层 1】图层，将图层混合模式设置为【滤色】，如图 7.74 所示。

图 7.74

7.3.3 制作边栏

1 选择工具箱中的【矩形工具】▭，在选项栏中将【填充】更改为深紫色（R:30，G:2，B:55），设置【描边】为无，在画布靠左侧位置绘制一个与画布相同高度的矩形，此时将生成 1 个【矩形 1】图层，在矩形右下角位置再次绘制 1 个稍小的矩形，此时将生成 1 个【矩形 2】图层，如图 7.75 所示。

2 将【矩形 2】图层的【不透明度】更改为 60%，再按住 Alt+Shift 组合键将矩形向右侧拖动，将图形复制数份，如图 7.76 所示。

图 7.75

图 7.76

3 选择工具箱中的【直线工具】╱，在选项栏中将【填充】更改为紫色（R:56，G:2，B:107），设置【描边】为无，将【粗细】更改为 2 像素，按住 Shift 键在【矩形 1】图层中图形靠上方位置绘制一条与其宽度相同的水平线段，如图 7.77 所示，此时将生成一个【形状 2】图层。

4 选中【形状 2】图层，按住 Alt+Shift 组合键在画布中向下拖动图形，将图形复制数份，如图 7.78 所示。

图 7.77

图 7.78

5 选择工具箱中的【横排文字工具】T，在画布适当位置添加文字，这样就完成了效果制作，最终效果如图 7.79 所示。

图 7.79

7.4 床品店招

实例解析

本例讲解床品店招制作，本例以冬日元素为背景，突出床品温暖的特点，同时将整个店招以立体形式表现，增强了视觉效果。案例的制作过程比较简单，重点注意文字及素材图像的版式布局，最终效果如图 7.80 所示。

图 7.80

视频教学

调用素材：第 7 章 \ 床品店招

源文件：第 7 章 \ 床品店招 .psd

操作步骤

7.4.1 添加素材

1 执行菜单栏中的【文件】|【打开】命令，打开“床品 .psd”“背景 .jpg”文件，将“床品”素材拖入“背景”中的适当位置并缩小，如图 7.81 所示。

图 7.81

2 在【图层】面板中选中【床品】图层，将其拖至面板底部的【创建新图层】按钮⊞上，复制出1个【床品 拷贝】图层。

3 在【图层】面板中选中【床品】图层，单击面板上方的【锁定透明像素】按钮▦，将透明像素锁定，将图像填充为黑色，填充完成之后再次单击此按钮，将其解除锁定，然后在画布中将图像向下稍微移动，如图7.82所示。

图7.82

4 选中【床品】图层，执行菜单栏中的【滤镜】|【模糊】|【高斯模糊】命令，在弹出的对话框中将【半径】更改为2像素，完成之后单击【确定】按钮，如图7.83所示。

5 选中【图层1】图层，将图层【不透明度】的值更改为60%，效果如图7.84所示。

图7.83　　图7.84

6 选择工具箱中的【橡皮擦工具】，在画布中单击鼠标右键，在弹出的面板中选择一种圆角笔触，将【大小】更改为150像素，将【硬度】更改为0%，如图7.85所示。

7 选中【床品】图层，在画布中图像底部床品角位置涂抹，将多余阴影擦除，如图7.86所示。

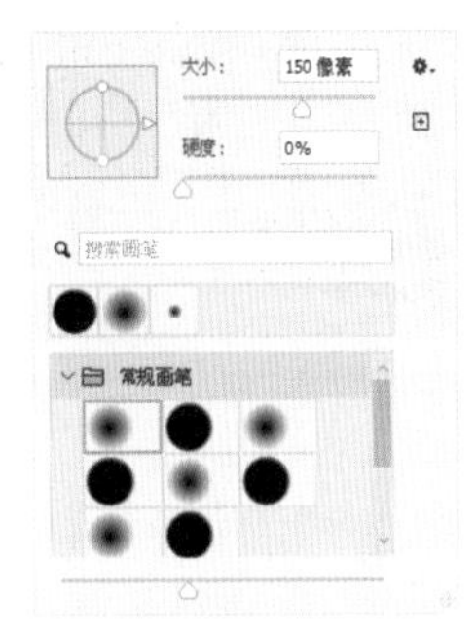

图7.85　　图7.86

7.4.2 绘制图形

1 选择工具箱中的【矩形工具】▭，在选项栏中将【填充】更改为红色（R:190，G:0，B:0），设置【描边】为无，在床品图像右侧位置绘制一个矩形，此时将生成一个【矩形1】图层，如图7.87所示。

图7.87

2 选择工具箱中的【直接选择工具】，选中矩形右上角锚点，将其向左侧拖动，将图形变形，如图7.88所示。

3 选择工具箱中的【椭圆工具】◯，在选项栏中将【填充】更改为红色（R:190，G:0，B:0），设置【描边】为白色，将【大小】更改为3点，按住Shift键在已绘制的矩形左侧位置绘制一个正圆图形，此时将生成一个【椭圆1】图层，如图7.89所示。

图 7.88

图 7.89

4 选择工具箱中的【矩形工具】，在选项栏中将【填充】更改为黑红色（R:36，G:10，B:2），设置【描边】为无，在已绘制的椭圆图形位置绘制一个矩形，此时将生成一个【矩形 2】图层，将其移至【椭圆 1】图层下方，如图 7.90 所示。

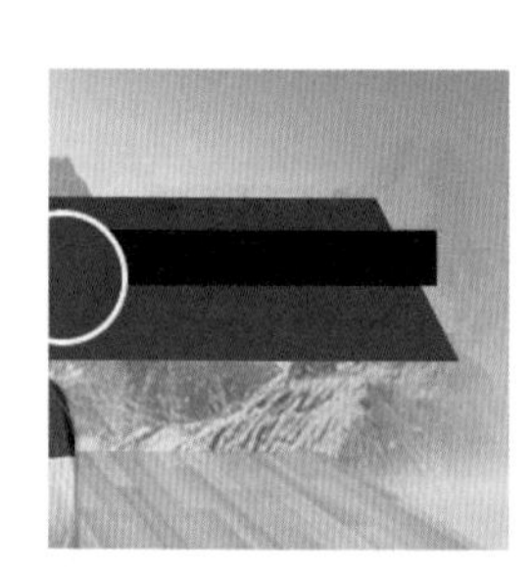

图 7.90

5 选中【矩形 2】图层，执行菜单栏中的【图层】|【创建剪贴蒙版】命令，为当前图层创建剪贴蒙版，将部分图形隐藏，如图 7.91 所示。

图 7.91

6 在【图层】面板中选中【矩形 2】图层，将其拖至面板底部的【创建新图层】按钮上，复制出 1 个【矩形 2 拷贝】图层，如图 7.92 所示。

7 选中【矩形 2】图层，将其图形颜色更改为白色，再按 Ctrl+T 组合键对其执行【自由变换】命令，将图形宽度缩小，完成之后按 Enter 键确认，如图 7.93 所示。

图 7.92

图 7.93

8 选择工具箱中的【矩形工具】，在选项栏中将【填充】更改为白色，设置【描边】为无，【半径】为 2 像素，在图形右下角位置绘制一个圆角矩形，此时将生成一个【圆角矩形 1】图层，如图 7.94 所示。

图 7.94

9 在【图层】面板中选中【圆角矩形 1】图层，单击面板底部的【添加图层样式】按钮 fx，在菜单中选择【渐变叠加】选项，在弹出的对话框中将【渐变】更改为黄色（R:255，G:138，B:0）到黄色（R:255，G:220，B:130），完成之后单击【确定】按钮，如图 7.95 所示。

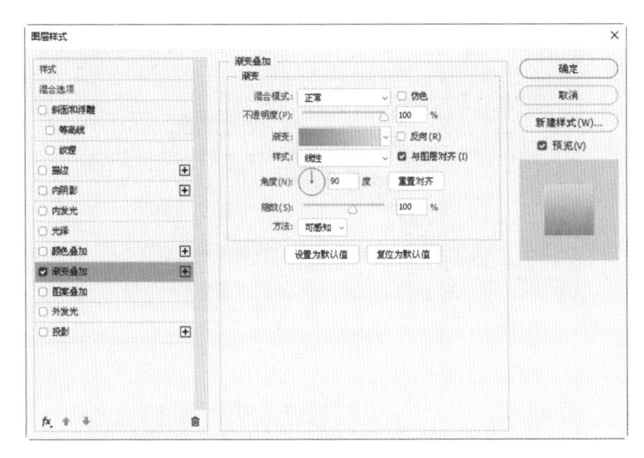

图 7.95

7.4.3 添加文字及细节图形

1 选择工具箱中的【椭圆工具】◯，在选项栏中将【填充】更改为紫色（R:210，G:43，B:117），设置【描边】为无，按住 Shift 键在已绘制的图形下方位置绘制一个正圆图形，此时将生成一个【椭圆 2】图层，如图 7.96 所示。

2 选择工具箱中的【横排文字工具】T，在画布适当位置添加文字，如图 7.97 所示。

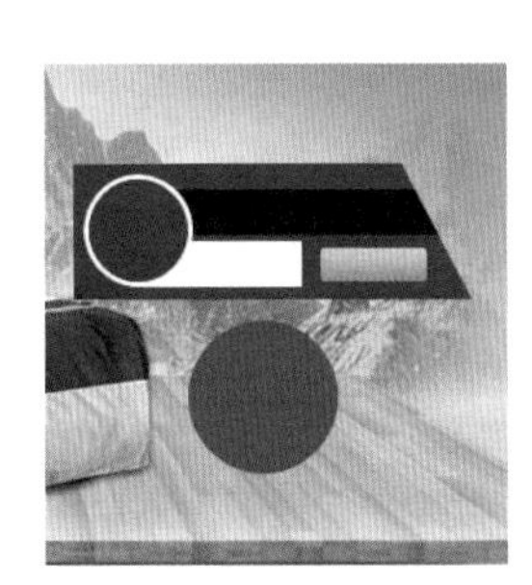

图 7.96

图 7.97

3 选择工具箱中的【钢笔工具】，设置【选择工具模式】为【形状】，将【填充】更改为无，设置【描边】为白色，将【大小】更改为 5 点，在背景靠左侧中间位置绘制 1 个箭头图形，此时将生成一个【形状 1】图层，如图 7.98 所示。

4 在【图层】面板中选中【形状 1】图层，单击面板底部的【添加图层样式】按钮fx，在菜单中选择【外发光】选项，在弹出的对话框中将【混合模式】更改为【正常】，将【不透明度】的值更改为 20%，将【颜色】更改为深红色（R:85，G:0，B:0），将【大小】的值更改为 10 像素，完成之后单击【确定】按钮，如图 7.99 所示。

图 7.98

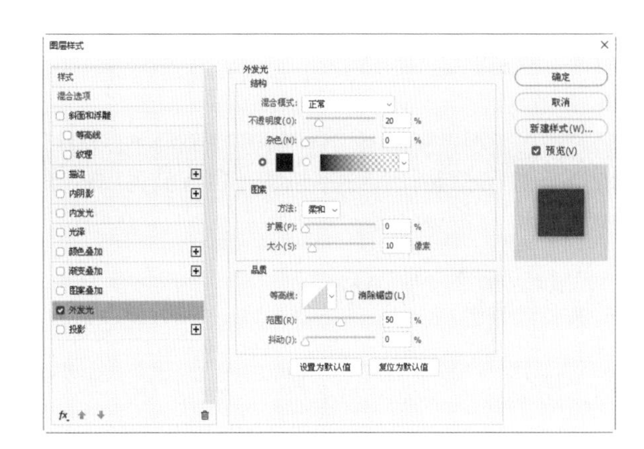

图 7.99

5 在【图层】面板中选中【形状 1】图层，将其拖至面板底部的【创建新图层】按钮⊞上，复制出 1 个【形状 1 拷贝】图层，在【形状 1 拷贝】图层名称上单击鼠标右键，从弹出的快捷菜单中选择【栅格化图层样式】选项，如图 7.100 所示。

6 选中【形状 1 拷贝】图层，将其向右侧平移至背景右侧位置，再按 Ctrl+T 组合键对其执行【自由变换】命令，单击鼠标右键，从弹出的快捷菜单中选择【水平翻转】选项，完成之后按 Enter 键确认，如图 7.101 所示。

图 7.100

图 7.101

图 7.102

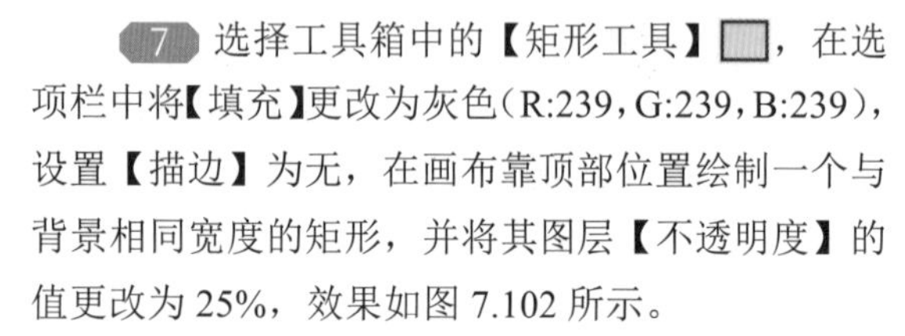

7 选择工具箱中的【矩形工具】▭，在选项栏中将【填充】更改为灰色(R:239，G:239，B:239)，设置【描边】为无，在画布靠顶部位置绘制一个与背景相同宽度的矩形，并将其图层【不透明度】的值更改为25%，效果如图 7.102 所示。

8 选择工具箱中的【横排文字工具】T，在画布适当位置添加文字，这样就完成了效果制作，最终效果如图 7.103 所示。

图 7.103

7.5 鲜果时间店招

实例解析

本例讲解鲜果时间店招制作，本例的主题性很强，在制作过程中采用大海元素作为背景，同时添加椰树素材图像，其与水果的新鲜特点遥相呼应，整个制作过程比较简单，最终效果如图 7.104 所示。

图 7.104

调用素材：第 7 章 \ 鲜果时间店招

源文件：第 7 章 \ 鲜果时间店招 .psd

操作步骤

7.5.1 制作主题背景

1 执行菜单栏中的【文件】|【新建】命令，在弹出的对话框中设置【宽度】为 900 像素，【高度】为 400 像素，【分辨率】为 72 像素 / 英寸，新建一个空白画布。

2 执行菜单栏中的【文件】|【打开】命令，打开“大海 .jpg”文件，将其拖入画布中并适当缩小，将图层名称更改为“图层 1”，如图 7.105 所示。

图 7.105

3 选择工具箱中的【钢笔工具】，设置【选择工具模式】为【形状】，将【填充】更改为白色，将【描边】更改为无，在画布靠右侧位置绘制 1 个不规则图形，此时将生成一个【形状 1】图层，如图 7.106 所示。

图 7.106

4 在【图层】面板中选中【形状 1】图层，单击面板底部的【添加图层样式】按钮fx，在菜单中选择【渐变叠加】选项，在弹出的对话框中将【渐变】更改为黄色（R:254，G:247，B:103）到黄色（R:252，G:252，B:178），完成之后单击【确定】按钮，如图 7.107 所示。

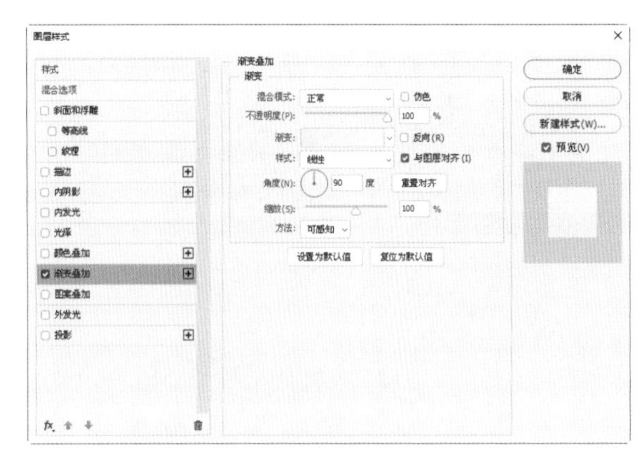

图 7.107

5 执行菜单栏中的【文件】|【打开】命令，打开“水果 .psd”文件，将其拖入画布中靠右侧位置并适当缩小，如图 7.108 所示。

图 7.108

6 在【图层】面板中选中【水果】图层，将其拖至面板底部的【创建新图层】按钮上，复制出 1 个【水果 拷贝】图层，如图 7.109 所示。

7 在【图层】面板中选中【水果】图层，单击面板上方的【锁定透明像素】按钮，将透明像素锁定，将图像填充为深黄色（R:70，G:58，B:4），填充完成之后再次单击此按钮，将其解除锁定，如图 7.110 所示。

8 选中【水果】图层，执行菜单栏中的【滤镜】|【模糊】|【高斯模糊】命令，在弹出的对话框中将【半径】更改为 5.0 像素，完成之后单击【确

定】按钮，如图 7.111 所示。

图 7.109

图 7.110

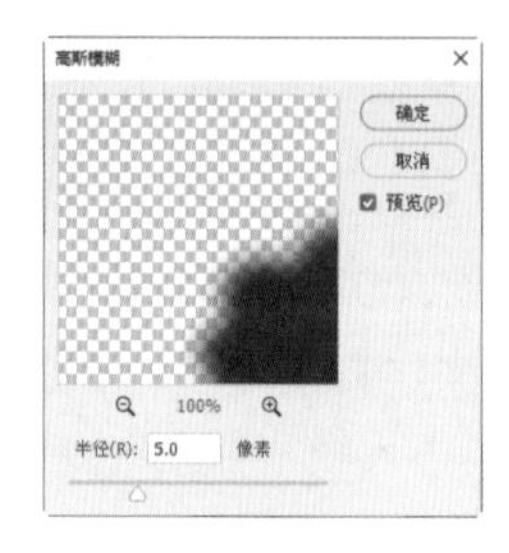

图 7.111

9 在【图层】面板中选中【水果】图层，单击面板底部的【添加图层蒙版】按钮，为图层添加图层蒙版，如图 7.112 所示。

10 选择工具箱中的【画笔工具】，在画布中单击鼠标右键，在弹出的面板中选择一种圆角笔触，将【大小】更改为 150 像素，将【硬度】更改为 0%，如图 7.113 所示。

图 7.112

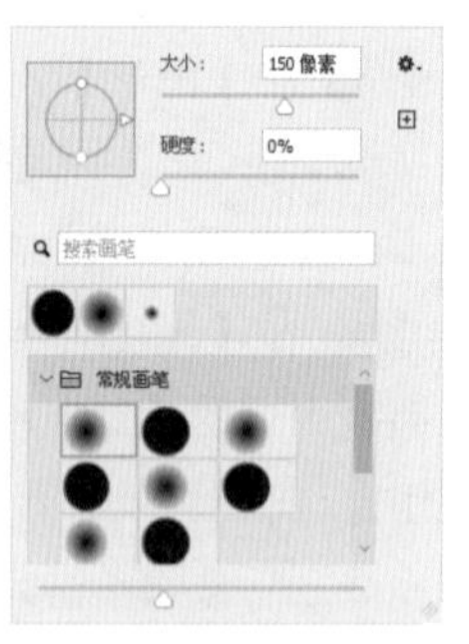

图 7.113

11 将前景色更改为黑色，在其图像上部分区域涂抹，将其隐藏，如图 7.114 所示。

12 执行菜单栏中的【文件】|【打开】命令，打开“叶子.psd”文件，将其拖入画布中并适当缩小，如图 7.115 所示。

图 7.114

图 7.115

13 在【图层】面板中选中【叶子】图层，将其拖至面板底部的【创建新图层】按钮上，复制出 1 个【叶子 拷贝】图层，如图 7.116 所示。

14 选中【叶子 拷贝】图层，在画布中将图像向左侧平移，按 Ctrl+T 组合键对其执行【自由变换】命令，将图像等比缩小，完成之后按 Enter 键确认，如图 7.117 所示。

图 7.116

图 7.117

15 选择工具箱中的【矩形工具】，在选项栏中将【填充】更改为黄色(R:255，G:255，B:146)，设置【描边】为无，按住 Shift 键在画布左下角位置绘制一个矩形，此时将生成一个【矩形 1】图层，如图 7.118 所示。

16 选择工具箱中的【直接选择工具】，选中矩形右上角锚点，按 Delete 键将其删除，如图 7.119 所示。

图 7.118

图 7.119

17 选择工具箱中的【矩形工具】，在选项栏中将【填充】更改为红色（R:194，G:38，B:0），设置【描边】为黄色（R:236，G:182，B:63），【大小】为2点，在画布靠左侧位置绘制一个矩形，此时将生成一个【矩形2】图层，如图7.120所示。

图 7.120

7.5.2 绘制红色边栏

1 在【图层】面板中选中【矩形2】图层，将其拖至面板底部的【创建新图层】按钮上，复制出1个【矩形2拷贝】图层，如图7.121所示。

2 选中【矩形2拷贝】图层，将【填充】更改为无，将【描边】更改为红色（R:140，G:0，B:0），按Ctrl+T组合键对其执行【自由变换】命令，将图像等比缩小，完成之后按Enter键确认，如图7.122所示。

图 7.121

图 7.122

3 选择工具箱中的【直线工具】，在选项栏中将【填充】更改为无，设置【描边】为黄色（R:236，G:182，B:63），将【粗细】更改为1像素，按住Shift键在已绘制的矩形靠上方位置绘制一条水平线段，此时将生成一个【形状2】图层，如图7.123所示。

图 7.123

4 选中【形状2】图层，按住Alt+Shift组合键在画布中单击并向下拖动图形，将其复制数份，如图7.124所示。

5 选择工具箱中的【横排文字工具】T，在画布适当位置添加文字，如图7.125所示。

图 7.124

图 7.125

6 选择工具箱中的【矩形工具】，在选项栏中将【填充】更改为红色（R:255，G:82，B:5），设置【描边】为无，在画布右上角位置绘制一个矩形，如图 7.126 所示。

7 选择工具箱中的【横排文字工具】T，在绘制的矩形位置添加文字，如图 7.127 所示。

8 同时选中【冷链包邮】及【矩形 3】图层，按 Ctrl+T 组合键对其执行【自由变换】命令，将图形适当旋转，完成之后按 Enter 键确认，这样就完成了效果制作，最终效果如图 7.128 所示。

图 7.126

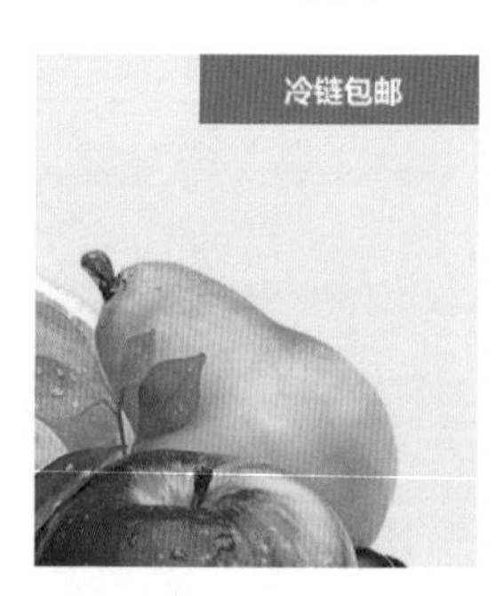

图 7.127

图 7.128

7.6 宝宝乐园店招

实例解析

本例讲解宝宝乐园店招制作，本例在制作过程中将婴幼儿用品图像与柔和的背景色相结合，一方面体现商品的特征，另一方面使整体的视觉效果也显得十分协调，最终效果如图 7.129 所示。

图 7.129

视频教学

调用素材：第 7 章\宝宝乐园店招

源文件：第 7 章\宝宝乐园店招 .psd

操作步骤

7.6.1 制作卡通背景

1 执行菜单栏中的【文件】|【新建】命令，在弹出的对话框中设置【宽度】为 850 像素，【高度】为 400 像素，【分辨率】为 72 像素 / 英寸，新建一个空白画布。

2 选择工具箱中的【渐变工具】，编辑黄色（R:255，G:247，B:217）到黄色（R:253，G:228，B:156）的渐变，单击选项栏中的【线性渐变】按钮，在画布中底部单击并向上拖动鼠标，填充渐变，如图 7.130 所示。

图 7.130

3 选择工具箱中的【钢笔工具】，设置【选择工具模式】为【形状】，将【填充】更改为浅红色（R:254，G:170，B:180），将【描边】更改为无，在画布靠下半部分位置绘制 1 个不规则图形，此时将生成一个【形状 1】图层，如图 7.131 所示。

图 7.131

4 将【填充】更改为浅绿色（R:235，G:255，B:144），在画布左侧位置绘制一个图形，此时将生成一个【形状 2】图层，将其移至【形状 1】图层下方，如图 7.132 所示。

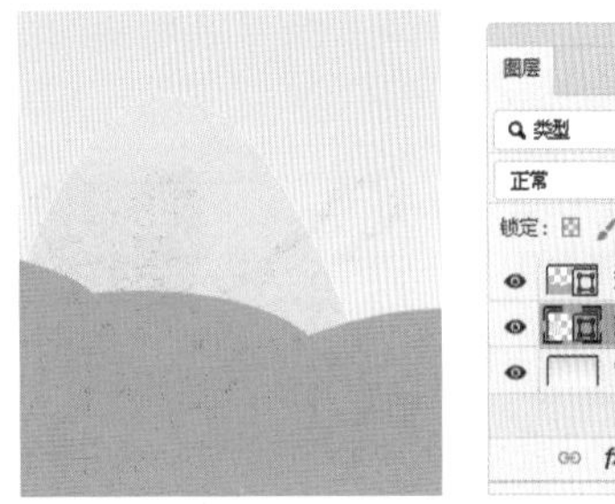

图 7.132

5 选中【形状 2】图层，按住 Alt 键在画布中单击并拖动鼠标，将图形复制两份并分别更改其颜色，如图 7.133 所示。

图 7.133

6 执行菜单栏中的【文件】|【打开】命令，打开“素材 .psd”文件，将其拖入画布右侧位置并适当缩小，如图 7.134 所示。

图 7.134

7 在【图层】面板中选中【素材】组，将

其拖至面板底部的【创建新图层】按钮⊞上，复制出 1 个【素材 拷贝】组，将【素材 拷贝】组的混合模式设置为【滤色】，将【不透明度】的值更改为 60%，如图 7.135 所示。

图 7.135

8 选择工具箱中的【钢笔工具】，设置【选择工具模式】为【形状】，将【填充】更改为深红色（R:105，G:47，B:53），将【描边】更改为无，在素材图像底部位置绘制 1 个不规则图形，此时将生成一个【形状 3】图层，如图 7.136 所示。

图 7.136

9 选中【形状 3】图层，执行菜单栏中的【滤镜】|【模糊】|【高斯模糊】命令，在弹出的对话框中将【半径】更改为 5 像素，完成之后单击【确定】按钮，再将图层【不透明度】的值更改为 80%，如图 7.137 所示。

10 选择工具箱中的【矩形工具】，在选项栏中将【填充】更改为白色，设置【描边】为无，【半径】为 50 像素，在画布左上角位置绘制一个圆角矩形，此时将生成一个【圆角矩形 1】图层，如图 7.138 所示。

图 7.137

图 7.138

11 选择工具箱中的【椭圆工具】，选中【圆角矩形 1】图层，按住 Shift 键在画布中的圆角矩形图形上绘制数个椭圆图形，再将图层【不透明度】的值更改为 50%，如图 7.139 所示。

图 7.139

12 选中【圆角矩形 1】图层，按住 Alt 键在画布中复制出数个图形，并适当变换，如图 7.140 所示。

图 7.140

7.6.2 制作店招文字

1 选择工具箱中的【横排文字工具】T，在画布靠左侧位置添加文字，如图 7.141 所示。

图 7.141

2 选中【可爱】文字图层，按 Ctrl+T 组合键对其执行【自由变换】命令，单击鼠标右键，从弹出的快捷菜单中选择【变形】选项，设置【变形】为【扇形】，将【弯曲】更改为 10%，完成之后按 Enter 键确认。然后以同样的方法选中【宝宝乐园】文字图层，在画布中将文字变形，如图 7.142 所示。

图 7.142

3 在【图层】面板中选中【可爱】文字图层，将其拖至面板底部的【创建新图层】按钮⊞上，复制出 1 个【可爱 拷贝】图层，如图 7.143 所示。

4 选中【可爱】文字图层，将文字颜色更改为深红色（R:214，G:30，B:94），在画布中将文字向右侧稍微移动，如图 7.144 所示。

图 7.143

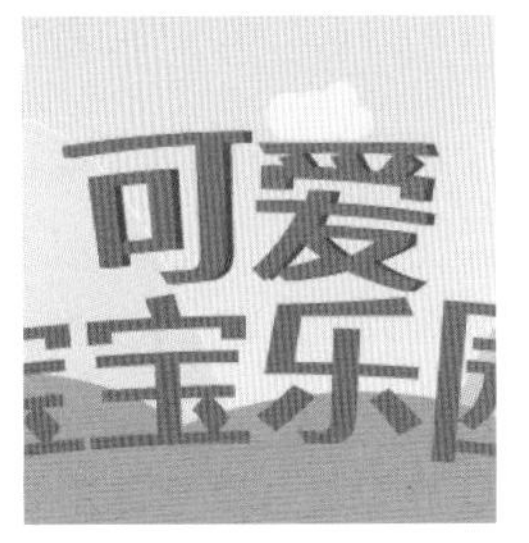

图 7.144

5 以同样的方法选中【宝宝乐园】文字图层，将其复制，并更改文字颜色，然后适当移动位置，制作立体效果，如图 7.145 所示。

图 7.145

> 技巧 在复制图层并移动文字之后，可以适当地调整文字位置。

6 选择工具箱中的【钢笔工具】，设置【选择工具模式】为【形状】，将【填充】更改为白色，将【描边】更改为无，在文字下方位置绘制 1 个不规则图形，此时将生成一个【形状 4】图层，如图 7.146 所示。

图 7.146

7 在【图层】面板中选中【形状 4】图层，单击面板底部的【添加图层样式】按钮fx，在菜单中选择【渐变叠加】选项，在弹出的对话框中将【渐变】更改为青色（R:22，G:190，B:170）到青色（R:30，G:217，B:195）再到青色（R:22，G:190，B:170），将【角度】更改为0度，完成之后单击【确定】按钮，如图 7.147 所示。

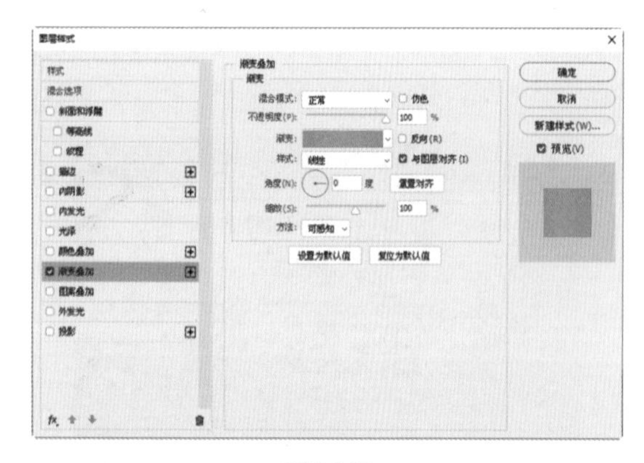

图 7.147

8 以同样的方法在图形左侧位置绘制一个不规则图形，此时将生成一个【形状 5】图层，如图 7.148 所示。

图 7.148

9 在【形状 4】图层名称上单击鼠标右键，从弹出的快捷菜单中选择【拷贝图层样式】选项。然后在【形状 5】图层名称上单击鼠标右键，从弹出的快捷菜单中选择【粘贴图层样式】选项，如图 7.149 所示。

图 7.149

10 以同样的方法在图形右侧位置绘制一个不规则图形，此时将生成一个【形状 6】图层，如图 7.150 所示。

图 7.150

11 在【形状 6】图层样式名称上单击鼠标右键，从弹出的快捷菜单中选择【粘贴图层样式】选项，如图 7.151 所示。

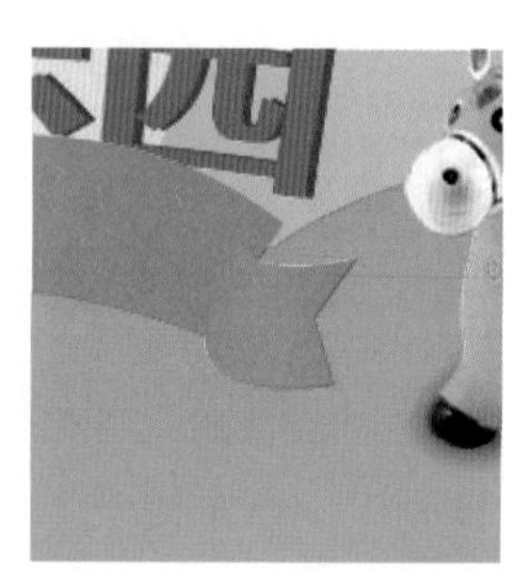

图 7.151

12 选择工具箱中的【钢笔工具】，在选项栏中单击【选择工具模式】按钮，在弹出的选项中选择【形状】，将【填充】更改为深青色(R:7，G:126，B:112)，设置【描边】为无，在已绘制的图形靠上方位置再次绘制1个不规则图形，如图7.152所示。

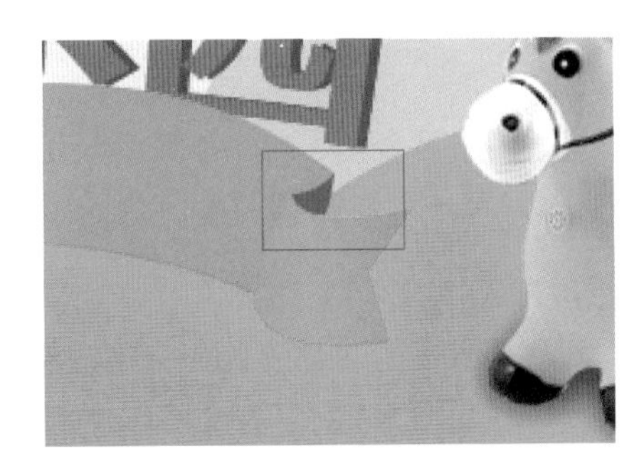

图7.152

13 选择工具箱中的【横排文字工具】T，选中【形状4】图层，在其图形位置添加文字，再将添加的文字适当移动，如图7.153所示。

图7.153

14 选择工具箱中的【椭圆工具】，在选项栏中将【填充】更改为深绿色(R:0，G:62，B:55)，设置【描边】为无，在已绘制的图形左下角位置绘制一个椭圆形，此时将生成一个【椭圆1】图层，如图7.154所示。

15 选中【椭圆1】图层，执行菜单栏中的【滤镜】|【模糊】|【高斯模糊】命令，在弹出的对话框中将【半径】更改为5像素，完成之后单击【确定】按钮，如图7.155所示。

图7.154

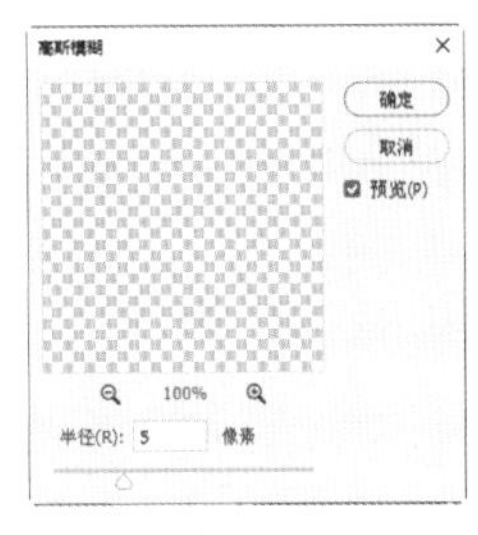

图7.155

16 选中【椭圆1】图层，执行菜单栏中的【滤镜】|【模糊】|【动感模糊】命令，在弹出的对话框中将【角度】更改为0度，将【距离】更改为85像素，设置完成之后单击【确定】按钮，如图7.156所示。

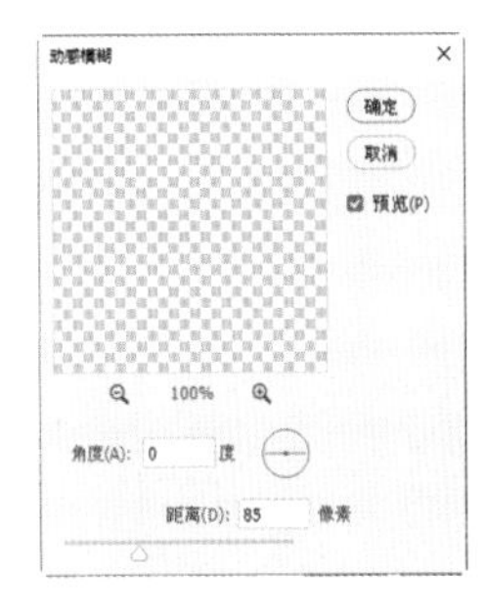

图7.156

17 在【图层】面板中选中【椭圆1】图层，将其拖至面板底部的【创建新图层】按钮上，复制出1个【椭圆1拷贝】图层。

18 选中【椭圆1拷贝】图层，将图层【不透明度】的值更改为60%，再将其向右侧平移，如图7.157所示。

图 7.157

19 选择工具箱中的【钢笔工具】，设置【选择工具模式】为【形状】，将【填充】更改为蓝色（R:110，G:213，B:253），将【描边】更改为无，在文字左上角位置绘制 1 个不规则图形，此时将生成一个【形状 8】图层，如图 7.158 所示。

图 7.158

20 以同样的方法继续绘制数个相似图形，如图 7.159 所示。

图 7.159

21 选择工具箱中的【矩形工具】，在选项栏中将【填充】更改为黄色（R:227，G:217，B:168），设置【描边】为无，在画布左下角位置绘制一个矩形，此时将生成一个【矩形 1】图层，如图 7.160 所示。

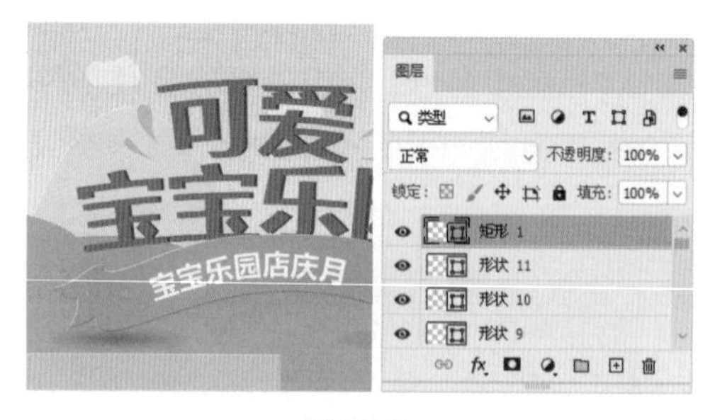

图 7.160

22 选中【矩形 1】图层，按住 Alt+Shift 组合键在画布中单击鼠标并向右侧拖动图形，将图形复制两份，并分别更改生成的拷贝图形的颜色，如图 7.161 所示。

图 7.161

23 选择工具箱中的【横排文字工具】T，在画布适当位置添加文字，这样就完成了效果制作，最终效果如图 7.162 所示。

图 7.162

7.7 惠购无限店招

实例解析

本例讲解惠购无限店招制作，此款店招在视觉效果上看起来十分简洁，主题突出，同时文字信息表达也十分到位，最终效果如图 7.163 所示。

图 7.163

视频教学

调用素材：第 7 章 \ 惠购无限店招

源文件：第 7 章 \ 惠购无限店招 .psd

操作步骤

7.7.1 制作主视觉文字

1 执行菜单栏中的【文件】|【新建】命令，在弹出的对话框中设置【宽度】为 850 像素，【高度】为 400 像素，【分辨率】为 72 像素 / 英寸，新建一个空白画布。

2 选择工具箱中的【渐变工具】，编辑从青色（R:24，G:238，B:240）到青色（R:0，G:206，B:210）的渐变，单击选项栏中的【径向渐变】按钮，在画布中从中间向右上角方向单击并拖动鼠标，填充渐变，如图 7.164 所示。

图 7.164

3 选择工具箱中的【椭圆工具】，在选项栏中将【填充】更改为白色，设置【描边】为无，按住 Shift 键在画布中间位置绘制一个正圆图形，此时将生成一个【椭圆 1】图层，将其图层【不透明度】的值更改为 50%，如图 7.165 所示。

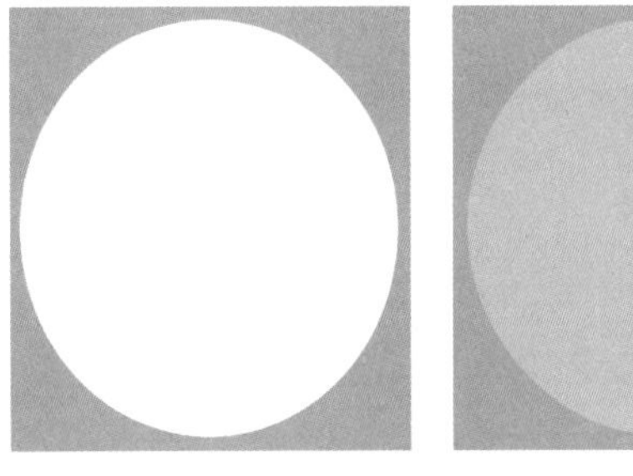

图 7.165

4 选择工具箱中的【钢笔工具】，设置【选择工具模式】为【形状】，将【填充】更改为白色，将【描边】更改为无，在画布左上角位置绘制1个不规则图形，此时将生成一个【形状1】图层，如图7.166所示。

图 7.166

5 选中【形状1】图层，将图层混合模式设置为【叠加】，将【不透明度】的值更改为20%，如图7.167所示。

图 7.167

6 以同样的方法绘制数个相似图形并设置图层混合模式，如图7.168所示。

图 7.168

7 选择工具箱中的【钢笔工具】，设置【选择工具模式】为【形状】，将【填充】更改为无，设置【描边】为白色，【大小】为3点，在画布靠左侧位置绘制1条线段，此时将生成一个【形状6】图层。

8 选中【形状6】图层，将图层混合模式设置为【叠加】，将【不透明度】的值更改为20%，效果如图7.169所示。

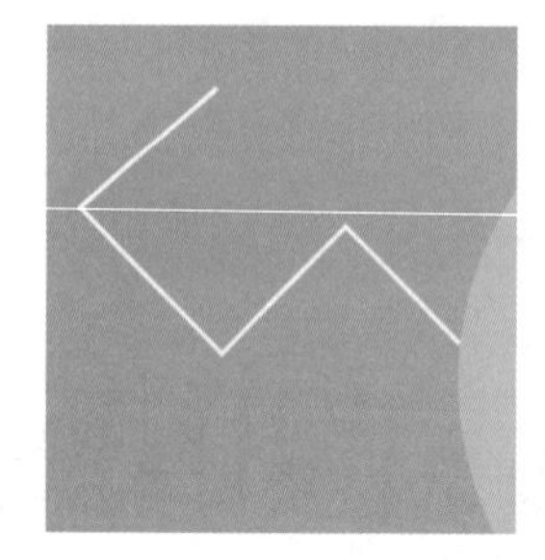

图 7.169

9 在【图层】面板中选中【形状6】图层，将其拖至面板底部的【创建新图层】按钮上，复制出1个【形状6拷贝】图层，如图7.170所示。

10 选中【形状6拷贝】图层，在视图中将其向右侧移动，选择工具箱中的【直接选择工具】，拖动线段锚点，将其稍微变形，如图7.171所示。

图 7.170

图 7.171

11 选择工具箱中的【横排文字工具】T，在画布适当位置添加文字，如图7.172所示。

12 选择工具箱中的【钢笔工具】，设置【选择工具模式】为【形状】，将【填充】更改为红色（R:224，G:97，B:65），设置【描边】为无，沿文字边缘位置绘制图形，如图7.173所示。

13 选择工具箱中的【钢笔工具】，在文字下方位置绘制一条弧形路径，如图7.174所示。

图 7.172

图 7.173

图 7.174

14 单击面板底部的【创建新图层】按钮 ⊞，新建一个【图层 1】图层，如图 7.175 所示。

15 选择工具箱中的【画笔工具】🖌，在画布中单击鼠标右键，在弹出的面板中选择一种圆角笔触，将【大小】更改为 4 像素，将【硬度】更改为 100%，如图 7.176 所示。

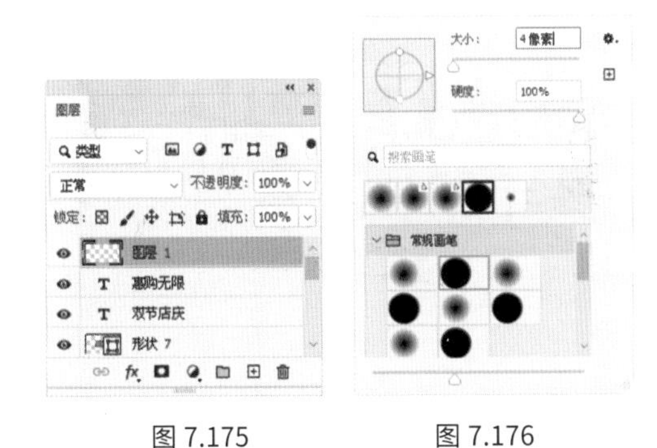

图 7.175　　图 7.176

16 将前景色更改为黑色，选中【图层 1】图层，执行菜单栏中的【窗口】|【路径】命令，在弹出的面板中选中路径，在其名称上单击鼠标右键，从弹出的快捷菜单中选择【描边路径】选项，在弹出的对话框中选择【工具】为【画笔】，确认选中【模拟压力】复选框，完成之后单击【确定】按钮，如图 7.177 所示。

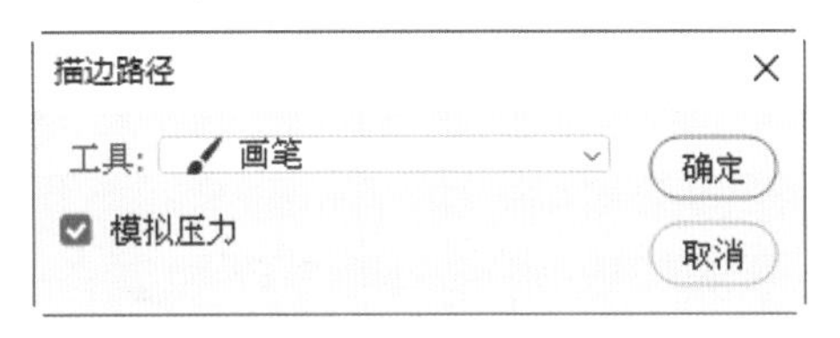

图 7.177

17 在【图层】面板中选中【图层 1】图层，单击面板底部的【添加图层蒙版】按钮◘，为图层添加图层蒙版，如图 7.178 所示。

18 选择工具箱中的【画笔工具】🖌，在画布中单击鼠标右键，在弹出的面板中选择一种圆角笔触，将【大小】更改为 80 像素，将【硬度】更改为 0%，如图 7.179 所示。

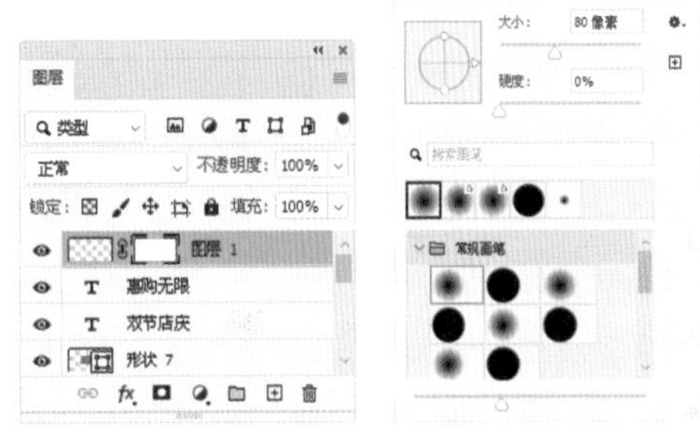

图 7.178　　图 7.179

19 将前景色更改为黑色，在图像左侧端点位置涂抹，将其隐藏，如图 7.180 所示。

20 选择工具箱中的【横排文字工具】T，单击路径，添加文字，如图 7.181 所示。

图 7.180　　图 7.181

7.7.2 添加素材及制作栏目

1 执行菜单栏中的【文件】|【打开】命令，打开“手机.psd”文件，将其拖入画布中并适当缩小，如图 7.182 所示。

图 7.182

2 在【图层】面板中选中【手机】组，单击面板底部的【添加图层样式】按钮fx，在菜单中选择【投影】选项，在弹出的对话框中将【不透明度】更改为 15%，取消选中【使用全局光】复选框，将【角度】更改为 150 度，将【距离】更改为 6 像素，将【扩展】更改为 50%，将【大小】更改为 4 像素，完成之后单击【确定】按钮，如图 7.183 所示。

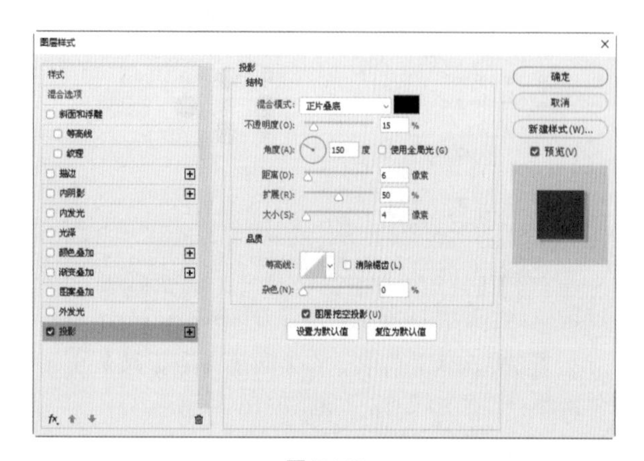

图 7.183

3 选择工具箱中的【钢笔工具】，设置【选择工具模式】为【形状】，将【填充】更改为黄色（R:254，G:250，B:150），将【描边】更改为无，在画布靠顶部位置绘制 1 个三角形，此时将生成一个【形状 8】图层，如图 7.184 所示。

图 7.184

4 以同样的方法在图形位置再次绘制两个图形，以制作纸飞机效果，如图 7.185 所示。

图 7.185

5 同时选中所有和纸飞机相关的图层，按住 Alt 键在画布中单击并拖动图形，将图形复制并更改颜色，如图 7.186 所示。

图 7.186

6 选择工具箱中的【矩形工具】，在选项栏中将【填充】更改为深青色（R:0，G:55，B:56），设置【描边】为无，在画布左下角位置绘制一个矩形，此时将生成一个【矩形 1】图层，将图层【不透明度】的值更改为 50%，如图 7.187 所示。

图 7.187

7 选中【矩形 1】图层，按住 Alt+Shift 组合键在画布中单击鼠标并向右侧拖动图形，将图形复制数份，如图 7.188 所示。

8 选择工具箱中的【横排文字工具】T，在画布适当位置添加文字，这样就完成了效果制作，最终效果如图 7.189 所示。

图 7.188

图 7.189

第 8 章 脱颖而出，电商硬广装修设计

本章介绍

本章讲解店铺硬广装修设计，硬广装修通常是指直观的广告信息，给人一种很强的带入感，可以通过文字或者画面突出当前所表现的内容，它也是店铺装修中相当重要的组成部分。本章讲解了秋冬装广告设计、汽车用品广告设计、新机上市广告设计、新品优惠广告设计及吃货节促销广告设计等多个不同类型的实例，通过对这些实例的学习，读者可以掌握大多数硬广装修的设计方法和技巧。

学习目标

- 了解秋冬装广告设计
- 学会汽车用品广告设计
- 学习新机上市广告设计
- 掌握音乐主题 T 恤促销广告设计
- 学习吃货节促销广告设计
- 了解炫酷运动鞋上新硬广设计

8.1 秋冬装广告

实例解析

本例讲解秋冬装广告设计，本例的制作比较简单，整体采用暖色调的橙黄色，既体现了广告主题，又与秋冬季的特征相符合，最终效果如图 8.1 所示。

图 8.1

视频教学

调用素材：第 8 章 \ 秋冬装广告

源文件：第 8 章 \ 秋冬装广告 .psd

操作步骤

8.1.1 添加素材

1 执行菜单栏中的【文件】|【新建】命令，在弹出的对话框中设置【宽度】为 800 像素，【高度】为 500 像素，【分辨率】为 72 像素 / 英寸。

2 选择工具箱中的【渐变工具】，编辑从黄色（R:250，G:174，B:137）到黄色（R:238，G:123，B:40）的渐变，单击选项栏中的【径向渐变】按钮，在画布中中间靠顶部位置单击并向左下角方向拖动鼠标，为画布填充渐变，如图 8.2 所示。

图 8.2

3 执行菜单栏中的【文件】|【打开】命令，打开“服饰 .psd”文件，将其拖入画布中靠左侧位置并适当缩小，如图 8.3 所示。

图 8.3

4 选择工具箱中的【椭圆工具】，在选项栏中将【填充】更改为黑色，设置【描边】为无，在服饰图像底部位置绘制 1 个椭圆图形，此时将生成一个【椭圆 1】图层，将其移至【服饰】图层下方，如图 8.4 所示。

图 8.4

5 选中【椭圆 1】图层，执行菜单栏中的【滤镜】|【模糊】|【高斯模糊】命令，在弹出的对话框中将【半径】值更改为 3.0 像素，完成之后单击【确定】按钮，如图 8.5 所示。

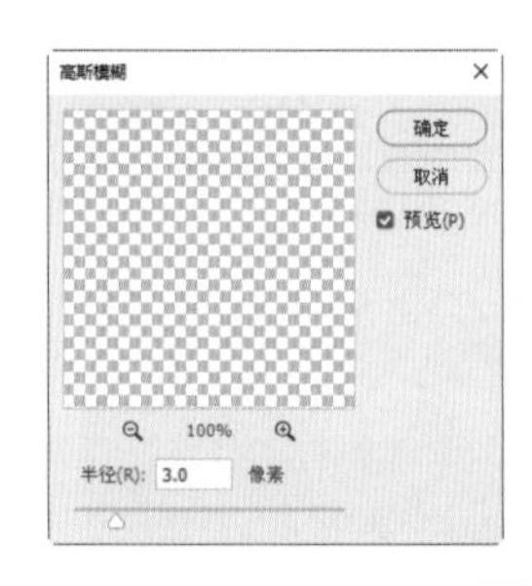

图 8.5

6 选择工具箱中的【钢笔工具】，设置【选择工具模式】为【形状】，将【填充】更改为黑色，将【描边】更改为无，在鞋子底部位置绘制 1 个不规则图形，此时将生成一个【形状 1】图层，将其移至【服饰】图层下方，如图 8.6 所示。

7 在【图层】面板中选中【形状 1】图层，单击面板底部的【添加图层蒙版】按钮，为图层添加图层蒙版，如图 8.7 所示。

8 选择工具箱中的【画笔工具】，在画布中单击鼠标右键，在弹出的面板中选择一种圆角笔触，将【大小】更改为 200 像素，将【硬度】更改为 0%，如图 8.8 所示。

图 8.6

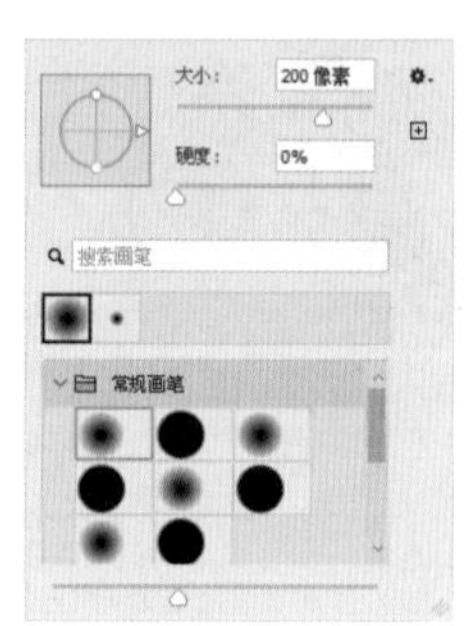

图 8.7　　图 8.8

8.1.2 制作主题文字

1 将前景色更改为黑色，在其图像上部分区域涂抹，将其隐藏，如图 8.9 所示。

2 选择工具箱中的【横排文字工具】T，在画布靠右侧位置添加文字，如图 8.10 所示。

图 8.9　　图 8.10

3 执行菜单栏中的【文件】|【打开】命令，打开“秋 .jpg”文件，将其拖入画布中并适当缩小，将图层名称更改为“图层 1”，如图 8.11 所示。

图 8.11

4 选中【图层 1】图层，执行菜单栏中的【图层】|【创建剪贴蒙版】命令，为当前图层创建剪贴蒙版，将部分图像隐藏，再按 Ctrl+T 组合键对其执行【自由变换】命令，将图像等比缩小，完成之后按 Enter 键确认，如图 8.12 所示。

图 8.12

5 执行菜单栏中的【文件】|【打开】命令，打开“冬.jpg”文件，将其拖入画布中并适当缩小，将图层名称更改为“图层 2”，如图 8.13 所示。

6 选中【图层 2】图层，以同样的方法为其创建剪贴蒙版并适当缩小图像，如图 8.14 所示。

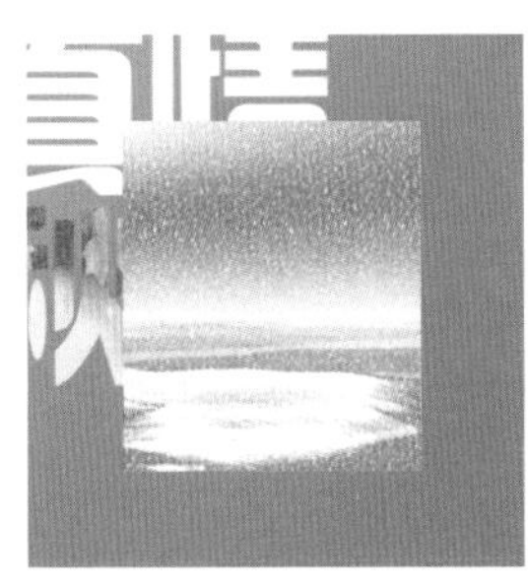

图 8.13

图 8.14

技巧 在添加“冬”素材图像时可直接将其拖至【图层 1】与【真情 秋季】图层之间，图层将自动创建剪贴蒙版。

7 在【图层】面板中选中【真情 秋冬】文字图层，单击面板底部的【添加图层样式】按钮 *fx*，在菜单中选择【渐变叠加】选项，在弹出的对话框中将【混合模式】更改为【叠加】，将【渐变】更改为黑色到白色，完成之后单击【确定】按钮，如图 8.15 所示。

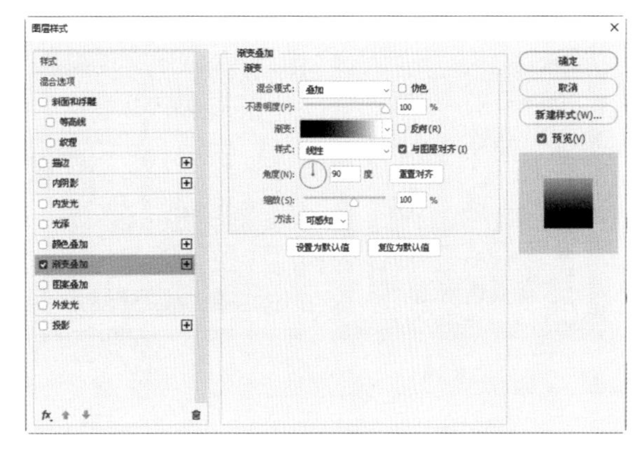

图 8.15

8 选择工具箱中的【矩形工具】，在选项栏中将【填充】更改为无，设置【描边】为白色，将【大小】更改为 20 点，按住 Alt+Shift 组合键在文字中间位置绘制一个矩形，此时将生成一个【矩形 1】图层，如图 8.16 所示。

9 在【图层】面板中选中【矩形 1】图层，单击面板底部的【添加图层蒙版】按钮，为其添加图层蒙版。

10 选择工具箱中的【矩形选框工具】，在矩形顶部位置绘制 1 个矩形选区，以选中部分图形，如图 8.17 所示。

11 将选区填充为黑色，将部分图形隐藏，完成之后按 Ctrl+D 组合键将选区取消，如图 8.18 所示。

12 选择工具箱中的【横排文字工具】T，在隐藏图形后的空缺位置添加文字，如图 8.19 所示。

图 8.16

图 8.17

图 8.18

图 8.19

13 选择工具箱中的【椭圆工具】，在选项栏中将【填充】更改为黄色(R:250，B:212，B:23)，设置【描边】为无，按住 Shift 键在已添加的文字右上角位置绘制一个正圆图形，此时将生成一个【椭圆 2】图层，如图 8.20 所示。

图 8.20

14 选择工具箱中的【添加锚点工具】，在已绘制的椭圆左下角位置单击，添加 3 个锚点，如图 8.21 所示。

15 选择工具箱中的【转换点工具】，单击已添加的 3 个锚点中的中间锚点，转换该锚点，如图 8.22 所示。

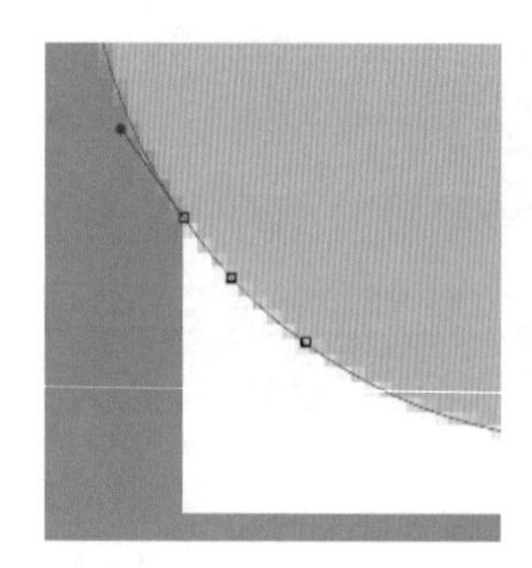

图 8.21

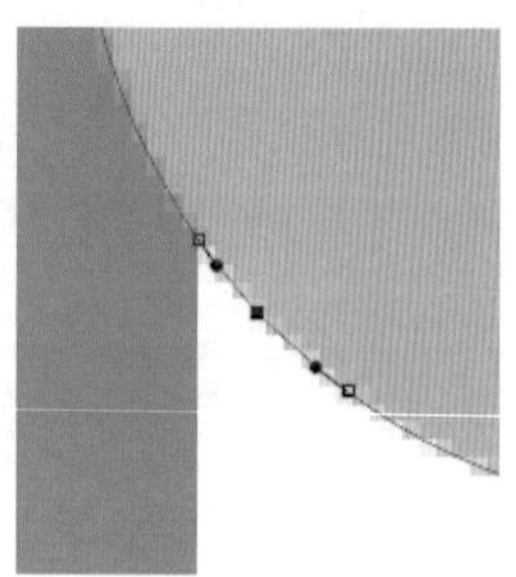

图 8.22

16 选择工具箱中的【直接选择工具】，选中经过转换的锚点，将其向左下角方向拖动，再分别选中两侧锚点的内侧控制杆，按住 Alt 键的同时将其向已拖出的锚点方向拖动，将图形变形，如图 8.23 所示。

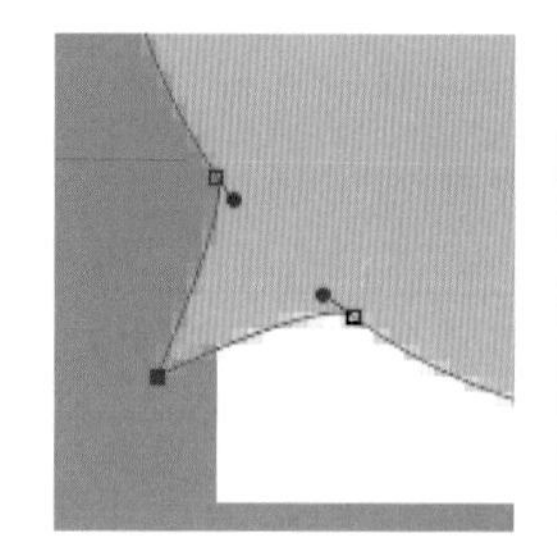

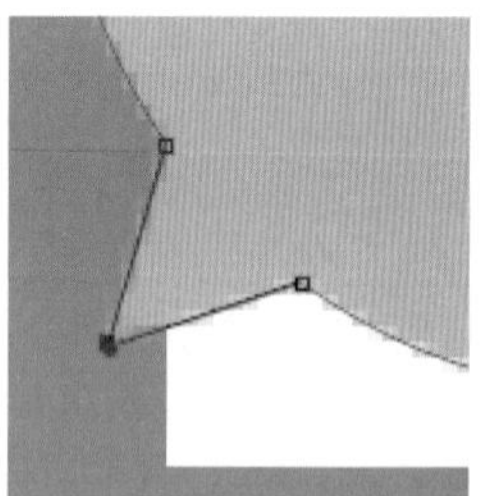

图 8.23

17 选择工具箱中的【横排文字工具】T，在图形位置添加文字，如图 8.24 所示。

图 8.24

18 选择工具箱中的【矩形工具】，在选项栏中将【填充】更改为（R:250，B:212，B:23），设置【描边】为无，再绘制 1 个矩形，此时将生成一个【矩形 2】图层，如图 8.25 所示。

图 8.25

19 选择工具箱中的【添加锚点工具】，在已绘制的矩形左侧边缘中间位置单击，添加锚点，如图 8.26 所示。

20 选择工具箱中的【转换点工具】，单击添加的锚点，再选择工具箱中的【直接选择工具】，拖动锚点，将图形变形，如图 8.27 所示。

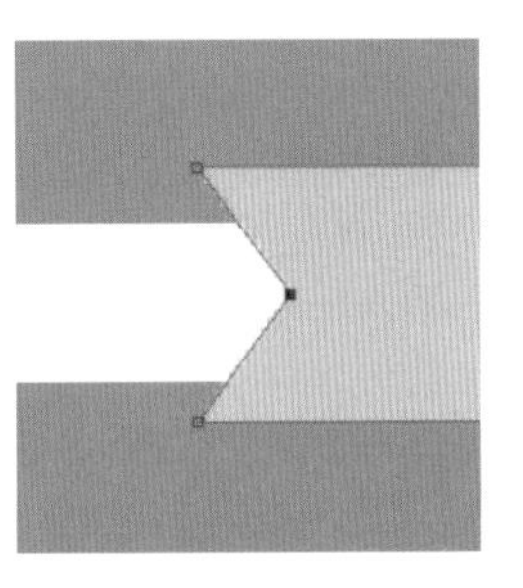

图 8.26　　图 8.27

21 以同样的方法在矩形右侧边缘相对位置单击添加锚点，并将其变形，如图 8.28 所示。

22 选择工具箱中的【横排文字工具】T，在适当位置添加文字，如图 8.29 所示。

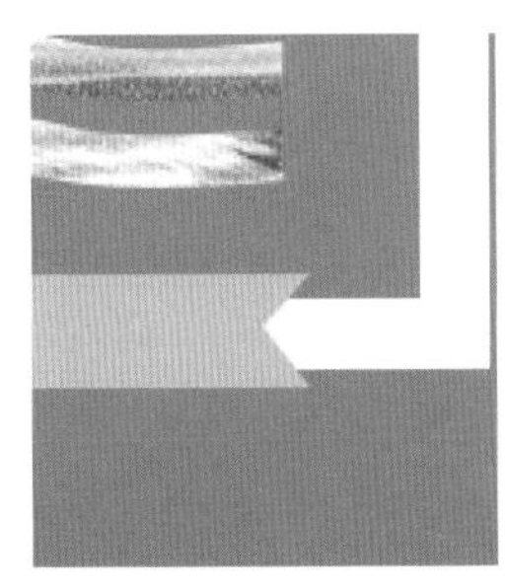

图 8.28　　图 8.29

8.1.3 添加装饰素材

1 执行菜单栏中的【文件】|【打开】命令，打开“枫叶 .psd”文件，将其拖入画布中的适当位置并缩小，如图 8.30 所示。

图 8.30

2 选中【枫叶】图层，执行菜单栏中的【滤镜】|【模糊】|【动感模糊】命令，在弹出的对话框中将【角度】更改为 25 度，将【距离】更改为 10 像素，设置完成之后单击【确定】按钮，如图 8.31 所示。

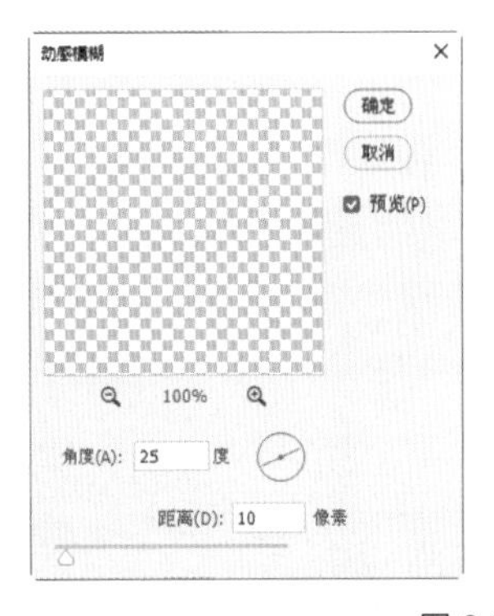

图 8.31

3 选中【枫叶】图层，按住 Alt 键在画布中将其复制，此时将生成 1 个【枫叶 拷贝】图层，如图 8.32 所示。

4 选中【枫叶 拷贝】图层，对其执行【自由变换】命令，将图像等比缩小并移动至其他位置，完成之后按 Enter 键确认，再按 Ctrl+F 组合键重复为其添加动感模糊效果，如图 8.33 所示。

图 8.32

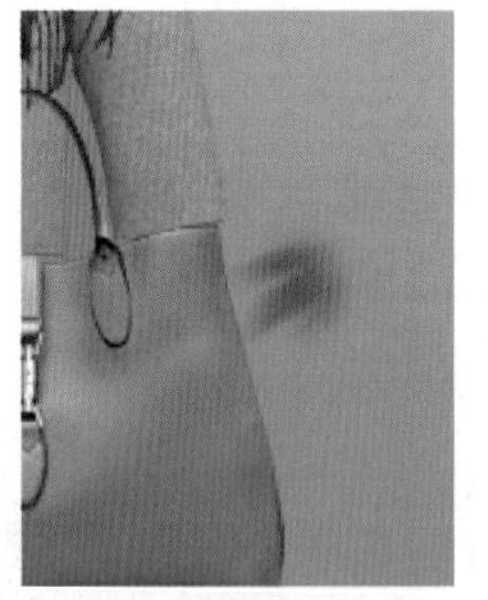

图 8.33

图 8.34

5 以同样的方法将枫叶图像复制多份并移动至画布适当位置，同样为其添加动感模糊效果，这样就完成了效果制作，最终效果如图 8.34 所示。

提示 为了使添加的图像更加具有自然飘落的效果，可将部分图像所在图层移至图层底部，同时更改部分图像所在图层的不透明度。

8.2 汽车用品广告

实例解析

本例讲解汽车用品广告设计，本例以汽车用品为主视觉图像，搭配简单、明了的文字信息，使整个广告易读、易懂，并且特效图像的添加也很好地突出了汽车用品的特征，最终效果如图 8.35 所示。

图 8.35

视频教学

调用素材：第 8 章\汽车用品广告

源文件：第 8 章\汽车用品广告设计 .psd

操作步骤

8.2.1 打开素材

1 执行菜单栏中的【文件】|【打开】命令，打开“背景 .jpg”“汽车用品 .psd”文件，将其拖入画布中的适当位置，如图 8.36 所示。

图 8.36

2 在【图层】面板中选中【轮胎】图层，将其拖至面板底部的【创建新图层】按钮⊞上，复制出 1 个【轮胎 拷贝】图层，选中【轮胎 拷贝】图层，单击面板上方的【锁定透明像素】按钮，将透明像素锁定，将图像填充为红色（R:255，G:45，B:5），填充完成之后再次单击此按钮，将其解除锁定，如图 8.37 所示。

图 8.37

3 选中【轮胎 拷贝】图层，执行菜单栏中的【滤镜】|【模糊】|【径向模糊】命令，在弹出的对话框中，将【数量】更改为 100，分别选中【模糊】中的【旋转】及【品质】中的【最好】单选按钮，完成之后单击【确定】按钮，如图 8.38 所示。

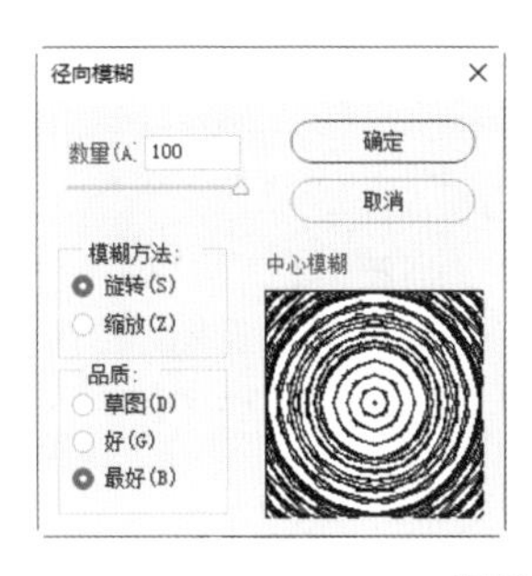

图 8.38

4 在【图层】面板中选中【轮胎 拷贝】图层，将图层混合模式设置为【叠加】，将【不透明度】的值更改为 70%，如图 8.39 所示。

图 8.39

8.2.2 绘制图形

1 选择工具箱中的【椭圆工具】◯，在选项栏中将【填充】更改为无，设置【描边】为浅黄色（R:255，G:210，B:93），【大小】为 1 点，按住 Shift 键在轮胎位置绘制一个正圆图形，此时将生成一个【椭圆 1】图层，如图 8.40 所示。

2 在【图层】面板中选中【椭圆 1】图层，单击面板底部的【添加图层蒙版】按钮，为图层添加图层蒙版，如图 8.41 所示。

3 选择工具箱中的【渐变工具】，编辑从黑色到白色的渐变，单击选项栏中的【线性渐变】按钮，在图像上单击并拖动鼠标，将部分图形隐藏，如图 8.42 所示。

图 8.40

图 8.41　　图 8.42

4 在【图层】面板中选中【汽车用品】组，将其拖至面板底部的【创建新图层】按钮⊞上，复制出 1 个【汽车用品 拷贝】组。

5 选中【汽车用品 拷贝】组，按 Ctrl+E 组合键将其向下合并，此时将生成一个【汽车用品 拷贝】图层，单击面板上方的【锁定透明像素】按钮▩，将透明像素锁定，将图像填充为红色（R:255，G:45，B:5），填充完成之后再次单击此按钮，将其解除锁定，如图 8.43 所示。

图 8.43

6 在【图层】面板中选中【轮胎 拷贝】图层，将图层混合模式设置为【叠加】，将【不透明度】的值更改为 40%，如图 8.44 所示。

图 8.44

8.2.3 添加素材

1 执行菜单栏中的【文件】|【打开】命令，打开“光 .jpg”文件，将其拖入画布中电子狗图像位置并适当缩小，将图层名称更改为“图层 1”，如图 8.45 所示。

图 8.45

2 在【图层】面板中选中【图层 1】图层，将图层混合模式设置为【滤色】，如图 8.46 所示。

图 8.46

8.2.4 制作阴影

1 在【图层】面板中选中【图层 1】图层，将其拖至面板底部的【创建新图层】按钮⊞上，复制出 1 个【图层 1 拷贝】图层，如图 8.47 所示。

2 选中【图层 1 拷贝】图层，将图像移至电子狗右侧车灯位置，按 Ctrl+T 组合键对其执行【自由变换】命令，将图像等比缩小，完成之后按 Enter 键确认，如图 8.48 所示。

图 8.47

图 8.48

3 按住 Ctrl 键的同时单击【汽车用品 拷贝】图层缩览图，将其载入选区，如图 8.49 所示。

4 单击面板底部的【创建新图层】按钮⊞，新建一个【图层 2】图层，如图 8.50 所示。

图 8.49

图 8.50

5 选中【图层 2】图层，将其填充为黑色，完成之后按 Ctrl+D 组合键将选区取消，再将其向下稍微移动，如图 8.51 所示。

6 选中【图层 2】图层，执行菜单栏中的【滤镜】|【模糊】|【高斯模糊】命令，在弹出的对话框中，将【半径】更改为 5 像素，完成之后单击【确定】按钮，如图 8.52 所示。

图 8.51

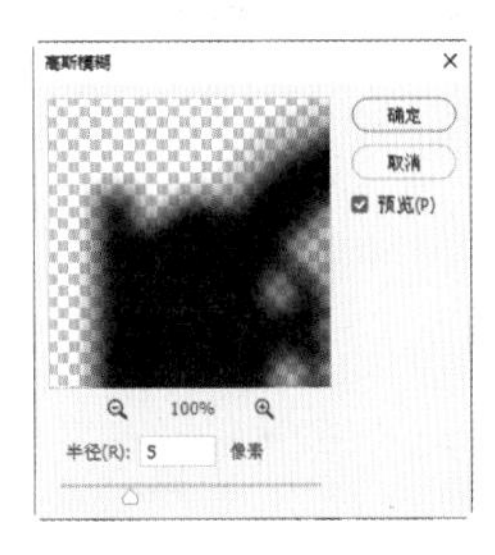

图 8.52

7 在【图层】面板中选中【图层 2】图层，单击面板底部的【添加图层蒙版】按钮◘，为图层添加图层蒙版，如图 8.53 所示。

8 选择工具箱中的【画笔工具】🖌，在画布中单击鼠标右键，在弹出的面板中选择一种圆角笔触，将【大小】更改为 250 像素，将【硬度】更改为 0%，如图 8.54 所示。

图 8.53

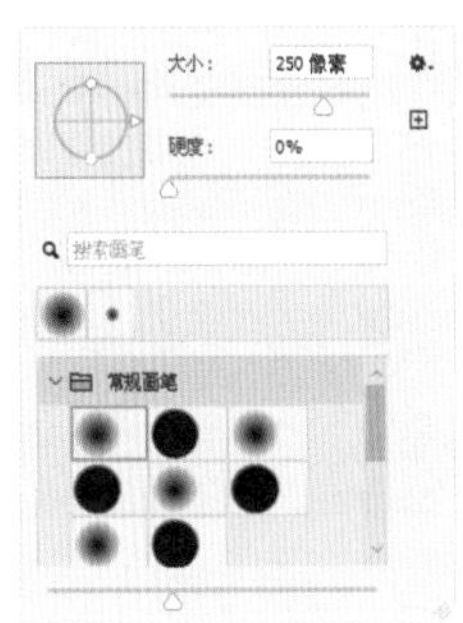

图 8.54

9 将前景色更改为黑色，在图像上部分区

域涂抹，将其隐藏，以增强阴影的真实性。选择工具箱中的【横排文字工具】T，在画布中的适当位置添加文字，如图 8.55 所示。

图 8.55

8.2.5 绘制图形

1 选择工具箱中的【矩形工具】，在选项栏中将【填充】更改为橙色（R:237，G:120，B:54），设置【描边】为无，在文字下方位置绘制一个矩形，此时将生成一个【矩形 1】图层，如图 8.56 所示。

2 选中【矩形 1】图层，按 Ctrl+T 组合键对其执行【自由变换】命令，单击鼠标右键，从弹出的快捷菜单中选择【斜切】选项，拖动控制点，将图形变形，完成之后按 Enter 键确认，如图 8.57 所示。

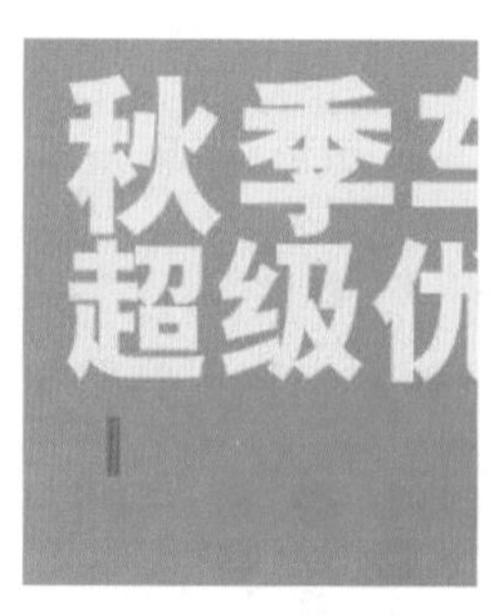

图 8.56　　图 8.57

3 选中【矩形 1】图层，按住 Alt+Shift 组合键将图形向右侧拖动，将图形复制数份，如图 8.58 所示。

图 8.58

4 选择工具箱中的【钢笔工具】，设置【选择工具模式】为【形状】，将【填充】更改为黄色（R:255，G:224，B:147），将【描边】更改为无，在画布适当位置绘制一个三角形图形，此时将生成一个【形状 1】图层，如图 8.59 所示。

图 8.59

5 选中【形状 1】图层，执行菜单栏中的【滤镜】|【模糊】|【动感模糊】命令，在弹出的对话框中，将【角度】更改为 50 度，将【距离】更改为 40 像素，完成之后单击【确定】按钮，如图 8.60 所示。

6 以同样的方法，在画布其他位置绘制图形并添加同样的模糊效果，这样就完成了效果制作，最终效果如图 8.61 所示。

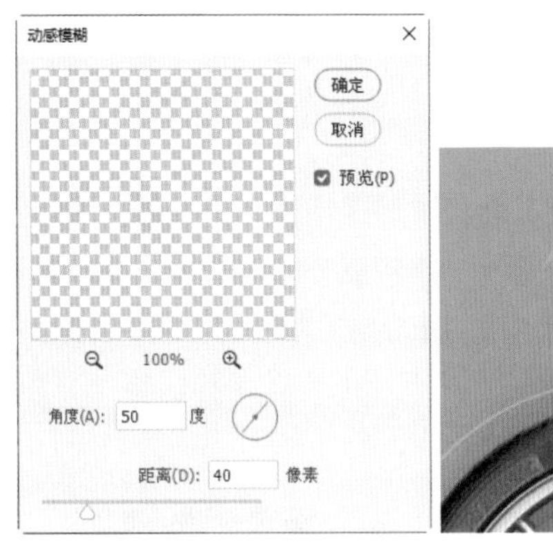

图 8.60

图 8.61

8.3 新机上市广告

实例解析

本例讲解新机上市广告设计，本例的背景图主色调为暗黄色，用于衬托手机亮黄色的外观，这样同色系的搭配尽显高级感和潮流感，最终效果如图 8.62 所示。

图 8.62

视频教学

调用素材：第 8 章 \ 新机上市广告

源文件：第 8 章 \ 新机上市广告 .psd

操作步骤

8.3.1 处理图像效果

1 执行菜单栏中的【文件】|【打开】命令，打开“背景 .jpg”“手机 .psd”文件，将其拖入画布中并适当缩小，如图 8.63 所示。

2 在【图层】面板中选中【手机】图层，将其拖至面板底部的【创建新图层】按钮⊞上，复制出 1 个【手机 拷贝】图层，如图 8.64 所示。

3 选择工具箱中的【多边形套索工具】，在【手机 拷贝】图层中的图像左侧绘制选区，以选中站立的手机图像，如图 8.65 所示。

图 8.63

图 8.64　　图 8.65

4 选中【手机 拷贝】图层，按 Ctrl+Shift+J 组合键执行【通过剪切的图层】命令，此时将生成一个【图层 1】图层，如图 8.66 所示。

5 选中【图层 1】图层，按 Ctrl+T 组合键对其执行【自由变换】命令，单击鼠标右键，从弹出的快捷菜单中选择【垂直翻转】选项，再单击鼠标右键，从弹出的快捷菜单中选择【斜切】选项，拖动变形框左侧的控制点，将图像变形，完成之后按 Enter 键确认，如图 8.67 所示。

图 8.66　　图 8.67

6 在【图层】面板中选中【图层 1】图层，单击面板底部的【添加图层蒙版】按钮，为图层添加图层蒙版，如图 8.68 所示。

7 选择工具箱中的【渐变工具】，编辑从黑色到白色的渐变，单击选项栏中的【线性渐变】按钮，单击【图层 1】图层蒙版缩览图，在画布中的图像下方单击并从下至上拖动鼠标，将部分图像隐藏，如图 8.69 所示。

图 8.68　　图 8.69

8 以同样的方法选中【手机 拷贝】图层，将图像变形并为其制作倒影效果，如图 8.70 所示。

图 8.70

8.3.2 添加文字

1 选择工具箱中的【横排文字工具】T，在画布适当位置添加文字，如图 8.71 所示。

2 选中【诺基亚】文字图层，按 Ctrl+T 组合键对其执行【自由变换】命令，单击鼠标右键，从弹出的快捷菜单中选择【斜切】选项，拖动变形框控制点，将文字变形，完成之后按 Enter 键确认。

以同样的方法分别选中其他文字图层并将其变形，如图 8.72 所示。

图 8.71

图 8.72

3 选择工具箱中的【钢笔工具】，设置【选择工具模式】为【形状】，将【填充】更改为深黄色（R:220，G:156，B:0），将【描边】更改为无，在文字下方位置绘制一个不规则图形，此时将生成一个【形状 1】图层，将【形状 1】图层移至【手机】图层下方，如图 8.73 所示。

图 8.73

4 以同样的方法再次绘制一个不规则图形，选择工具箱中的【横排文字工具】T，在绘制的图形位置添加文字，如图 8.74 所示。

图 8.74

5 在【图层】面板中选中【诺基亚】文字图层，单击面板底部的【添加图层样式】按钮fx，在菜单中选择【投影】选项，在弹出的对话框中将【颜色】更改为深黄色（R:127，G:90，B:0），将【距离】更改为 2 像素，将【大小】更改为 1 像素，完成之后单击【确定】按钮，如图 8.75 所示。

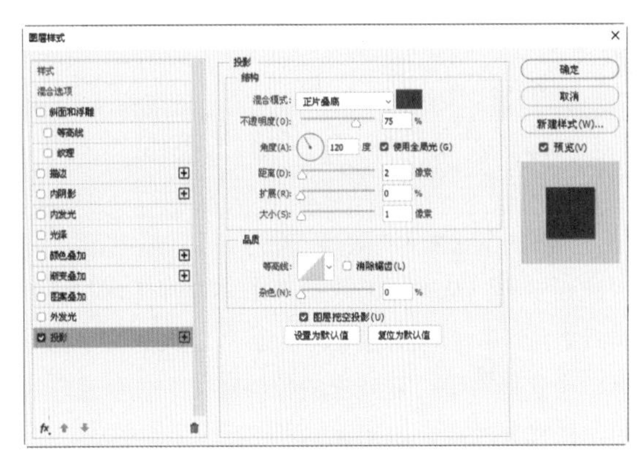

图 8.75

6 在【诺基亚】文字图层上单击鼠标右键，从弹出的快捷菜单中选择【拷贝图层样式】选项。在【lumia1020】文字图层上单击鼠标右键，从弹出的快捷菜单中选择【粘贴图层样式】选项，如图 8.76 所示。

图 8.76

7 在【图层】面板中选中【随心 随性 爱自由】文字图层，单击面板底部的【添加图层样式】按钮fx，在菜单中选择【描边】选项，在弹出的对话框中将【大小】更改为 2 像素，将【颜色】更改为黄色（R:248，G:187，B:0），完成之后单击【确定】按钮，如图 8.77 所示。

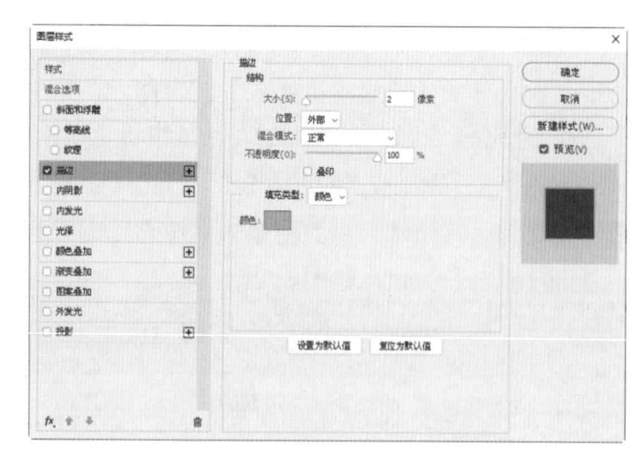

图 8.77

8 在【随心　随性　爱自由】文字图层上单击鼠标右键，从弹出的快捷菜单中选择【拷贝图层样式】选项，在【激情上市　乐享之旅】文字图层上单击鼠标右键，从弹出的快捷菜单中选择【粘贴图层样式】选项，如图 8.78 所示。

图 8.78

9 在【图层】面板中选中【￥3999】文字图层，单击面板底部的【添加图层样式】按钮fx，在菜单中选择【投影】选项，在弹出的对话框中将【不透明度】的值更改为 50%，将【距离】更改为 1 像素，将【大小】更改为 1 像素，完成之后单击【确定】按钮，如图 8.79 所示。

10 选择工具箱中的【钢笔工具】，设置【选择工具模式】为【形状】，将【填充】更改为深黄色（R:220，G:156，B:0），将【描边】更改为无，在已绘制的图形旁边位置再次绘制一个不规则图形，此时将生成一个【形状 3】图层，如图 8.80 所示。

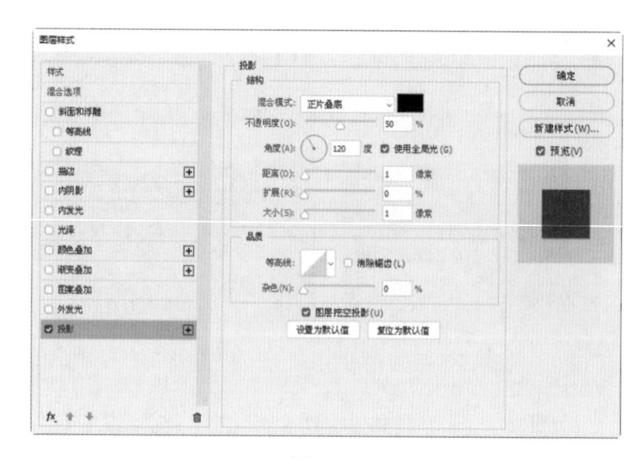

图 8.79

图 8.80

11 以同样的方法在已绘制的图形下方位置再次绘制一个图形，这样就完成了效果制作，最终效果如图 8.81 所示。

图 8.81

8.4 新品优惠广告

实例解析

本例讲解新品优惠广告设计，本例制作一款传统的广告图，采用商品与主题相呼应的风格，最大的特色在于特效文字的制作，整体的色调协调，版式美观，最终效果如图 8.82 所示。

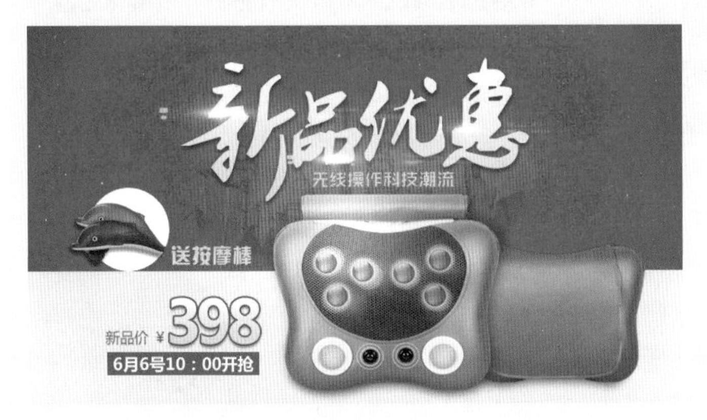

图 8.82

视频教学

调用素材：第 8 章 \ 新品优惠广告图

源文件：第 8 章 \ 新品优惠广告图 .psd

操作步骤

8.4.1 制作主题背景

1 执行菜单栏中的【文件】|【新建】命令，在弹出的对话框中设置【宽度】为 800 像素，【高度】为 450 像素，【分辨率】为 72 像素 / 英寸，新建一个空白画布，将画布填充为灰色（R:245，G:243，B:238）。

2 选择工具箱中的【矩形工具】，在选项栏中将【填充】更改为红色（R:220，G:24，B:48），设置【描边】为无，在画布上半部分位置绘制一个矩形，此时将生成一个【矩形 1】图层，如图 8.83 所示。

3 执行菜单栏中的【文件】|【打开】命令，打开“城市 .jpg”文件，将其拖入画布中并适当缩小，将图层名称更改为“图层 1”，如图 8.84 所示。

图 8.83

图 8.84

4 选中【图层 1】图层，按 Ctrl+T 组合键对其执行【自由变换】命令，单击鼠标右键，从弹出的快捷菜单中选择【变形】选项，设置【变形】为【拱起】，完成之后按Enter键确认，再按Ctrl+T组合键对其执行【自由变换】命令，将图像等比缩小，完成之后按Enter键确认，如图8.85所示。

图 8.85

5 在【图层】面板中选中【图层 1】图层，将图层混合模式更改为【叠加】，再单击面板底部的【添加图层蒙版】按钮，为图层添加图层蒙版，如图8.86所示。

6 选择工具箱中的【画笔工具】，在画布中单击鼠标右键，在弹出的面板中选择一种圆角笔触，将【大小】更改为150像素，将【硬度】更改为0%，如图8.87所示。

图 8.86

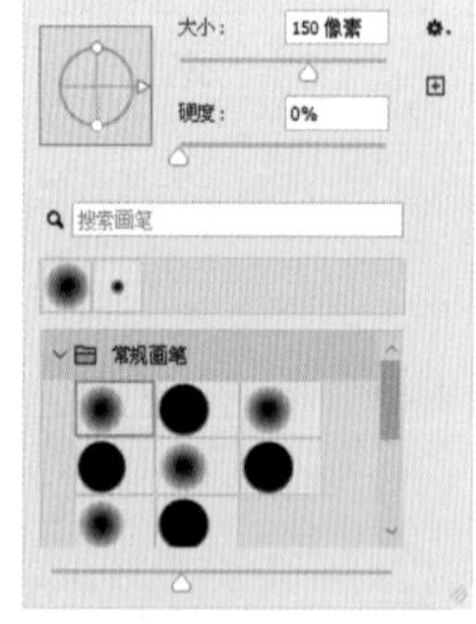

图 8.87

7 将前景色更改为黑色，在其图像上部分区域涂抹，将其隐藏，如图8.88所示。

8 选择工具箱中的【椭圆工具】，在选项栏中将【填充】更改为白色，设置【描边】为无，在画布靠左侧位置绘制一个椭圆图形，此时将生成一个【椭圆 1】图层，如图8.89所示。

图 8.88

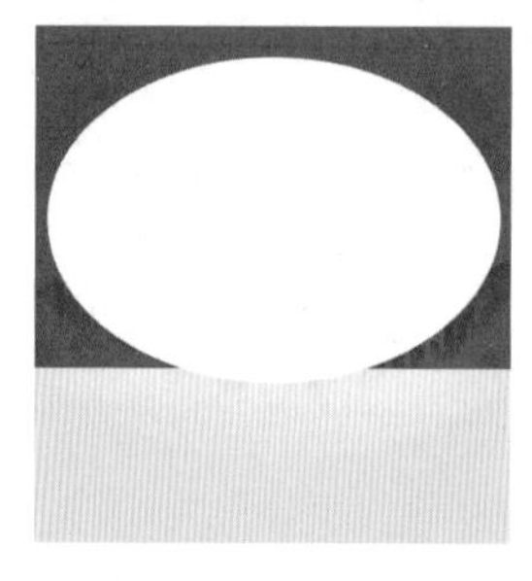

图 8.89

9 选中【椭圆 1】图层，执行菜单栏中的【滤镜】|【模糊】|【高斯模糊】命令，在弹出的对话框中将【半径】更改为125像素，完成之后单击【确定】按钮，如图8.90所示。

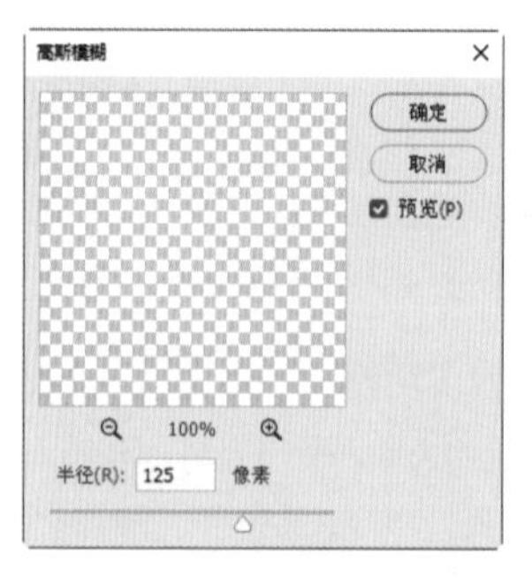

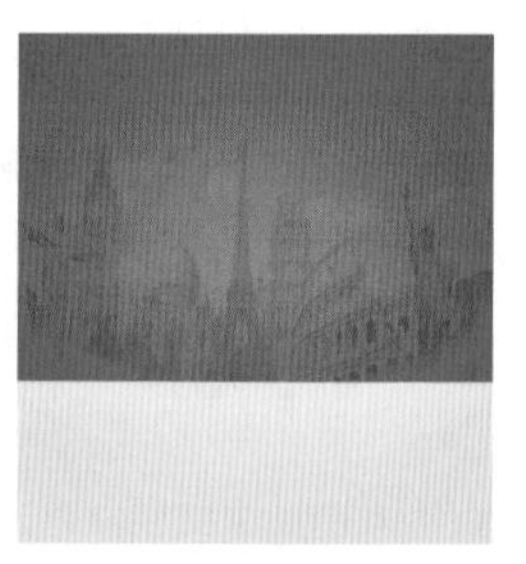

图 8.90

10 选中【图层 1】图层，将图层混合模式设置为【叠加】，将【不透明度】的值更改为50%，如图8.91所示。

图 8.91

11 执行菜单栏中的【文件】|【打开】命令，打开“素材 .psd”文件，将其拖入画布中的适当位置并缩小，如图 8.92 所示。

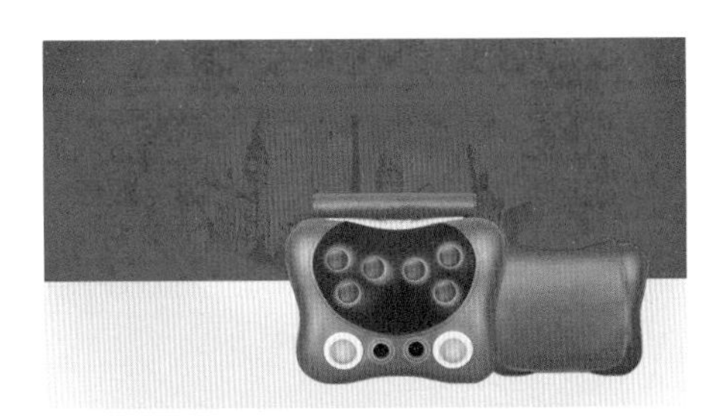

图 8.92

12 在【图层】面板中选中【正面】图层，单击面板底部的【添加图层样式】按钮fx，在菜单中选择【投影】选项，在弹出的对话框中将【不透明度】的值更改为 35%，取消选中【使用全局光】复选框，将【角度】更改为 180 度，将【距离】更改为 4 像素，将【大小】更改为 16 像素，完成之后单击【确定】按钮，如图 8.93 所示。

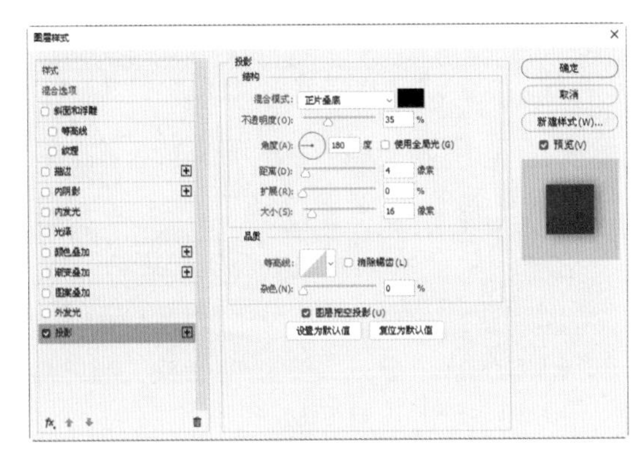

图 8.93

13 选择工具箱中的【钢笔工具】，设置【选择工具模式】为【形状】，将【填充】更改为黑色，将【描边】更改为无，在素材图像底部位置绘制 1 个不规则图形，此时将生成一个【形状 1】图层，如图 8.94 所示。

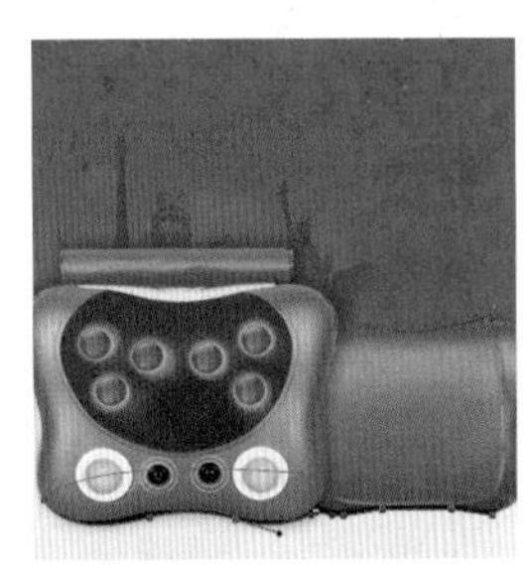

图 8.94

14 选中【形状 1】图层，按 Ctrl+Alt+F 组合键打开【高斯模糊】对话框，将【半径】的值更改为 5 像素，再将图层【不透明度】的值更改为 60%，如图 8.95 所示。

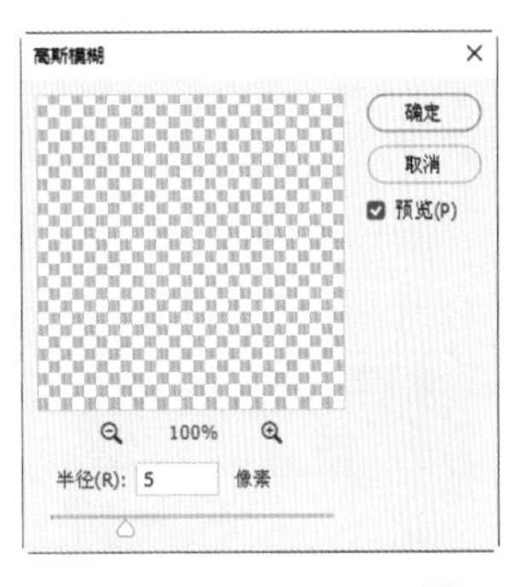
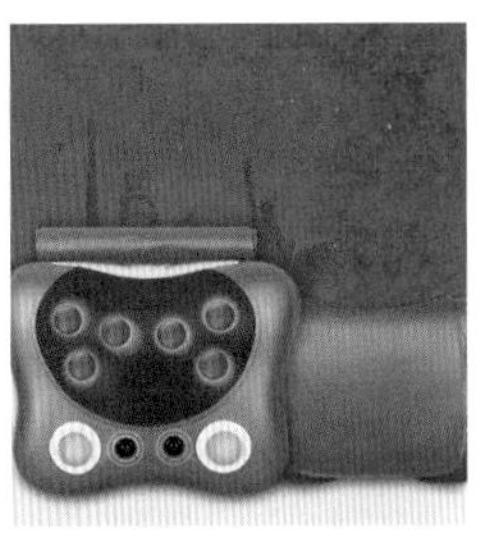

图 8.95

15 单击面板底部的【创建新图层】按钮，新建一个【图层 2】图层，如图 8.96 所示。

16 选择工具箱中的【画笔工具】，在画布中单击鼠标右键，在弹出的面板中选择一种圆角笔触，将【大小】更改为 180 像素，将【硬度】更改为 0%，如图 8.97 所示。

17 将前景色更改为白色，选中【图层 2】图层，在【正面】图层中图像左上角位置单击进行绘制，如图 8.98 所示。

图 8.96

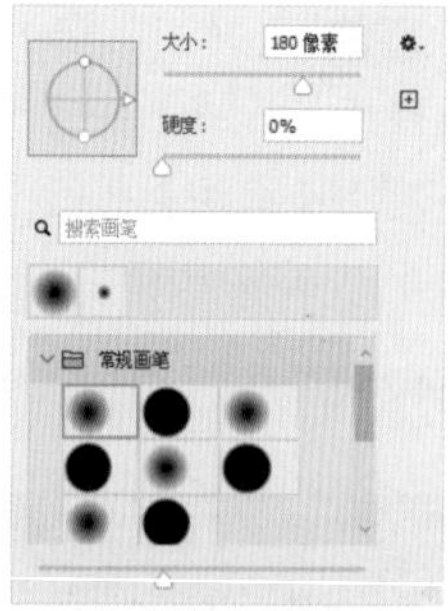

图 8.97

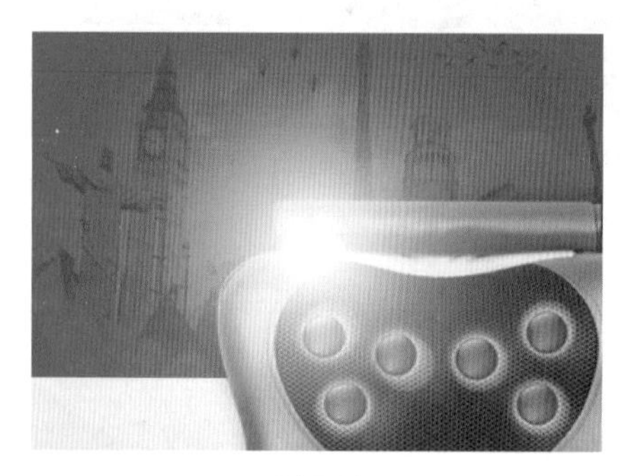

图 8.98

18 选中【图层 2】图层，将图层混合模式更改为【叠加】，再执行菜单栏中的【图层】|【创建剪贴蒙版】命令，为当前图层创建剪贴蒙版，将部分图形隐藏，如图 8.99 所示。

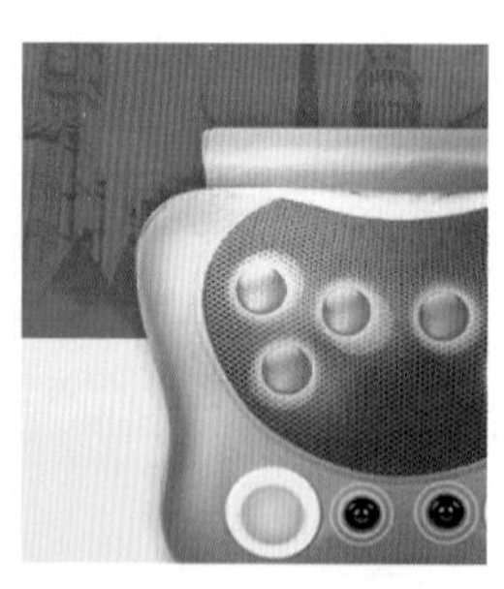

图 8.99

19 选择工具箱中的【横排文字工具】T，在画布适当位置添加文字（字体为叶根友毛笔行书），如图 8.100 所示。

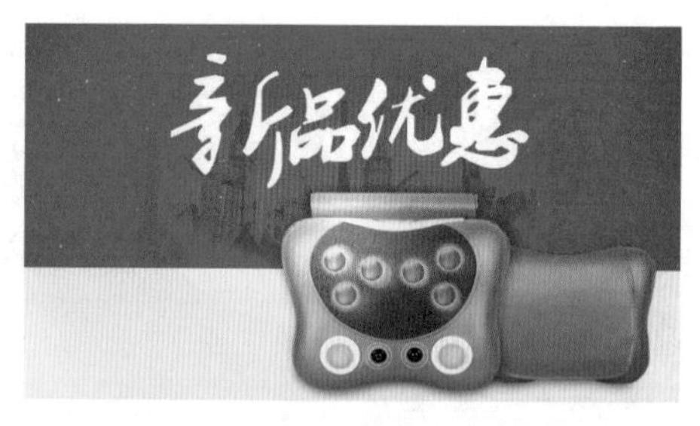

图 8.100

20 同时选中所有文字图层，在其名称上单击鼠标右键，从弹出的快捷菜单中选择【转换为形状】选项，再按 Ctrl+E 组合键将其向下合并，将生成的图层名称更改为“字”，如图 8.101 所示。

图 8.101

21 选择工具箱中的【直接选择工具】，拖动文字部分锚点，将其变形，如图 8.102 所示。

图 8.102

提示 在对文字变形时尤其需要注意对“新”字结构的调整。

22 在【图层】面板中选中【字】图层，单击面板底部的【添加图层样式】按钮fx，在菜单中选择【渐变叠加】选项，在弹出的对话框中将【渐变】更改为黄色（R:246，G:227，B:123）到黄色（R:255，G:255，B:233），如图 8.103 所示。

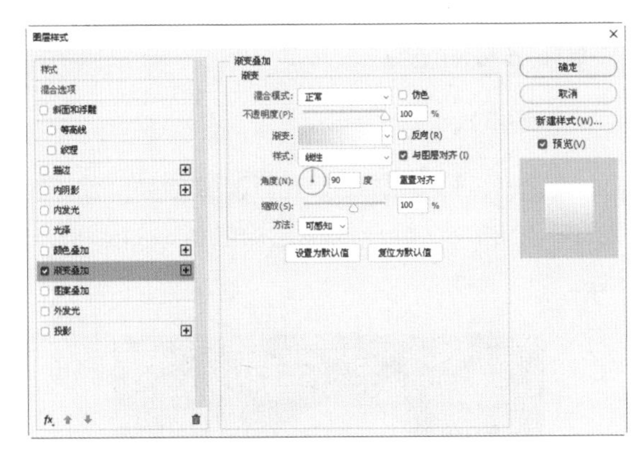

图 8.103

23 选中【投影】复选框，将【颜色】更改为土黄色（R:86，G:40，B:12），取消选中【使用全局光】复选框，将【角度】更改为90度，将【距离】更改为3像素，将【大小】更改为6像素，完成之后单击【确定】按钮，如图 8.104 所示。

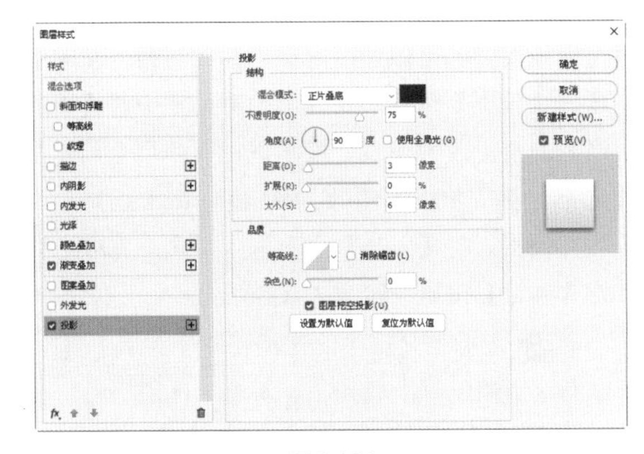

图 8.104

24 执行菜单栏中的【文件】|【打开】命令，打开“光晕.jpg”文件，将其拖入画布中并适当缩小，将图层名称更改为“图层 3”，如图 8.105 所示。

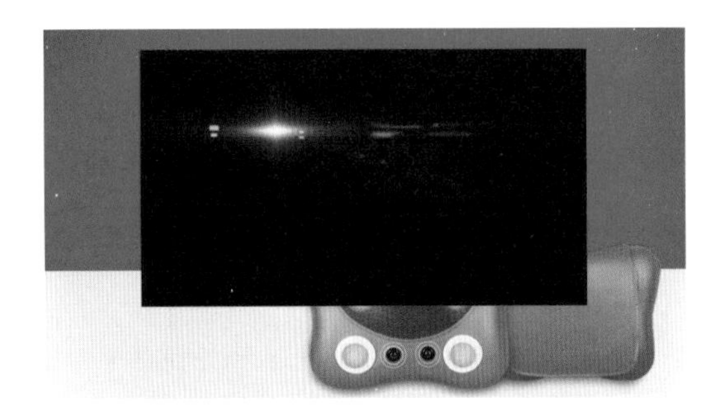

图 8.105

25 选中【图层 3】图层，将图层混合模式设置为【滤色】，如图 8.106 所示。

图 8.106

26 选中【图层 3】图层，按住 Alt 键在画布中将图像复制并将部分图像缩小及变换，如图 8.107 所示。

27 选择工具箱中的【横排文字工具】T，在文字下方位置再次添加文字，如图 8.108 所示。

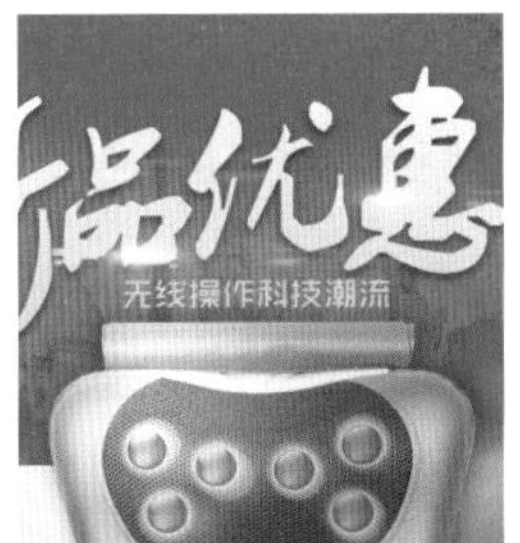

图 8.107　图 8.108

提示 在添加文字的过程中，将两段文字分开添加，这样可以更加方便地对其上方文字进行编组等操作。

8.4.2 添加细节

1 选择工具箱中的【椭圆工具】，在选项栏中将【填充】更改为白色，设置【描边】为无，按住Shift键在画布靠左侧位置绘制一个正圆图形，此时将生成一个【椭圆 2】图层，如图 8.109 所示。

图 8.109

2 执行菜单栏中的【文件】|【打开】命令，打开“按摩棒 .psd”文件，将其拖入画布中椭圆图形位置并适当缩小，如图 8.110 所示。

图 8.110

3 在【图层】面板中选中【按摩棒】组，单击面板底部的【添加图层蒙版】按钮，为其添加图层蒙版，如图 8.111 所示。

4 选择工具箱中的【多边形套索工具】，在其图像右侧位置绘制一个不规则选区，如图 8.112 所示。

图 8.111

图 8.112

5 将选区填充为黑色，隐藏部分图像，完成之后按 Ctrl+D 组合键将选区取消，如图 8.113 所示。

图 8.113

6 在【图层】面板中选中【按摩棒】组，单击面板底部的【添加图层样式】按钮fx，在菜单中选择【投影】选项，在弹出的对话框中将【不透明度】的值更改为 40%，取消选中【使用全局光】复选框，将【角度】更改为 65 度，将【距离】更改为 4 像素，将【大小】更改为 4 像素，完成之后单击【确定】按钮，如图 8.114 所示。

7 选择工具箱中的【横排文字工具】T，在画布左下角位置添加文字，如图 8.115 所示。

8 在【图层】面板中选中【398】文字图层，单击面板底部的【添加图层样式】按钮fx，在菜单中选择【描边】选项，在弹出的对话框中将【大小】

更改为 2 像素，将【颜色】更改为红色（R:234，G:14，B:33），如图 8.116 所示。

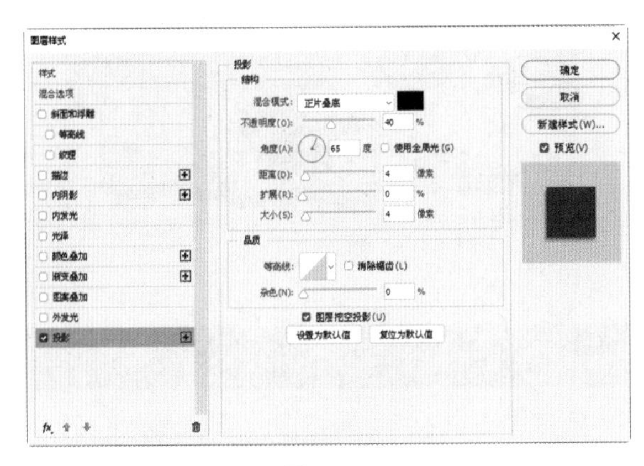

图 8.114

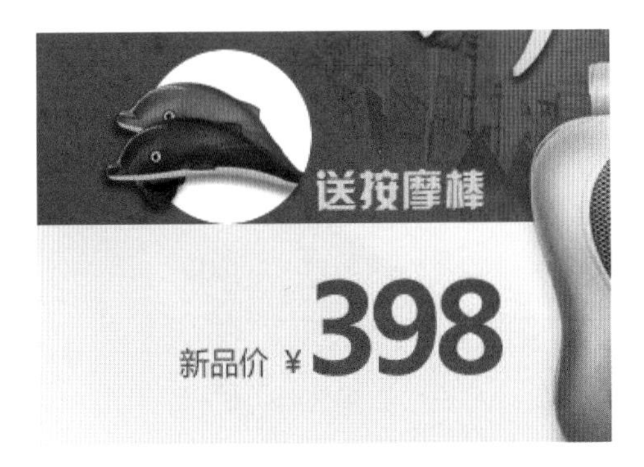

图 8.115

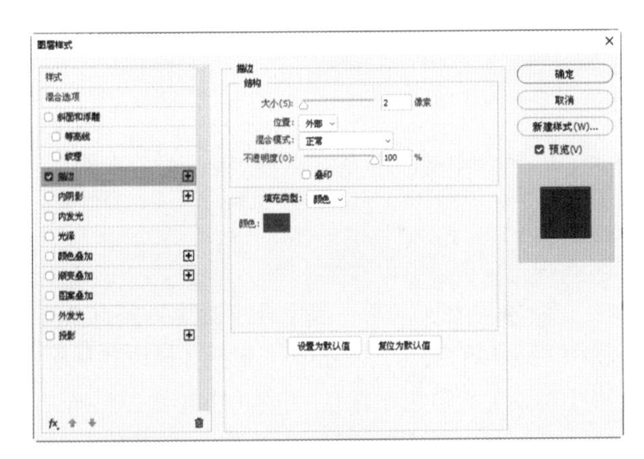

图 8.116

9 选中【渐变叠加】复选框，将【渐变】更改为黄色（R:255，G:223，B:46）到黄色（R:255，G:253，B:230），如图 8.117 所示。

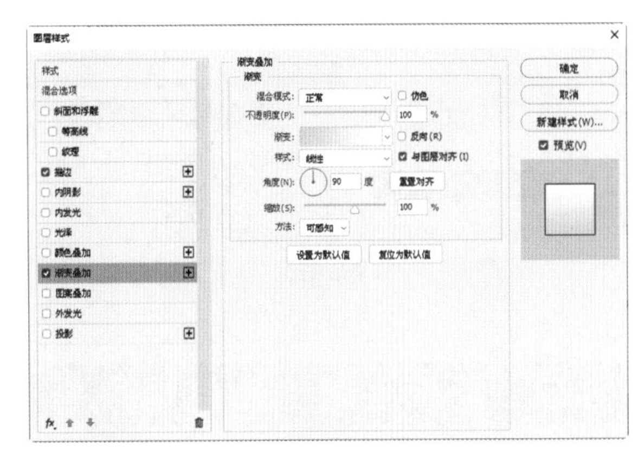

图 8.117

10 选中【投影】复选框，将【不透明度】的值更改为 44%，取消选中【使用全局光】复选框，将【角度】更改为 90 度，将【距离】更改为 4 像素，将【大小】更改为 4 像素，完成之后单击【确定】按钮，如图 8.118 所示。

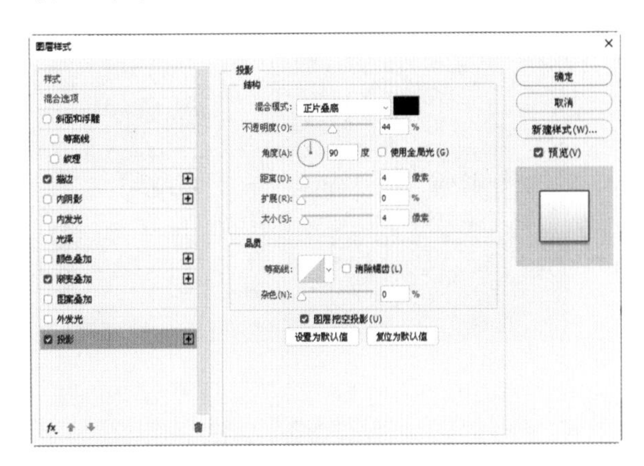

图 8.118

11 选择工具箱中的【矩形工具】，在选项栏中将【填充】更改为红色（R:238，G:10，B:27），设置【描边】为无，在已添加的文字下方位置绘制一个矩形，此时将生成一个【矩形 2】图层，如图 8.119 所示。

12 选择工具箱中的【横排文字工具】**T**，在矩形位置添加文字，这样就完成了效果制作，最终效果如图 8.120 所示。

图 8.119

图 8.120

8.5 音乐主题 T 恤促销广告

实例解析

本例讲解音乐主题 T 恤促销设计，本例的制作重点在于突出音乐文化及音乐主题，整体表现出一种强烈的时尚感，最终效果如图 8.121 所示。

图 8.121

视频教学

调用素材：第 8 章 \ 音乐主题 T 恤促销设计

源文件：第 8 章 \ 音乐主题 T 恤促销设计 .psd

操作步骤

8.5.1 制作纹理背景

1 执行菜单栏中的【文件】|【新建】命令，在弹出的对话框中设置【宽度】为 700 像素，【高度】为 450 像素，【分辨率】为 72 像素 / 英寸，新建一个空白画布，将画布填充为蓝色（R:104，G:125，B:221）。

2 选择工具箱中的【直线工具】，在选项栏中将【填充】更改为白色，设置【描边】为无，将【粗细】更改为 1 像素，按住 Shift 键在画布左侧位置绘制一条垂直线段，将生成一个【形状 1】图层，如图 8.122 所示。

3 选择工具箱中的【路径选择工具】，在线段上单击，再按 Ctrl+Alt+T 组合键将线段向右侧平移复制1份，执行变换复制命令，如图8.123所示。

图8.122　　图8.123

4 在【形状 1】图层名称上单击鼠标右键，从弹出的快捷菜单中选择【栅格化图层】选项。

5 按住Ctrl+Alt+Shift组合键的同时按T键多次，执行多重复制命令，将线段复制多份，如图8.124所示。

图8.124

提示　栅格化图层的目的是将形状图层转换为普通图层，方便对线段进行旋转操作。

6 按Ctrl+T组合键对其执行【自由变换】命令，当出现框以后在选项栏中【旋转】后方的文本框中输入45，完成之后按Enter键确认，再将当前图层的【不透明度】更改为20%，如图8.125所示。

7 选择工具箱中的【矩形工具】，在选项栏中将【填充】更改为无，设置【描边】为白色，【宽度】为20点，在画布右侧位置绘制一个矩形，如图8.126所示，此时将生成一个【矩形 1】图层。

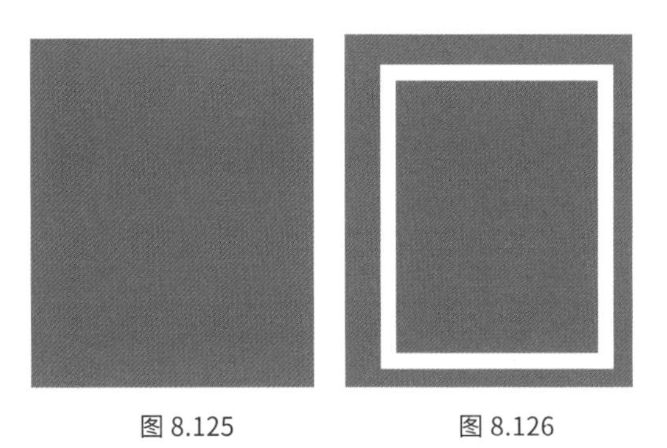

图8.125　　图8.126

8 选择工具箱中的【直线工具】，以同样的方法绘制1条蓝色(R:104，G:166，B:209)线段，设置【宽度】为2像素，此时生成1个【形状 2】图层，如图8.127所示。

9 选中【形状 2】图层，以同样的方法将线段复制多份并栅格化图层，如图8.128所示。

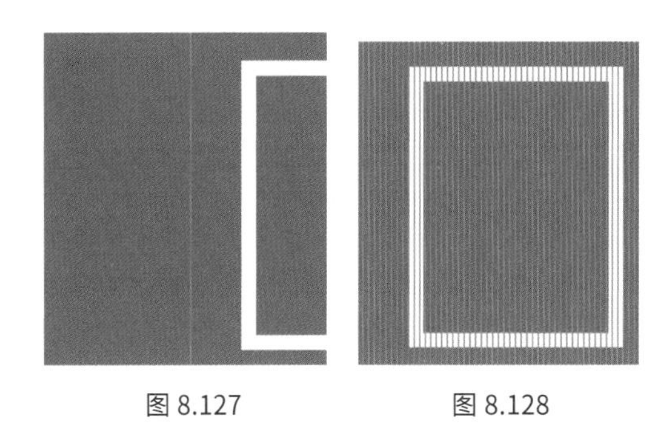

图8.127　　图8.128

10 按Ctrl+T组合键对其执行【自由变换】命令，当出现框以后在选项栏中【旋转】后方的文本框中输入45，完成之后按Enter键确认，如图8.129所示。

11 执行菜单栏中的【图层】|【创建剪贴蒙版】命令，为当前图层创建剪贴蒙版，将部分图像隐藏，如图8.130所示。

12 在【图层】面板中选中【矩形 1】图层，单击面板底部的【添加图层样式】按钮fx，在菜单中选择【投影】选项，在弹出的对话框中将图层【混合模式】更改为【叠加】，将【不透明度】的值更改为20%，取消选中【使用全局光】复选框，将【角度】更改为164度，将【距离】更改为22像素，将【大小】更改为8像素，完成之后单击【确定】按钮，如图8.131所示。

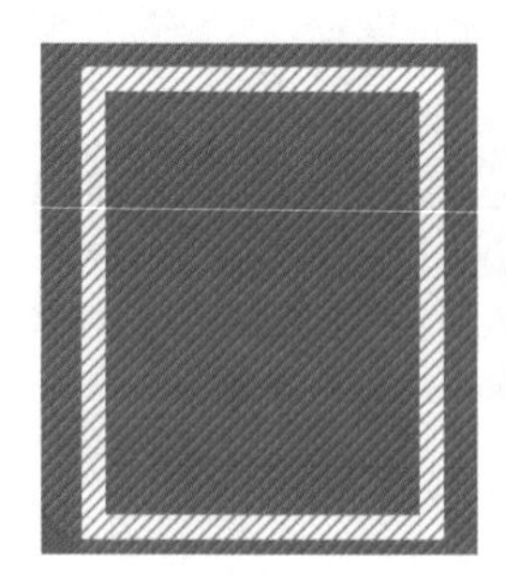

图 8.129

图 8.130

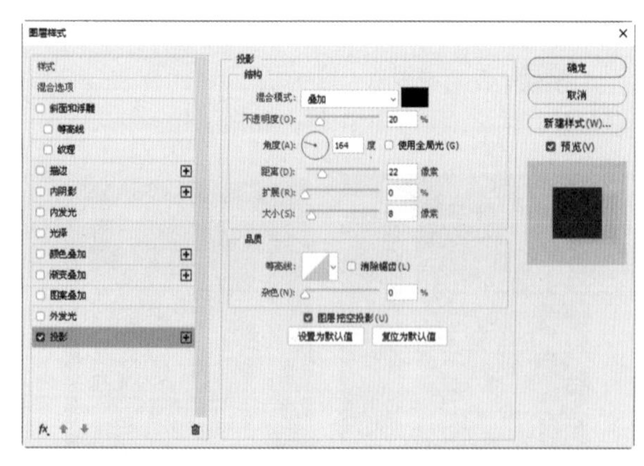

图 8.131

8.5.2 添加素材并制作艺术字

1 执行菜单栏中的【文件】|【打开】命令，打开“T恤.psd”文件，将其拖入画布中的矩形位置并适当缩小，如图8.132所示。

2 选择工具箱中的【矩形选框工具】，在T恤图像底部位置绘制1个矩形选区，如图8.133所示。

3 选中【T恤】图层，按Delete键将选区中的图像删除，完成之后按Ctrl+D组合键将选区取消，如图8.134所示。

图 8.132

图 8.133

图 8.134

4 在【图层】面板中选中【T恤】图层，单击面板底部的【添加图层样式】按钮fx，在菜单中选择【渐变叠加】选项。

5 在弹出的对话框中将【渐变】更改为深蓝色（R:10，G:33，B:55）到深蓝色（R:10，G:33，B:55），修改第2个不透明度色标的【不透明度】值为0，【位置】为9%，将【缩放】更改为150像素，如图8.135所示。

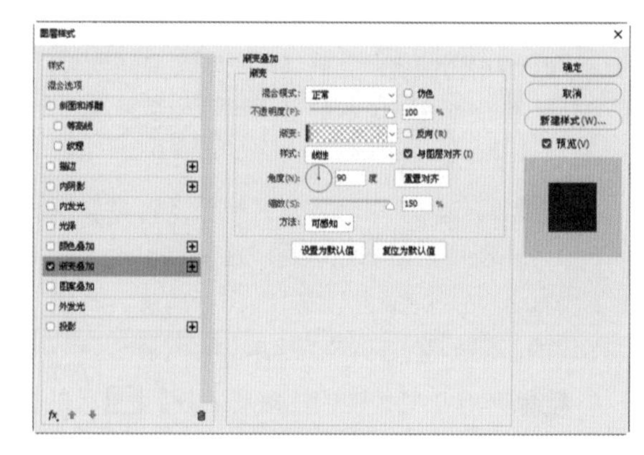

图 8.135

6 选中【投影】复选框，将【距离】更改

为 15 像素，完成之后单击【确定】按钮，如图 8.136 所示。

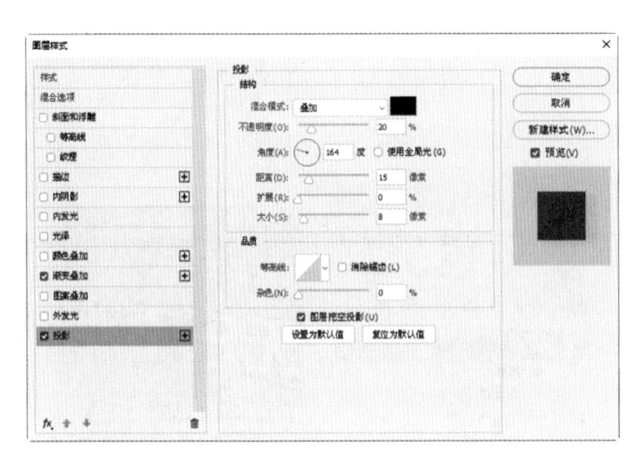

图 8.136

7 选择工具箱中的【横排文字工具】T，在适当位置添加文字（字体为方正兰亭中粗黑），如图 8.137 所示。

图 8.137

8 在【无乐不欢】文字图层名称上单击鼠标右键，从弹出的快捷菜单中选择【转换为形状】选项，如图 8.138 所示。

9 选中【无乐不欢】图层，按 Ctrl+T 组合键对其执行【自由变换】命令，单击鼠标右键，从弹出的快捷菜单中选择【斜切】选项，拖动变形框控制点，将文字变形，完成之后按 Enter 键确认，如图 8.139 所示。

10 在【图层】面板中选中【无乐不欢】图层，将其拖至面板底部的【创建新图层】按钮上，复制出 1 个【无乐不欢 拷贝】图层，如图 8.140 所示。

11 选中【无乐不欢】图层，将文字颜色更改为蓝色（R:53，G:90，B:168），再将其向下稍微移动，如图 8.141 所示。

图 8.138

图 8.139

图 8.140

图 8.141

12 按住 Ctrl 键的同时单击【无乐不欢】图层缩览图，将其载入选区，如图 8.142 所示。

13 选中【形状 1】，执行菜单栏中的【图层】|【新建】|【通过拷贝的图层】命令，此时将生成 1 个【图层 1】图层，将其移至【无乐不欢】图层上方，并将【不透明度】更改为 100%，如图 8.143 所示。

图 8.142

图 8.143

14 在【图层】面板中选中【图层 1】图层，

单击面板上方的【锁定透明像素】按钮，将透明像素锁定，将图像填充为青色（R:0，G:186，B:255），填充完成之后再次单击此按钮，将其解除锁定，如图 8.144 所示。

图 8.144

15 在【图层】面板中选中【无乐不欢】图层，单击面板底部的【添加图层样式】按钮fx，在菜单中选择【描边】选项，在弹出的对话框中将【大小】更改为 2 像素，将【颜色】更改为深蓝色（R:37，G:50，B:60），完成之后单击【确定】按钮，如图 8.145 所示。

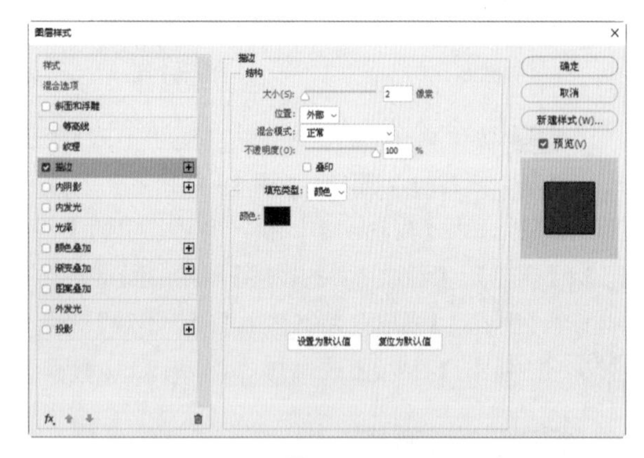

图 8.145

16 在【无乐不欢】图层名称上单击鼠标右键，从弹出的快捷菜单中选择【拷贝图层样式】选项。在【无乐不欢 拷贝】图层名称上单击鼠标右键，从弹出的快捷菜单中选择【粘贴图层样式】选项，如图 8.146 所示。

17 选择工具箱中的【钢笔工具】，设置【选择工具模式】为【形状】，将【填充】更改为青色（R:0，G:234，B:255），将【描边】更改为无，在文字下半部分位置绘制 1 个不规则图形，如图 8.147 所示。

18 执行菜单栏中的【图层】|【创建剪贴蒙版】命令，为当前图层创建剪贴蒙版，将部分图形隐藏，如图 8.148 所示。

图 8.146

图 8.147　　图 8.148

19 选择工具箱中的【矩形工具】，在选项栏中将【填充】更改为紫色（R:80，G:44，B:196），设置【描边】为无，再绘制一个矩形，此时将生成一个【矩形 2】图层，如图 8.149 所示。

20 选择工具箱中的【横排文字工具】T，在矩形位置添加文字（字体为方正兰亭中粗黑），如图 8.150 所示。

图 8.149　　图 8.150

21 同时选中【购物送券　全国包邮】及【矩形 2】图层，按 Ctrl+E 组合键将图层向下合并，此时将生成一个【购物送券　全国包邮】图层。

22 按 Ctrl+T 组合键对其执行【自由变换】命令，单击鼠标右键，从弹出的快捷菜单中选择【斜切】选项，拖动变形框控制点，将图形变形，完成之后按 Enter 键确认，如图 8.151 所示。

图 8.151

23 执行菜单栏中的【文件】|【打开】命令，打开"音乐元素 .psd"文件，将其拖入画布中并适当缩小，如图 8.152 所示。

图 8.152

24 在【图层】面板中选中【元素 2】图层，单击面板上方的【锁定透明像素】按钮，将透明像素锁定，将图像填充为灰色（R:197，G:197，B:197），填充完成之后再次单击此按钮，将其解除锁定，如图 8.153 所示。

图 8.153

25 选择工具箱中的【钢笔工具】，设置【选择工具模式】为【形状】，将【填充】更改为红色（R:209，G:3，B:80），将【描边】更改为无，在适当位置绘制 1 个三角形，如图 8.154 所示。

图 8.154

26 以同样的方法在其他位置绘制数个相似的三角形，这样就完成了效果制作，最终效果如图 8.155 所示。

图 8.155

8.6 吃货节促销广告

实例解析

本例讲解吃货节促销广告设计，本例的广告画面简洁、舒适，主题清晰，通过将直观的文字信息与简单的素材图像相结合，表现出很强的主题特征，最终效果如图 8.156 所示。

图 8.156

视频教学

调用素材：第 8 章\吃货节促销广告设计
源文件：第 8 章\吃货节促销广告设计.psd

操作步骤

8.6.1 添加主题图文

1 执行菜单栏中的【文件】|【新建】命令，在弹出的对话框中设置【宽度】为 700 像素，【高度】为 520 像素，【分辨率】为 72 像素/英寸，新建一个空白画布，将画布填充为青色（R:126，G:226，B:228）。

2 选择工具箱中的【椭圆工具】，在选项栏中将【填充】更改为黄色（R:255，G:233，B:61），设置【描边】为无，按住 Shift 键绘制一个正圆图形，如图 8.157 所示，将生成一个【椭圆 1】图层。

3 选择工具箱中的【横排文字工具】T，在正圆位置添加文字（字体为 MStiffHei PRC），如图 8.158 所示。

图 8.157

图 8.158

4 在【图层】面板中单击面板底部的【添加图层样式】按钮 fx，在菜单中选择【投影】选项。

5 在弹出的对话框中将【混合模式】更改为【正常】，将【颜色】更改为黑色，将【不透明度】的值更改为 15%，取消选中【使用全局光】复选框，将【角度】更改为 90 度，将【距离】更改为 8 像素，将【大小】更改为 5 像素，完成之后单击【确定】

按钮，如图 8.159 所示。

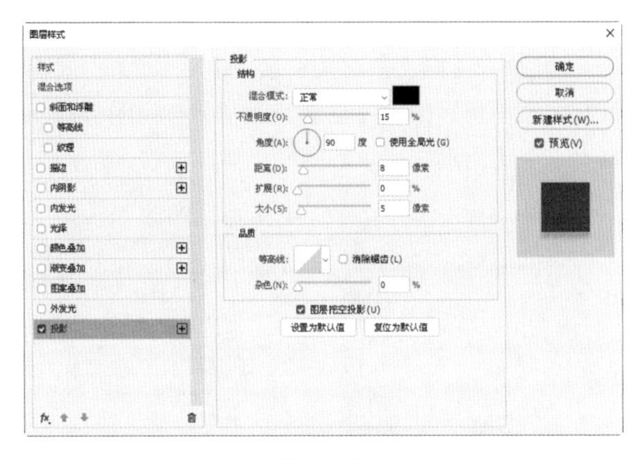

图 8.159

6 选择工具箱中的【矩形工具】，在选项栏中将【填充】更改为无，设置【描边】为白色，【宽度】为 3 点，在文字外围绘制一个矩形，此时将生成一个【矩形 1】图层，如图 8.160 所示。

7 在【图层】面板中选中【矩形 1】图层，单击面板底部的【添加图层蒙版】按钮，为其添加图层蒙版，如图 8.161 所示。

图 8.160 图 8.161

8 选择工具箱中的【横排文字工具】T，在画布适当位置添加文字（字体分别为 Bodoni Bd BT Bold、方正兰亭中粗黑、方正兰亭细黑），如图 8.162 所示。

9 选择工具箱中的【矩形选框工具】，绘制 1 个矩形选区，如图 8.163 所示。

10 将选区填充为黑色，将部分图形隐藏，完成之后按 Ctrl+D 组合键将选区取消，如图 8.164 所示。

11 选择工具箱中的【矩形工具】，在选项栏中将【填充】更改为土黄色（R:93，G:65，B:0），设置【描边】为无，【半径】为 10 像素，在文字下方绘制一个圆角矩形，如图 8.165 所示。

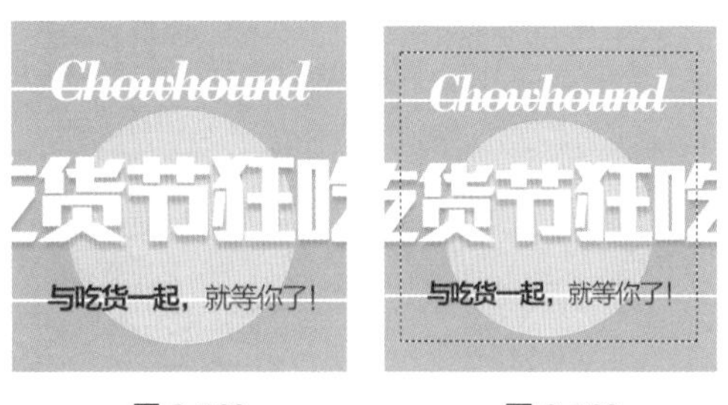

图 8.162 图 8.163

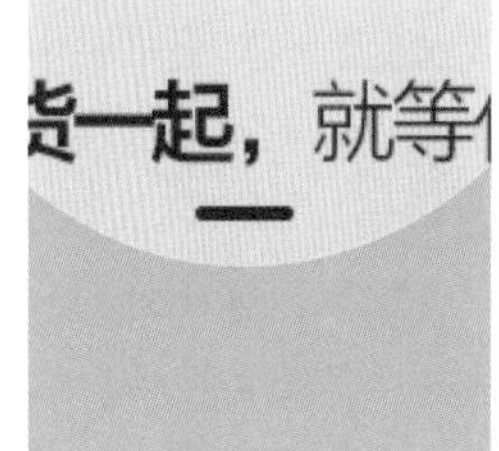

图 8.164 图 8.165

8.6.2 处理装饰元素

1 选择工具箱中的【矩形工具】，在选项栏中将【填充】更改为白色，设置【描边】为无，绘制一个细长矩形，此时将生成一个【矩形 2】图层，如图 8.166 所示。

2 选择工具箱中的【路径选择工具】，选中矩形，再按 Ctrl+Alt+T 组合键将矩形向下移动复制 1 份，如图 8.167 所示。

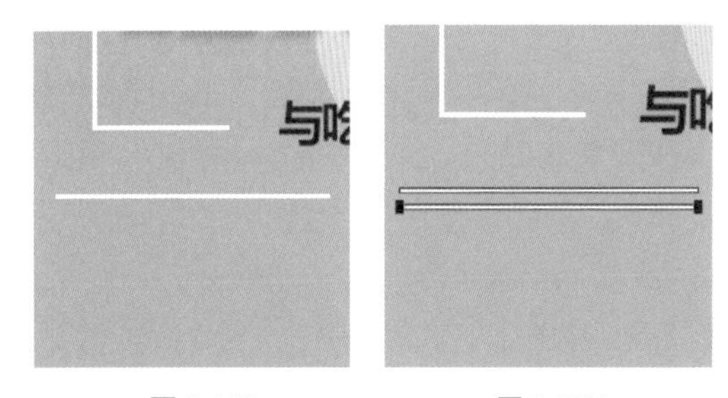

图 8.166 图 8.167

3 按住 Ctrl+Alt+Shift 组合键的同时按 T 键多次，执行多重复制命令，将图形复制多份，如图 8.168 所示。

图 8.168

4 执行菜单栏中的【滤镜】|【扭曲】|【波浪】命令，在弹出的对话框中单击【转换为智能对象】按钮。

5 在弹出的对话框中，将【生成器数】更改为 5，设置【波长】中的【最小】为 10，【最大】为 11，【波幅】中的【最小】为 1，【最大】为 2，完成之后单击【确定】按钮，如图 8.169 所示。

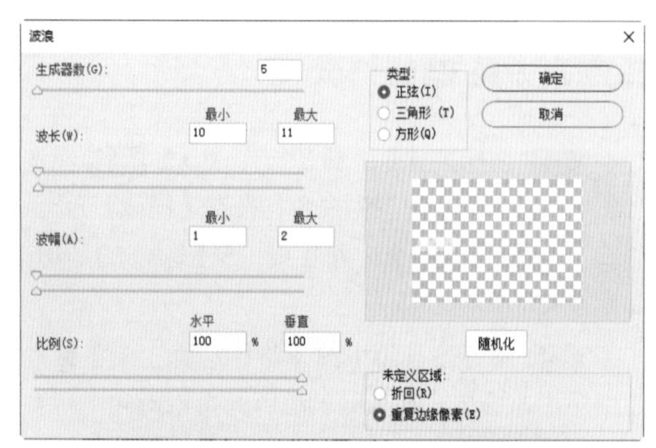

图 8.169

6 将波浪图像移至画布左侧位置，如图 8.170 所示。

7 在【图层】面板中选中【矩形 2】图层，将其拖至面板底部的【创建新图层】按钮⊞上，复制出 1 个【矩形 2 拷贝】图层，如图 8.171 所示。

图 8.170　　图 8.171

8 在【图层】面板中单击面板底部的【创建新的填充或调整图层】按钮◐，选择【色相 / 饱和度】选项，在弹出的面板中，单击面板底部的【此调整影响下面的所有图层】按钮，将【色相】更改为 68，设置【饱和度】为 100，【明度】为 -25，如图 8.172 所示。

图 8.172

9 将图像移至画布右上角位置。

10 执行菜单栏中的【文件】|【打开】命令，选择“零食 .psd”文件，将其拖入画布中的适当位置，如图 8.173 所示。

11 选择工具箱中的【椭圆工具】◯，在选项栏中将【填充】更改为黄色（R:255，G:233，B:61），设置【描边】为无，按住 Shift 键绘制一个正圆图形，此时将生成一个【椭圆 2】图层，如图 8.174 所示。

12 在画布中，按住 Alt 键单击正圆并将其向右上角拖动，将正圆复制 1 份，如图 8.175 所示。

13 选中【椭圆 2 拷贝】图层，将【填充】更改为无，设置【描边】为白色，【宽度】为 10 点，再将【不透明度】的值更改为 30%，这样就完成了效果制作，最终效果如图 8.176 所示。

图 8.174

图 8.175

图 8.173

图 8.176

8.7 化妆品爆款促销广告

实例解析

本例讲解化妆品爆款促销设计，化妆品类广告的制作重点在于突出产品的特性，同时在整体的配色上要以产品的包装颜色为重心，最终效果如图 8.177 所示。

图 8.177

视频教学

调用素材：第 8 章 \ 化妆品爆款促销设计

源文件：第 8 章 \ 化妆品爆款促销设计 .psd

操作步骤

8.7.1 制作背景

1 执行菜单栏中的【文件】|【新建】命令，在弹出的对话框中设置【宽度】为 700 像素，【高度】为 450 像素，【分辨率】为 72 像素 / 英寸，新建一个空白画布，将画布填充为紫色（R:98，G:47，B:148）。

2 选择工具箱中的【矩形工具】，在选项栏中将【填充】更改为紫色（R:202，G:46，B:108），设置【描边】为无，在画布左上角位置绘制一个矩形，如图 8.178 所示。

3 选择工具箱中的【直接选择工具】，选中矩形右下角的锚点，将其删除，如图 8.179 所示。

图 8.178

图 8.179

4 在【图层】面板中选中【矩形 1】图层，将其拖至面板底部的【创建新图层】按钮上，复制出 1 个【矩形 1 拷贝】图层。

5 按 Ctrl+T 组合键对图形执行【自由变换】命令，单击鼠标右键，从弹出的快捷菜单中选择【旋转 180 度】选项，完成之后按 Enter 键确认，并将图形移至右下角位置，如图 8.180 所示。

6 选择工具箱中的【矩形工具】，在选项栏中将【填充】更改为紫色（R:143，G:65，B:219），设置【描边】为无，在画布左上角位置绘制一个矩形，此时将生成一个【矩形 2】图层，如图 8.181 所示。

7 按 Ctrl+T 组合键对图形执行【自由变换】命令，单击鼠标右键，从弹出的快捷菜单中选择【斜切】选项，拖动变形框控制点，将图形变形，完成之后按 Enter 键确认，同时将图形适当旋转，如图 8.182 所示。

图 8.180

图 8.181

图 8.182

8 选中【矩形 2】图层，将图层【不透明度】的值更改为 50%，如图 8.183 所示。

图 8.183

9 以同样的方法绘制相似的数个线条，为背景添加元素，如图 8.184 所示。

图 8.184

8.7.2 处理细节图文

1 同时选中除【背景】之外的所有图层，按 Ctrl+G 组合键将其编组，将生成的组名称更改为“背景元素”，如图 8.185 所示。

2 选择工具箱中的【矩形工具】，在选项栏中将【填充】更改为红色（R:251，G:58，B:85），设置【描边】为无，在画布左侧绘制一个矩形，此时将生成一个【矩形 7】图层，如图 8.186 所示。

图 8.185

图 8.186

3 按 Ctrl+T 组合键对图形执行【自由变换】命令，单击鼠标右键，从弹出的快捷菜单中选择【透视】选项，拖动变形框控制点，将图形变形，完成之后按 Enter 键确认，如图 8.187 所示。

4 执行菜单栏中的【文件】|【打开】命令，打开“大眼睛 .jpg”文件，将其拖入画布中的矩形位置并适当缩小，将图层名称更改为“图层 1”，如图 8.188 所示。

图 8.187　　图 8.188

5 选中【图层 1】图层，将图层混合模式设置为【正片叠底】，将【不透明度】的值更改为 50%，如图 8.189 所示。

图 8.189

6 选择工具箱中的【矩形工具】，在选项栏中将【填充】更改为红色（R:214，G:44，B:68），设置【描边】为无，再次绘制一个矩形，此时将生成一个【矩形 8】图层，如图 8.190 所示。

7 按 Ctrl+T 组合键对其执行【自由变换】命令，单击鼠标右键，从弹出的快捷菜单中选择【透视】选项，拖动变形框控制点，将图形变形，完成之后按 Enter 键确认，如图 8.191 所示。

图 8.190　　图 8.191

8 选择工具箱中的【椭圆工具】，在选

项栏中将【填充】更改为红色（R:214，G:44，B:68），设置【描边】为无，按住 Shift 键在眼睛上方位置绘制一个正圆图形，将生成一个【椭圆 1】图层，如图 8.192 所示。

9 选中【椭圆 1】图层，按住 Alt+Shift 组合键在画布中单击图形并向右侧拖动，将图形复制，如图 8.193 所示。

图 8.192

图 8.193

10 选择工具箱中的【钢笔工具】，设置【选择工具模式】为【形状】，将【填充】更改为无，将【描边】更改为浅灰色（R:229，G:229，B:229），设置【宽度】为 6 点，在两个小正圆之间绘制 1 条弧形线段，如图 8.194 所示。

11 选择工具箱中的【矩形工具】，在选项栏中将【填充】更改为红色（R:182，G:29，B:45），设置【描边】为无，在图形顶部绘制一个矩形，此时将生成一个【矩形 9】图层，将其移至【矩形 7】图层下方，如图 8.195 所示。

图 8.194

图 8.195

12 选择工具箱中的【钢笔工具】，设置【选择工具模式】为【形状】，将【填充】更改为红色（R:251，G:65，B:81），将【描边】更改为无，在两个图形左侧位置绘制 1 个三角形，将生成 1 个【形状 2】图层，如图 8.196 所示。

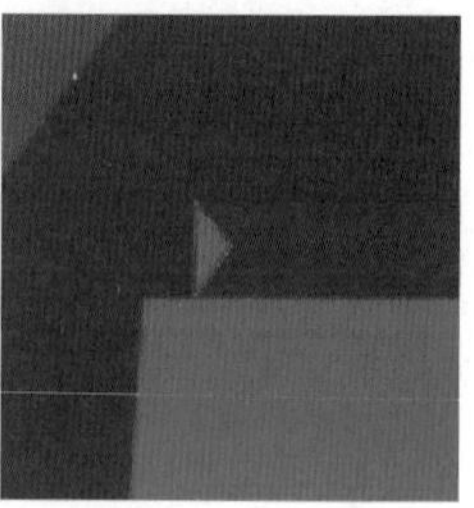
图 8.196

13 以同样的方法在三角形下方再次绘制 1 个三角形，将生成 1 个【形状 3】图层，如图 8.197 所示。

14 同时选中【形状 3】及【形状 2】图层，按住 Alt+Shift 组合键在画布中单击图形并向右侧拖动，将图形复制至与左侧相对的位置。

15 按 Ctrl+T 组合键对其执行【自由变换】命令，单击鼠标右键，从弹出的快捷菜单中选择【水平翻转】选项，完成之后按 Enter 键确认，如图 8.198 所示。

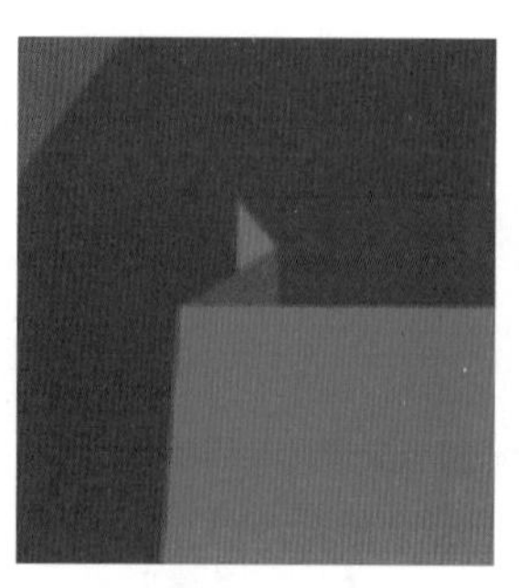
图 8.197

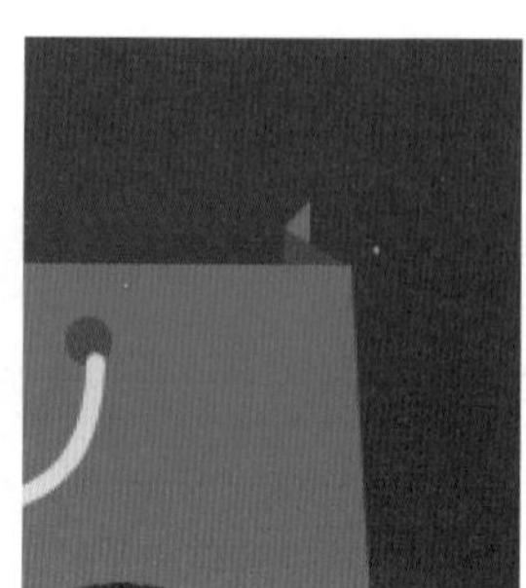
图 8.198

16 执行菜单栏中的【文件】|【打开】命令，打开“化妆品 .psd”文件，将其拖入画布中的手提袋图形位置并适当缩小，如图 8.199 所示。

17 选中【化妆品】组，将其拖至面板底部的【创建新图层】按钮上，复制出 1 个【化妆品 拷贝】组。

18 将【化妆品】组移至【矩形 7】图层下方，

再将其展开，选中【化妆品 4】图层，将其删除，然后分别选中其他化妆品图层，在画布中将图像做适当旋转，如图 8.200 所示。

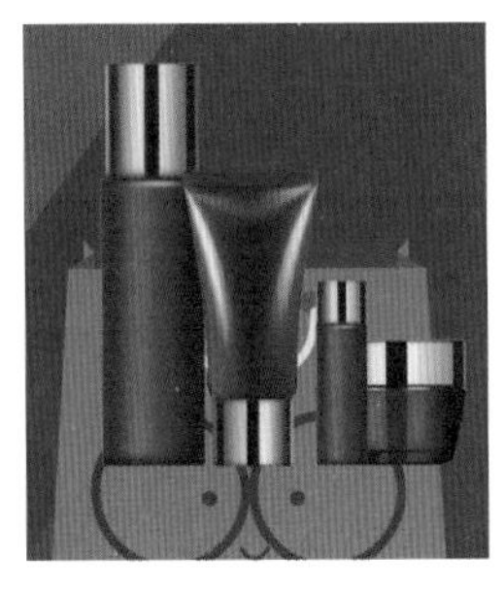

图 8.199

图 8.200

19 将【化妆品 拷贝】组移至所有图层上方，如图 8.201 所示。

20 将【化妆品 拷贝】组展开，分别选中不同的化妆品图层，将图像适当缩小并移动，如图 8.202 所示。

图 8.201

图 8.202

21 在【图层】面板中选中【化妆品 拷贝】组，将其拖至面板底部的【创建新图层】按钮⊞上，复制出 1 个【化妆品 拷贝 2】组，选中【化妆品 拷贝】组，按 Ctrl+E 组合键将其向下合并，生成 1 个【化妆品拷贝】图层，如图 8.203 所示。

22 执行菜单栏中的【滤镜】|【模糊】|【动感模糊】命令，在弹出的对话框中单击【栅格化】按钮，然后在弹出的对话框中将【角度】更改为 50 度，将【距离】更改为 20 像素，设置完成之后单击【确定】按钮，如图 8.204 所示。

图 8.203

图 8.204

23 选择工具箱中的【横排文字工具】T，在适当位置添加文字（字体分别为方正兰亭黑、MStiffHei PRC Ultra），如图 8.205 所示。

图 8.205

24 选择工具箱中的【矩形工具】▭，在选项栏中将【填充】更改为黄色（R:250，G:210，B:25），设置【描边】为无，在文字下方绘制一个矩形，此时将生成一个【矩形 10】图层，如图 8.206 所示。

25 选中【矩形 10】图层，按住 Alt+Shift 组合键在画布中单击并向右侧拖动图形，将图形复制，生成 1 个【矩形 10 拷贝】图层，效果如图 8.207 所示。

26 选择工具箱中的【添加锚点工具】，在【矩形 10】图层中矩形的右侧边缘位置单击，添加锚点，如图 8.208 所示。

27 选择工具箱中的【转换点工具】，在锚点上单击，再选择工具箱中的【直接选择工具】，拖动锚点，将矩形变形，如图 8.209 所示。

图 8.206　　图 8.207

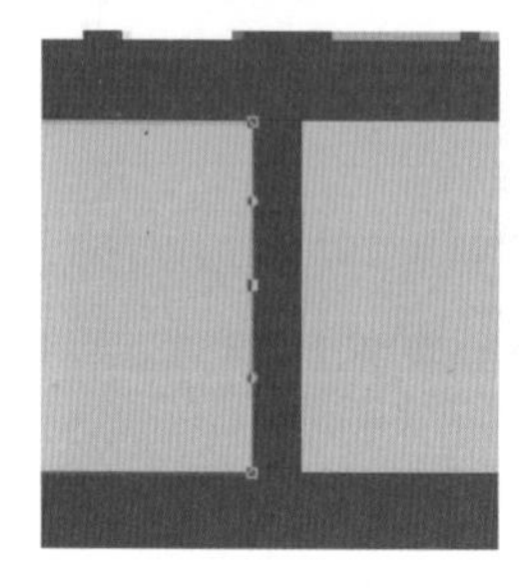
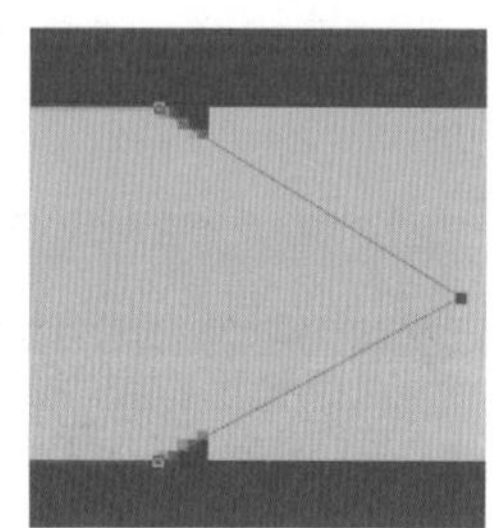

图 8.208　　图 8.209

28 选中【矩形 10 拷贝】图层，在画布中将矩形向左侧移动，如图 8.210 所示。

29 单击面板底部的【添加图层蒙版】按钮，为其添加图层蒙版，如图 8.211 所示。

图 8.210　　图 8.211

30 按住 Ctrl 键的同时单击【矩形 10】图层缩览图，将其载入选区，将选区填充为黑色，隐藏部分图形，完成之后按 Ctrl+D 组合键将选区取消，再将右侧矩形向右侧平移，如图 8.212 所示。

31 选择工具箱中的【横排文字工具】，在图形位置添加文字（字体为方正兰亭中粗黑），如图 8.213 所示。

图 8.212　　图 8.213

32 选择工具箱中的【钢笔工具】，设置【选择工具模式】为【形状】，将【填充】更改为红色（R:251，G:58，B:85），将【描边】更改为无，在化妆品图像之间绘制 1 个三角形，如图 8.214 所示。

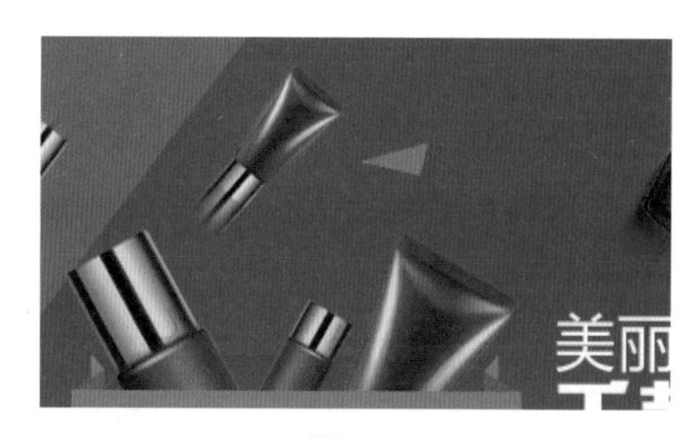

图 8.214

33 以同样的方法在其他位置绘制数个相似三角形，并设置为不同颜色，这样就完成了效果制作，最终效果如图 8.215 所示。

图 8.215

8.8 家装节硬广

实例解析

本例在制作过程中以家装图像作为背景，整体配色呈现出温馨的氛围，很好地体现了主题信息，最终效果如图 8.216 所示。

图 8.216

调用素材：第 8 章 \ 家装节硬广设计

源文件：第 8 章 \ 家装节硬广设计 .psd

操作步骤

8.8.1 打开素材

1 执行菜单栏中的【文件】|【打开】命令，打开“背景 .jpg”素材，如图 8.217 所示。

图 8.217

2 选择工具箱中的【矩形工具】，在选项栏中将【填充】更改为白色，设置【描边】为无，在画布左上角位置绘制一个矩形，此时将生成一个【矩形 1】图层，将绘制的图形适当旋转，如图 8.218 所示。

3 在【图层】面板中选中【矩形 1】图层，将其拖至面板底部的【创建新图层】按钮上，复制出 3 个【矩形 1 拷贝】图层，如图 8.219 所示。

图 8.218

图 8.219

4 分别选中拷贝的图层，将图形旋转并移动，如图 8.220 所示。

图 8.220

8.8.2 添加素材

1 执行菜单栏中的【文件】|【打开】命令，打开“家装.jpg”文件，将其拖入画布中，将图层名称更改为“图层 1”，如图 8.221 所示。

图 8.221

2 选中【图层 1】图层，执行菜单栏中的【图层】|【创建剪贴蒙版】命令，为当前图层创建剪贴蒙版，隐藏部分图像，再将图形适当等比缩小，如图 8.222 所示。

图 8.222

3 执行菜单栏中的【文件】|【打开】命令，打开“家装 2.jpg”“家装 3.jpg”“家装 4.jpg”文件，将其拖入画布中，以同样的方法，为图像创建剪贴蒙版，如图 8.223 所示。

图 8.223

提示 在创建剪贴蒙版时，需要注意图像所在图层的前后顺序。

4 在【图层】面板中选中【矩形 1】图层，单击面板底部的【添加图层样式】按钮，在菜单中选择【投影】选项，在弹出的对话框中，将【距离】更改为 1 像素，将【大小】更改为 1 像素，完成之后单击【确定】按钮，如图 8.224 所示。

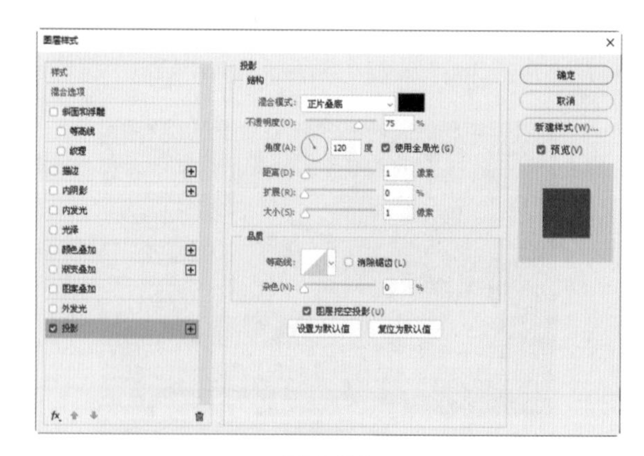

图 8.224

5 在【矩形 1】图层上单击鼠标右键，从弹出的快捷菜单中选择【拷贝图层样式】选项，同时选中【矩形 1 拷贝】【矩形 1 拷贝 2】及【矩形 1 拷贝 3】图层，在图层上单击鼠标右键，从弹出的快捷菜单中选择【粘贴图层样式】选项，如图 8.225 所示。

图 8.225

8.8.3 绘制图形

1 选择工具箱中的【椭圆工具】，在选项栏中将【填充】更改为黄色（R:255，G:156，B:0），设置【描边】为无，按住 Shift 键绘制一个正圆图形，此时将生成一个【椭圆 1】图层，如图 8.226 所示。

图 8.226

2 选择工具箱中的【钢笔工具】，设置【选择工具模式】为【形状】，将【填充】更改为黄色（R:255，G:156，B:0），将【描边】更改为无，在椭圆图形左侧位置绘制一个不规则图形，此时将生成一个【形状 1】图层，如图 8.227 所示。

图 8.227

8.8.4 添加文字

1 选择工具箱中的【横排文字工具】T，在画布中的适当位置添加文字，如图 8.228 所示。

图 8.228

2 在【图层】面板中选中【椭圆 1】图层，单击面板底部的【添加图层蒙版】按钮，为图层添加图层蒙版，如图 8.229 所示。

3 按住 Ctrl 键的同时单击【家】图层缩览图，将其载入选区，将选区填充为黑色，将部分图形隐藏，完成之后按 Ctrl+D 组合键将选区取消，如图 8.230 所示。

图 8.229　　图 8.230

4 执行菜单栏中的【文件】|【打开】命令，打开“灯 .psd”文件，将其拖入画布右上角位置并适当缩小，如图 8.231 所示。

图 8.231

5 在【图层】面板中选中【灯】图层，单击面板底部的【添加图层样式】按钮fx，在菜单中选择【投影】选项，在弹出的对话框中，将【不透明度】的值更改为 35%，取消选中【使用全局光】复选框，将【角度】更改为 90 度，将【距离】更改为 1 像素，将【大小】更改为 13 像素，完成之后单击【确定】按钮，如图 8.232 所示。

6 选择工具箱中的【直线工具】／，在选项栏中将【填充】更改为无，设置【描边】为白色，【大小】为 2 点，单击【设置形状描边类型】按钮，在弹出的选项中选择第 2 种虚线描边类型，将【粗细】更改为 2 像素，按住 Shift 键在部分文字中间位置绘制一条垂直线段，这样就完成了效果制作，最终效果如图 8.233 所示。

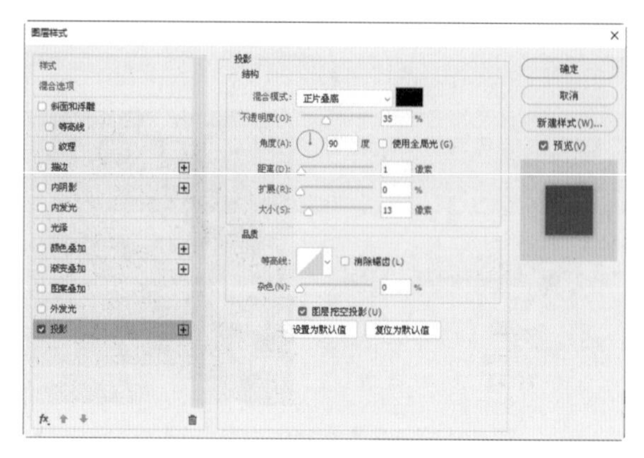

图 8.232

图 8.233

8.9 炫酷运动鞋上新硬广

实例解析

本例讲解炫酷运动鞋上新硬广设计，本例的视觉效果极具冲击力，体现出较强的时尚感，且整个风格较为统一，最终效果如图 8.234 所示。

图 8.234

视频教学

调用素材：第 8 章 \ 炫酷运动鞋上新

源文件：第 8 章 \ 炫酷运动鞋上新硬广设计 .psd

操作步骤

8.9.1 打开素材

1 执行菜单栏中的【文件】|【打开】命令，打开“背景 .jpg”“鞋子 .psd”“颗粒 .jpg”文件，将鞋子及颗粒图像移至背景图中靠右侧位置，如图 8.235 所示，将“颗粒”图像所在图层的名称更改为“图层 1”。

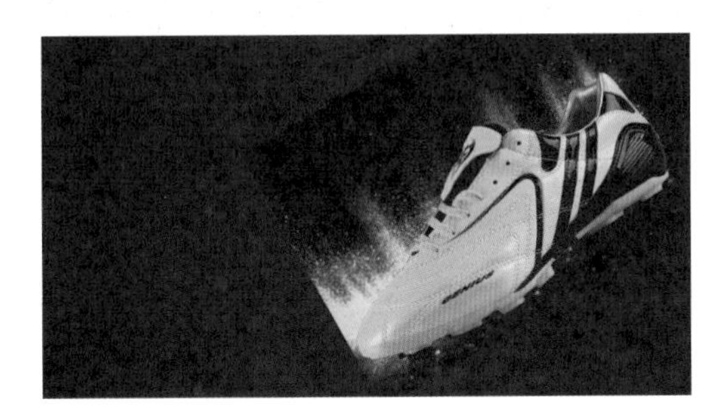

图 8.235

2 在【图层】面板中选中【图层 1】图层，将图层混合模式设置为【滤色】，如图 8.236 所示。

3 选中【图层 1】图层，按 Ctrl+T 组合键对其执行【自由变换】命令，再单击鼠标右键，从弹出的快捷菜单中选择【扭曲】选项，将图像扭曲变形，完成之后按 Enter 键确认，如图 8.237 所示。

图 8.236

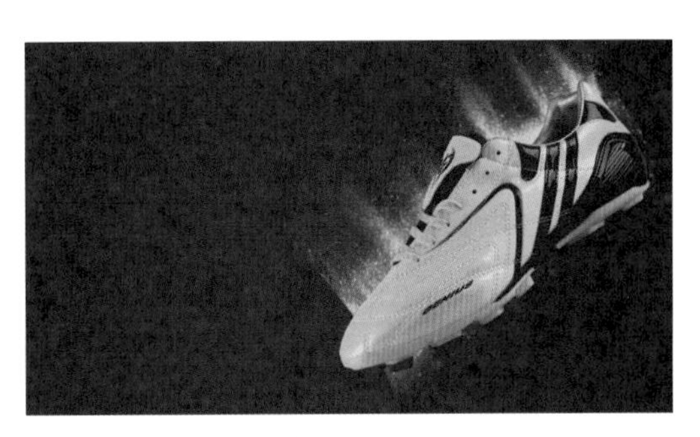

图 8.237

4 在【图层】面板中选中【图层 1】图层，单击面板底部的【添加图层蒙版】按钮，为图层添加图层蒙版，如图 8.238 所示。

5 选择工具箱中的【画笔工具】，在画布中单击鼠标右键，在弹出的面板中选择一种圆角笔触，将【大小】更改为 250 像素，将【硬度】更改为 0%，如图 8.239 所示。

图 8.238

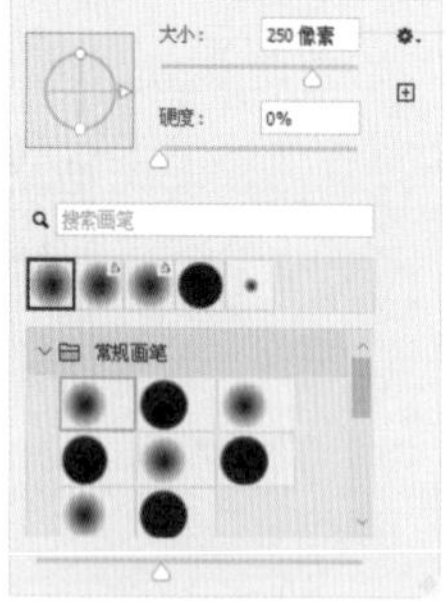

图 8.239

6 将前景色更改为黑色，单击【图层 1】图层蒙版缩览图，在其图像上部分区域涂抹，将其隐藏，如图 8.240 所示。

图 8.240

7 在【图层】面板中选中【图层 1】图层，将其拖至面板底部的【创建新图层】按钮⊞上，复制出 1 个【图层 1 拷贝】图层，如图 8.241 所示。

8 选中【图层 1 拷贝】图层，按 Ctrl+T 组合键对其执行【自由变换】命令，将图像适当旋转并移动至画布左下角位置，完成之后按 Enter 键确认，如图 8.242 所示。

图 8.241

图 8.242

8.9.2 添加文字

1 选择工具箱中的【横排文字工具】T，在画布左侧位置添加文字，选中文字图层，按 Ctrl+T 组合键对其执行【自由变换】命令，单击鼠标右键，从弹出的快捷菜单中选择【斜切】选项，拖动变形框控制点，将文字变形，完成之后按 Enter 键确认，如图 8.243 所示。

2 选中【硬性之巅 逢战必胜】文字图层，在图层名称上单击鼠标右键，从弹出的快捷菜单中选择【栅格化文字】选项。

3 选择工具箱中的【多边形套索工具】，在最左侧文字位置绘制选区，以选中其中的单个文字，如图 8.244 所示。

图 8.243

图 8.244

4 选中【硬性之巅 逢战必胜】图层，执行菜单栏中的【图层】|【新建】|【通过剪切的图层】命令，此时将生成一个【图层 2】图层。

5 以同样的方法，分别在其他文字位置绘制选区，并执行同样的命令，此时将生成多个新的图层，如图 8.245 所示。

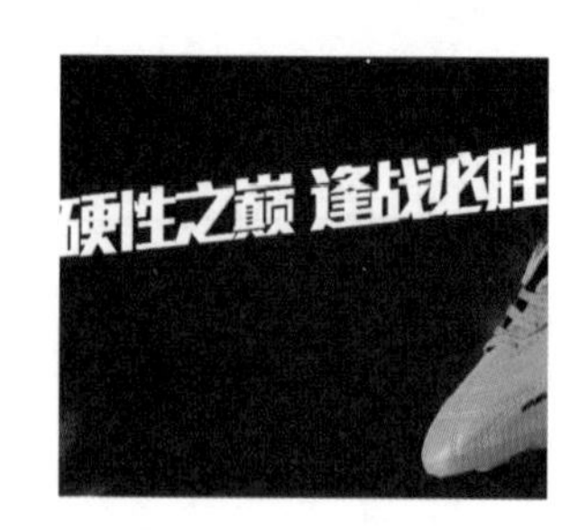

图 8.245

提示

将所有的文字图层剪切之后，可以将原文字图层删除。

6 在【图层】面板中选中【图层 2】图层，单击面板底部的【添加图层样式】按钮 fx，在菜单中选择【渐变叠加】选项，在弹出的对话框中，将【渐变】更改为黄色（R:235，G:243，B:46）到绿色（R:90，G:153，B:2），完成之后单击【确定】按钮，如图 8.246 所示。

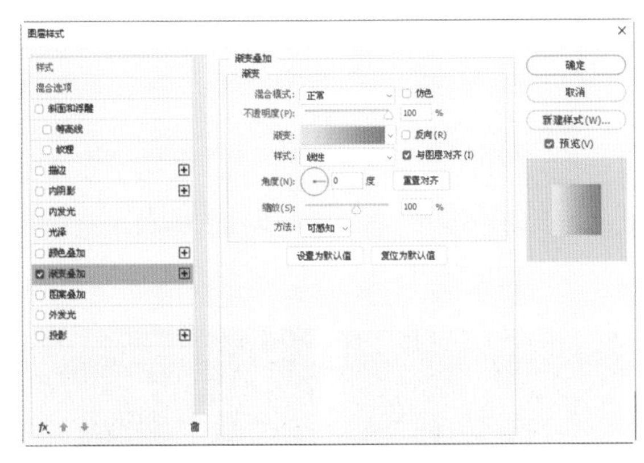

图 8.246

7 在【图层 2】图层上单击鼠标右键，从弹出的快捷菜单中选择【拷贝图层样式】选项，同时选中其他文字所在图层，在其图层名称上单击鼠标右键，从弹出的快捷菜单中选择【粘贴图层样式】选项，如图 8.247 所示。

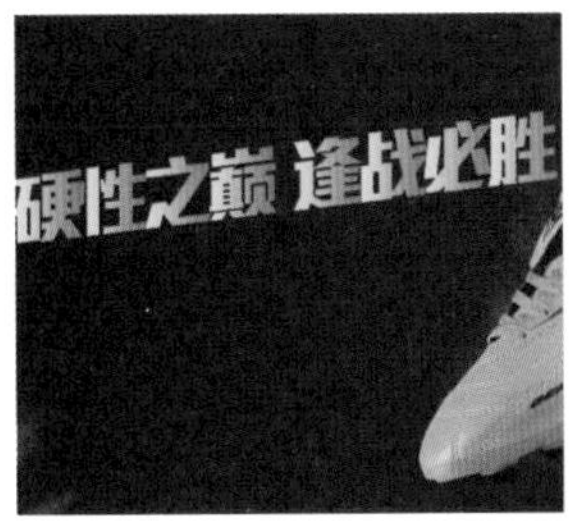

图 8.247

8 选择工具箱中的【直线工具】／，在选项栏中将【填充】更改为无，设置【描边】为绿色（R:176，G:243，B:46），将【粗细】更改为 1 像素，在文字下方绘制一条倾斜线段，此时将生成一个【形状 1】图层，如图 8.248 所示。

9 在【形状 1】图层上单击鼠标右键，从弹出的快捷菜单中选择【栅格化形状】选项，如图 8.249 所示。

图 8.248　　图 8.249

10 选择工具箱中的【横排文字工具】T，在绘制的线段上添加文字，如图 8.250 所示。

11 选中添加的文字，按 Ctrl+T 组合键对其执行【自由变换】命令，单击鼠标右键，从弹出的快捷菜单中选择【斜切】选项，拖动控制点，将其变形，完成之后按 Enter 键确认，如图 8.251 所示。

图 8.250　　图 8.251

12 在【2016 新款轻质硬性上新】文字图层上单击鼠标右键，从弹出的快捷菜单中选择【粘贴图层样式】选项，如图 8.252 所示。

图 8.252

13 以同样的方法添加文字并将其斜切变形，如图 8.253 所示。

图 8.253

14 同时选中已添加文字的图层，在其图层名称上单击鼠标右键，从弹出的快捷菜单中选择【粘贴图层样式】选项，如图 8.254 所示。

图 8.254

8.9.3 绘制图形

1 选择工具箱中的【矩形工具】▭，在选项栏中将【填充】更改为任意颜色，设置【描边】为无，在已添加的文字下方绘制一个矩形，此时将生成一个【矩形 1】图层，如图 8.255 所示。

图 8.255

2 选中【矩形 1】图层，以同样的方法将图形斜切变形，并在其图层名称上单击鼠标右键，从弹出的快捷菜单中选择【粘贴图层样式】选项，效果如图 8.256 所示。

图 8.256

3 选择工具箱中的【横排文字工具】T，在图形位置添加文字，并将文字斜切变形，如图 8.257 所示。

4 选择工具箱中的【直线工具】╱，在选项栏中将【填充】更改为无，设置【描边】为绿色（R:176，G:243，B:46），将【粗细】更改为 1 像素，在已添加文字的位置绘制一条倾斜线段，如图 8.258 所示，此时将生成一个【形状 2】图层。

5 选择工具箱中的【多边形套索工具】，在【形状 1】图层中的线段上绘制一个不规则选区，以选中部分线段，如图 8.259 所示。

6 选中【形状 1】图层，将选区中的部分线段删除，完成之后按 Ctrl+D 组合键将选区取消，如图 8.260 所示。

7 以同样的方法，在【形状 2】图层中的线段上绘制选区，并将部分线段删除，这样就完成了效果制作，最终效果如图 8.261 所示。

图 8.257

图 8.258

图 8.259

图 8.260

图 8.261